机械设计实例精解丛书

减速器设计实例精解

张春宜　郝广平　刘敏　编著

机械工业出版社

本书在宏观讲解设计步骤的前提下，对大量减速器设计题目按照类型进行了详细的设计和讲解，全书共13章，包括减速器设计的宏观介绍，以及一级圆柱齿轮减速器、一级锥齿轮减速器、一级蜗杆减速器、展开式两级圆柱齿轮减速器、两级圆锥-圆柱齿轮减速器和同轴式两级圆柱齿轮减速器的设计；相应实例从已知条件开始，直至最后完成装配图和零件图的各个步骤，内容详细、完整。

本书可供相关工程技术人员和高等工科院校的机械类专业、近机类专业学生参考使用，也可供电大、夜大的相应专业学生使用。

图书在版编目（CIP）数据

减速器设计实例精解/张春宜等编著.—北京：机械工业出版社，2009.7（2020.8重印）

（机械设计实例精解丛书）

ISBN 978-7-111-27837-5

Ⅰ.减…　Ⅱ.张…　Ⅲ.减速装置-机械设计　Ⅳ.TH132.46

中国版本图书馆CIP数据核字（2009）第126065号

机械工业出版社（北京市百万庄大街22号　邮政编码100037）
策划编辑：黄丽梅　责任编辑：黄丽梅　版式设计：张世琴
责任校对：李秋荣　封面设计：鞠　杨　责任印制：常天培
北京虎彩文化传播有限公司印刷
2020年8月第1版·第11次印刷
169mm×239mm·19.75印张·381千字
12501—13500册
标准书号：ISBN 978-7-111-27837-5
定价：59.00元

电话服务	网络服务
客服电话：010-88361066	机　工　官　网：www.cmpbook.com
010-88379833	机　工　官　博：weibo.com/cmp1952
010-68326294	金　书　网：www.golden-book.com
封底无防伪标均为盗版	机工教育服务网：www.cmpedu.com

前　言

减速器设计是机械设计课程设计的主要内容。由于其设计过程中涉及的问题全面，到目前为止，大多数工科院校的机械设计课程的课程设计都是选择减速器设计。

本书在宏观讲解设计步骤的前提下，对大量减速器设计题目按照类型进行了详细的设计和讲解，全书共13章，内容包括减速器设计的宏观介绍及一级圆柱齿轮减速器、一级锥齿轮减速器、一级蜗杆减速器、展开式两级圆柱齿轮减速器、两级圆锥-圆柱齿轮减速器和同轴式两级圆柱齿轮减速器的设计，相应实例从已知条件开始，直至最后完成装配图和零件图的各个步骤，内容详细、完整。

本书可供高等工科院校的机械类专业、近机类专业学生和相关工程技术人员参考使用，也可供电大、夜大的相应专业学生使用。

本书由哈尔滨理工大学张春宜、郝广平、刘敏编著。第1~7章由张春宜编写，第8~10章由刘敏编写，第11~13章由郝广平编写，最后由张春宜进行统稿。

在本书的编写过程中，得到了哈尔滨理工大学于惠力教授、向敬忠教授、赵彦玲教授、潘承怡教授，以及机械基础工程系全体老师的大力支持，在此一并表示感谢。

由于编者水平有限，书中错误与不当之处在所难免，希望广大读者批评指正。

编　者

目　　录

第 1 章　减速器的类型和构造

1.1　减速器的类型及特点

减速器的类型很多，不同类型的减速器有不同的特点，选择减速器类型时，应该根据各类减速器的特点进行选择。常用减速器的形式、特点及应用见表 1-1。

表 1-1　常用减速器的形式、特点及应用

名称		运动简图	推荐传动比范围	特点及应用
单级圆柱齿轮减速器		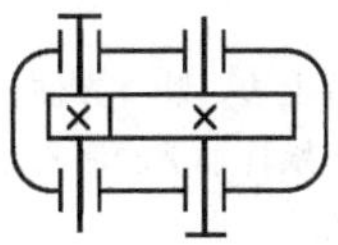	$i<8$	轮齿可做成直齿、斜齿或人字齿。直齿用于速度较低（$v<8\text{m/s}$）或负荷较轻的传动；斜齿或人字齿用于速度较高或负荷较重的传动。箱体通常用铸铁做成，有时也采用焊接结构或铸钢件。轴承通常采用滚动轴承，只在重型或特高速时，才采用滑动轴承。其他形式的减速器也与此类同
两级圆柱齿轮减速器	展开式	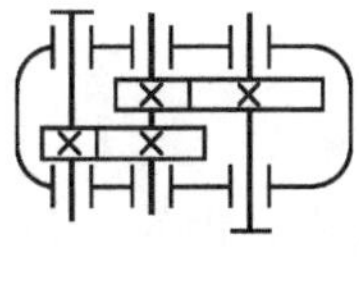	$i=8\sim60$	两级展开式圆柱齿轮减速器的结构简单，但齿轮相对轴承的位置不对称，因此轴应设计得具有较大的刚度。高速级齿轮布置在远离转矩的输入端，这样轴在转矩作用下产生的扭转变形，将能减弱轴在弯矩作用下产生弯曲变形所引起的载荷沿齿宽分布不均匀的现象，建议用于载荷比较平稳的场合。高速级可做成斜齿，低速级可做成直齿或斜齿
	同轴式	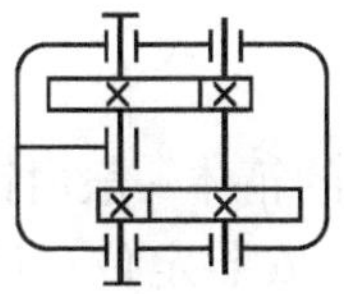	$i=8\sim60$	减速器长度较短，两对齿轮浸入油中深度大致相等，但减速器的轴向尺寸及重量较大；高速级齿轮的承载能力难以充分利用；中间轴较长，刚性差，载荷沿齿宽分布不均匀；仅能有一个输入和输出轴端，限制了传动布置的灵活性

（续）

名称	运动简图	推荐传动比范围	特点及应用
单级锥齿轮减速器	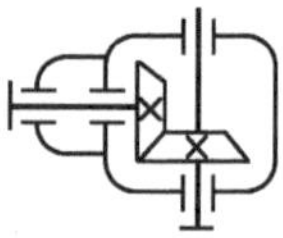	$i<6$	用于输入轴和输出轴两轴线垂直相交的传动，可做成卧式或立式。由于锥齿轮制造较复杂，仅在传动布置需要时才采用
圆锥-圆柱齿轮减速器	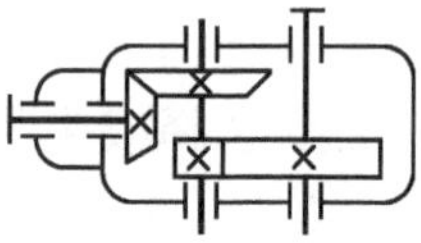	$i=8\sim40$	特点同单级锥齿轮减速器。锥齿轮应布置在高速级，以使锥齿轮的尺寸不致过大，否则加工困难。锥齿轮可做成直齿、斜齿或曲线齿，圆柱齿轮可做成直齿或斜齿
蜗杆减速器 蜗杆下置式	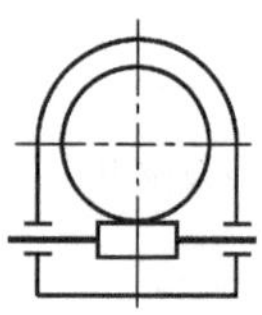	$i=10\sim80$	蜗杆布置在蜗轮的下边，啮合处的冷却和润滑都较好，同时蜗杆轴承的润滑也较方便。但当蜗杆圆周速度太大时，油的搅动损失较大，一般用于蜗杆圆周速度 $v<10\text{m/s}$ 的情况
蜗杆减速器 蜗杆上置式	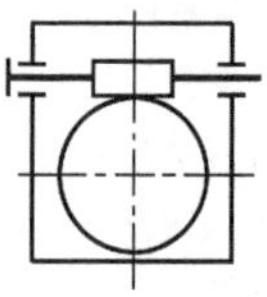	$i=10\sim80$	蜗杆布置在蜗轮的上边，装拆方便，蜗杆的圆周速度允许高一些，但蜗杆轴承的润滑不太方便，需采取特殊的结构措施

1.2 减速器的构造

1.2.1 传动零件及其支撑

传动零件包括轴、齿轮、带轮、蜗杆、蜗轮等，其中，齿轮、带轮、蜗杆、蜗轮安装在轴上，而轴则通过滚动轴承由箱体上的轴承孔、轴承盖加以固定和调整。轴承盖是固定和调整轴承的零件，其具体尺寸依轴承和轴承孔的结构尺寸而定，设计时可以参考相关的推荐尺寸确定。

1.2.2 箱体结构

箱体的结构如图 1-1、图 1-2、图 1-3 所示。减速器的箱体一般由铸铁材料铸造而成，分为上箱体和下箱体。箱体上设有定位销孔以安装定位；设有螺栓孔以安装连接上下箱体的螺栓；设有地脚螺钉孔以将箱体安装在地基上。

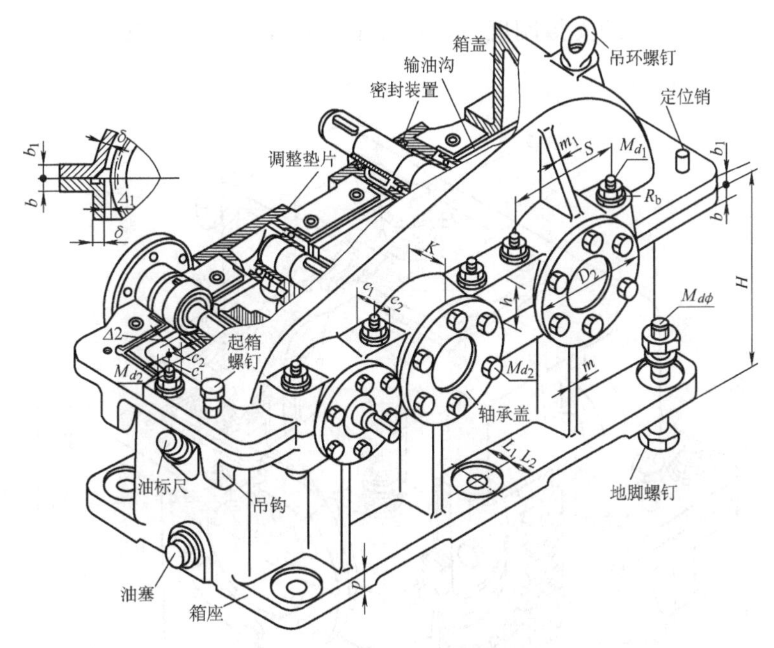

图 1-1　二级圆柱齿轮减速器

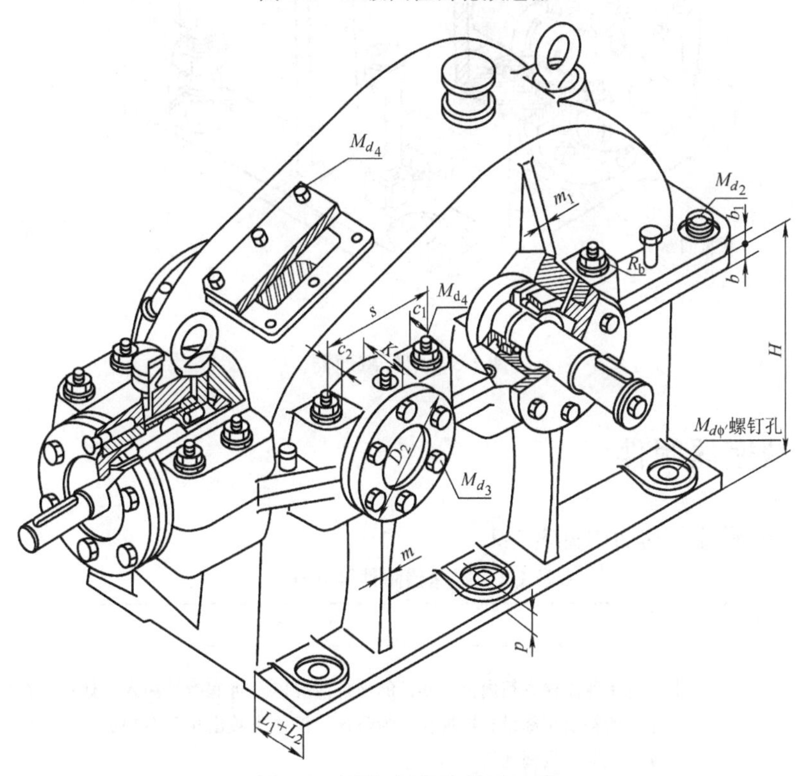

图 1-2　圆锥-圆柱齿轮减速器

为了提高轴承座的支撑刚度，通常在上下箱体的轴承座孔上下与箱体的连接处设有加强肋。

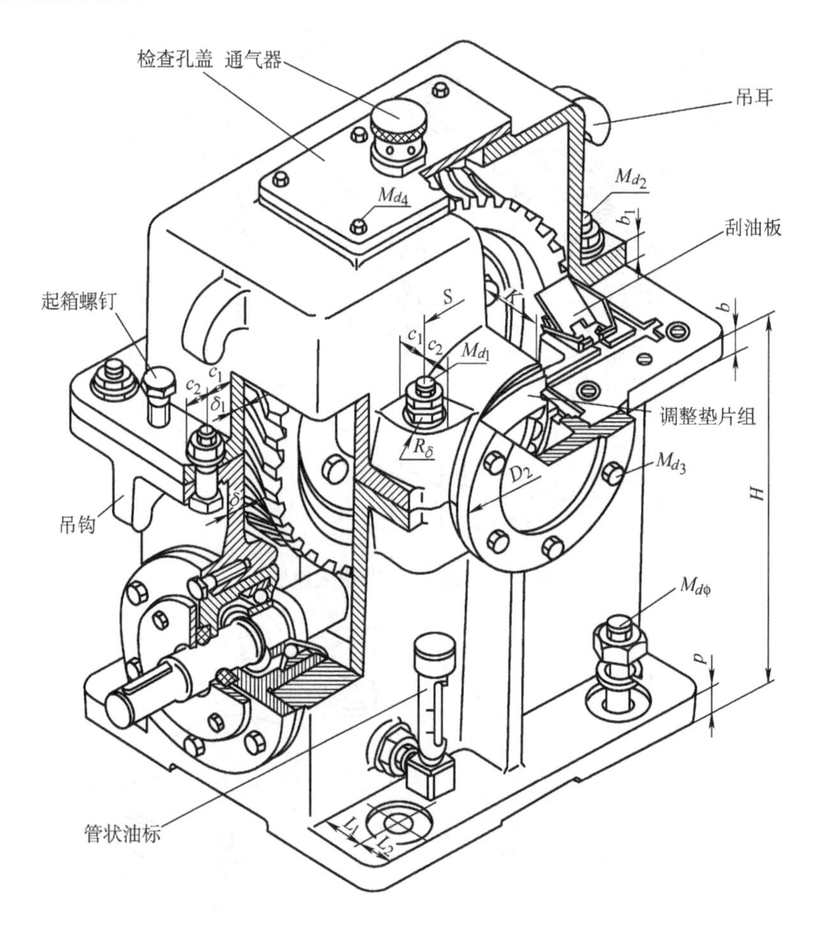

图 1-3 蜗杆减速器

1.3 减速器附件

减速器附件及其功用见表 1-2。

表 1-2 减速器附件及其功用

名 称	功 用
窥视孔和视孔盖	为了便于检查箱内传动零件的啮合情况以及将润滑油注入箱体内，在减速器箱体的箱盖顶部设有窥视孔。为防止润滑油飞溅出来和污物进入箱体内，在窥视孔上应加设视孔盖

（续）

名　称	功　　用
通气器	减速器工作时箱体内温度升高，气体膨胀，箱内气压增大。为了避免由此引起密封部位的密封性下降，造成润滑油向外渗漏，大多在视孔盖上设置通气器，使箱体内的热膨胀气体能自由逸出，保持箱内压力正常，从而保证箱体的密封性
油面指示器	用于检查箱内油面高度，以保证传动件的润滑。一般设置在箱体上便于观察、油面较稳定的部位
定位销	为了保证每次拆装箱盖时，仍保持轴承座孔的安装精度，需在箱盖与箱座的联接凸缘上配装两个定位销，定位销的相对位置越远越好
起盖螺钉	为了保证减速器的密封性，常在箱体剖分接合面上涂有水玻璃或密封胶。为便于拆卸箱盖，在箱盖凸缘上设置 1 ~ 2 个起盖螺钉。拆卸箱盖时，拧动起盖螺钉，便可顶起箱盖
起吊装置	为了搬运和装卸箱盖，在箱盖上装有吊环螺钉，或铸出吊耳或吊钩。为了搬运箱座或整个减速器，在箱座两端连接凸缘处铸出吊钩
放油孔及螺塞	为了排出油污，在减速器箱座最低部设有放油孔，并用放油螺塞和密封垫圈将其堵住

第2章　传动装置的总体设计

传动装置总体设计的任务包括拟定传动方案、选择电动机、确定总传动比、合理分配各级传动比，以及计算传动装置的运动和动力参数，为后续工作做准备。

2.1　减速器的类型选择

合理选择减速器类型是拟定传动方案的重要环节，要合理选择减速器类型必须对各种类型减速器的特点进行了解。选择时可以参考表1-1中各种减速器的特点。

2.2　传动方案的确定

完整的机械系统通常由原动机、传动装置和工作机组成。传动装置位于原动机和工作机之间，用来传递、转换运动和动力，以适应工作机的要求。传动方案拟订得合理与否对机器的性能、尺寸、重量及成本影响很大。

传动方案通常用传动示意图表示。拟订传动方案就是根据工作机的功能要求和工作条件，选择合适的传动机构类型，确定各级传动的布置顺序和各组成部分的连接方式，绘制出传动方案的传动示意图。满足传动要求的传动方案可能很多，可以由不同的传动机构经过不同的布置顺序来实现。图2-1列出了带式运输机设计的几种传动方案。要从多种传动方案中选出最好的方案，除了了解各种减速器的特点外，还必须了解各种传动的特点和选择原则。

带传动的承载能力小，传动平稳，可以吸收震动，但传动比不稳定，结构尺寸大，多布置在传动比稳定性要求不高的高速级传动；链传动运动不均匀，有冲击，应布置在低速级；开式传动的工作条件差，一般布置在低速级；齿轮传动的传动效率高，适用于大功率场合，以降低功率损失；蜗杆传动的传动效率低，多用于小功率场合。

另外，载荷变化较大或出现过载的可能性较大时，应该选择有过载保护和有吸震功能的传动形式，如带传动；在传动比要求严格时，可选用齿轮传动或蜗杆传动；在粉尘、潮湿、易燃、易爆场合，应该选择闭式传动或链传动等。

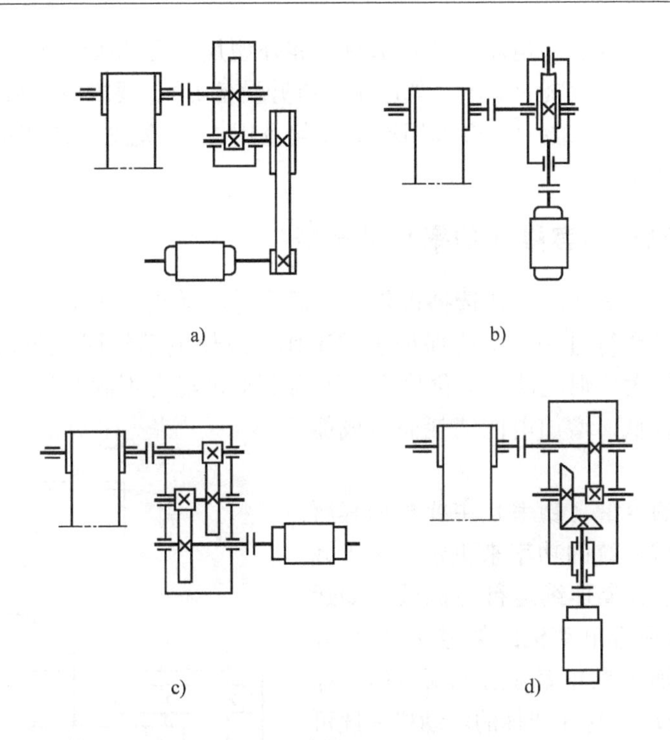

图 2-1　传动方案的确定

2.3　电动机的选择

2.3.1　电动机类型和结构形式的选择

电动机是专业工厂生产的标准机器，设计时要根据工作机的工作特性，工作环境特点，载荷大小、性质（变化性质、过载情况等），起动性能和起动、制动、正反转的频繁程度，以及电源种类（交流或直流）选择电动机的类型、结构、容量（功率）和转速，并在产品目录或有关手册中选择其具体型号和尺寸。

电动机分交流电动机和直流电动机。由于我国的电动机用户多采用三相交流电源，因此，无特殊要求时均应选用三相交流电动机，其中以三相异步交流电动机应用最广泛。根据不同防护要求，电动机有开启式、防护式、封闭自冷式和防爆式等不同的结构形式。

Y 系列笼型三相异步电动机是一般用途的全封闭自冷式电动机。由于其结构简单、价格低廉、工作可靠、维护方便，广泛应用于不易燃、不易爆、无腐蚀性气体和无特殊要求的机械上，如金属切削机床、运输机、风机、搅拌机等。

常用的 Y 系列三相异步电动机的技术数据和外型尺寸见相关手册。对于经常起动、制动和正反转频繁的机械（如起重、提升设备等），要求电动机具有较小的转动惯量和较大过载能力，应选用冶金及起重用 YZ（笼型）或 YZR 型（绕线型）三相异步电动机。

2.3.2 电动机的容量（功率）的选择

电动机的容量（功率）选择得是否合适，对电动机的正常工作和经济性都有影响。容量选得过小，不能保证正常工作，或使电动机因超载而过早损坏；而容量选得过大，则电动机的价格高，因为电动机经常不满载运行，其效率和功率因数都较低，增加电能消耗而造成能源的浪费。

电动机的容量（功率）主要根据其所要带动的机械系统的功率来决定。对于载荷比较稳定、长期连续运行的机械（如运输机），只要所选电动机的额定功率 P_{ed} 等于或稍大于所需的电动机工作功率 P_0 即可，即 $P_{ed} \geqslant P_0$。这样选择的电动机一般可以安全工作，不会过热，因此，通常不必校验电动机的发热和起动转矩。

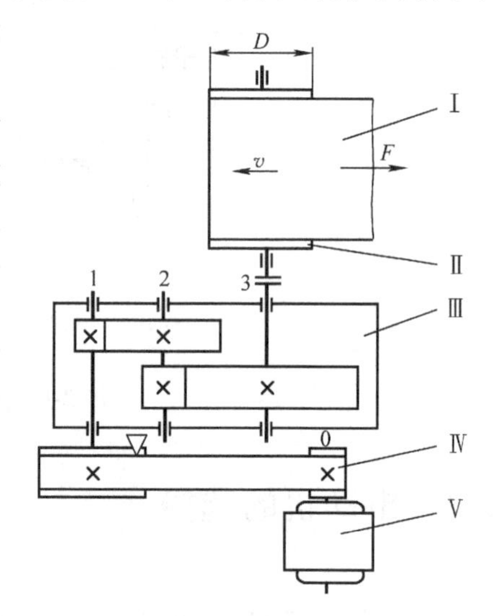

图 2-2 带式运输机的传动装置

Ⅰ—输送带 Ⅱ—滚筒

Ⅲ—两级圆柱齿轮减速器

Ⅳ—V 带传动 Ⅴ—电动机

如图 2-2 所示的带式运输机，其电动机所需的工作功率为

$$P_0 = \frac{P_w}{\eta_{\Pi}}$$

$$P_w = \frac{Fv}{1000}$$

式中 P_w——工作机的输出功率（kW）；

F——输送带的有效拉力（N）；

v——输送带的线速度（m/s）；

η_{Π}——电动机到工作机输送带间的总效率。

η_{Π} 为组成传动装置和工作机的各运动副或传动副的效率乘积，包括齿轮传动、蜗杆传动、带传动、链传动、输送带及卷筒、轴承、联轴器等。

$$\eta_{\Pi} = \prod_{i=1}^{n} \eta_i$$

式中 n——产生效率的运动副、传动及联轴器的总数。

各种机械的传动效率概略值见表 2-1。

表 2-1　机械传动效率概略值

种　类		效率 η
圆柱齿轮传动	经过跑合的 6 级精度和 7 级精度齿轮传动（油润滑）	0.98 ~ 0.99
	8 级精度的一般齿轮传动（油润滑）	0.97
	9 级精度的齿轮传动（油润滑）	0.96
	加工齿的开式齿轮传动（脂润滑）	0.94 ~ 0.96
	铸造齿的开式齿轮传动	0.90 ~ 0.93
锥齿轮传动	经过跑合的 6 级和 7 级精度的齿轮传动（油润滑）	0.97 ~ 0.98
	8 级精度的一般齿轮传动（油润滑）	0.94 ~ 0.97
	加工齿的开式齿轮传动（脂润滑）	0.92 ~ 0.95
	铸造齿的开式齿轮传动	0.88 ~ 0.92
蜗杆传动	自锁蜗杆（油润滑）	0.40 ~ 0.45
	单头蜗杆（油润滑）	0.70 ~ 0.75
	双头蜗杆（油润滑）	0.75 ~ 0.82
	三头和四头蜗杆（油润滑）	0.80 ~ 0.92
联轴器	弹性联轴器	0.99 ~ 0.995
	十字滑块联轴器	0.97 ~ 0.99
	齿轮联轴器	0.99
	万向联轴器（$\alpha > 3°$）	0.95 ~ 0.99
	万向联轴器（$\alpha \leqslant 3°$）	0.97 ~ 0.98
带传动	平带无张紧轮的传动	0.98
	平带有张紧轮的传动	0.97
	平带交叉传动	0.90
	V 带传动	0.96
链传动	片式销轴链	0.95
	滚子链	0.96
	齿形链	0.97
滑动轴承	润滑不良	0.94（一对）
	润滑正常	0.97（一对）
	润滑很好（压力润滑）	0.98（一对）
	液体摩擦润滑	0.99（一对）
滚动轴承	球轴承	0.99（一对）
	滚子轴承	0.98（一对）
丝杠传动	滑动丝杠	0.30 ~ 0.60
	滚动丝杠	0.85 ~ 0.95
	卷筒	0.94 ~ 0.97

2.3.3 电动机转速的确定

三相异步电动机的转速通常有750r/min、1000r/min、1500r/min、3000r/min四种同步转速。电动机同步转速越高，极对数越少，结构尺寸越小，电动机价格越低，但是在工作机转速相同的情况下，电动机同步转速越高，传动比越大，使传动装置的尺寸越大，传动装置的制造成本越高；反之电动机同步转速越低，则电动机结构尺寸越大，电动机价格越高，但传动装置的总传动比小，传动装置尺寸也小，传动装置的价格低。所以，一般应该分析、比较，综合考虑。计算时从工作机的转速出发，考虑各种传动的传动比范围，计算出要选择电动机的转速范围。电动机常用的同步转速为1000r/min、1500r/min。

设输送机滚筒的工作转速为n_w，则

$$n_w = \frac{1000 \times 60v}{\pi d}$$

$$n_0 = n_w i_\Pi = n_w \prod_{j=1}^{k} i_j$$

式中 v——输送带的线速度（m/s）；

d——卷筒直径（mm）；

i_Π——总传动比；

n_0——应该选用的电动机的满载转速的计算值（r/min）；

i_j——第j个传动的传动比。

各种传动比的范围见表2-2。

表2-2 各种机械传动的传动比范围

传动类型	传动比		传动类型	传动比	
	常用范围	最大值		常用范围	最大值
平带传动	2~3	≤5	锥齿轮传动		
V带传动	2~4	≤7	1）开式传动	2~4	≤8
圆柱齿轮传动			2）单级减速器	2~3	≤6
1）开式传动	3~7	≤15	蜗杆传动		
2）单级减速器	3~6	≤10	1）开式传动	15~60	≤120
3）单级外啮合和内啮合行星减速器	3~9	≤14	2）单级减速器	10~40	≤80
4）两级减速器	8~40	≤60	链传动	2~6	≤8
圆锥-圆柱齿轮减速器	10~25	≤40	摩擦轮传动	2~4	≤8

电动机的类型、同步转速、满载转速、容量及结构确定后便可以在电动机的产品目录或设计手册中选定电动机的具体型号、性能参数及结构尺寸（电动机的中心高、外形尺寸、轴伸尺寸等），并做好记录，以备后续查用。

2.4　计算传动装置的总传动比和分配各级传动比

传动装置总传动比 i_{Π} 由已经选定的电动机满载转速 n_d 和工作机的工作转速确定：

$$i_{\Pi} = \frac{n_d}{n_w}$$

式中各符号含义同前。另外，转动装置的传动比等于各级传动的传动比连乘积，即

$$i_{\Pi} = \prod_{j=1}^{k} i_j$$

因此，在总传动 i_{Π} 相同的情况下，各级传动比 $i_1 i_2 i_3 \cdots i_j \cdots i_n$ 有无穷多解，但因每级传动比都有一定范围，所以，应该进行传动比的合理分配。分配传动比时应注意以下几方面问题：

1）各级传动比均应在推荐值范围内，以符合各种传动形式的特点，并使结构紧凑。

2）各级传动比的选值应使传动件尺寸协调，结构匀称合理。如果传动装置由普通 V 带传动和齿轮减速器组成，则带传动的传动比不宜过大。若带传动的传动比过大，会使大带轮的外圆半径（$d_a/2$）大于齿轮减速器的中心高（H），造成尺寸不合理，不易安装，如图 2-3 所示。

3）各级传动比的选值应使各传动件及轴彼此不发生干涉。例如，在两级圆柱齿轮减速器中，若高速级传动比过大，会使高速级的大齿轮齿顶圆与低速级输出轴相干涉，如图 2-4 所示。

4）各级传动比的选值应使各级大齿轮浸油深度合理。低速级大齿轮浸油稍

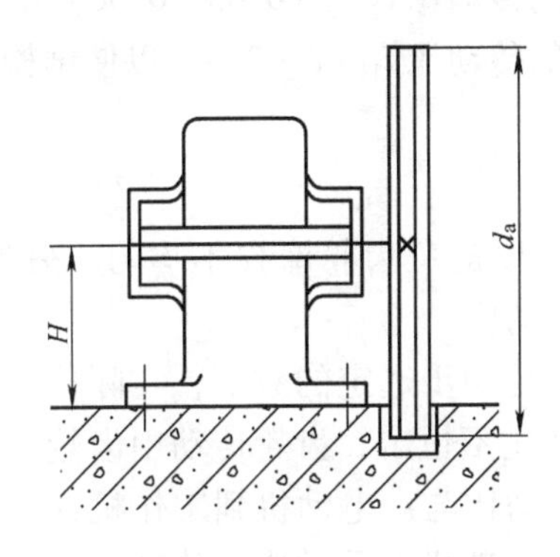

图 2-3　带轮过大与地基相碰

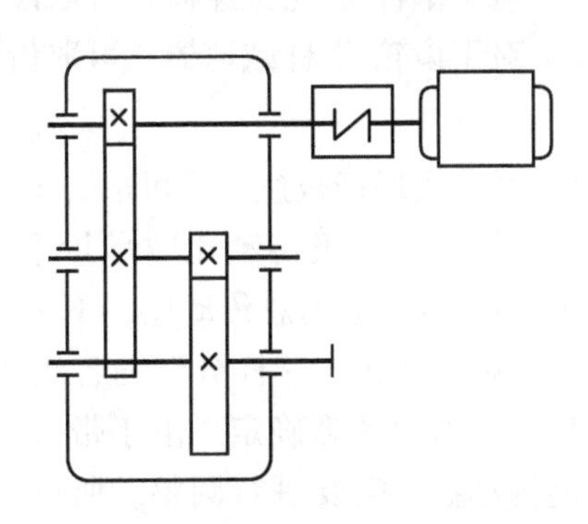

图 2-4　高速级齿轮过大与低速轴干涉

深，高速级大齿轮浸油约一个齿高。为此应使两大齿轮的直径相近，且低速级大齿轮直径略大于高速级大齿轮直径，通常在展开式二级圆柱齿轮减速器中，低速级中心距大于高速级中心距。由于高速级传动的动力参数转矩 T、力 F 比低速级的小，所以高速级传动零件的尺寸比低速级传动零件的尺寸小，为使两大齿轮的直径相近，应使高速级传动比大于低速级传动比，如图 2-5 所示。

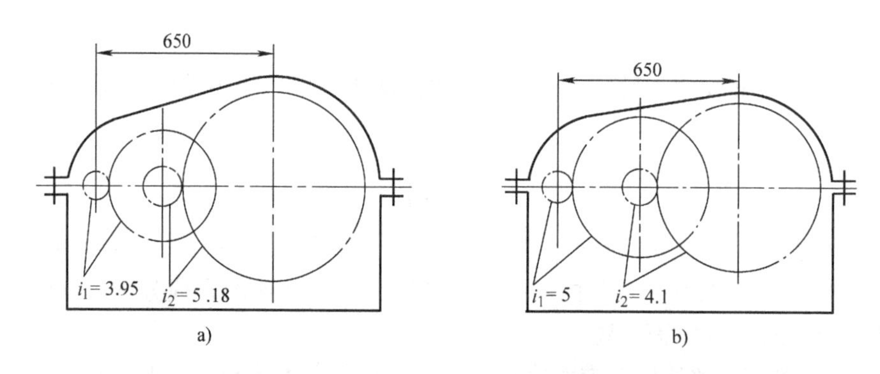

图 2-5 传动比不同时两级传动大齿轮直径的差别

根据以上原则，下面给出分配传动比的方法和参考数据：

1）对展开式二级圆柱齿轮减速器，可取 $i_1=(1.3\sim1.4)\ i_2$，即 $i_1=\sqrt{(1.3\sim1.4)\ i_{\Pi}}$，其中 i_1 为高速级传动比，i_2 为低速级传动比，i_{Π} 为总传动比，i_1、i_2 均应在推荐的范围内。

2）对同轴式二级圆柱齿轮减速器，可取 $i_1=i_2=\sqrt{i_{\Pi}}$。

3）对圆锥-圆柱齿轮减速器，可取锥齿轮传动的传动比 $i_1=0.25i_{\Pi}$，并尽量使 $i_1\leqslant3$，以保证大锥齿轮尺寸不至于过大，便于加工。同时也避免大锥齿轮与低速轴干涉。

4）对于蜗杆-齿轮减速器，可取齿轮传动的传动比 $i_2\approx(0.03\sim0.06)\ i_{\Pi}$。

5）对于齿轮-蜗杆减速器，可取齿轮传动的传动比 $i_1\approx2\sim2.5$，以使结构紧凑。

6）对二级蜗杆减速器，可取 $i_1=i_2=\sqrt{i_{\Pi}}$。

应该注意，各级传动比应尽量不取整数，以避免齿轮磨损不均匀。另外，以上 i_{Π} 为啮合传动的总传动比，不包括其他传动比。

应该强调指出，这样分配的各级传动比只是初步选定的数值，实际传动比要由传动件参数计算确定。由于带传动的传动比不恒定，齿轮传动中齿轮的齿数不能为小数，需要进行圆整。所以，实际传动比与由电动机到工作机计算出来的传动系统要求的传动比会有一定的误差。一般机械传动中，传动比误差要求在 ±5% 的范围之内。

2.5 传动装置的运动、动力参数计算

传动装置的运动、动力参数包括各个轴的转速、功率、转矩等。当选定电动机型号、分配传动比之后，应将传动装置中各轴的运动、动力参数计算出来，为传动零件和轴的设计计算做准备。现以图 2-2 所示的两级圆柱齿轮减速传动装置为例，说明运动和动力参数的计算。

设 n_0、n_1、n_2、n_3、n_w 分别为 0、1、2、3 轴及工作机轴的转速，单位为 r/min；P_0、P_1、P_2、P_3、P_w 分别为 0、1、2、3 轴及工作机轴传递的功率，单位为 kW；T_0、T_1、T_2、T_3、T_w 分别为 0、1、2、3 轴及工作机轴传递的转矩，单位为 N · m；$i_{0\text{-}1}$、$i_{1\text{-}2}$、$i_{2\text{-}3}$、$i_{3\text{-}w}$分别为电动机到 1 轴、1 轴到 2 轴、2 轴到 3 轴、3 轴到工作机轴的传动比；$\eta_{0\text{-}1}$、$\eta_{1\text{-}2}$、$\eta_{2\text{-}3}$、$\eta_{3\text{-}w}$分别为电动机到 1 轴、1 轴到 2 轴、2 轴到 3 轴、3 轴到工作机轴的传动效率。

应该注意，一般情况下，标准中没有正好适合所设计传动的电动机，所以，电动机的额定功率选择得都比工作机需要的功率大。计算各轴的传动参数时，如果从电动机开始向工作机计算，则所设计机器的传动能力比实际要求的工作能力强，造成浪费。所以，在有过载保护的传动装置（如带传动等）中，应该以工作机的输入功率作为设计功率；如果没有过载保护，则应以电动机的额定功率作为设计功率。或者遵循下面原则：通用机械中常以电动机的额定功率作为设计功率，专用机械或者工况一定的机械中则以工作机的功率（电动机的实际输出功率）作为设计功率。设计时应具体情况具体分析。

现以图 2-2 所示的传动为例，对传动参数的计算加以说明。

1. 各轴转速

$$n_0 = n_m$$

$$n_1 = \frac{n_m}{i_{0\text{-}1}}$$

$$n_2 = \frac{n_1}{i_{1\text{-}2}} = \frac{n_m}{i_{0\text{-}1}i_{1\text{-}2}}$$

$$n_3 = \frac{n_2}{i_{2\text{-}3}} = \frac{n_m}{i_{0\text{-}1}i_{1\text{-}2}i_{2\text{-}3}}$$

$$n_w = \frac{n_3}{i_{3\text{-}w}} = \frac{n_m}{i_{0\text{-}1}i_{1\text{-}2}i_{2\text{-}3}i_{3\text{-}w}}$$

2. 各轴功率

$$P_1 = P_0\eta_{0\text{-}1}$$

$$P_2 = P_1\eta_{1\text{-}2} = P_0\eta_{0\text{-}1}\eta_{1\text{-}2}$$

$$P_3 = P_2\eta_{2\text{-}3} = P_0\eta_{0\text{-}1}\eta_{1\text{-}2}\eta_{2\text{-}3}$$

$$P_w = P_3\eta_{3\text{-}w} = P_0\eta_{0\text{-}1}\eta_{1\text{-}2}\eta_{2\text{-}3}\eta_{3\text{-}w}$$

3. 各轴转矩

$$T_1 = 9550\frac{P_1}{n_1} = 9550\frac{P_0}{n_m}i_{0\text{-}1}\eta_{0\text{-}1}$$

$$T_2 = 9550\frac{P_2}{n_2} = 9550\frac{P_0}{n_m}i_{0\text{-}1}i_{1\text{-}2}\eta_{0\text{-}1}\eta_{1\text{-}2}$$

$$T_3 = 9550\frac{P_3}{n_3} = 9550\frac{P_0}{n_m}i_{0\text{-}1}i_{1\text{-}2}i_{2\text{-}3}\eta_{0\text{-}1}\eta_{1\text{-}2}\eta_{2\text{-}3}$$

$$T_w = 9550\frac{P_w}{n_w}$$

应该注意，这里 $\eta_{0\text{-}1}$ 为带传动的效率；$\eta_{1\text{-}2} = \eta_{滚}\ \eta_{齿}$、$\eta_{2\text{-}3} = \eta_{滚}\ \eta_{齿}$，为滚动轴承效率与齿轮传动的效率的乘积；$\eta_{3\text{-}w} = \eta_{滚}\ \eta_{联}$，为滚动轴承效率与联轴器效率的乘积。

第 3 章　传动零件的设计计算

传动零件的设计计算包括确定传动零件的材料、热处理方法、参数、尺寸和主要结构，为装配草图的设计做准备。各传动零件的设计计算方法，可参看机械设计教材有关内容。下面仅就传动零件设计计算的要求和应注意的问题作简要说明。

3.1　减速器外传动零件的设计计算

减速器外的传动，一般常用带传动、链传动或开式齿轮传动。设计时需要注意传动零件与其他部件的协调问题。由于带传动是最常用的减速器外传动，这里以带传动为例说明减速器外传动零件设计计算的原则和方法。

设计带传动时，应注意检查带轮尺寸与传动装置外廓尺寸的相互关系，例如，小带轮外圆半径是否大于电动机中心高而与地基发生干涉（见图 3-1），大带轮外圆半径是否过大造成带轮与机器底座相干涉（见图 2-3）等。还要注意带轮轴孔尺寸与电动机轴或减速器输入轴尺寸是否相适应。

带轮直径确定后，应验算带传动实际传动比和大带轮转速，并以此修正减速器传动比和输入转矩。

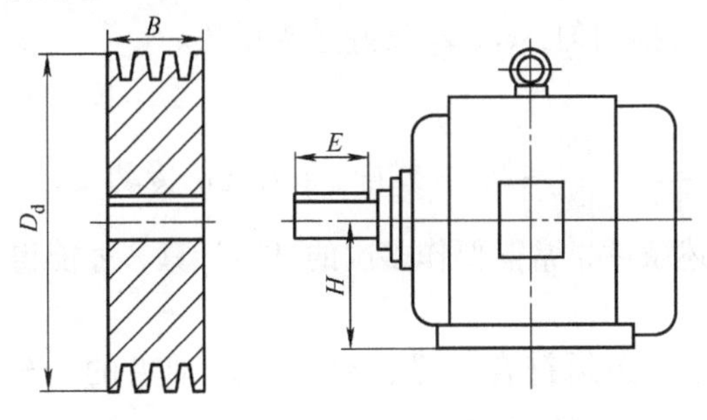

图 3-1　带轮尺寸与电动机尺寸不协调

3.2　减速器内传动零件的设计计算

3.2.1　减速器内传动零件设计的参数选择

减速器内传动零件的设计计算方法及结构设计主要应注意以下几点：

1. 材料的选择

齿轮材料应考虑毛坯制造方法和齿轮尺寸。齿轮直径较大时，多用铸造毛坯，应选铸钢、铸铁材料；小齿轮分度圆直径 d 与轴的直径 d_s 相差很小（$d<1.8d_s$）时，可将齿轮与轴做成一体，称为齿轮轴，选择材料时应兼顾轴的要求；同一减速器中各级传动的小齿轮（或大齿轮）的材料，没有特殊情况应选用相同牌号，以减少材料品种和工艺要求。

2. 齿面硬度的选择

锻钢齿轮分软齿面（硬度≤350HBW）和硬齿面（硬度>350HBW）两种，应按工作条件和尺寸要求来选择齿面硬度，大小齿轮的齿面硬度差一般为：软齿面齿轮：$HBW_1-HBW_2\approx30\sim50HBW$；硬齿面齿轮：$HRC_1\approx HRC_2$；脚注 1 为小齿轮，脚注 2 为大齿轮。

3. 齿数 z 的选择

对于压力角为20°的标准渐开线直齿圆柱齿轮，不发生根切的最少齿数 $z_{min}=17$；标准斜齿圆柱齿轮不发生根切的最少齿数 $z_{min}=17\cos^3\beta$，选择齿数时应避免根切。

在以传递动力为主的闭式齿轮传动中，一般转速较高，为了提高传动的平稳性并减小切削量，在齿根弯曲强度满足要求的前提下，齿数越多越好，一般可取 $z_1=20\sim40$；开式齿轮传动一般转速较低，齿面磨损会使轮齿的抗弯能力降低，为使轮齿不至过小，小齿轮齿数不宜选用过多，一般可取 $z_1=17\sim20$；而对于以传递运动为主的精密齿轮传动，最少齿数可以为 14，以获得紧凑的结构，但齿数过少，传动平稳性和啮合精度降低。因此，在一般情况下，最少齿数不得小于 12。为了使磨损均匀，z_1、z_2 最好互为质数。

4. 传动比误差

传动比误差 $\Delta i=\left|\frac{i-i'}{i}\right|\leqslant2\%$，式中，$i$ 为理论传动比，i'为实际传动比。

为同时满足上述条件，常需要作多次的试凑计算，才能得到满意的结果。

5. 模数

模数 m（或 m_n）必须符合标准，对于传递动力的齿轮，m（或 m_n）$\geqslant$ 1.5mm。

6. 螺旋角

螺旋角最好为 $8°<\beta<20°$。

7. 齿宽系数

齿宽系数的选择取决于齿轮在轴上的位置。齿轮在轴上相对于轴承对称布置时，取大值；悬臂时取小值。

3.2.2　齿轮传动几何尺寸计算

1. 正确配凑中心距 a

中心距的个位数字最好为“0”或“5”。且 a 的最后计算值精确到小数点后两位，因为中心距一般标有公差，其公差多为小数点后 2～4 位，例如 $a=140.00\pm0.0315\text{mm}$，为此，相关分度圆的取值也应精确到小数点后两位。

2. 齿轮理论计算所得参数及几何尺寸的圆整

齿轮传动理论计算所得值一般常为非整数，且小数点后位数较多，甚至是无限循环或无限不循环小数，这将给设计、计算、制造等带来很大不便，必须圆整。例如，为保证配凑中心距的精度，其分度圆直径 d、齿顶圆直径 d_a（齿顶圆也有公差，例如 $d_a=60.96_{-0.19}^{\ 0}$）、齿根圆直径 d_f 均应保留小数点后两位，端面模数 m_t 则至少应保留小数点后5位，以保证螺旋角 β 的计算更精确。螺旋角 β 和全齿高 h 应保留小数点后3位。直齿锥齿轮的节锥距 R 不要求圆整，按模数和齿数精确计算到“μm”，节锥角 δ 应精确到“″”。

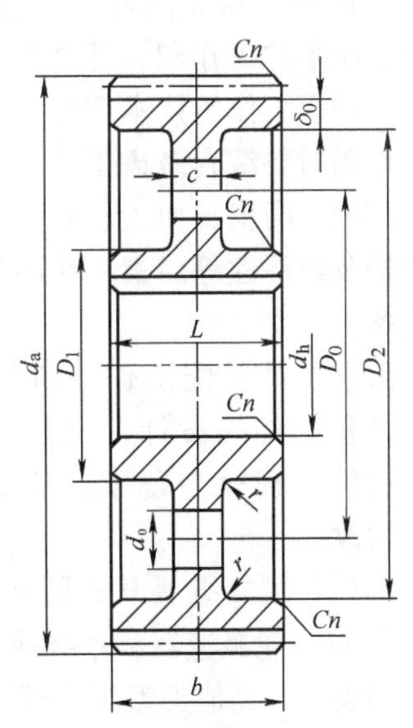

图3-2　齿轮结构尺寸及经验公式

$L=(1.2\sim1.5)\ d_h$，且 $L\geqslant6$　$D_1=1.6d_h$

$\delta_0=(2.5\sim4)\ m_n$，但不小于8mm　$D_0=0.5\ (D_1+D_2)$，$d_0=0.25\ (D_2-D_1)$

$C=0.3b$，$n=0.5m_n$

齿轮结构其他尺寸（见图3-2）中腹板轮的轮毂长 L、轮毂外径 D_1、轮缘内径 D_2 及腹板厚 c 等尺寸，一般根据经验公式进行设计计算，所得计算值一般为非整数，也应进行圆整，尽量采用优先数系中的数或个位数为“0”或“5”等数值，以便于设计、制造、装配与检验等。

另外，减速器内传动零件的设计计算常需反复试算才能得到满意的结果。除齿轮传动中心距需要配凑外，蜗杆传动的相对滑动速度粗略估算，并且在传动尺寸确定后进行校验或修正。

第 4 章　减速器装配草图的设计

减速器装配图表达了减速器的设计构思、工作原理和装配关系，也表达出各零部件间的相互位置、尺寸及结构形状，它是绘制零件工作图、部件组装、安装、调试及维护等工作的技术依据。设计减速器装配工作图时要综合考虑工作要求、材料、强度、刚度、磨损、加工、装拆、调整、润滑和维护及经济性等因素，并用足够的视图表达清楚。

由于设计装配工作图所涉及的内容较多，既包括结构设计又包括校验计算，因此，设计过程较为复杂，常常是边画、边算、边改。

本章介绍二级展开式圆柱齿轮减速器、圆锥-圆柱齿轮减速器和单级蜗杆减速器的装配草图设计，其他类型减速器装配草图的设计与之类似，可参考本章进行。

设计减速器装配工作图按图 4-1 所示步骤进行。

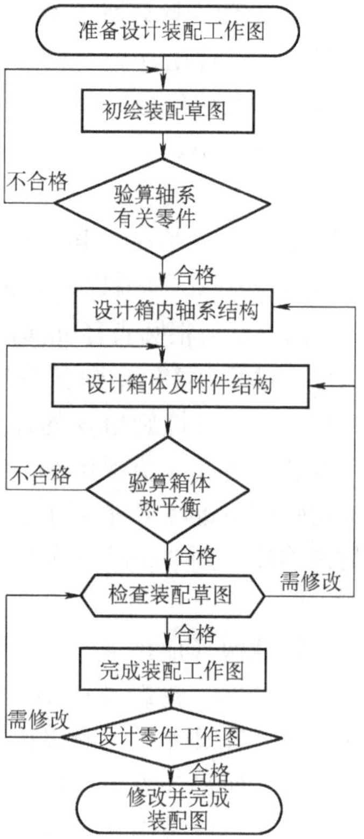

图 4-1　设计减速器装配工作图步骤

4.1　减速器装配草图设计的准备

在画草图之前，应认真读懂一张相关典型减速器的装配图，观看有关减速器的录像，参观并装拆实际减速器，以便深入了解减速器各零部件的功用、结构和相互关系，做到对设计内容心中有数。除此之外，应事先完成以下几方面工作。

在电动机、传动件选定和设计计算完成后，应该选择联轴器的类型、轴承类型，确定轴承的润滑方式和箱体的结构方案，记录齿轮传动的中心距、分度圆和齿顶圆的直径、齿轮宽度及电动机轴伸直径 D、轴伸长度 E、中心高度 H 等有关参数，以备后面使用。

初步确定滚动轴承的润滑方式时，主要考虑齿轮传动的圆周速度。当浸浴在油池中齿轮的圆周速度 v 为 2 ~ 3m/s 时，轴承可采用齿轮转动时飞溅的润滑油进行润滑；当 $v \leqslant 2\text{m/s}$ 时，轴承应采用润滑脂润滑，并根据轴承的润滑方式和工作环境条件选定轴承的密封形式。

减速器的箱体是支承齿轮等传动零件的基座，必须具有很好的刚性，以免产生过大的变形而引起齿轮上载荷分布的不均。为此，在轴承座凸缘的下部设有加强肋。箱体多制成剖分式，剖分面一般水平设置，并与通过齿轮或蜗轮轴线的平面重合。

由于箱体的结构形状比较复杂，对箱体的强度和刚度进行计算极为困难，故箱体的各部分尺寸多借助于经验公式来确定。按经验公式计算出尺寸后应将其圆整。有些尺寸应根据结构要求适当修改。

图 1-1 ~ 图 1-3 为目前常见的铸造箱体结构图，其各部分尺寸按表 4-1 所列公式确定。

表 4-1 减速器铸造箱体结构尺寸 （单位：mm）

名 称	代号	荐用尺寸关系			
		圆柱齿轮减速器		圆锥齿轮减速器	蜗杆减速器
下箱座壁厚	δ	一级	$\delta = 0.025a^{\text{①}} + 1 \geqslant 8$	$0.0125(d_{1m} + d_{2m}) + 1 \geqslant 8$ 或 $0.01(d_1 + d_2) + 1 \geqslant 8$	$\delta = 0.04a + 3 \geqslant 8$
		二级	$\delta = 0.025a^{\text{①}} + 3 \geqslant 8$		
上箱座壁厚	δ_1	一级 / 二级	$\delta_1 = 0.85\delta \geqslant 8$	$\delta_1 = 0.8\delta \geqslant 8$	蜗杆在下：$\delta_1 = 0.85\delta \geqslant 8$ 蜗杆在上：$\delta_1 = \delta \geqslant 8$
下箱座剖分面处凸缘厚度	b	$b = 1.5\delta$			
上箱座剖分面处凸缘厚度	b_1	$b_1 = 1.5\delta_1$			
地脚螺栓底脚厚度	p	$p = 2.5\delta$			
箱座上的肋厚	m	$m > 0.85\delta$			
箱盖上的肋厚	m_1	$m_1 > 0.85\delta_1$			
地脚螺栓直径 地脚螺栓通孔直径 地脚螺栓沉头座直径 底脚凸缘尺寸（扳手空间）	d_ϕ d_ϕ' D_0 L_1 L_2	圆柱齿轮 a 或 $a_1 + a_2$ 圆锥-圆柱 $R + a$	$\leqslant 300$	$\leqslant 400$	$\leqslant 600$
		蜗杆 a	$\leqslant 200$	$\leqslant 250$	$\leqslant 350$
		d_ϕ	M16	M20	M24
		d_ϕ'	20	25	30
		D_0	45	48	60
		L_1	27	32	38
		L_2	25	30	35

（续）

名　称	代号	荐用尺寸关系			
地脚螺栓数目	n	齿轮	6		
		蜗杆	4		
轴承旁连接螺栓（螺钉）直径 轴承旁连接螺栓通孔直径 轴承旁连接螺栓沉头座直径 剖分面凸缘尺寸（扳手空间）	d_1 d_1' D_0 c_1 c_2	圆柱齿轮 a 或 a_1+a_2 圆锥-圆柱 $R+a$	≤300	≤400	≤600
		蜗杆 a	≤200	≤250	≤350
		d_1	M12	M16	M20
		d_1'	13.5	17.5	22
		D_0	26	32	40
		c_1	20	24	28
		c_2	16	20	24
上下箱连接螺栓（螺钉）直径 上下箱连接螺栓通孔直径 上下箱连接螺栓沉头座直径 箱缘尺寸（扳手空间）	d_2 d_2' D_0 c_1 c_2	圆柱齿轮 a 或 a_1+a_2 圆锥-圆柱 $R+a$	≤300	≤400	≤600
		蜗杆 a	≤200	≤250	≤350
		d_2	M10	M12	M16
		d_2'	11	13.5	17.5
		D_0	24	26	32
		c_1	18	20	24
		c_2	14	16	20
轴承盖螺钉直径	d_3	$d_3=(0.4\sim0.5)d_{\phi}$			
检查孔盖连接螺栓直径	d_4	$d_4=(0.3\sim0.4)d_{\phi}\geqslant6$			
圆锥定位销直径	d_5	$d_5\approx0.8d_2$			
减速器中心高	H	$H\approx(1\sim1.12)a$[1]			
轴承旁凸台高度	h	根据低速轴轴承座外径 D_2 和 Md_1 扳手空间 c_1 的要求，由结构确定			
轴承旁凸台半径	R_8	$R_8\approx c_2$			
轴承端盖（即轴承座）外径	D_2	$D_2=$ 轴承孔直径 $D+(5\sim5.5)d_3$			
轴承旁连接螺栓距离	S	以螺栓 Md_1 和螺钉 Md_2 互不干涉为准尽量靠近，一般取 $S\approx D_2$			
箱体外壁至轴承座端面的距离	K	$K=c_1+c_2+(5\sim8)\text{mm}$			
轴承座孔长度（即箱体内壁至轴承座端面的距离）		$K+\delta$			

（续）

名　　称	代号	荐用尺寸关系
大齿轮顶圆与箱体内壁间距离	Δ_1	$\Delta_1 \geqslant 1.2\delta$
齿轮端面与箱体内壁间的距离	Δ_2	$\Delta_2 \geqslant \delta$

① 多级传动时，取低速级中心距的值。

4.2　两级圆柱齿轮减速器装配草图设计

现以两级圆柱齿轮减速器为例，说明初绘减速器装配草图（见图4-2）的大致步骤。

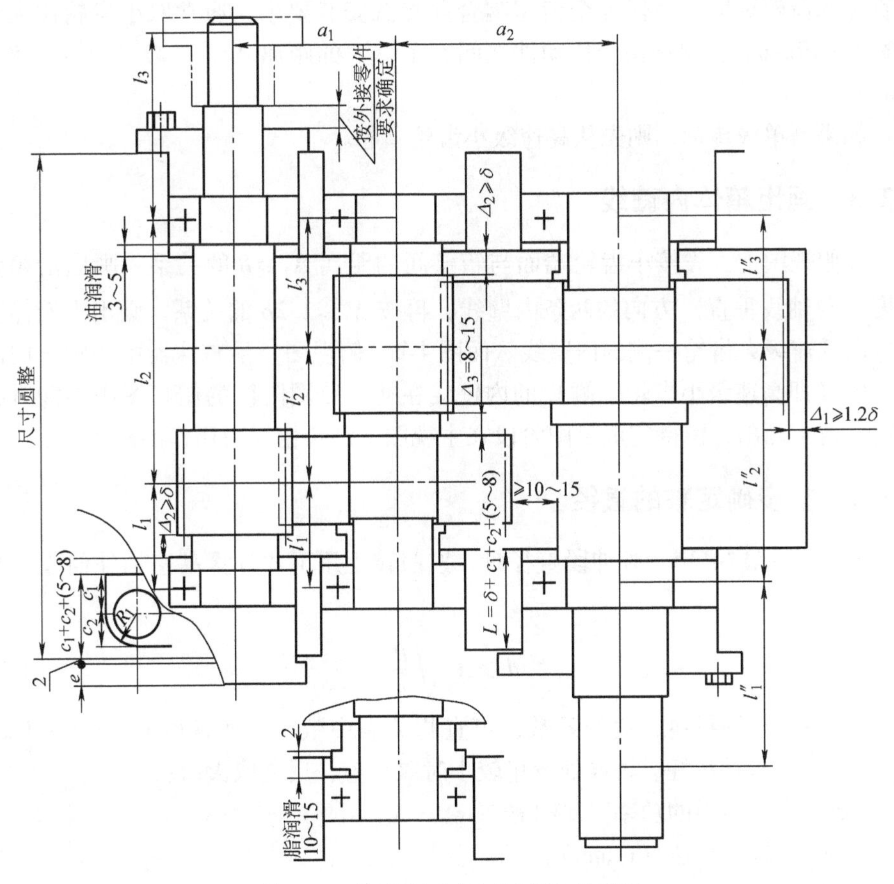

图4-2　两级圆柱齿轮减速器初绘草图

4.2.1 选择比例，合理布置图面

装配图应该用A0或A1号图纸，采用合适的比例尺绘制，并且应符合机械制图的国家标准。如果是学生的课程设计，则应该在绘制正式图之前先画草图，然后抄成正式图。

在绘制开始时，可根据减速器内传动零件的特性尺寸（如中心距a）估计减速器的轮廓尺寸，并考虑标题栏、零件明细表、零件序号、尺寸标注及技术条件等所需空间，做好图面的合理布局。减速器装配图一般多用三个视图来表达（必要时另加剖视图或局部视图）。布置好图面后，将中心线（基准线）画出。

4.2.2 传动零件位置及轮廓的确定

如果是两级传动，则在俯视图上画出中间轴上两齿轮的轮廓尺寸，即齿顶圆直径和齿轮宽度。为保证全齿宽啮合并降低安装要求，通常取小齿轮比大齿轮宽5～10mm。且保证两个传动件之间有足够大的距离Δ_3，一般可取$\Delta_3=8\sim15$mm。

如果是单级传动，则先从高速级小齿轮画起。

4.2.3 画出箱体内壁线

在俯视图上，先按小齿轮端面与箱壁间的距离$\Delta_2\geqslant\delta$的关系，画出沿箱体长度（与轴线垂直）方向的两条内壁线，再按$\Delta_1\geqslant1.2\delta$的关系，画出沿箱体宽度方向低速级大齿轮一侧的内壁线。而图4-2（俯视图）沿减速器中心距方向的另一侧（即高速级小齿轮一侧）的内壁线在初绘草图阶段的俯视图中不能直接确定，暂不画出，留待完成草图阶段在主视图上结合俯视图用作图法确定。

4.2.4 初步确定轴的直径

1）初步确定高速轴外伸段直径时，按照转矩用下式计算高速轴外伸段（最细处）直径：

$$d\geqslant C\sqrt[3]{\frac{P}{n}} \tag{4-1}$$

式中 C——与轴材料有关的系数，可查相关表中数据，通常取$C=106\sim160$，当材料好、轴伸处弯矩较小时取小值，反之取大值；

P——轴传递的功率（kW）；

n——轴的转速（r/min）。

当轴上有键槽时，应适当增大轴径：单键增大3%～5%，双键增大7%～

10%，并圆整成标准直径，然后进行该轴的结构设计。

2）低速轴外伸段轴径按式（4-1）初步确定，并按上述方法加以圆整并取标准值。其长度应该结合该段轴上需要安装的轴上零件的轴向尺寸确定。若在该外伸段上安装联轴器，则根据计算转矩及初定的直径选出合适的联轴器型号，然后进行该轴的结构设计。

3）中间轴轴径也按式（4-1）初步确定，并以此直径为基础进行结构设计。一般情况下，中间轴轴承内径不应小于高速轴轴承内径。

4.2.5　轴的结构设计

轴的结构设计是在初定轴的最细处直径的基础上进行的，主要取决于轴上所装零件的尺寸、轴承的布置和轴承的密封种类。根据轴的结构设计原则，齿轮减速器的轴多做成阶梯轴（见图4-3）。轴肩可用于轴上零件的定位并传递轴向力，在设计阶梯轴时应力求台阶数量最少，以减少刀具调整次数，使之具有良好的加工工艺性（图4-3轴线上、下分别为a、b两种轴的结构方案）。

1）轴的径向尺寸的确定。当相邻两轴段直径发生变化形成轴肩以便固定轴上零件或承受轴向力时，其直径变化值要大些，如图4-3中直径 d 和 d_1、d_4 和 d_5、d_5 和 d_6（b方案）的变化。

当两相邻轴段直径的变化仅仅是为了轴上零件装拆方便或区别加工表面时，其直径变化值应较小，甚至采用同一公称直径而取不同的公差值来实现，如图4-3中直径 d_1 和 d_2、d_2 和 d_3、d_3 和 d_4 的变化。在这种情况下，相邻轴径差取

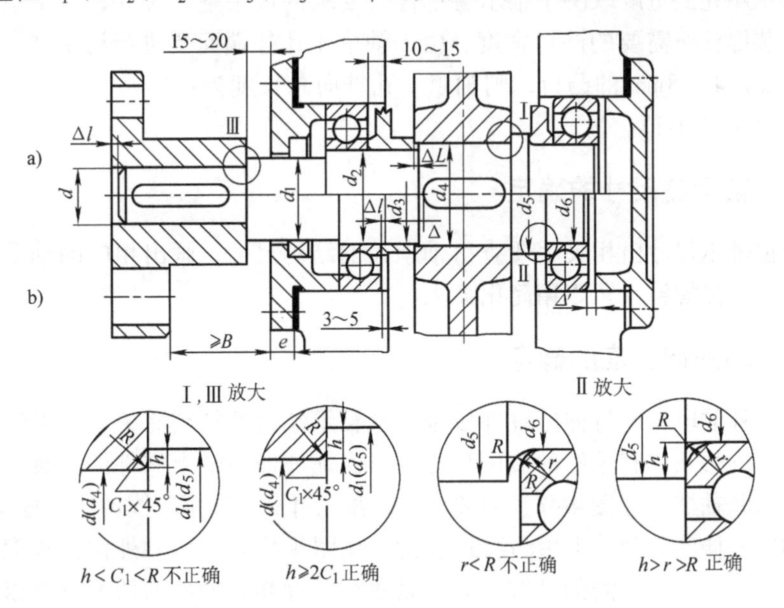

图4-3　阶梯轴的结构

1～3mm 即可。当轴上装有滚动轴承、毡圈密封、橡胶密封等标准件时，轴径应取相应的标准值（如直径 d_1、d_2、d_6 的尺寸）。

2）轴的轴向尺寸的确定。轴上装有轴上零件时，轴上零件对应的轴的长度由轴上零件宽度及其他结构要求确定。当轴上零件需要用套筒等零件轴向固定时，该段轴的长度应略小于其轮毂宽度（1～3mm），以保证不至于由于加工误差而造成轴上零件固定不可靠。

轴上装有平键时，键的长度应略小于轴上零件（齿轮、蜗轮、带轮、链轮、联轴器等）对应的轴段长度，一般平键长度比该段轴的长度短 5～10mm，放在该段轴的中间，并圆整为标准值。

轴伸出箱体外的轴伸长度、与密封装置相接触的轴段长度，需要在轴承、轴承座孔宽度以及轴承透盖、轴伸出段上所装零件的位置确定之后定出。

4.2.6 轴承型号及尺寸的确定

根据上述轴的径向尺寸设计，可初步选定（试选）轴承型号及具体尺寸，同一根轴上的两轴承的型号一般应相同，以保证两轴承座孔尺寸相同，加工时应在镗床上一次加工完成，保证两轴孔有较高的同轴度。然后再根据轴承润滑方式定出轴承在轴承座孔内的轴向位置（见图 4-2 和图 4-3），画出轴承外廓。

4.2.7 轴承座孔宽度（轴向尺寸）的确定

轴承座孔的宽度取决于轴承旁螺栓所要求的扳手空间尺寸，扳手空间尺寸即为安装螺栓所需要的凸台宽度。由于轴承座孔外端面要进行切削加工，应有再向外突出 5～8mm 的凸台，则轴承座孔轴向总长度为：$L=\delta+c_1+c_2+(5\sim8)$ mm（见图 4-2）。

4.2.8 轴承盖尺寸的确定

根据轴承尺寸由相关手册查得轴承盖的结构尺寸，画出相应的轴承盖具体结构及其联接螺钉（可以用简化画法）。

4.2.9 轴外伸长度的确定

轴的外伸段长度与伸出段外接零件及轴承端盖的结构有关，如果轴端装有联轴器，则必须留有足够的装配尺寸，以保证外伸段轴上零件的装拆。例如弹性套柱销联轴器（见图 4-4a）就要求有装配尺寸 A。采用不同的轴承端盖结构，将影响轴外伸的长度。当用凸缘式端盖（见图 4-4b）时，轴外伸段长度还必须考虑拆卸端盖螺钉所需的足够空间，以便在不拆卸联轴器的情况下可以打开减速器箱盖。如果外接零件的轮毂不影响螺钉的拆卸（见图 4-4c）或采用嵌入式端盖，则 L 值可取小些，满足相对运动表面间的距离要求即可。

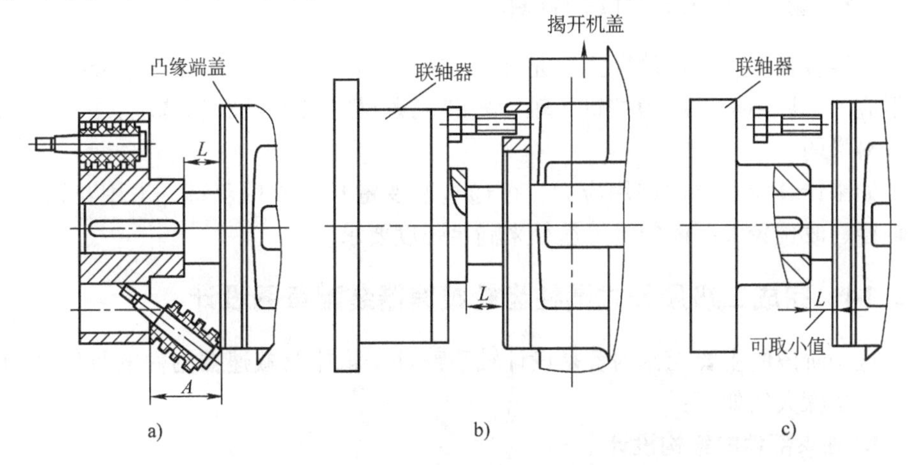

图 4-4　轴上外装零件与端盖间距离

4.2.10　轴上传动零件受力点及轴承支点的确定

按以上步骤初步绘制草图后，即可从草图上确定出轴上传动零件受力点位置和轴承支点间的距离 l_1、l_2、l_3，l'_1、l'_2、l'_3及 l''_1、l''_2、l''_3（见图 4-2）。传动零件的受力点一般取为齿轮、蜗轮、带轮、链轮等宽度的中点；柱销联轴器的受力点取为柱销受力宽度的中点；齿轮联轴器的受力点取为结合齿宽的中点；各类轴承的支点按轴承标准确定。

4.2.11　轴的校核计算

根据初绘装配草图阶段定出的结构和支点及轴上零件的力作用点，便可进行轴的受力分析，绘制弯矩图、转矩图及当量弯矩图，然后确定危险截面进行强度校核。

如果强度不足，应加大轴径；如强度足够且计算应力或安全系数与许用值相差不大，则以轴的结构设计时确定的轴径为准，除有特殊要求外，一般不再修改。

4.2.12　滚动轴承寿命的校核计算

滚动轴承的寿命最好与减速器的寿命或减速器的检修期（一般为 2 ~ 3 年）大致相符，如果算得的寿命不能满足规定的要求（寿命太短或过长），一般先考虑选用另一种宽度系列或直径系列的轴承，其次再考虑改变轴承类型。

4.2.13　键连接强度的校核计算

键连接强度的校核计算主要是验算它的挤压应力，使计算应力小于材料的许用应力。许用挤压应力按键、轴、轮毂三者材料强度最弱的选取，一般是轮毂材料最弱。

如果计算应力超过许用应力，可通过改变键长、改用双键、采用花键、加大轴径、改选较大剖面的键等途径来满足强度要求。

4.2.14　完成二级展开式圆柱齿轮减速器装配草图设计

这一阶段的主要工作内容是设计轴系部件、箱体及减速器附件的具体结构。其设计步骤大致如下：

1. 轴系部件的结构设计

1）画出箱内齿轮的具体结构。

2）画出滚动轴承的具体结构。

3）画出轴承盖的具体结构。

4）在轴承透盖处画出轴承密封件的具体结构。

5）画出挡油盘。

2. 减速器箱体的结构设计

在进行草图阶段的箱体结构设计时，有些尺寸（如轴承旁螺栓凸台 h、箱座高度 H 和箱缘连接螺栓的布置等）常需根据结构和润滑要求确定。下面分别阐述确定这些结构尺寸的原则和方法。

（1）轴承旁连接螺栓凸台高度 h 的确定　如图 4-5 所示，为尽量增大剖分式箱体轴承座的刚度，轴承旁连接螺栓的位置在与轴承盖连接螺钉及轴承孔不相干涉（距离为一个壁厚左右）的前提下，两螺栓距离 S 越小越好，通常取 $S \approx D_2$ 即可满足要求，其中 D_2 为轴承盖的外径。在轴承尺寸最大的那个轴承旁螺栓中心线确定后，随着轴承旁螺栓凸台高度的增加，c_1 值也在增加，当满足扳手空间的 c_1 值时，凸台的高度 h 就随之确定。扳手空间 c_1 和 c_2 值由螺栓直径确定。为制造方便，一般凸台高度均与由最大的 D_2 值所确定的高度一致。

（2）大、小齿轮端盖外表面圆弧 R 的确定　大齿轮所在一侧箱盖的外表面圆弧半径等于齿顶圆加齿顶圆到内壁距离再加上上箱体壁厚，即：$R = (d_a/2) + \Delta_1 + \delta_1$。一般情况下，轴承旁螺栓凸台均在上箱盖外表面圆弧之内，设计时按有关尺寸画出即可；而小齿轮所在一侧的箱盖外表面圆弧半径往往不能用公式计算，需根据结构作图确定，最好使小齿轮轴承旁螺栓凸台位于外表面圆弧之内，即 $R > R'$。在主视图上小齿轮一侧箱盖结构确定之后，将有关部分再投影到俯视图上，便可画出俯视图箱体内壁、外壁和箱缘等结构，如图 4-6 所示。

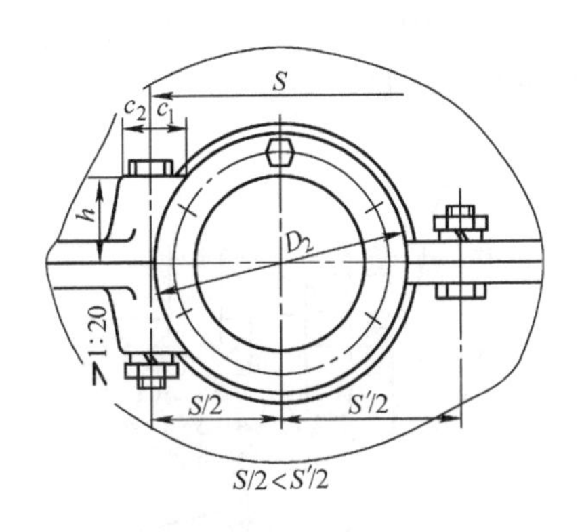

图 4-5　轴承旁螺栓凸台高度的确定

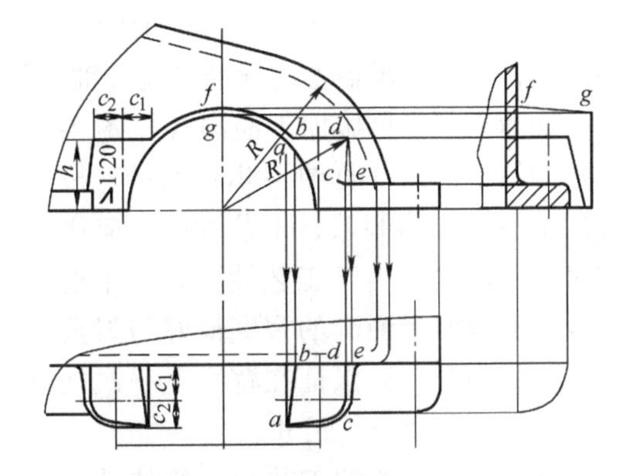

图 4-6　小齿轮端箱盖圆弧 R 的确定

(3) 箱缘连接螺栓的布置　为保证上、下箱体连接的紧密性，箱缘连接螺栓的间距不宜过大。由于中小型减速器连接螺栓数目较少，间距一般不大于 150mm；大型减速器可取 150 ~ 200mm。在布置上尽量做到均匀对称，满足螺栓连接的结构要求，注意不要与吊耳、吊钩和定位销等干涉。

(4) 油面及箱座高度 H 的确定　箱座高度 H 通常先按结构需要确定。为避免传动件回转时将油池底部沉积的污物搅起，大齿轮的齿顶圆到油池底面的距离应大于 30mm，一般为 30 ~ 50mm（见图 4-7）。

大齿轮在油池中的浸油深度为一个齿高，但不应小于 10mm。这样确定出的油面可作为最低油面。考虑到使用中油不断蒸发、损耗以及搅油损失等因素，还应确定最高油面，最高油面一般不大于传动件半径的 1/3（中小型减速器最高油面比最低油面高出 5 ~ 10mm）。当旋转件外缘线速度大于 12m/s 时，应考虑采用喷油润滑。

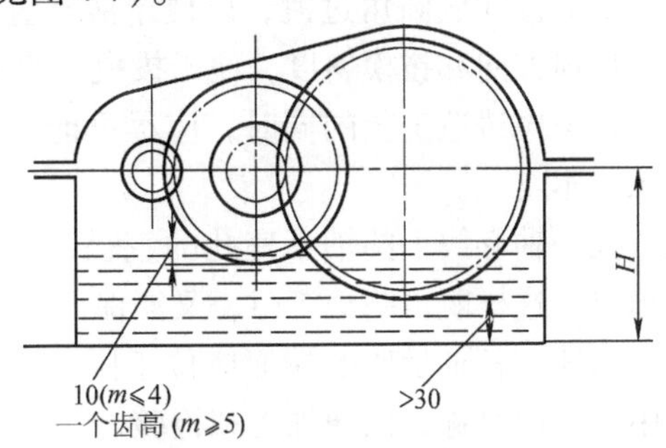

图 4-7　减速器油面及油池深度

根据以上原则确定油面的位置后，可以算出实际装油量 V，V 应大于或等于传动的需油量 V_0。若 $V < V_0$，则应将箱底面向下移，以增大油池深度，直至 $V > V_0$。一般按每级每千瓦 0.35 ~ 0.70dm^3 设计，其中小值用于低粘度油，大值用于高粘度油。然后再验算油池容积是否满足按传递功率所确定的需油量，如不满足则应适当加高箱座的高度。油池的容积越大，则油的性能维持得越久，润滑越好。

(5) 箱缘输油沟的结构形式和尺寸　当轴承利用齿轮飞溅起来的润滑油润

滑时，应在箱座的箱缘上开设输油沟，使溅起来的油沿箱盖内壁经斜面流入输油沟里，再经轴承盖上的导油槽流入轴承室润滑轴承（见图4-8）。

输油沟分为机械加工油沟（见图4-8a）和铸造油沟（见图4-8b）两种。机械加工油沟容易制造、工艺性好，应用较多；铸造油沟由于工艺性不好，用得较少。机械加工油沟的宽度最好与刀具的尺寸相吻合，以保证在宽度上一次加工就可以达到要求的尺寸。

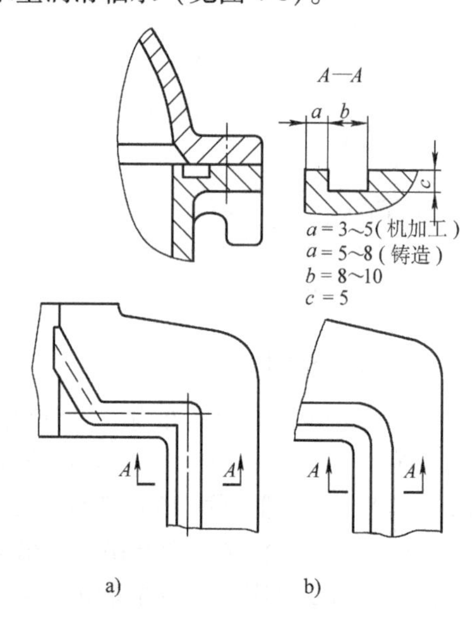

图4-8 输油沟的结构

（6）箱体结构的工艺性 箱体结构的工艺性分为铸造工艺性和机械加工工艺性。

设计铸造箱体时，应注意铸造生产中的工艺要求，力求外形简单、壁厚均匀、过渡平缓，避免出现大量的金属局部积聚等。

设计铸件结构时，箱体上铸造表面相交处应设计成圆角过渡，以便于液态金属的流动和减小铸件应力集中；还应注意拔模方向和拔模斜度，便于拔模。相关数值可查阅有关标准。

在考虑铸造工艺的同时，应尽可能减少机械加工面，以提高生产率和降低加工成本。

同一轴心线上的轴承座孔的直径、精度和表面粗糙度尽可能一致，以便一次镗出。这样既可缩短工时，又能保证精度。

箱体上各轴承座的端面应位于同一平面内，且箱体两侧轴承座端面应与箱体中心平面对称，以便加工和检验。

箱体上任何一处加工表面与非加工表面必须严格分开，不要使它们处于同一表面上，凸出或凹入应根据加工方法而定。

3. 减速器附件的选择和设计

（1）检查孔及检查孔盖 检查孔的位置应开在传动件啮合区的上方，并应有适宜的大小，以便检查。

（2）通气器 通气器分通气螺塞和网式通气器两种。清洁环境场合可选用构造简单的通气螺塞；多尘环境应选用有过滤灰尘作用的网式通气器。

（3）油面指示器 油面指示装置的种类很多，有油标尺（杆式油标）、圆形油标、长形油标和管状油标等。在难以观察到的地方，应采用油标尺。油标尺结构简单，在减速器中应用较多。若采用油标尺，设计时要注意放置在箱体的适当部位并有倾斜角度（一般与水平面成 45°或大于 45°）。在不与其他零件干涉并保证顺利装拆和加工的前提下，油标尺的放置位置应尽可能高一些。

（4）定位销　在确定定位销的位置时，应使两定位销到箱体对称轴线的距离不等，以防安装时上下箱体的位置与加工时的位置不符而影响精度，并尽量远些，以提高定位精度。此外还要装拆方便，避免与其他零件（如上下箱连接螺栓、油标尺、吊耳、吊钩等）相干涉。

（5）起箱螺钉　起箱螺钉的直径一般与箱体凸缘连接螺栓直径相同，其长度应大于箱盖连接凸缘的厚度 b_1。起箱螺钉的钉杆端部应有一小段制成无螺纹的圆柱端或锥端，以免反复拧动时将杆端螺纹损坏。

（6）起吊装置　起吊装置用以起吊减速器。起吊装置有吊钩、吊耳和吊环螺钉等。当减速器重量较轻时，箱盖上的吊耳或吊环螺钉允许用来吊运整个减速器；当减速器重量较大时，箱盖上的吊耳或吊环螺钉只允许吊运箱盖，用箱座上的吊钩来吊运下箱座或整个减速器。

（7）放油孔及螺塞　减速器通常设置一个放油孔，用以排空箱体内的污油，不放油时放油孔用螺塞堵住。螺塞有圆柱细牙螺纹和圆锥螺纹两种，圆柱螺纹螺塞自身不能防止漏油，因此在螺塞与箱体之间要放置一个封油垫片，垫片用石棉橡胶纸板或皮革制成。圆锥螺纹螺塞能形成密封连接，无需附加密封。

4.3　圆锥-圆柱齿轮减速器装配草图设计

圆锥-圆柱齿轮减速器装配草图的设计内容与绘图步骤与两级圆柱齿轮减速器大同小异，因此在设计时应仔细阅读本章有关两级圆柱齿轮减速器装配草图设计的全部内容。在此只介绍与两级展开式圆柱齿轮减速器的不同之处。

设计圆锥-圆柱齿轮减速器时，有关箱体的结构尺寸仍查表 4-1 并参看图 1-2。表 4-1 中的传动中心距取低速级（圆柱齿轮）中心距。

圆锥-圆柱齿轮减速器的箱体采用以小锥齿轮的轴线为对称线的对称结构，以便于大齿轮调头安装时可改变出轴方向。

4.3.1　俯视图的绘制

与两级圆柱齿轮减速器一样，一般先画俯视图，画到一定程度后再与其他视图同时进行。在齿轮中心线的位置确定后，应首先将大、小锥齿轮的外廓画出，然后画出小锥齿轮处内壁位置，小锥齿轮大端轮缘的端面线与箱体内壁线距离 $\Delta \geqslant \delta$，如图 4-9 所示，大锥齿轮轮毂端面与箱体内壁距离 $\Delta_2 \geqslant \delta$，再以小锥齿轮的轴线为对称线，画出箱体与小锥齿轮轴线对称的另一侧内壁。低速级小圆柱齿轮的齿宽通常比大齿轮宽 5 ~ 10mm，中间轴上小圆柱齿轮端面与内壁距

离 $\Delta_2 \geqslant \delta$。在画出大、小圆柱齿轮轮廓时应保证大锥齿轮与大圆柱齿轮的间距为 5～10mm，若小于5mm，应将箱体适当加宽。在主视图中应使大圆柱齿轮的齿顶圆与箱体内壁之间的距离 $\Delta_1 \geqslant 1.2\delta$。

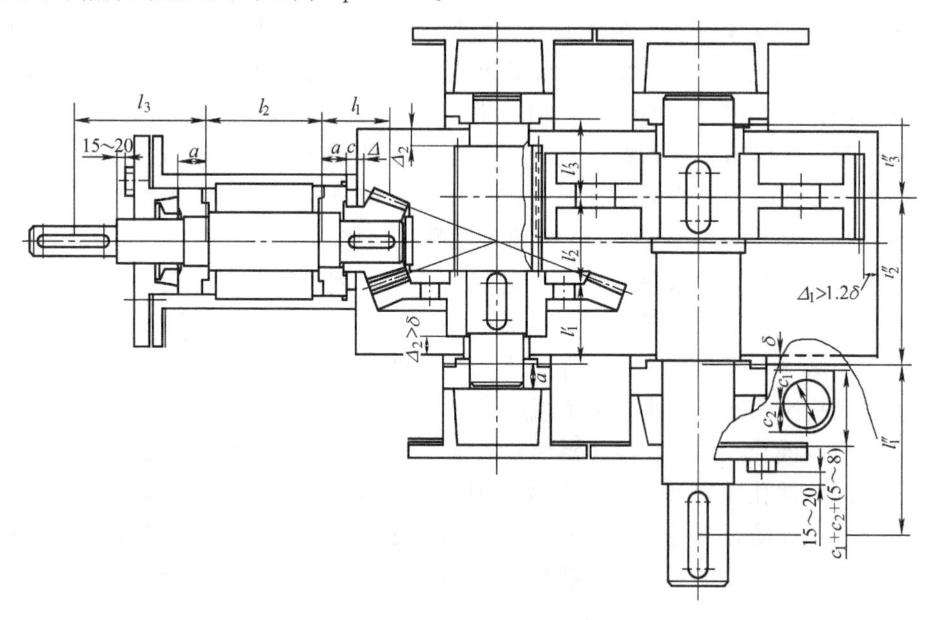

图 4-9　圆锥-圆柱齿轮减速器装配草图

4.3.2　锥齿轮的固定与调整

为保证锥齿轮传动的啮合精度，装配时两齿轮锥顶点必须重合，因此有时大、小锥齿轮的轴向位置需要调整。为便于调整，小锥齿轮通常放在套杯内，用套杯凸缘端面与轴承座外端面之间的一组垫片 m 调节小锥齿轮的轴向位置（见图 4-10）。采用套杯结构也便于固定轴承，固定轴承外圈的凸肩尺寸 D_a 应满足轴承的安装尺寸，套杯厚度可取 8～10mm。

大、小锥齿轮轴的轴承一般常采用圆锥滚子轴承。小锥齿轮轴上的圆锥滚子轴承的布置分为正装（见图 4-10）和反装（见图 4-11）。两种方案轴承的固定方法不同，轴的刚度也不同，反装时轴的刚度比较大。

正装轴承（见图 4-10）中，如果采用连轴齿轮（轴线上部结构），考虑到装拆问题，轴的中间部位比较细，用套筒对两轴承内圈分开并作单方向轴向固定，而轴承的另外两端分别用连轴齿轮和弹性挡圈固定，两轴承外圈则利用套杯和轴承盖各固定一个端面（见图 4-10 上半部分 a 所示）。这种结构适用小锥齿轮大端齿顶圆直径小于套杯凸肩孔径 D_a 的场合。当齿轮外径大于套杯孔径时，为装拆方便，应采用齿轮与轴分开的结构，轴承的固定方法如图 4-10 下半部分 b 所

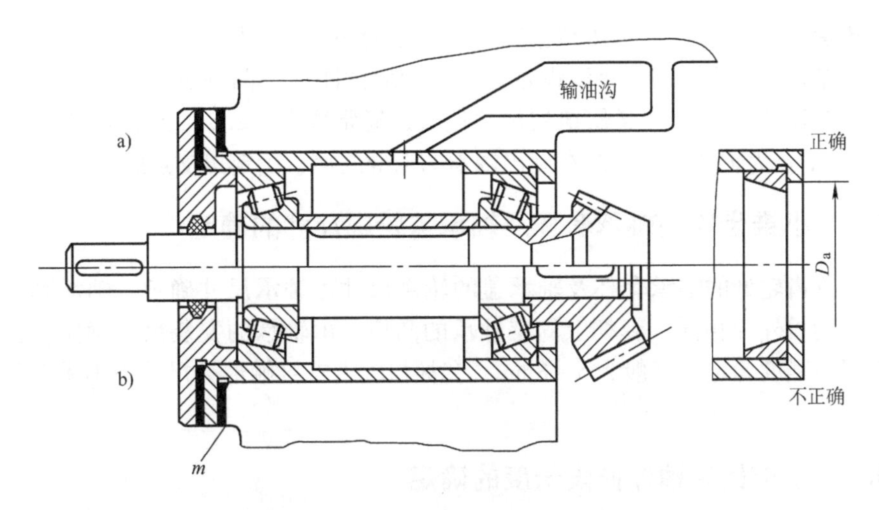

图 4-10　小锥齿轮轴承组合（正装）

示。轴承游隙借助于轴承盖与套杯间的垫片进行调整。

反装轴承如图 4-11 所示，左轴承内圈左端借助圆螺母加以固定，右轴承右端借助小锥齿轮加以固定，两轴承外圈均借助套杯凸肩加以固定。图 4-11a 为齿轮轴结构。图 4-11b 为齿轮与轴分开的结构。反装结构轴的刚性好，小齿轮悬臂短，受力好，但轴承安装不便，轴承游隙靠圆螺母调整也很麻烦。

4.3.3　小锥齿轮悬臂长与相关支承距离的确定

小锥齿轮多采用悬臂安装结构，如图 4-12 所示，悬臂长 l_1 根据结构定出，$l_1=M+\Delta+C+a$，其中 M 为锥齿轮宽度中点到大端最远处距离；Δ 为齿轮大端到箱体内壁距离，$\Delta=10\sim12\text{mm}$，$C=8\sim12\text{mm}$，为轴承外圈宽边一侧到内壁距

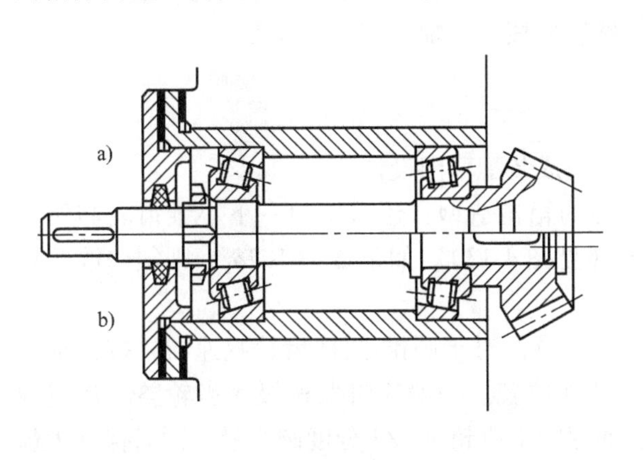

图 4-11　小锥齿轮轴承组合（反装）

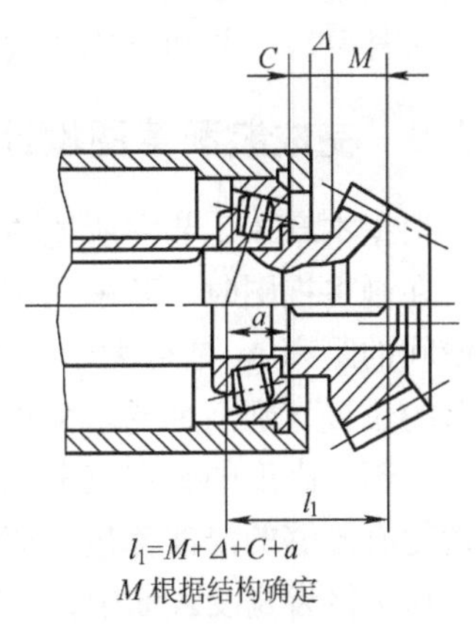

图 4-12　小锥齿轮悬臂长 l_1 的确定

离（即套杯凸肩厚），a 值可根据轴承型号手册中查得。l_2 值的确定应考虑支撑刚度和结构的大小。为使小锥齿轮轴具有较大的刚度，两轴承支点距离 l_2 不宜过小（见图4-9），太大又使结构尺寸过大，通常取 $l_2=2.5d$ 或 $l_2=(2\sim2.5)l_1$，式中，d 为轴径的直径。在画出轴承的轮廓之后，确定出支点跨距。

4.3.4 小锥齿轮处轴承套杯及轴承盖轮廓尺寸的确定

小锥齿轮处的轴承套杯及轴承盖的轮廓尺寸由轴承尺寸确定。轴承套杯的内径与轴承外径相同，套杯上固定轴承的凸肩，由轴承的安装尺寸确定，套杯的壁厚由强度确定，一般为5～8mm，套杯与轴承盖接触部分尺寸由轴承盖尺寸确定。

4.3.5 小锥齿轮轴外伸段长度的确定

画出小锥齿轮轴的结构，根据外伸端所装零件的轮毂尺寸和该零件与箱体的距离定出轴的外伸长度。同时确定出外伸端所装零件作用于轴上力的位置。

4.3.6 箱体宽度的确定

箱体宽度的确定与两级齿轮减速器相同。

4.3.7 轴承座孔长度的确定

轴承座孔长度的确定与两级齿轮减速器相同。

4.3.8 轴上受力点与支点的确定

从初绘草图中量取支点间和受力点间的距离 l_1、l_2、l_3，l'_1、l'_2、l'_3和 l''_1、l''_2、l''_3（见图4-9），并圆整成整数。然后校核轴、轴承和键的强度。

4.3.9 完成装配草图设计

根据本章4.3节中所述的内容完成装配草图设计。

在画主视图时，若采用圆弧形的箱盖造型，还需检验一下小锥齿轮与箱盖内壁间的距离 Δ_1 是否大于 $1.2\delta_1$（见图4-13）。如果 $\Delta_1<1.2\delta_1$，则须修改箱体内壁的位置直到满足要求为止。

下箱体高度的确定应考虑润滑问题。对于圆锥-圆柱齿轮减速器，按保证大锥齿轮有足够的浸油深度来确定油面位置。一般应将低速级大齿轮整个齿宽或至少0.7倍齿宽浸入油中，但浸油深度不应超过1/3分度圆半径。同时保证大齿轮大端齿顶圆与底壁距离不小于30mm，一般在30～50mm之间。图4-14表示出大锥齿轮在油池中的浸油深度。

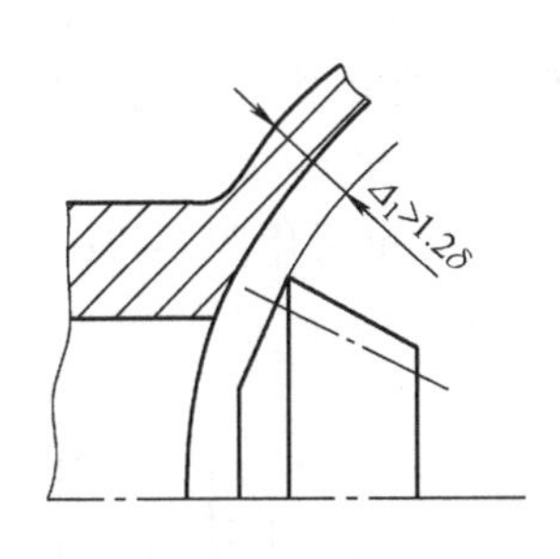

图4-13　小锥齿轮与箱壁间隙

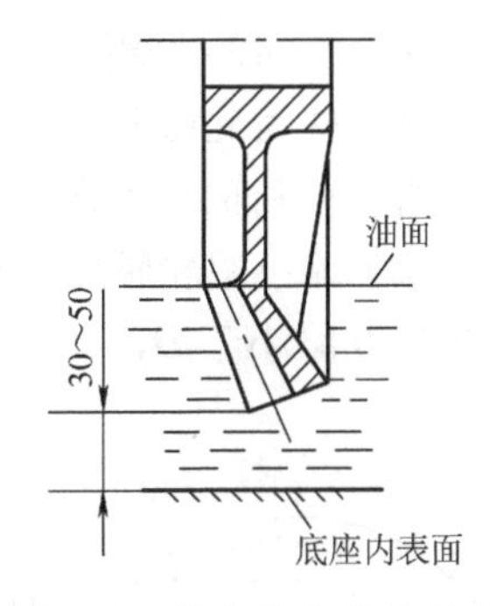

图4-14　锥齿轮油面的确定

依据以上原则绘出箱体全部结构，完成装配草图。

4.4　蜗杆减速器装配草图设计

蜗杆和蜗轮的轴线空间交错，不可能在一个视图上画出蜗杆和蜗轮轴的结构。画装配草图时需主视图和左视图同时绘制。在绘图之前，应仔细阅读本章第4.1~4.3节中的相关内容。蜗杆减速器箱体的结构尺寸可参看图1-3，利用表4-1的经验公式确定。设计蜗杆-齿轮或两级蜗杆减速器时，应取低速级中心距计算有关尺寸。现以单级蜗杆减速器为例说明其绘图步骤。

4.4.1　传动零件位置及轮廓的确定

如图4-15所示，在各视图上定出蜗杆和蜗轮的中心线位置，蜗杆的节圆、齿顶圆、齿根圆、长度，蜗轮的节圆、外圆、蜗轮的轮廓，以及蜗杆轴的结构。

4.4.2　蜗杆轴轴承座位置的确定

为了提高蜗杆轴的刚度，应尽量缩小两支点间的距离。为此，轴承座体常伸到箱体内部，如图4-16所示。内伸部分的端面位置应由轴承座孔壁厚和轴承座端部与蜗轮齿顶圆的最短距离（$\Delta \approx 12 \sim 15\text{mm}$）确定，内伸部分的外径 D_1 一般近似等于螺钉连接式轴承盖外径 D_2，即 $D_1 \approx D_2$，这样就可以确定出轴承座内伸部分端面的位置及主视图中箱体内壁的位置。为了增加轴承座的刚度，应在轴承座内伸部分的下面加支撑肋。

4.4.3　轴上受力点与支点位置的确定

通过轴及轴承组合的结构设计，可确定出蜗杆轴上受力点和支点间的距离 l_1、l_2、l_3 等尺寸，如图4-15所示。

蜗轮轴受力点间的距离，在左视图中通过结构设计绘图确定。箱体宽度 B 的确定与二级圆柱齿轮减速器的宽度设计基本相同。即由蜗轮尺寸、蜗轮到箱体内壁的距离、轴和轴承组合的结构确定，一般最终结果是 $B \approx D_2$，如图 4-17a 所示。有时为了缩小蜗轮轴的支点距离和提高刚度，也可采用图 4-17b 所示的箱体结构，此时 B 略小于 D_2。

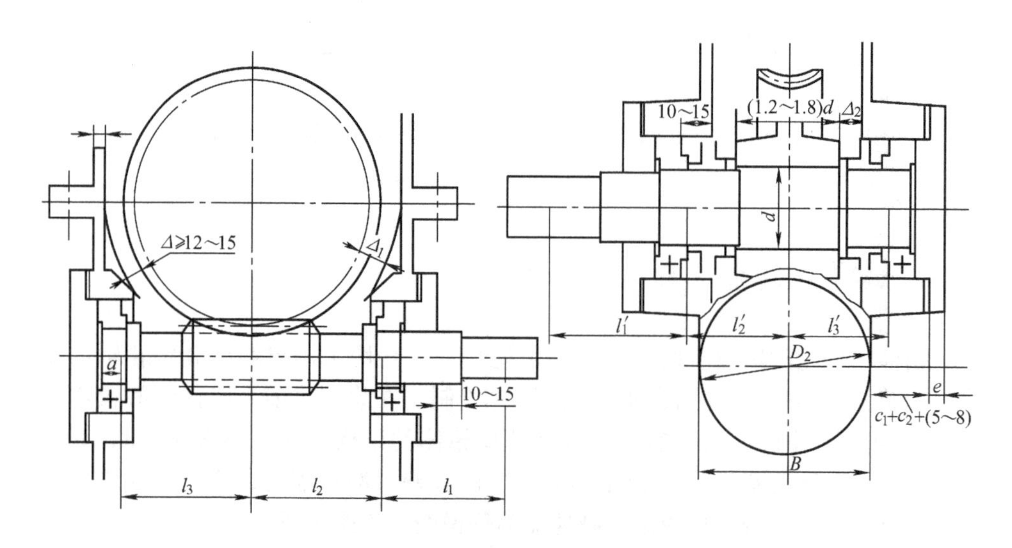

图 4-15 单级蜗杆减速器装配草图

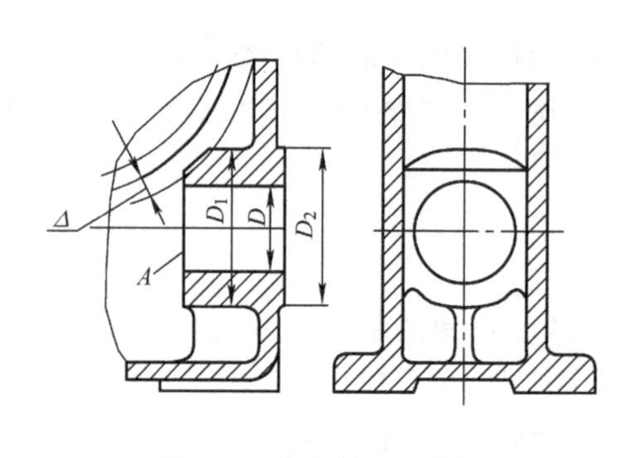

图 4-16 蜗杆轴承座结构

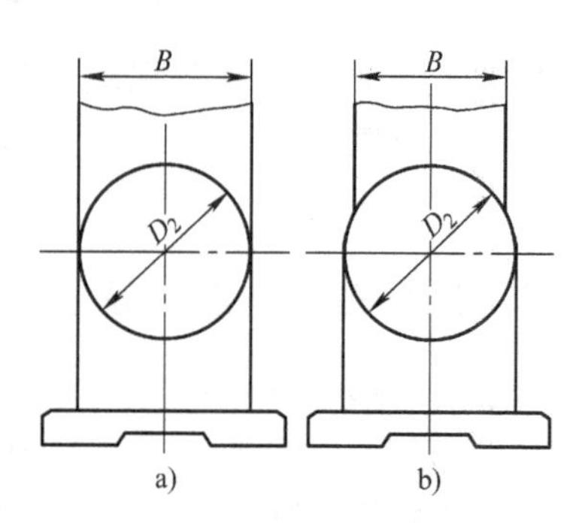

图 4-17 蜗杆减速器箱体宽度

a）箱体结构Ⅰ b）箱体结构Ⅱ

在箱体宽度确定之后，在侧视图上进行蜗轮轴及轴承组合结构设计。首先定出箱体外表面，然后画出箱壁的内表面，应使蜗轮轮毂端面至箱体内壁的距离 $\Delta_2 \approx 10 \sim 15$mm。

当轴承采用油润滑时，轴承端面与箱体内壁间的距离取 3 ~ 5mm，脂润滑时取 10 ~ 15mm。轴承位置确定后，画出轴承轮廓。

完成蜗轮轴及轴承组合的初步设计后，从图上量得受力点间的距离 l_1'、l_2'和 l_3'，如图 4-15 所示。

4.4.4　蜗杆传动及其轴承的润滑

蜗杆减速器轴承组合的润滑与蜗杆传动的布置方案有关。当蜗杆圆周速度小于 10m/s 时，通常采用蜗杆布置在蜗轮的下面，称为蜗杆下置式。这时蜗杆轴承组合靠油池中的润滑油润滑，比较方便。蜗杆浸油深度为（0.75～1.0）h，h 为蜗杆的螺牙高（或全齿高）。当蜗杆轴承的浸油深度已达到要求，蜗杆浸油深度不够时，可在蜗杆轴上设溅油环，如图 4-18 所示。利用溅油环飞溅的油来润滑传动零件及轴承，这样也可防止蜗杆轴承浸油过深。

当蜗杆圆周速度大于 10m/s 时，采用蜗杆置于蜗轮上面的布置方式，称为上置式。其蜗轮速度低，搅油损失小，油池中杂质和磨料进入啮合处的可能性小。

4.4.5　轴承游隙的调整

轴承游隙的调整通常由调整箱体轴承座与轴承盖间的垫片或套杯与轴承盖间的垫片来实现，如图 4-18 所示。

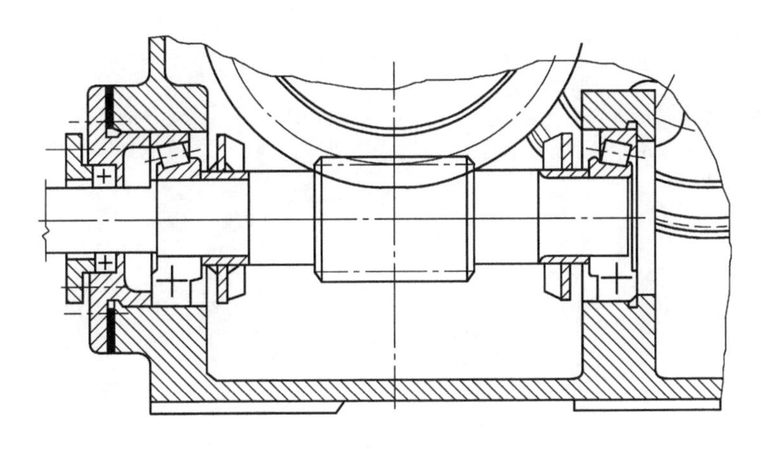

图 4-18　轴承游隙调整及溅油环结构

4.4.6　蜗杆传动的密封

对于蜗杆下置式减速器，由于蜗杆轴承下部浸泡在润滑油中，易于漏油，因此，蜗杆轴承应采用较可靠的密封装置，例如橡胶圈密封或混合密封；而蜗杆在上，其轴承组合的润滑比较困难，此时可采用脂润滑或设计特殊的导油结构。

4.4.7 蜗杆减速器箱体形式

大多数蜗杆减速器都采用沿蜗轮轴线的水平面剖分的箱体结构，以便于蜗轮轴的安装、调整。中心距较小的蜗杆减速器也可采用整体式大端盖箱体结构，其结构简单、紧凑、重量轻，但蜗轮及蜗轮轴的轴承调整不便。

4.4.8 蜗杆传动的热平衡计算

蜗杆传动效率较低，发热量较大，因此，对于连续工作的蜗杆减速器需进行热平衡计算。当热平衡计算满足不了要求时，应增大箱体散热面积和增设散热片。若仍不满足要求时，可考虑在蜗杆轴端部加设风扇等强迫冷却的方法来加强散热。

完成装配草图设计阶段的工作与本章第 4.3 节相同。

第5章　完成减速器装配图

装配图内容包括减速器结构的各个视图、尺寸、技术要求、技术特性表、零件编号、明细表和标题栏等。经过前面几个阶段的设计，已将减速器的各个零部件结构确定下来，但还不是完整的装配图。

5.1　对减速器装配工作图视图的要求

减速器装配工作图应选择两个或三个视图，附以必要的剖视图和局部视图。要求全面、正确地反映出各零件的结构形状及相互装配关系，各视图间的投影应正确、完整。线条粗细应符合制图标准，图面要达到清晰、整洁、美观。绘图时应注意如下。

1）完成装配图时，应尽量把减速器的工作原理和主要装配关系集中表达在一个基本视图上。对于齿轮减速器，尽量集中在俯视图上；对蜗杆减速器，则可在主视图上表示。装配图上尽量避免用虚线表示零件结构，必须表达的内部结构（如附件结构）可采用局部剖视图或局部视图表达清楚。

2）画剖视图时，对于相邻的不同零件，其剖面线的方向不应相同，以示区别，而一个零件在各剖视图中剖面线方向和间距则应一致。为了防止画剖面线时出错，同一零件三视图中剖面线同时进行。对于很薄的零件（如垫片）其剖面尺寸较小，可涂黑，不打剖面线。

3）螺栓、螺钉、滚动轴承等可以按机械制图中规定的投影关系绘制，也可采用标准中规定的简化画法。

4）齿轮轴和斜齿轮的螺旋线方向应表达清楚，螺旋角应与计算相符。

5.2　减速器装配图内容

5.2.1　减速器装配图底稿

如果所进行的减速器设计是学生进行的课程设计，应该在装配草图完成之后，重新在一张空白图纸上画正式装配图底稿，完成底稿后再加深，以保证图面整洁、干净。

5.2.2 减速器装配图加深及剖面线

减速器装配图加深时应选择硬度合适的铅笔，通常用 HB 硬度，削成矩形，按照制图要求选择合适线宽，进行加深。加深时粗细实线应分明。

5.2.3 标注尺寸

装配图上应标注的尺寸有：

1）特性尺寸：传动零件中心距。

2）配合尺寸：主要零件的配合处都应标出尺寸、配合性质和公差等级。配合性质和公差等级的选择对减速器的工作性能、加工工艺及制造成本等有很大影响，也是选择装配方法的依据，应根据手册中有关资料认真确定，表 5-1 给出了减速器主要零件配合的推荐值，供设计时参考。

表 5-1 减速器主要零件的荐用配合

配合零件	荐用配合	装拆方法
大中型减速器的低速级齿轮（蜗轮）与轴的配合，轮缘与轮芯的配合	$\frac{H7}{r6}$；$\frac{H7}{s6}$	用压力机或温差法（中等压力的配合，小过盈配合）
一般齿轮、蜗轮、带轮、联轴器与轴的配合	$\frac{H7}{r6}$	用压力机（中等压力的配合）
要求对中性良好及很少装拆的齿轮、蜗轮、联轴器与轴的配合	$\frac{H7}{n6}$	用压力机（较紧的过渡配合）
小锥齿轮及较常装拆的齿轮、联轴器与轴的配合	$\frac{H7}{m6}$；$\frac{H7}{k6}$	手锤打入（过渡配合）
滚动轴承内孔与轴的配合（内圈旋转）	j6（轻负荷）；k6，m6（中等负荷）	用压力机（实际为过盈配合）
滚动轴承外圈与机体的配合（外圈不转）	H7，H6（精度高时要求）	木锤或徒手装拆
轴套、挡油盘、溅油轮与轴的配合	$\frac{D11}{k6}$；$\frac{F9}{k6}$；$\frac{F9}{m6}$；$\frac{H8}{h7}$；$\frac{H8}{h8}$	
轴承套杯与机孔的配合	$\frac{H7}{js6}$；$\frac{H7}{h6}$	
轴承盖与箱体孔（或套杯孔）的配合	$\frac{H7}{d11}$；$\frac{H7}{h8}$	
嵌入式轴承盖的凸缘厚与箱体孔凹槽之间的配合	$\frac{H11}{h11}$	
与密封件相接触轴段的公差带	F9；h11	

3）安装尺寸：机体底面尺寸（包括长、宽、厚），地脚螺栓孔中心的定位尺寸，地脚螺栓孔之间的中心距和直径，减速器中心高，主动轴与从动轴外伸端的配合长度和直径，轴外伸端面与减速器某基准轴线的距离等。

4）外形尺寸：减速器总长、总宽、总高等，供车间布置及装箱运输时参考。

标注尺寸时，应使尺寸线及数字布置整齐清晰，多数尺寸应布置在视图外面，并尽量集中在反映主要结构的视图上。

5.2.4　零件编号

零件编号要完整，不重复，不漏编，图上相同零件只标一个零件编号，编号引线不应相交，并尽量不与剖面线平行；独立组件（如滚动轴承、通气器）可作为一个零件编号；装配关系清楚的零件组（如螺栓、螺母及垫圈）可利用公共引线标注多个零件。编号应按顺时针或逆时针同一方向整齐顺次排列，编号的数字高度应比图中所注尺寸的数字高度大一号。

5.2.5　标题栏和明细表

标题栏和明细表尺寸应该按照国标规定或企业标准绘于图纸右下角指定位置。

明细表是减速器所有零件的详细目录，对每一个编号的零件都应在名细表内列出，非标准件应写出材料、数量及零件图号；标准件必须按照规定标记，完整地写出零件名称、材料、规格及标准代号。

5.2.6　减速器技术特性

减速器的技术特性包括输入功率、输入转速、传动效率、总传动比及各级传动比、传动特性（如各级传动件的主要几何参数、公差等级）等。减速器的技术特性可在装配图上适当位置列表表示。两级圆柱斜齿轮减速器技术特性示范见表 5-2。

表 5-2　技术特性

输入功率 /kW	输入转速 /（r/min）	效率 η	总传动比 i	传动特性							
				第一级				第二级			
				m_n	z_2/z_1	β	公差等级	m_n	z_2/z_1	β	公差等级

5.2.7 编写技术条件

装配工作图的技术要求是用文字说明在视图上无法表达的关于装配、调整、检验、润滑、维护等方面的内容，正确制订技术条件将能保证减速器的工作性能。技术条件主要包括以下几方面：

1. 减速器的润滑与密封

润滑剂对减少运动副间的摩擦、降低磨损、加强散热、冷却方面起着重要作用，技术条件中应写明传动件及轴承的润滑剂牌号、用量及更换周期。

选择传动件的润滑剂时，应考虑传动特点、载荷性质、大小及运转速度。重型齿轮传动可选用粘度高、油性好的齿轮油；蜗杆传动由于不利于形成油膜，可选用既含有极压添加剂又含有油性添加剂的工业齿轮油；对轻载、高速、间歇工作的传动件可选粘度较低的润滑油；对开式齿轮传动可选耐腐蚀、抗氧化及减磨性好的开式齿轮油。

当传动件与轴承采用同一润滑剂时，应优先满足传动件的要求，并适当兼顾轴承要求。

对多级传动，应按高速级和低速级对润滑剂要求的平均值来选择润滑剂。

对于圆周速度 $v<2\mathrm{m/s}$ 的开式齿轮传动和滚动轴承，常采用润滑脂。具体牌号根据工作温度、运转速度、载荷大小和环境情况选择。

润滑剂的选择参看相关资料，对于新机器，跑合后应立即更换润滑油，正常工作期间半年左右更换润滑油。

为了防止灰尘及杂质进入减速器内部和润滑油泄漏，在箱体剖分面、各接触面均应密封。剖分面上允许涂密封胶或水玻璃，但不允许塞入任何垫片或填料。轴伸处密封方法可参看教材。

2. 滚动轴承轴向游隙及其调整方法

对于固定间隙的向心球轴承，一般留有 $\Delta=0.25\sim0.4\mathrm{mm}$ 的轴向间隙。这些轴向间隙（游隙）值 Δ 应标注在技术要求中。

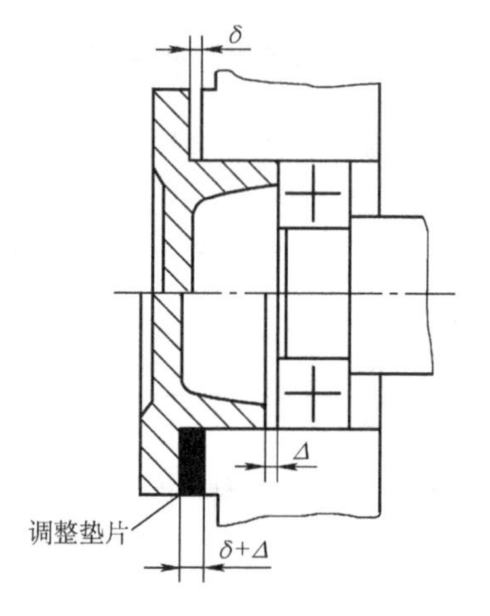

图 5-1 滚动轴承轴向游隙调整方法

图 5-1 是用垫片调整轴向间隙。先用端盖将轴承完全顶紧，端盖与箱体端面之间有间隙 δ，用厚度为 $\delta+\Delta$ 的一组垫片置于端盖与箱体端面之间即可得到需要的间隙 Δ。也可用螺纹件调整轴承游隙，即将螺钉或螺母拧紧至基本消除轴向游隙，然后再退转到留有需要的轴向游隙位置，最后锁紧螺纹。

3. 传动侧隙

齿轮副的侧隙用最小极限偏差 j_{nmin}（或 j_{tmin}）与最大极限偏差 j_{nmax}（或 j_{tmax}）来保证，最小、最大极限偏差应根据齿厚极限偏差和传动中心距极限偏差等通过计算确定，具体计算方法可参阅相关资料。

检查侧隙的方法可用塞尺测量，或将铅丝放进传动件啮合的间隙中，然后测量铅丝变形后的厚度即可。

4. 接触斑点

检查接触斑点的方法是在主动件齿面上涂色，并将其转动，观察从动件齿面的着色情况，由此分析接触区位置及接触面积大小。若侧隙和接触斑点不符合要求，可调整传动件的啮合位置或对齿面进行跑合。对于锥齿轮减速器，可通过垫片调整大、小锥齿轮位置，使两轮锥顶重合；对于蜗杆减速器，可调整蜗轮轴承端盖与箱体轴承座之间的垫片，使蜗轮中间平面与蜗杆中心面重合，以改善接触状况。

5. 减速器的实验

减速器装配好后应做空载实验，正反转各一小时，要求运转平稳、噪声小，连接固定处不得松动。做负载实验时，油池温升不得超过 35℃，轴承温升不得超过 40℃。

6. 外观、包装和运输的要求

箱体表面应涂漆，外伸轴及零件需涂油并包装严密，运输及装卸时不可倒置。

5.2.8　检查装配工作图

完成工作图后，应对此阶段的设计再进行一次检查。其主要内容包括：

1）视图的数量是否足够，是否能清楚地表达减速器的工作原理和装配关系。

2）尺寸标注是否正确，配合和精度的选择是否适当。

3）技术条件和技术性能是否完善、正确。

4）零件编号是否齐全，标题栏和明细表是否符合要求，有无多余或遗漏。

5）所有文字和数字是否清晰，是否按制图规定书写。

第 6 章　零件工作图设计

6.1　零件工作图的设计要求

零件工作图是制造、检验和制定零件工艺规程的基本技术文件，在装配工作图的基础上拆绘和设计而成。其基本尺寸与装配图中对应零件尺寸必须一致，如果必须改动，则应对装配工作图作相应的修改。零件图既要反映设计者的意图，又要考虑到制造、装拆方便和结构的合理性。零件工作图应包括制造和检验零件所需的全部详细内容。

6.1.1　视图选择

每个零件应该单独绘制在一张标准幅面图纸上。应合理地选用一组视图，将零件的结构形状和尺寸都完整、准确而又清晰地表达出来。

6.1.2　尺寸及其公差的标注

尺寸标注要符合机械制图的规定，尺寸既要足够又不多余；同时尺寸标注应考虑设计要求，并便于零件的加工和检验，因此在设计中要注意以下几点：

1）从保证设计要求及便于加工制造出发，正确选择尺寸基准。

2）图面上应有供加工测量用的足够尺寸，尽量避免加工时作任何计算。

3）大部分尺寸应尽量集中标注在最能反映零件特征的视图上。

4）对配合尺寸及要求精确的几何尺寸，如轴孔配合尺寸、键配合尺寸、箱体孔中心距等，均应注出尺寸的极限偏差。

5）零件工作图上的尺寸必须与装配工作图中的尺寸一致。

6.1.3　零件表面粗糙度的标注

零件的所有表面都应注明表面粗糙度的数值，如较多平面具有同样的表面粗糙度，可在图纸右上角统一标注，并加“其余”字样，但只允许就其中使用最多的一种表面粗糙度作如此标注。表面粗糙度的选择，可参看有关手册。

6.1.4　形位公差的标注

零件工作图上应标注必要的形位公差。这也是评定零件加工质量的重要指标之一。不同零件的工作要求不同，所需标注的形位公差项目及等级也不同。其具体数值及标注方法可参考有关手册和图册。

6.1.5　技术条件

对于零件在制造时必须保证的技术要求，但又不便用图形或符号表示时，可用文字简明扼要地书写在技术条件中，主要包括：对零件材料力学性能和化学成分的要求；对材料的表面力学性能的要求（如热处理方法、热处理表面硬度等）；对加工的要求（如是否保留中心孔、是否需要与其他零件组合加工等）；对未注倒角、圆角的说明；个别部位的修饰加工要求以及长轴毛坯的校直等。

6.1.6　标题栏

零件工作图的标题栏应布置在图幅的右下角，如有国家标准，列出标准号，用以说明该零件的名称、材料、数量、图号、比例以及责任者姓名等。

6.2　轴类零件工作图设计

6.2.1　视图选择

根据轴类零件的结构特点，只需画一个视图，即将轴线水平横置，且使键槽朝上，以便能表达轴类零件的外形和尺寸，再在键槽、圆孔等处加画辅助的剖面图。对于零件的细部结构，如退刀槽、砂轮越程槽、中心孔等处，必要时可画局部放大图。

6.2.2　尺寸标注

轴的零件图主要是标注各段直径尺寸和轴向长度尺寸。标注直径尺寸时，各段直径都要逐一标注。若是配合直径，还需标出尺寸偏差。各段之间的过渡圆角或倒角等结构的尺寸也应标出（或在技术条件中加以说明）。标注轴向长度尺寸时，为了保证轴上所装零件的轴向定位，应根据设计和工艺要求确定主要基准和辅助基准，并选择合理的标注形式。标注的尺寸应反映加工工艺及测量的要求，还应注意避免出现封闭的尺寸链。通常使轴中最不重要的一段轴向尺寸作为尺寸的封闭环而不标注。此外在标注键槽尺寸时，除标注键槽长度尺寸外，还应注意标注键槽的定位尺寸。

图 6-1 为齿轮减速器输出轴的直径和长度尺寸的标注示例。图中 I 基面为主要基准。图中 L_2、L_3、L_4、L_5 和 L_7 等尺寸都是以 I 基面作为基准注出，以减少加工误差。标注 L_2 和 L_4 是考虑到齿轮固定及轴承定位的可靠性，而 L_3 则和控

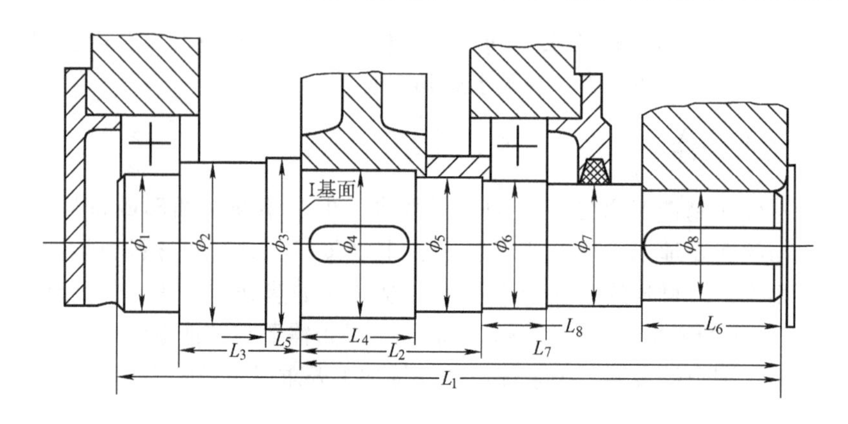

图 6-1 轴的直径和长度尺寸的标注

制轴承支点的跨距有关。L_6 涉及到开式齿轮的固定，L_8 为次要尺寸。封闭段和左轴承的轴段长度误差不影响装配及使用，故作为封闭环不注尺寸，使加工误差积累在该轴段上，避免了封闭的尺寸链。表 6-1 列出了轴的车削主要工序过程。

表 6-1 轴的车削主要工序过程

工序号	工序名称	工序草图	所需尺寸
1	下料、车外圆、车端面、钻中心孔	ϕ_3，L_1	L_1，ϕ_3
2	卡住一头 量 L_7 车 ϕ_4	ϕ_4，L_7	L_7，ϕ_4
3	量 L_4 车 ϕ_5	ϕ_5，L_4	L_4，ϕ_5
4	量 L_2 车 ϕ_6	ϕ_6，L_2	L_2，ϕ_6

（续）

工序号	工序名称	工序草图	所需尺寸
5	量 L_6 车 ϕ_8		L_6，ϕ_8
6	量 L_8 车 ϕ_7		L_8，ϕ_7
7	调头量 L_5 车 ϕ_2		L_5，ϕ_2
9	量 L_3 车 ϕ_1		L_3，ϕ_1

6.2.3　公差及表面粗糙度的标注

轴的重要尺寸，如安装齿轮、链轮及联轴器部位的直径，均应依据装配工作图上所选定的配合性质，查出公差值，标注在零件图上；轴上装轴承部位的直径公差，应根据轴承与轴的配合性质，查公差表后加以标注；键槽尺寸及公差应依据键连接公差的规定进行标注。

轴类零件图除需标注上述各项尺寸公差外，还需标注必要的形位公差，以保证轴的加工精度和轴的装配质量。表 6-2 列出了轴的形位公差的推荐标注项目和公差等级。形位公差的具体数值见有关标准。

表 6-2　轴的形位公差推荐标注项目

类别	标注项目	符号	公差等级	对工作性能的影响
形状公差	与滚动轴承相配合的轴径的圆柱度	⌭	7～8	影响轴承与轴配合松紧及对中性，也会改变轴承内圈跑道的几何形状，缩短轴承寿命

（续）

类别	标注项目	符号	公差等级	对工作性能的影响
位置公差	与滚动轴承相配合的轴颈表面对中心线的圆跳动	↗	6~8	影响传动件及轴承的运转偏心
	轴承的定位端面相对轴心线的端面圆跳动	↗	6~7	影响轴承的定位，造成轴承套圈歪斜；改变跑道的几何形状，恶化轴承的工作条件
	与齿轮等传动零件相配合表面对中心线的圆跳动	↗	6~8	影响传动件的运转（偏心）
	齿轮等传动零件的定位端面对中心线的垂直度或端面圆跳动	↗	6~8	影响齿轮等传动零件的定位及其受载均匀性
	键槽对轴中心线的对称度（要求不高时可不注）	⌯	7~9	影响键受载均匀性及装拆的难易

由于轴的各部分精度不同，加工方法不同，表面粗糙度也不相同。表面粗糙度参考数值的选择见表6-3。

表6-3　轴加工表面粗糙度 R_a 的荐用值　　（单位：μm）

<table>
<tr><td>加工表面</td><td colspan="5">表面粗糙度 R_a 值</td></tr>
<tr><td>与传动件及联轴器等轮毂相配合的表面</td><td colspan="5">3.2，1.6~0.8，0.4</td></tr>
<tr><td>与滚动轴承相配合的表面</td><td colspan="5">1.0（轴承内径 d≤80mm）
1.6（轴承内径 d>80mm）</td></tr>
<tr><td>与传动件及联轴器相配合的轴肩端面</td><td colspan="5">6.3，3.2，1.6</td></tr>
<tr><td>与滚动轴承相配合的轴肩端面</td><td colspan="5">2.0（d≤80mm）；2.5（d>80mm）</td></tr>
<tr><td>平键键槽</td><td colspan="5">6.3，3.2（工作面）；12.5，6.3（非工作面）</td></tr>
<tr><td rowspan="4">密封处的表面</td><td colspan="2">毡圈式</td><td colspan="2">橡胶密封式</td><td>油沟及迷宫式</td></tr>
<tr><td colspan="4">与轴接触处的圆周速度/（m/s）</td><td rowspan="3">6.3，3.2，1.6</td></tr>
<tr><td>≤3</td><td colspan="2">>3~5</td><td>>5~10</td></tr>
<tr><td>3.2，1.6，0.8</td><td colspan="2">1.6，0.8，0.4</td><td>0.8，0.4，0.2</td></tr>
</table>

6.2.4　技术条件

轴类零件图上的技术条件包括以下内容：

1）对材料和表面性能的要求，如所选材料牌号及热处理方法、热处理后应达到的硬度值等。

2）应写明中心孔的类型尺寸。如果零件图上未画中心孔，应在技术条件中注明中心孔的类型及国标代号，或在图上作指引线标出。

3）对图中未注明的圆角、倒角尺寸及其他特殊要求的说明等。

6.3　齿轮等零件工作图设计

6.3.1　视图选择

圆柱齿轮可视为回转体，一般用一至二个视图即可表达清楚。选择主视图时，常把齿轮的轴线水平横置，且用全剖或半剖视图表示孔、键槽、轮毂、轮辐及轮缘的结构；左视图可以全部画出，也可以将表示轴孔和键槽的形状和尺寸的局部绘成局部视图。

6.3.2　公差及表面粗糙度的标注

齿轮零件工作图上的尺寸，按回转体尺寸的方法进行标注。以轴线为径向基准线，端面为齿宽方向的尺寸基准，既不要遗漏（如各圆角、倒角、斜度、锥度、键槽尺寸等），又要注意避免重复。

齿轮的分度圆直径是设计计算的基本尺寸，齿顶圆直径、轮毂直径、轮辐（或腹板）等尺寸，是加工中不可缺少的尺寸，都应标注在图样上；齿根圆直径则是根据其他尺寸参数加工的结果，按规定不予标注。

齿轮零件工作图上所有配合尺寸和精度要求较高的尺寸，均应标注尺寸公差、形位公差及表面粗糙度。齿轮的毛坯公差对齿轮的传动精度影响很大，也应根据齿轮的公差等级进行标注。齿轮的轴孔是加工、检验和装配时的重要基准，其直径尺寸精度要求较高，应根据装配工作图上选定的配合性质和公差等级查公差表，标出各极限偏差值。齿轮的形位公差还包括：键槽两个侧面对于中心线的对称度公差，可按 7 ~9 级精度选取。此外，还要标注齿轮所有表面相应的表面粗糙度参数值，见表 6-4。

6.3.3　啮合特性表

齿轮的啮合特性表应布置在齿轮零件工作图的右上角。其内容包括：齿轮的基本参数（模数 m_n、齿数 z、压力角 α 及斜齿轮的螺旋角 β）、公差等级和相应各检验项目的公差值。

表 6-4 齿（蜗）轮加工表面粗糙度 R_a 的参数值 （单位：μm）

<table>
<tr><td rowspan="3" colspan="2">加工表面</td><td colspan="4">表面粗糙度 R_a 值</td></tr>
<tr><td colspan="4">齿轮第Ⅱ公差组公差等级</td></tr>
<tr><td>6</td><td>7</td><td>8</td><td>9</td></tr>
<tr><td rowspan="3">齿轮工作面</td><td>圆柱齿轮</td><td rowspan="3">1.6～0.8</td><td>3.2～0.8</td><td rowspan="3">3.2～1.6</td><td rowspan="3">6.3～3.2</td></tr>
<tr><td>锥齿轮</td><td rowspan="2">1.6～0.8</td></tr>
<tr><td>蜗杆及蜗轮</td></tr>
<tr><td colspan="2">齿顶圆</td><td colspan="4">12.5～3.2</td></tr>
<tr><td colspan="2">轴孔</td><td colspan="4">3.2～1.6</td></tr>
<tr><td colspan="2">与轴肩相配合的端面</td><td colspan="4">6.3～3.2</td></tr>
<tr><td colspan="2">平键键槽</td><td colspan="4">6.3～3.2（工作面） 12.5～6.3（非工作面）</td></tr>
<tr><td colspan="2">其他加工表面</td><td colspan="4">12.5～6.3</td></tr>
</table>

6.4 箱体类零件工作图设计

6.4.1 视图选择

箱体类零件的结构较复杂，为了将各部分结构表达清楚，通常不能少于三个视图，另外还应增加必要的剖视图、向视图和局部放大图。

6.4.2 尺寸标注

箱体的尺寸标注比轴、齿轮等零件要复杂得多，标注尺寸时应注意如下。

1）选好基准。最好采用加工基准作为标注尺寸的基准，这样便于加工和测量。如箱座和箱盖的高度方向尺寸最好以剖分面（加工基准面）为基准；箱体宽度方向尺寸应采用宽度对称中心线作为基准；箱体长度方向尺寸可取轴承孔中心线作为基准。

2）机体尺寸可分为形状尺寸和定位尺寸。形状尺寸是箱体各部位形状大小的尺寸，如壁厚，圆角半径，槽的深度，箱体的长、宽、高，各种孔的直径和深度，以及螺纹孔的尺寸等，这类孔的尺寸应直接标出，而不应有任何运算。定位尺寸是确定箱体各部位相对于基准的位置尺寸，如孔的中心线、曲线的中心位置及其他有关部位的平面和基准的距离等，对这类尺寸都应从基准（或辅助基准）直接标注。

3）对于影响机械工作性能的尺寸，如箱体轴承座孔的中心距及其偏差应直接标出，以保证加工准确性。

4）配合尺寸都应标出其偏差。标注尺寸时应避免出现封闭尺寸链。

5）所有圆角、倒角、拔模斜度等都必须标注，或在技术条件中加以说明。

6）各基本形体部分的尺寸，在基本形体的定位尺寸标出后，都应从自己的基准出发进行标注。

6.4.3　形位公差

箱体形位公差推荐标注项目见表 6-5。

表 6-5　箱体形位公差推荐标注项目

类别	标注项目名称	符号	荐用公差等级	对工作性能的影响
形状公差	轴承座孔的圆柱度	⌭	6 ~ 7	影响箱体与轴承的配合性能及对中性
	分箱面的平面度	▱	7 ~ 8	影响箱体剖分面的防渗漏性能及密合性
位置公差	轴承座孔中心线相互间的平行度	//	6 ~ 7	影响传动零件的接触精度及传动的平稳性
	轴承座孔的端面对其中心线的垂直度	⊥	7 ~ 8	影响轴承固定及轴向受载的均匀性
	锥齿轮减速器轴承座孔中心线相互间的垂直度	⊥	7	影响传动零件的传动平稳性和载荷分布的均匀性
	两轴承座孔中心线的同轴度	◎	7 ~ 8	影响减速器的装配及传动零件载荷分布的均匀性

6.4.4　表面粗糙度

箱体加工表面粗糙度的荐用值见表 6-6。

表 6-6 箱体加工表面粗糙度 R_a 荐用值 （单位：μm）

加工表面	表面粗糙度 R_a 值
箱体剖分面	3.2～1.6
与滚动轴承相配合的孔	1.6（轴承孔径 $D \leqslant 80$mm） 3.2（轴承孔径 $D > 80$mm）
轴承座外端面	6.3～3.2
箱体底面	12.5～6.3
油沟及检查孔的接触面	12.5～6.3
螺栓孔、沉头座	25～12.5
圆锥销孔	3.2～1.6
轴承盖及套杯的其他配合面	6.3～3.2

6.4.5 技术条件

技术条件应包括的内容如下。

1）清砂及时效处理。

2）应将箱盖和箱座剖分面上的定位销孔固定后配钻、配铰。

3）箱盖与箱座的轴承孔应在装入定位销并连接后镗孔。

4）箱盖与箱座合箱后，边缘的平齐性及错位量的允许值。

5）铸件斜度及圆角半径。

6）箱体内表面需用煤油清洗，并涂防腐漆。

第7章　减速器设计计算说明书

设计计算说明书是整个设计计算过程的整理和总结，是图样设计的理论依据，而且也是审核设计是否合理的技术文件之一。

7.1　设计计算说明书的内容

设计计算说明书应写出全部计算过程、所用各种参数选择依据及最后结论，并且还应该有必要的草图。设计计算说明书的内容视设计任务而定，对于以减速器为主的机械传动装置设计，其内容大致包括以下几方面：

1）目录（标题及页次）。

2）设计任务书。

3）传动方案的分析和拟定，包括传动方案简图。

4）电动机选择。

5）传动装置的运动和动力参数计算（分配各级传动比，计算各轴的转速、功率和转矩）。

6）传动零件的设计计算（包括必要的结构草图和计算简图）。

7）轴的设计计算。

8）滚动轴承的选择和计算。

9）键连接的选择和验算。

10）联轴器的选择。

11）润滑方式、润滑油牌号及密封装置的选择。

12）参考资料（资料编号、作者、书名、版次、出版地、出版社及年份）。

7.2　设计计算说明书的要求

设计说明书要求计算正确、论述清楚、文字简练、插图简明、书写工整。

具体要求及注意事项有以下几点：

1）设计计算说明书以计算内容为主，要求写明整个设计的所有计算和简要说明，应该写出运算过程和结果，并且应标出大小标题。

2）设计计算部分的书写，首先应列出用文字符号表达的计算公式，再代入各文字符号的数值，中间运算过程不必写出，直接写出计算结果，并注明单位。

对计算结果应做出简短的结论，如“满足强度要求”等。对于重要的公式和数据应注明来源（参考资料的编号及页次）。

3）设计计算说明书中应附有必要的简图，例如轴的设计计算部分应该画出轴的结构草图、空间受力图、水平面及垂直面受力图、水平面及垂直面的弯矩图、合成弯矩图、转矩图、当量弯矩图等。每根轴的上述简图应采用同一比例，并且同一轴的图应尽量画在同一页纸中，便于查阅、核对。

4）设计计算说明书必须用钢笔或圆珠笔书写，也可以打字，不得用铅笔或彩色笔书写。

第 8 章　单级圆柱减速器设计

设计运输散粒粮食的传动装置。已知输送带的有效拉力 $F=2000\text{N}$，输送带速度 $v=1.3\text{m/s}$，输送带带轮直径 $D=180\text{mm}$，输送带带轮及轴承的传动总效率 $\eta_{w}=0.94$，运输机单向运转，载荷平稳，工作寿命为 10 年，两班制。

8.1　传动装置的总体设计

8.1.1　传动方案的确定

单级圆柱齿轮减速器的传动方案如图 8-1 所示。

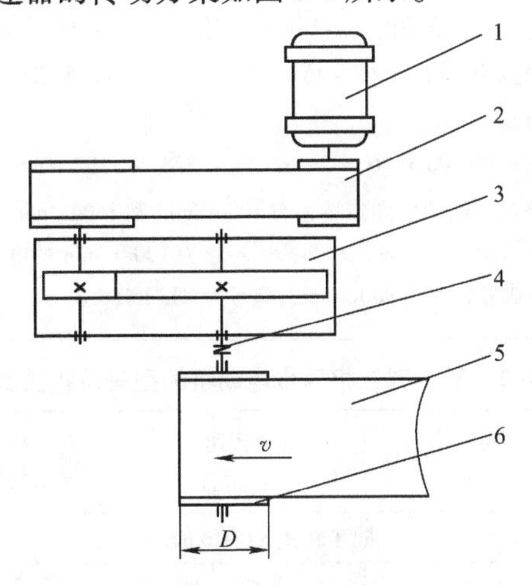

图 8-1　单级圆柱减速器传动装置简图

1—电动机　2—带传动　3—减速器　4—联轴器　5—输送带　6—带轮

8.1.2　电动机的选择

电动机的选择见表 8-1。

表 8-1　电动机的选择

计算项目	计算及说明	计算结果
1. 选择电动机的类型	根据用途选用 Y 系列三相异步电动机	

（续）

计算项目	计算及说明	计算结果
2. 选择电动机功率	输送带所需功率 $$P_w=\frac{F_w v_w}{1000\eta_w}=\frac{2000\times1.3}{1000\times0.94}\text{kW}=2.77\text{kW}$$ 查表2-1，取带传动效率 $\eta_{带}=0.96$，轴承效率 $\eta_{轴承}=0.99$，直齿圆柱齿轮传动效率 $\eta_{齿轮}=0.97$，联轴器效率 $\eta_{联}=0.99$，得电动机所需工作功率为 $$P_0=\frac{P_w}{\eta_{\Pi}}=\frac{P_w}{\eta_{带}\eta_{轴承}^2\eta_{齿轮}\eta_{联}}=\frac{2.77}{0.96\times0.99^2\times0.97\times0.99}\text{kW}=3.07\text{kW}$$ 由表8-2，可选取电动机的额定功率 $P_{ed}=4\text{kW}$	$P_w=2.77\text{kW}$ $P_0=3.07\text{kW}$ $P_{ed}=4\text{kW}$
3. 电动机转速的确定	由 $v_w=\frac{n\pi D}{60\times1000}$，得输送带滚筒的转速为 $$n_w=\frac{v_w\times60\times1000}{\pi D}=\frac{1.3\times60}{\pi\times180\times10^{-3}}\text{r/min}\approx138.00\text{r/min}$$ 各种传动的传动比范围由表2-2可知分别为 $i_{带}=2\sim4$，$i_{齿}=3\sim6$，总传动比的范围为 $i_{总}=(2\sim4)\times(3\sim6)=6\sim24$，那么电动机的转速范围为 $n_0=n_w i_{总}=138.00\times(6\sim24)\text{r/min}=828\sim3312.00\text{r/min}$ 符合这一要求的电动机同步转速有1000r/min和1500r/min等多种。从成本及结构尺寸考虑，本例选用转速为1000r/min的电动机进行试算，其满载转速为960r/min，型号为Y132M1—6	$n_m=960\text{r/min}$

表8-2 Y系列三相异步电动机的型号及相关数据

电动机型号	额定功率/kW	满载转速/（r/min）	起动转矩/额定转矩	最大转矩/额定转矩
同步转速3 000r/min				
Y801-2	0.75	2 825	2.2	2.2
Y802-2	1.1	2 825	2.2	2.2
Y90S-2	1.5	2 840	2.2	2.2
Y90L-2	2.2	2 840	2.2	2.2
Y100L-2	3	2 880	2.2	2.2
Y112M-2	4	2 890	2.2	2.2
Y132S1-2	5.5	2 900	2.0	2.2
Y132S2-2	7.5	2 900	2.0	2.2
Y160M1-2	11	2 930	2.0	2.2
Y160M2-2	15	2 930	2.0	2.2
Y160L-2	18.5	2 930	2.0	2.2
Y180M-2	22	2 940	2.0	2.2

（续）

电动机型号	额定功率/kW	满载转速/(r/min)	起动转矩/额定转矩	最大转矩/额定转矩
同步转速 3 000r/min				
Y200L1-2	30	2 950	2.0	2.2
Y200L2-2	37	2 950	2.0	2.2
Y225M-2	45	2 970	2.0	2.2
同步转速 1 500r/min				
Y801-4	0.55	1 390	2.2	2.2
Y90S-4	1.1	1 400	2.2	2.2
Y90L-4	1.5	1 400	2.2	2.2
Y100L1-4	2.2	1 420	2.2	2.2
Y100L2-4	3	1 420	2.2	2.2
Y112M-4	4	1 440	2.2	2.2
Y132S-4	5.5	1 440	2.2	2.2
Y132M-4	7.5	1 420	2.2	2.2
Y160M-4	11	1 460	2.2	2.2
Y160L-4	15	1 460	2.2	2.2
Y180M-4	18.5	1 470	2.0	2.2
Y180L-4	22	1 470	2.0	2.2
Y200L-4	30	1 470	2.0	2.2
Y225S-4	73	1 480	1.9	2.2
Y225M-4	45	1 480	1.9	2.2
Y250M-4	55	1 480	2.0	2.2
同步转速 1 000r/min				
Y90S-6	0.75	910	2.0	2.0
Y90L-6	1.1	910	2.0	2.0
Y100L-6	1.5	940	2.0	2.0
Y112M-6	2.2	940	2.0	2.0
Y132S-6	3	960	2.0	2.0
Y132M1-6	4	960	2.0	2.0
Y132M2-6	5.5	960	2.0	2.0
Y160M-6	7.5	970	2.0	2.0
Y160L-6	11	970	2.0	2.0
Y180L-6	15	970	1.8	2.0
Y200L1-6	18.5	970	1.8	2.0
Y200L2-6	22	970	1.8	2.0
Y225M-6	30	980	1.7	2.0
Y250M-6	37	980	1.8	2.0
Y280S-6	45	980	1.8	2.0

（续）

电动机型号	额定功率/kW	满载转速/(r/min)	$\frac{\text{起动转矩}}{\text{额定转矩}}$	$\frac{\text{最大转矩}}{\text{额定转矩}}$
同步转速 750r/min				
Y132S-8	2.2	710	2.0	2.0
Y132M-8	3	710	2.0	2.0
Y160M1-8	4	720	2.0	2.0
Y160M2-8	5.5	720	2.0	2.0
Y160L-8	7.5	720	2.0	2.0
Y180L-8	11	730	1.7	2.0
Y200L-8	15	730	1.8	2.0
Y225S-8	18.5	730	1.7	2.0
Y225M-8	22	730	1.8	2.0
Y250M-8	30	730	1.8	2.0
Y280S-8	37	740	1.8	2.0
Y280M-8	45	740	1.8	2.0

注：Y 系列电动机的型号由四部分组成：第一部分汉语拼音字母 Y 表示异步电动机；第二部分数字表示机座中心高（机座不带底脚时，与机座带底脚时相同）；第三部分英文字母为机座长度代号（S—短机座，M—中机座，L—长机座），字母后的数字为铁心长度代号，第四部分横线后的数字为电动机的极数。例如，电动机型号 Y132S2-2 表示异步电动机，机座中心高为 132mm，短机座，极数为 2。

8.1.3　传动比的计算及分配

传动比的计算及分配见表 8-3。

表 8-3　传动比的计算及分配

计算项目	计算及说明	计算结果
1. 总传动比	$i_{\text{II}}=\frac{n_m}{n_w}=\frac{960}{138.00}=6.96$	$i_{总}=6.96$
2. 分配传动比	取带传动的传动比 $i_1=i_{带}=2$，则 $i_2=i_{1-2}=\frac{i_{\text{II}}}{i_1}=\frac{6.96}{2}=3.48$	$i_{带}=2$ $i_2=3.48$

8.1.4　传动装置运动、动力参数的计算

传动装置的运动、动力参数的计算见表 8-4。

表 8-4　运动、动力参数的计算

计算项目	计算及说明	计算结果
1. 各轴转速	$n_0 = n_m = 960\text{r/min}$ $n_1 = \frac{n_m}{i_{0-1}} = \frac{960}{2}\text{r/min} = 480\text{r/min}$ $n_2 = \frac{n_1}{i_{1-2}} = \frac{480}{3.48}\text{r/min} = 137.93\text{r/min}$ $n_w = n_2 = 137.93\text{r/min}$	$n_0 = 960\text{r/min}$ $n_1 = 480\text{r/min}$ $n_2 = 137.93\text{r/min}$ $n_w = 137.93\text{r/min}$
2. 各轴功率	$P_1 = P_0\eta_{0-1} = P_0\eta_{带} = 3.07 \times 0.96\text{kW} = 2.95\text{kW}$ $P_2 = P_1\eta_{1-2} = P_1\eta_{轴承}\eta_{齿} = 2.95 \times 0.99 \times 0.97\text{kW} = 2.83\text{kW}$ $P_w = P_2\eta_{2-w} = P_2\eta_{轴承}\eta_{联} = 2.83 \times 0.99 \times 0.99\text{kW} = 2.77\text{kW}$	$P_1 = 2.95\text{kW}$ $P_2 = 2.83\text{kW}$ $P_w = 2.77\text{kW}$
3. 各轴转矩	$T_0 = 9550\frac{P_0}{n_0} = 9550 \times \frac{3.07}{960}\text{N} \cdot \text{m} = 30.54\text{N} \cdot \text{m}$ $T_1 = 9550\frac{P_1}{n_1} = 9550 \times \frac{2.95}{480}\text{N} \cdot \text{m} = 58.69\text{N} \cdot \text{m}$ $T_2 = 9550\frac{P_2}{n_2} = 9550 \times \frac{2.83}{137.93}\text{N} \cdot \text{m} = 195.94\text{N} \cdot \text{m}$ $T_w = 9550\frac{P_w}{n_w} = 9550 \times \frac{2.77}{137.93}\text{N} \cdot \text{m} = 191.78\text{N} \cdot \text{m}$	$T_0 = 30.54\text{N} \cdot \text{m}$ $T_1 = 58.69\text{N} \cdot \text{m}$ $T_2 = 195.94\text{N} \cdot \text{m}$ $T_w = 191.78\text{N} \cdot \text{m}$

8.2　传动件的设计计算

8.2.1　减速器外传动件的设计

减速器外传动只有带传动，故只需对带传动进行设计。带传动的设计计算见表 8-5。

表 8-5　带传动的设计计算

计算项目	计算及说明	计算结果
1. 确定设计功率	由表 8-6，查得工作情况系数 $K_A = 1.1$，则 $P_d = K_A P_0 = 1.1 \times 3.07\text{kW} = 3.38\text{kW}$	$P_d = 3.38\text{kW}$
2. 选择带型	根据 $n_0 = 960\text{r/min}$，$P_d = 3.38\text{kW}$，由图 8-2 选择 A 型 V 带	选择 A 型 V 带
3. 确定带轮基准直径	由表 8-7 采用最小带轮基准直径，可选小带轮直径 $d_{d1} = 100\text{mm}$。则大带轮直径为 $d_{d2} = i_{带} d_{d1} = 2 \times 100\text{mm} = 200\text{mm}$	$d_{d1} = 100\text{mm}$ $d_{d2} = 200\text{mm}$
4. 验算带的速度	$v_{带} = \frac{\pi d_{d1} n_0}{60 \times 1000} = \frac{\pi \times 100 \times 960}{60 \times 1000}\text{m/s} = 5.02\text{m/s} < v_{max} = 25\text{m/s}$	带速符合要求

（续）

计算项目	计算及说明	计算结果
5. 确定中心距和V带长度	根据$0.7(d_{d1}+d_{d2})<a_0<2(d_{d1}+d_{d2})$，初步确定中心距，即 $0.7\times(100+200)\text{mm}=210\text{mm}<a_0<2\times(100+200)\text{mm}=600\text{mm}$ 为使结构紧凑，取偏低值，$a_0=300\text{mm}$ V带计算基准长度为 $L_d'\approx 2a_0+\frac{\pi}{2}(d_{d1}+d_{d2})+\frac{(d_{d2}-d_{d1})^2}{4a_0}$ $=\left[2\times300+\frac{\pi}{2}(100+200)+\frac{(200-100)^2}{4\times300}\right]\text{mm}=1079.57\text{mm}$ 由表8-8选V带基准长度$L_d=1120\text{mm}$，则实际中心距为 $a=a_0+\frac{L_d-L_d'}{2}=300\text{mm}+\frac{1120-1079.57}{2}\text{mm}=320.22\text{mm}$	$a_0=300\text{mm}$ $L_d=1120\text{mm}$ $a=320.22\text{mm}$
6. 计算小轮包角	$\alpha_1=180°-\frac{d_{d2}-d_{d1}}{a}\times57.3°=180°-\frac{200-100}{320.22}\times57.3°=162.11°$ 式中，57.3°为将弧度转换为角度的常数	$\alpha_1=162.11°$
7. 确定V带根数	V带的根数可用下式计算 $z=\frac{P_d}{(P_0+\Delta P_0)K_\alpha K_L}$ 由表8-9查取单根V带所能传递的功率$P_0=0.96\text{kW}$，功率增量为 $\Delta P_0=K_b n_1\left(1-\frac{1}{K_i}\right)$ 由表8-10查得$K_b=0.7725\times10^{-3}$，由表8-11查得$K_i=1.137$，则 $\Delta P_0=0.7725\times10^{-3}\times960\times\left(1-\frac{1}{1.137}\right)\text{kW}=0.089\text{kW}$ 由表8-12查得$K_\alpha\approx0.96$，由表8-8查得$K_L=0.91$，则带的根数为 $z=\frac{P_d}{(P_0+\Delta P_0)K_\alpha K_L}=\frac{3.38}{(0.96+0.089)\times0.96\times0.91}=3.688$ 取4根	$z=3$
8. 计算初拉力	由表8-13查得V带质量$m=0.1\text{kg/m}$，那么初拉力为 $F_0=500\frac{P_d}{zv_{带}}\left(\frac{2.5-K_\alpha}{K_\alpha}\right)+mv_{带}^2$ $=500\times\frac{3.38}{4\times5.02}\left(\frac{2.5-0.96}{0.96}\right)\text{N}+0.1\times5.02^2\text{N}=140.9\text{N}$	$F_0=140.9\text{N}$
9. 计算作用在轴上的压力	$Q=2zF_0\sin\frac{\alpha}{2}=2\times4\times140.9\text{N}\times\sin\frac{162.11°}{2}=1113.49\text{N}$	$Q=1113.49\text{N}$

（续）

计算项目	计算及说明	计算结果
10. 带轮结构设计	(1)小带轮结构　采用实心式，由表 8-14 查得 Y132M 电动机轴径 $D_0=38\text{mm}$，由表 8-15 查得 $e=15\pm0.3\text{mm}$，$f_{min}=9\text{mm}$，取 $f=10\text{mm}$，则 轮毂宽：$L_1=(1.5\sim2)D_0=(1.5\sim2)\times38\text{mm}=57\sim76\text{mm}$ 取 $L_1=60\text{mm}$ 轮缘宽：$B=(z-1)e+2f=(3-1)\times15\text{mm}+2\times10\text{mm}=50\text{mm}$ (2)大带轮结构　采用孔板式结构，轮缘宽可与小带轮相同，轮毂宽可与轴的结构设计同步进行	

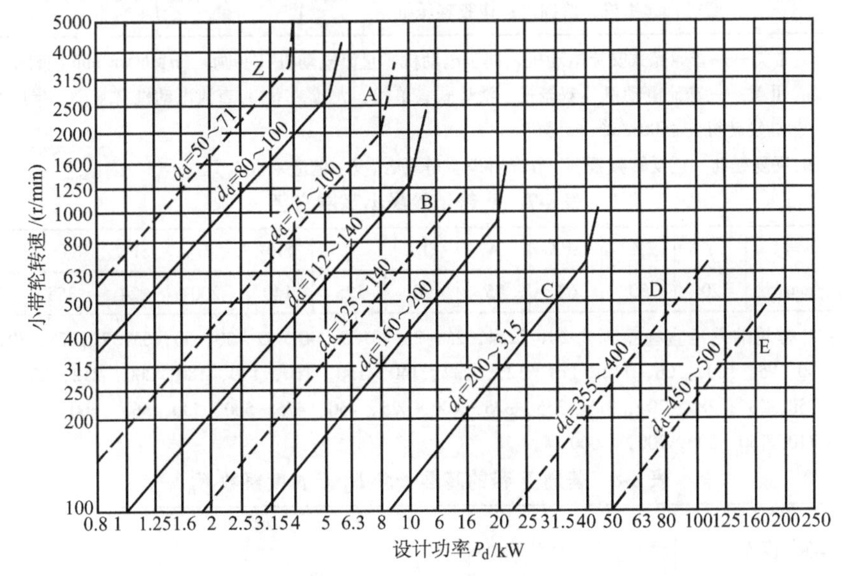

图 8-2　普通 V 带选型图

表 8-6　工作情况系数 K_A

工　作　机		原动机					
		Ⅰ 类			Ⅱ 类		
		一天工作时间/h					
		<10	10~16	>16	<10	10~16	>16
载荷平稳	液体搅拌机；离心式水泵；通风机和鼓风机（≤7.5kW）；离心式压缩机；轻型运输机	1.0	1.1	1.2	1.1	1.2	1.3
载荷变动小	带式运输机（运送砂石、谷物）；通风机（>7.5kW）；发电机；旋转式水泵；金属切削机床；剪床；压力机；印刷机；振动筛	1.1	1.2	1.3	1.2	1.3	1.4

（续）

工作机		原动机					
		Ⅰ类			Ⅱ类		
		一天工作时间/h					
		<10	10~16	>16	<10	10~16	>16
载荷变动较大	螺旋式运输机；斗式提升机；往复式水泵和压缩机；锻锤；磨粉机；锯木机和木工机械；纺织机械	1.2	1.3	1.4	1.4	1.5	1.6
载荷变动很大	破碎机（旋转式、颚式等）；球磨机；棒磨机；起重机；挖掘机；橡胶辊压机	1.3	1.4	1.5	1.5	1.6	1.8

注：1. Ⅰ类——普通笼式交流电动机，同步电动机，直流电动机（并励），$n \geqslant 600$r/min 内燃机。
Ⅱ类——交流电动机（双笼式、滑环式、单相、大转差率），直流电动机（复励、串励），单缸发动机 $n \leqslant 600$r/min 内燃机。
2. 反复起动、正反转频繁、工作条件恶劣等场合，K_A 值应乘以 1.1。

表 8-7　V 带带轮最小基准直径

型号	Y	Z	SPZ	A	SPA	B	SPB	C	SPC	D	E
d_{min}/mm	20	50	63	75	90	125	140	200	224	355	500

注：V 带轮的基准直径系列为 20，22.4，25，28，31.5，40，45，50，56，63，71，75，80，85，90，95，100，106，112，118，125，132，140，150，160，170，180，200，212，224，236，250，265，280，300，315，355，375，400，425，450，475，500，530，560，600，630，670，710，750，800，900，1 000 等。

表 8-8　普通 V 带的基准长度 L_d 及长度系数 K_L

基准长度 L_d /mm	带型						
	Y	Z	A	B	C	D	E
	K_L						
200	0.81						
224	0.82						
250	0.84						
280	0.87						
315	0.90						
355	0.92						
400	0.96	0.87					
450	1.00	0.89					
500	1.02	0.91					
560		0.94					
630		0.96	0.81				
710		0.99	0.83				

（续）

基准长度 L_d /mm	带型						
	Y	Z	A	B	C	D	E
	K_L						
800		1.00	0.85				
900		1.03	0.87	0.82			
1 000		1.06	0.89	0.84			
1 120		1.08	0.91	0.86			
1 250		1.10	0.93	0.88			
1 400		1.14	0.96	0.90			
1 600		1.16	0.99	0.92	0.83		
1 800		1.18	1.01	0.95	0.86		
2 000			1.03	0.98	0.88		
2 240			1.06	1.00	0.91		
2 500			1.09	1.03	0.93		
2 800			1.11	1.05	0.95	0.83	
3 150			1.13	1.07	0.97	0.86	
3 550			1.17	1.09	0.99	0.89	
4 000			1.19	1.13	1.02	0.91	
4 500				1.15	1.04	0.93	0.90
5 000				1.18	1.07	0.96	0.92
5 600					1.09	0.98	0.95
6 300					1.12	1.00	0.97
7 100					1.15	1.03	1.00
8 000					1.18	1.06	1.02
9 000					1.21	1.08	1.05
10 000					1.23	1.11	1.07
11 200						1.14	1.10
12 500						1.17	1.12
14 000						1.20	1.15
16 000						1.22	1.18

表 8-9　普通 V 带基本额定功率 P_0　（单位：kW）

型号	小带轮基准直径 d_{d1}/mm	小带轮转速 n_1/(r/min)															
		200	400	800	950	1 200	1 450	1 600	1 800	2 000	2 400	2 800	3 200	3 600	4 000	5 000	6 000
Z	50	0.04	0.06	0.10	0.12	0.14	0.16	0.17	0.19	0.20	0.22	0.26	0.28	0.30	0.32	0.34	0.31
	56	0.04	0.06	0.12	0.14	0.17	0.19	0.20	0.23	0.25	0.30	0.33	0.35	0.37	0.39	0.41	0.40
	63	0.05	0.08	0.15	0.18	0.22	0.25	0.27	0.30	0.32	0.37	0.41	0.45	0.47	0.49	0.50	0.48
	71	0.06	0.09	0.20	0.23	0.27	0.30	0.33	0.36	0.39	0.46	0.50	0.54	0.58	0.61	0.62	0.56
	80	0.10	0.14	0.22	0.26	0.30	0.35	0.39	0.42	0.44	0.50	0.56	0.61	0.64	0.67	0.66	0.61

（续）

型号	小带轮基准直径 d_{d1}/mm	小带轮转速 n_1/(r/min)															
		200	400	800	950	1 200	1 450	1 600	1 800	2 000	2 400	2 800	3 200	3 600	4 000	5 000	6 000
Z	90	0.10	0.14	0.24	0.28	0.33	0.36	0.40	0.44	0.48	0.54	0.60	0.64	0.68	0.72	0.73	0.56
A	75	0.15	0.26	0.45	0.51	0.60	0.68	0.73	0.79	0.84	0.92	1.00	1.04	1.08	1.09	1.02	0.80
	90	0.22	0.39	0.68	0.77	0.93	1.07	1.15	1.25	1.34	1.50	1.64	1.75	1.83	1.87	1.82	1.50
	100	0.26	0.47	0.83	0.95	1.14	1.32	1.42	1.58	1.66	1.87	2.05	2.19	2.28	2.34	2.25	1.80
	112	0.31	0.56	1.00	1.15	1.39	1.61	1.74	1.89	2.04	2.30	2.51	2.68	2.78	2.83	2.64	1.96
	125	0.37	0.67	1.19	1.37	1.66	1.92	2.07	2.26	2.44	2.74	2.98	3.15	3.26	3.28	2.91	1.87
	140	0.43	0.78	1.41	1.62	1.96	2.28	2.45	2.66	2.87	3.22	3.48	3.65	3.72	3.67	2.99	1.37
	160	0.51	0.94	1.69	1.95	2.36	2.73	2.54	2.98	3.42	3.80	4.06	4.19	4.17	3.98	2.67	—
	180	0.59	1.09	1.97	2.27	2.74	3.16	3.40	3.67	3.93	4.32	4.54	4.58	4.40	4.00	1.81	—
B	125	0.48	0.84	1.44	1.64	1.93	2.19	2.33	2.50	2.64	2.85	2.96	2.94	2.80	2.61	1.09	
	140	0.59	1.05	1.82	2.08	2.47	2.82	3.00	3.23	3.42	3.70	3.85	3.83	3.63	3.24	1.29	
	160	0.74	1.32	2.32	2.66	3.17	3.62	3.86	4.15	4.40	4.75	4.89	4.80	4.46	3.82	0.81	
	180	0.88	1.59	2.81	3.22	3.85	4.39	4.68	5.02	5.30	5.67	5.76	5.52	4.92	3.92	—	
	200	1.02	1.85	3.30	3.77	4.50	5.13	5.46	5.83	6.13	6.47	6.43	5.95	4.98	3.47	—	
	224	1.19	2.17	3.86	4.42	5.26	5.97	6.33	6.73	7.02	7.25	6.95	6.05	4.47	2.14	—	
	250	1.37	2.50	4.46	5.10	6.04	6.82	7.20	7.63	7.87	7.89	7.14	5.60	5.12	—	—	
	280	1.58	2.89	5.13	5.85	6.90	7.76	8.13	8.46	8.60	8.22	6.80	4.26	—	—	—	
C	200	1.39	2.41	4.07	4.58	5.29	5.84	6.07	6.28	6.34	6.02	5.01	3.23				
	224	1.70	2.99	5.12	5.78	6.71	7.45	7.75	8.00	8.06	7.57	6.08	3.57				
	250	2.03	3.62	6.23	7.04	8.21	9.08	9.38	9.63	9.62	8.75	6.56	2.93				
	280	2.42	4.32	7.52	8.49	9.81	10.72	11.06	11.22	11.04	9.50	6.13	—				
	315	2.84	5.14	8.92	10.05	11.53	12.46	12.72	12.67	12.14	9.43	4.16	—				
	355	3.36	6.05	10.46	11.73	13.31	14.12	14.19	13.73	12.59	7.98	—	—				
	400	3.91	7.06	12.10	13.48	15.04	15.53	15.24	14.08	11.95	4.34	—	—				
	450	4.51	8.20	13.80	15.23	16.59	16.47	15.57	13.29	9.64	—	—	—				

注：本表摘自 GB/T 13575.1—1992。为了精简篇幅，表中未列出 Y 型、D 型和 E 型的数据，表中分档也较粗。表中查不到的数据可用插值法计算求得。

表 8-10　弯曲影响系数 K_b

带　　型	K_b
Z	$0.292\,5\times10^{-3}$
A	$0.772\,5\times10^{-3}$
B	$1.987\,5\times10^{-3}$
C	5.625×10^{-3}
D	19.95×10^{-3}
E	37.35×10^{-3}

表 8-11　传动比系数 K_i

传动比 i	K_i
1.00～1.01	1.000 0
1.02～1.04	1.013 6
1.05～1.08	1.027 6
1.09～1.12	1.041 9
1.13～1.18	1.056 7
1.19～1.24	1.071 9
1.25～1.34	1.087 5
1.35～1.51	1.103 6
1.52～1.99	1.120 2
≥2.00	1.137 3

表 8-12　包角修正系数 K_α

包角 α_1/(°)	220	210	200	190	180	170	160	150	140	130	120	110	100	90
K_α	1.20	1.15	1.10	1.05	1.00	0.98	0.95	0.92	0.89	0.86	0.82	0.78	0.73	0.68

表 8-13　普通 V 带截面基本尺寸

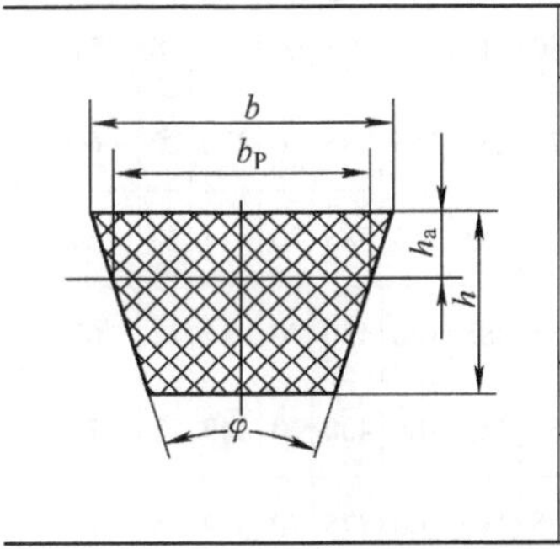

带　型	Y	Z	A	B	C	D	E
b/mm	6.0	10	13	17	22	32	38
b_p/mm	5.3	8.5	11	14	19	27	32
h/mm	4.0	6	8	11	14	19	25
h_a/mm	0.96	2.01	2.75	4.12	4.8	6.87	8.24
φ	40°						
m/(kg/m)	0.02	0.06	0.1	0.17	0.3	0.6	0.9

表 8-14　Y 机座带底脚、端盖无凸缘电动机的安装及外形尺寸

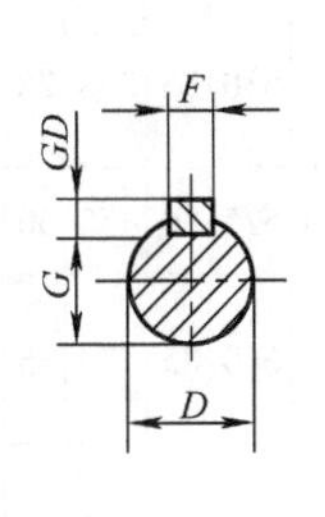

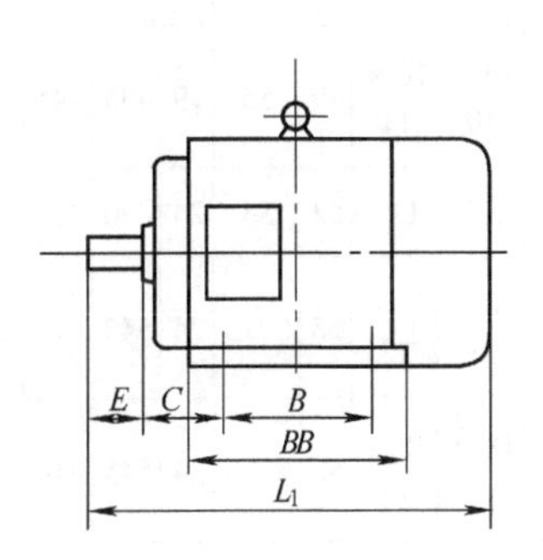

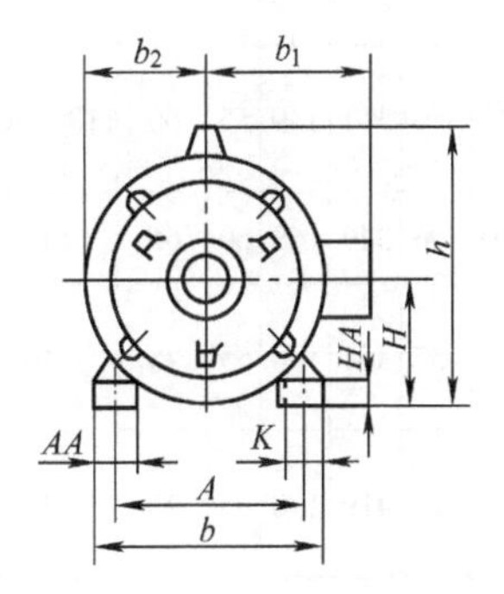

型号	尺寸/mm																					
	H	A	B	C	D		E		F×GD		G		K	b	b_1	b_2	h	AA	BB	HA	L_1	
					2 极	4,6,8,10 极	2 极	4,6,8,10 极	2 极	4,6,8,10 极	2 极	4,6,8,10 极									2 极	4,6,8,10 极
Y80	80	125	100	50	19		40		6×6		15.5		10	160	150	85	170	34	130	10	285	
Y90S	90	140	100	56	24		50		8×7		20		10	180	155	90	190	36	130	12	310	
Y90L	90	140	125	56	24		50		8×7		20		10	180	155	90	190	36	155	12	335	
Y100L	100	160	140	63	28		60		8×7		24		12	205	180	105	245	40	176	14	380	
Y112M	112	190	140	70	28		60		8×7		24		12	245	190	115	265	50	180	15	400	
Y132S	132	216	140	89	38		80		10×8		33		12	280	210	135	315	60	200	18	475	

（续）

型号	尺寸/mm																				
	H	A	B	C	D		E		$F \times GD$		G		K	b	b_1	b_2	h	AA	BB	HA	L_1	
					2极	4,6,8,10极	2极	4,6,8,10极	2极	4,6,8,10极	2极	4,6,8,10极									2极	4,6,8,10极
Y132M	132	216	178	89	38		80		10×8		33		12	280	210	135	315	60	238	18	515	
Y160M	160	254	210	108	42		110		12×8		37		15	325	255	165	385	70	270	20	600	
Y160L	160	254	254	108	42		110		12×8		37		15	325	255	165	385	70	314	20	645	
Y180M	180	279	241	121	48		110		14×9		42.5		15	355	285	180	430	70	311	22	670	
Y180L	180	279	279	121	48		110		14×9		42.5		15	355	285	180	430	70	349	22	710	
Y200L	200	318	305	133	55		110		16×10		49		19	395	310	200	475	70	379	25	775	
Y225S	225	356	286	149	55	60	110	140	16×10	18×11	49	53	19	435	345	225	530	75	368	28		820
Y225M	225	356	311	149	55	60	110	140	16×10	18×11	49	53	19	435	345	225	530	75	393	28	815	845
Y250M	250	406	349	168	60	65	140		18×11		53	58	24	490	385	250	575	80	455	30	930	
Y280S	280	457	368	190	65	75	140		18×11	20×12	58	67.5	24	545	410	280	640	85	530	35	1000	
Y280M	280	475	419	190	65	75	140		18×11	20×12	58	67.5	24	545	410	280	640	85	581	35	1000	

表 8-15 普通 V 带带轮轮槽尺寸

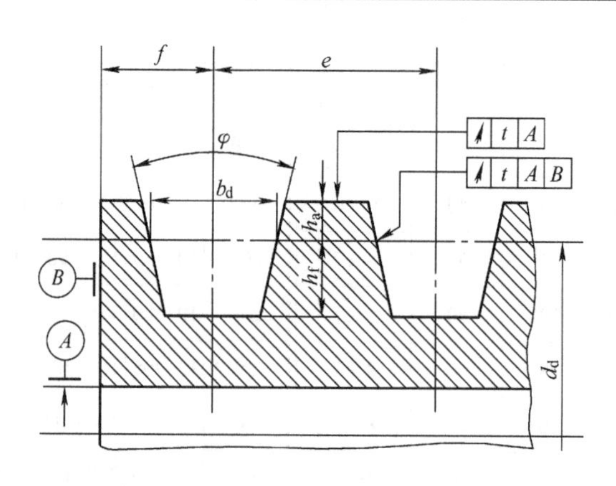

（续）

槽形		基准宽度 b_d	h_{amin}	h_{fmin}	槽间距 e①			f_{min}④
普通V带轮	窄V带轮				基本值	极限偏差②	累积极限偏差③	
Y	—	5.3	1.6	4.7	8	±0.3	±0.6	6
Z	SPZ	8.5	2	7 9	12	±0.3	±0.6	7
A	SPA	11	2.75	8.7 11	15	±0.3	±0.6	9
B	SPB	14	3.5	10.8 14	19	±0.4	±0.8	11.5
C	SPC	19	4.8	14.3 19	25.5	±0.5	±1	16
D	—	27	8.1	19.9	37	±0.6	±1.2	23
E	—	32	9.6	23.4	44.5	±0.7	±1.4	28

① 实际使用中，如冲压板材带轮时，槽间距 e 可能被加大，当不按本标准规定的带轮与符合本标准规定的带轮配合使用时，应引起注意。

② 槽间距（两相邻轮槽截面中线距离）e 的极限偏差。

③ 同一带轮所有轮槽相对槽间距 e 基本值的累计偏差不应超出表中规定值。

④ f 值的偏差应考虑带轮的找正。

8.2.2 减速器内传动的设计计算

减速器采用直齿圆柱齿轮传动，其传动设计计算见表 8-16。

表 8-16 直齿圆柱齿轮传动的设计计算

计算项目	计算及说明	计算结果
1. 选择材料、热处理方式和公差等级	考虑到带式运输机为一般机械，故大、小齿轮均选用 45 钢。为制造方便采用软齿面，小齿轮调质处理，大齿轮正火处理，选用 8 级精度 由表 8-17 得小齿轮齿面硬度为 217 ~ 255HBW，取硬度值 240HBW 进行计算；大齿轮齿面硬度为 162 ~ 217HBW，取硬度值 200HBW 进行计算	45 钢 小齿轮调质处理 大齿轮正火处理 8 级精度
2. 初步计算传动的主要尺寸	因为是软齿面闭式传动，故按齿面接触疲劳强度进行设计，则有 $$d_1 \geqslant \sqrt[3]{\frac{2KT_1}{\phi_d}\frac{u+1}{u}\left(\frac{Z_E Z_H Z_\varepsilon}{[\sigma]_H}\right)^2}$$ 1）小齿轮传递转矩为 $$T_1 = 58690\text{N} \cdot \text{mm}$$	

（续）

计算项目	计算及说明	计算结果
2. 初步计算传动的主要尺寸	2）试选载荷系数 $K_t=1.4$ 3）由表 8-18，取齿宽系数 $\phi_d=1$ 4）由表 8-19 查得弹性系数 $Z_E=189.8\sqrt{MPa}$ 5）对于标准直齿轮，节点区域系数 $Z_H=2.5$ 6）齿数比 $u=i_2=3.48$ 7）确定齿轮齿数。初选小齿轮齿数 $z_1=29$，则 $z_2=uz_1=3.48\times29=100.92$，取 $z_2=101$ 8）重合度 端面重合度为 $$\varepsilon_\alpha=\left[1.88-3.2\left(\frac{1}{z_1}+\frac{1}{z_2}\right)\right]\cos\beta=\left[1.88-3.2\left(\frac{1}{29}+\frac{1}{101}\right)\right]\cos0°=1.74$$ 轴向重合度为 $$\varepsilon_\beta=0.318\phi_d z_1\tan\beta=0$$ 由图 8-3 查得重合度系数 $Z_\varepsilon=0.88$ 9）许用接触应力 $$[\sigma]_H=\frac{Z_N\sigma_{Hlim}}{S_H}$$ 由图 8-4e、a 查得接触疲劳极限应力为 $\sigma_{Hlim1}=580MPa$，$\sigma_{Hlim2}=400MPa$ 小齿轮与大齿轮的应力循环次数分别为 $$N_1=60n_1aL_h=60\times480\times1.0\times2\times8\times250\times10=1.15\times10^9$$ $$N_2=\frac{N_1}{i_1}=\frac{1.15\times10^9}{3.48}=3.30\times10^8$$ 由图 8-5 查得寿命系数 $Z_{N1}=1.0$，$Z_{N2}=1.1$，由表 8-20 取安全系数 $S_H=1.0$，则 $$[\sigma]_{H1}=\frac{Z_{N1}\sigma_{Hlim1}}{S_H}=\frac{1.0\times580}{1}MPa=580MPa$$ $$[\sigma]_{H2}=\frac{Z_{N2}\sigma_{Hlim2}}{S_H}=\frac{1.1\times400}{1}MPa=440MPa$$ 取 $[\sigma]_H=440MPa$ 初算小齿轮的分度圆直径 d_{1t}，有 $$d_{1t}\geqslant\sqrt[3]{\frac{2K_tT_1}{\phi_d}\frac{u+1}{u}\left(\frac{Z_EZ_HZ_\varepsilon}{[\sigma]_H}\right)^2}=\sqrt[3]{\frac{2\times1.4\times58690}{1}\times\frac{3.48+1}{3.48}\times\left(\frac{189.8\times2.5\times0.88}{440}\right)^2}mm=57.54mm$$	$d_{1t}\geqslant57.54mm$

（续）

计算项目	计算及说明	计算结果
3. 确定传动尺寸	(1)计算载荷系数　由表 8-21 查得使用系数 $K_A=1.0$，因 $$v=\frac{\pi d_{1t}n_1}{60\times1000}=\frac{\pi\times57.54\times480}{60\times1000}\text{m/s}=1.45\text{m/s}$$ 由图 8-6 查得动载荷系数 $K_v=1.11$，由图 8-7 查得齿向载荷分配系数 $K_\beta=1.06$，由表 8-22 查得齿间载荷分配系数 $K_\alpha=1.1$，则载荷系数 $$K=K_AK_vK_\beta K_\alpha=1.0\times1.1\times1.06\times1.1=1.28$$ (2)对 d_{1t}进行修正　因 K 与 K_t 有较大的差异，故需对 K_t 计算出的 d_{1t}进行修正，即 $$d_1\geqslant d_{1t}\sqrt[3]{\frac{K}{K_t}}=57.54\times\sqrt[3]{\frac{1.28}{1.4}}\text{mm}=55.88\text{mm}$$ (3)确定模数 m $$m=\frac{d_1}{z_1}=\frac{55.88}{29}\text{mm}=1.93\text{mm}$$ 按表 8-23，取 $m=2\text{mm}$ (4)计算传动尺寸　中心距为 $$a_1=\frac{m(z_1+z_2)}{2}=\frac{2\times(29+101)}{2}\text{mm}=130\text{mm}$$ 分度圆直径为 $$d_1=mz_1=2\times29\text{mm}=58\text{mm}$$ $$d_2=mz_2=2\times101\text{mm}=202\text{mm}$$ $$b=\phi_d d_1=1\times58\text{mm}=58\text{mm}$$ 取 $b_2=60\text{mm}$ $$b_1=b_2+(5\sim10)\text{mm}=60\text{mm}+(5\sim10)\text{mm}$$ 取 $b_1=65\text{mm}$	$m=2\text{mm}$ $a_1=130\text{mm}$ $d_1=58\text{mm}$ $d_2=202\text{mm}$ $b_2=60\text{mm}$ $b_1=65\text{mm}$
4. 校核齿根弯曲疲劳强度	$$\sigma_F=\frac{2KT_1}{bmd_1}Y_FY_SY_\varepsilon\leqslant[\sigma]_F$$ 1)K、T_1、m 和 d_1 同前 2)齿宽 $b=b_2=60\text{mm}$ 3)齿形系数 Y_F 和应力修正系数 Y_S： 由图 8-8 查得 $Y_{F1}=2.53$，$Y_{F2}=2.22$；由图 8-9 查得 $Y_{S1}=1.62$，$Y_{S2}=1.81$ 4)由图 8-10 查得重合度系数 $Y_\varepsilon=0.69$ 5)许用弯曲应力 $$[\sigma]_F=\frac{Y_N\sigma_{F\lim}}{S_F}$$	满足齿根弯曲疲劳强度

（续）

计算项目	计算及说明	计算结果
4. 校核齿根弯曲疲劳强度	由图 8-4f、b 查得弯曲疲劳极限应力为 $\sigma_{\text{Flim1}}=220\text{MPa}, \sigma_{\text{Flim2}}=170\text{MPa}$ 由图 8-11 查得寿命系数 $Y_{N1}=Y_{N2}=1$，由表 8-20 查得安全系数 $S_F=1.25$，故 $[\sigma]_{F1}=\dfrac{Y_{N1}\sigma_{\text{Flim1}}}{S_F}=\dfrac{1\times220}{1.25}\text{MPa}=176\text{MPa}$ $[\sigma]_{F2}=\dfrac{Y_{N2}\sigma_{\text{Flim2}}}{S_F}=\dfrac{1\times170}{1.25}\text{MPa}=136\text{MPa}$ $\sigma_{F1}=\dfrac{2KT_1}{bm_nd_1}Y_{F1}Y_{S1}Y_\varepsilon=\dfrac{2\times1.28\times58690}{60\times2\times58}\times2.53\times1.62$ $\times0.69\text{MPa}=60.30\text{MPa}<[\sigma]_{F1}$ $\sigma_{F2}=\sigma_{F1}\dfrac{Y_{F2}Y_{S2}}{Y_{F1}Y_{S1}}=60.30\times\dfrac{2.22\times1.81}{2.53\times1.62}\text{MPa}=59.11\text{MPa}<[\sigma]_{F2}$	满足齿根弯曲疲劳强度
5. 计算齿轮传动其他几何尺寸	齿顶高　$h_a=h_a^*m=1\times2\text{mm}=2\text{mm}$ 齿根高　$h_f=(h_a^*+c^*)m=(1+0.25)\times2\text{mm}=2.5\text{mm}$ 全齿高　$h=h_a+h_f=2\text{mm}+2.5\text{mm}=4.5\text{mm}$ 顶隙　$c=c^*m_n=0.25\times2\text{mm}=0.5\text{mm}$ 齿顶圆直径为 $d_{a1}=d_1+2h_a=58\text{mm}+2\times2\text{mm}=62\text{mm}$ $d_{a2}=d_2+2h_a=202\text{mm}+2\times2\text{mm}=206\text{mm}$ 齿根圆直径为 $d_{f1}=d_1-2h_f=58\text{mm}-2\times2.5\text{mm}=53\text{mm}$ $d_{f2}=d_2-2h_f=202\text{mm}-2\times2.5\text{mm}=197\text{mm}$	$h_a=2\text{mm}$ $h_f=2.5\text{mm}$ $h=4.5\text{mm}$ $c=0.5\text{mm}$ $d_{a1}=62\text{mm}$ $d_{a2}=206\text{mm}$ $d_{f1}=53\text{mm}$ $d_{f2}=197\text{mm}$

表 8-17　常用的齿轮材料

类　别	牌　号	热 处 理	硬度(HBW 或 HRC)
优质碳素钢	45	正火	162 ~ 217HBW
		调质	217 ~ 255HBW
		表面淬火	45 ~ 50HRC
合金结构钢	40Cr	调质	241 ~ 286HBW
		表面淬火	48 ~ 55HRC
	35SiMn	调质	217 ~ 269HBW
		表面淬火	40 ~ 45HRC
	40MnB	调质	241 ~ 286HBW
	20Cr	渗碳淬火回火	56 ~ 62HRC
	20CrMnTi	渗碳淬火回火	56 ~ 62HRC
	38CrMoAl	调质后渗氮	>850HV

（续）

类　别	牌　号	热处理	硬度(HBW 或 HRC)
铸　钢	ZG310-570	正火	160 ~ 200HBW
	ZG340-640	正火	180 ~ 220HBW
	ZG35SiMn	正火	160 ~ 220HBW
		调质	200 ~ 250HBW
灰铸铁	HT200		170 ~ 230HBW
	HT300		187 ~ 255HBW
球墨铸铁	QT500-5		147 ~ 241HBW
	QT600-2		229 ~ 302HBW

表 8-18　齿宽系数 $\phi_d = b/d_1$

齿轮相对于轴承的位置	齿面硬度	
	软齿面	硬齿面
对称布置	0.8 ~ 1.4	0.4 ~ 0.9
非对称布置	0.6 ~ 1.2	0.3 ~ 0.6
悬臂布置	0.3 ~ 0.4	0.2 ~ 0.25

注：1. 对于直齿圆柱齿轮宜取小值，斜齿可取大值，人字齿甚至可到 2。

2. 载荷稳定，轴刚度大的宜取大些，轴刚度小的宜取小些。

表 8-19　材料弹性系数 Z_E　　（单位：$\sqrt{\text{MPa}}$）

小齿轮			大齿轮			
材　料	E/MPa	μ	钢	铸　钢	铸　铁	球墨铸铁
钢	206000	0.3	189.8	188.9	165.4	181.4
铸钢	202000	0.3	188.9	188.0	161.4	180.5
铸铁	126000	0.3	165.4	161.4	146.0	156.6
球墨铸铁	173000	0.3	181.4	180.5	156.6	173.9

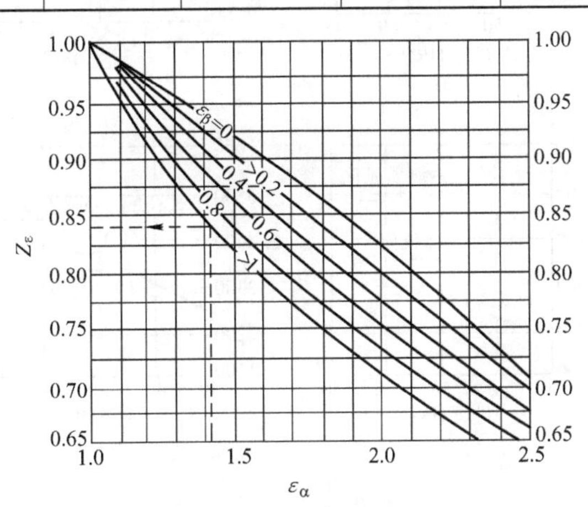

$\varepsilon_\beta=\frac{b\sin\beta}{\pi m_n}=0.318\phi_d z_1\tan\beta$

图 8-3　重合度系数 Z_ε

ε_β——斜齿轮轴向重合度

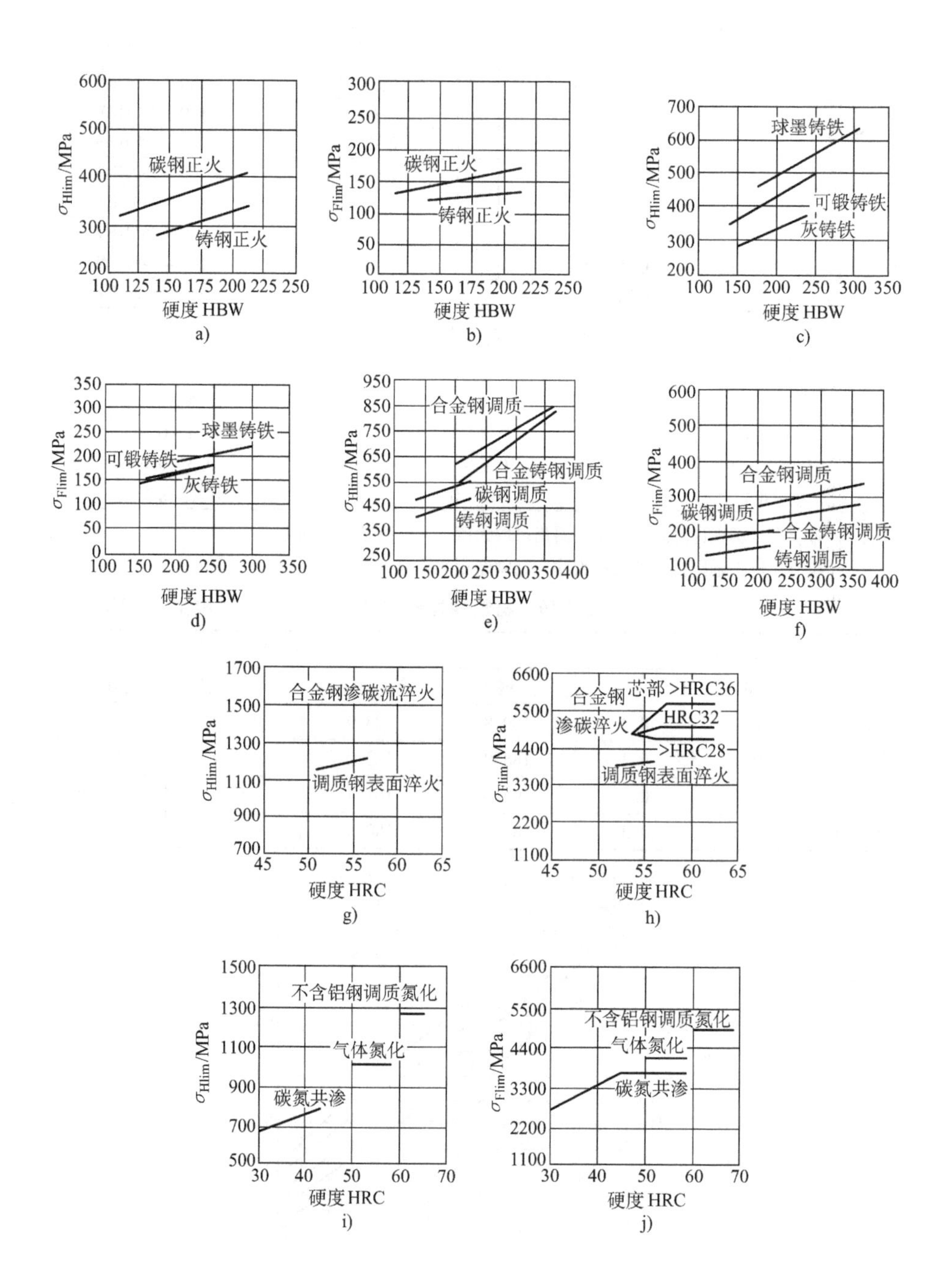

图 8-4 齿面接触疲劳极限应力 σ_{Hlim} 和齿根弯曲疲劳极限应力 σ_{Flim}

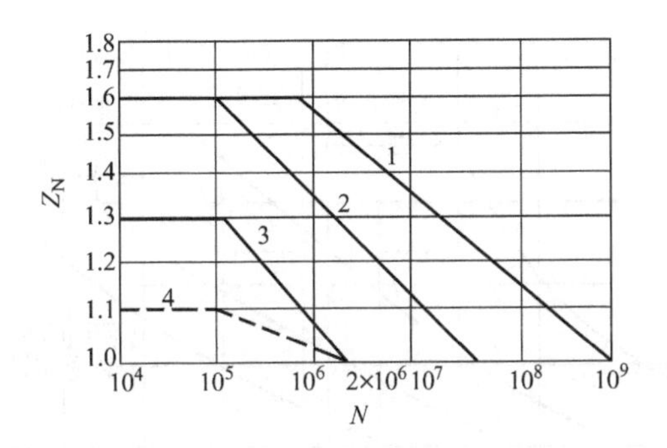

图 8-5　接触强度寿命系数 Z_N

1—钢正火、调质或表面硬化、球墨铸铁、可锻铸铁，允许有局限性点蚀

2—钢正火、调质或表面硬化、球墨铸铁、可锻铸铁

3—钢气体氮化、灰铸铁

4—钢调质后液体氮化

表 8-20　最小安全系数参考值

使用要求	S_{Fmin}	S_{Hmin}
高可靠度（失效率不大于 1/10000）	2.00	1.50～1.60
较高可靠度（失效率不大于 1/1000）	1.60	1.25～1.30
一般可靠度（失效率不大于 1/100）	1.25	1.00～1.10
低可靠度（失效率不大于 1/10）	1.00	0.85

注：1. 在经过使用验证或材料强度、载荷工况及制造精度拥有较准确的数据时，S_{Hmin} 可取下限。

2. 建议对一般齿轮传动不采用低可靠度。

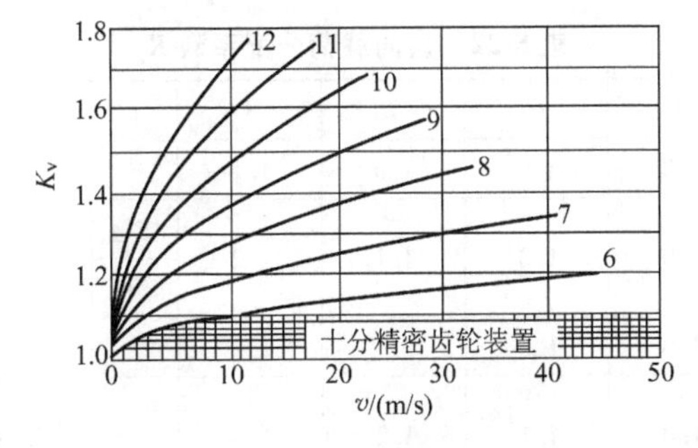

图 8-6　动载系数 K_v

6～12 为齿轮公差等级

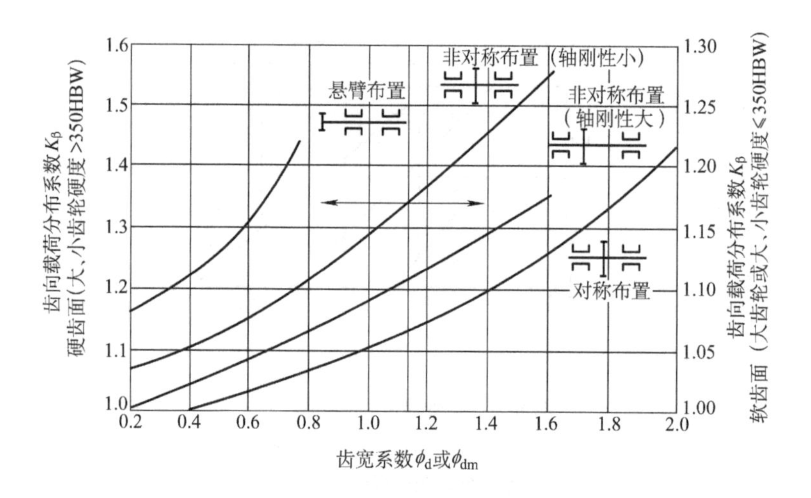

图 8-7 齿向载荷分布系数 K_β

$$\phi_d=\frac{b}{d_1}\text{——圆柱齿轮}\quad \phi_{dm}=\frac{b}{d_{m1}}=\frac{\varphi_R\sqrt{u^2+1}}{2-\varphi_R}\text{——锥齿轮}$$

表 8-21 使用系数 K_A

原动机工作特性	工作机工作特性			
	均匀平稳	轻微冲击	中等冲击	严重冲击
均匀平稳	1.00	1.25	1.50	1.75
轻微冲击	1.10	1.35	1.60	1.85
中等冲击	1.25	1.50	1.75	2.0
严重冲击	1.50	1.75	2.0	2.25 或更大

注：1. 对于增速传动，根据经验建议取表中值的 1.1 倍。
2. 当外部机械与齿轮装置之间挠性连接时，通常 K_A 值可适当减小。

表 8-22 齿向载荷分配系数 K_α

公差等级（Ⅱ组）		5	6	7	8	9	
直齿轮	未经表面硬化	1.0	1.0	1.0	1.1	1.2	
	经表面硬化	1.0	1.0	1.1	1.2	接触	$1/Z_\varepsilon^2\geqslant1.2$
						弯曲	$1/Y_\varepsilon\geqslant1.2$
斜齿轮	未经表面硬化	1.0	1.0	1.1①	1.2	1.4	
	经表面硬化	1.0	1.1	1.2	1.4	$\frac{\varepsilon_\gamma}{\varepsilon_\alpha Y_\varepsilon}\geqslant\varepsilon_\alpha/\cos^2\beta_b\geqslant1.4$	

① 对修形齿轮 $K_\alpha=1.0$。

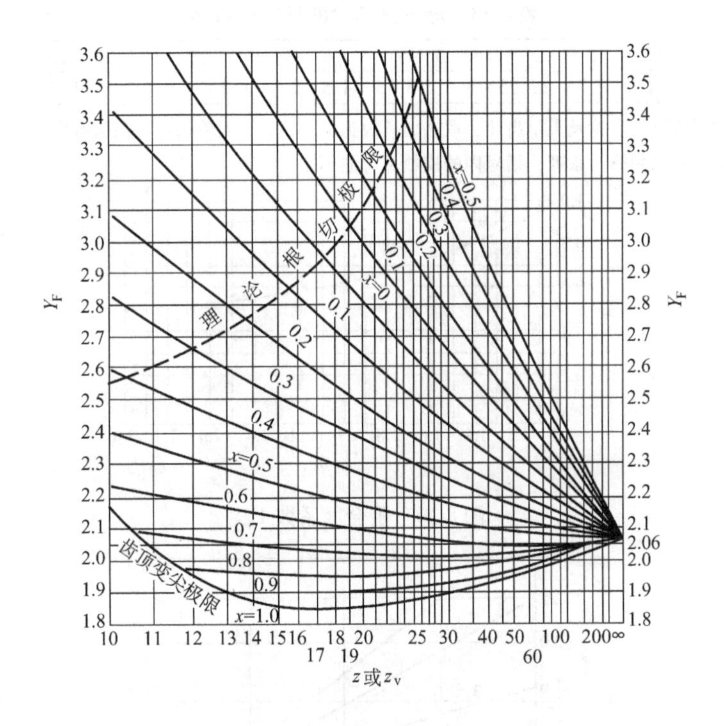

图 8-8　外齿轮的齿形系数 Y_F（$\alpha_n = 20°$）

$h^* = 1$　$c^* = 1.25$　$\rho_{\alpha 0} = 0.38m_n$

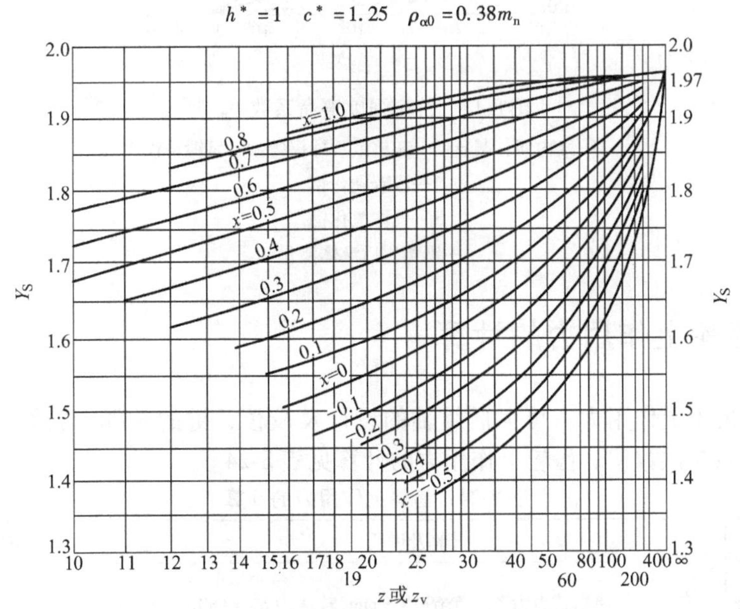

图 8-9　外齿轮齿根应力修正系数 Y_S

$\alpha_n = 20°$　$h^* = 1.0$　$c^* = 0.25$　$\rho_{\alpha 0} = 0.38m_n$

表 8-23　渐开线齿轮的标准模数 m　　（单位：mm）

第一系列	1	1.25	1.5	2	2.5	3	4	5	6	8	10	12	16	20	25	32	40	50
第二系列	1.75	2.25	2.75	(3.25)	3.5	(3.75)	4.5	5.5	(6.5)	7	9	(11)	14	18	22	28	36	45

注：1. 对斜齿圆柱齿轮及人字齿轮，取法面模数为标准模数；对锥齿轮，取大端模数为标准模数。
2. 应优先采用第一系列，括号内的模数尽可能不用。

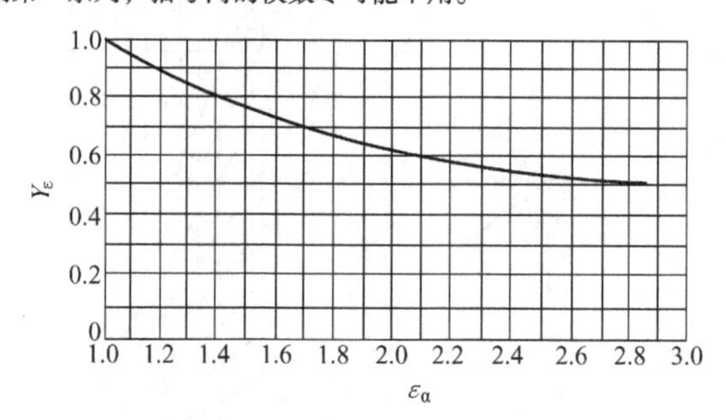

图 8-10　重合度系数 Y_ε

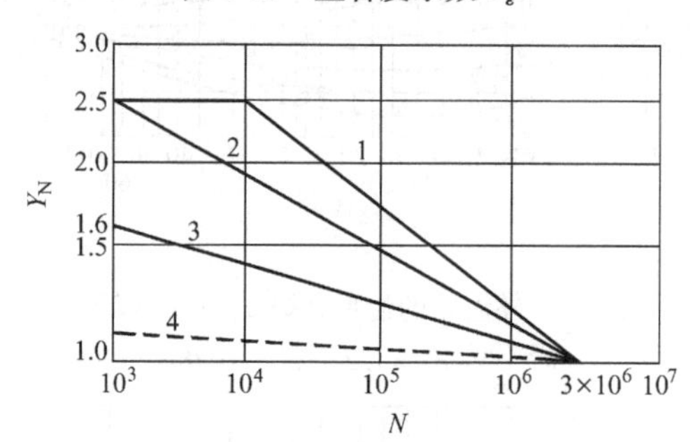

图 8-11　抗弯强度寿命系数 Y_N

1—结构钢、调质钢、灰铸铁、球墨铸铁、可锻铸铁
2—渗碳硬化钢
3—气体氮化钢
4—钢调质后液体氮化

8.3　齿轮上作用力的计算

计算齿轮上作用力，可为后续轴的设计及校核、键的选择、验算及轴承的选择和校核提供数据。齿轮上作用力的计算见表 8-24。

表 8-24　齿轮上作用力的计算

计算项目	计算及说明	计算结果
1. 已知条件	高速轴传递的转矩为 $T_1=58690\text{N}\cdot\text{mm}$，转速为 $n_1=480\text{r/min}$，小齿轮分度圆直径为 $d_1=58\text{mm}$	

（续）

计算项目	计算及说明	计算结果
2. 小齿轮 1 的作用力	（1）圆周力为 $$F_{t1}=\frac{2T_1}{d_1}=\frac{2\times 58690}{58}\text{N}=2023.79\text{N}$$ 其方向与力作用点圆周速度方向相反 （2）径向力为 $$F_{r1}=F_{t1}\tan\alpha_n=2023.79\text{N}\times\tan20^\circ=736.60\text{N}$$ 其方向由力的作用点指向轮 1 的转动中心	$F_{t1}=2023.79\text{N}$ $F_{r1}=736.60\text{N}$
3. 大齿轮 2 的作用力	从动齿轮 2 各个力与主动齿轮 1 上相应的力大小相等，作用方向相反	

8.4　减速器装配草图的设计

8.4.1　合理布置图面

选择 A0 图纸绘制装配图。根据图纸幅面大小与减速器齿轮传动的中心距确定本例绘图比例为 1∶1，采用三视图表达装配图的结构。

8.4.2　绘出齿轮的轮廓

在俯视图上绘出齿轮传动的轮廓图，如图 8-12 所示。

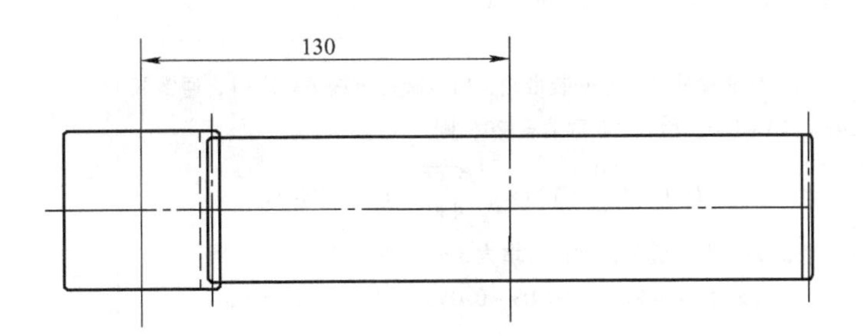

图 8-12　齿轮的轮廓

8.4.3　箱体内壁

在齿轮轮廓的基础上绘出箱体的内壁，如图 8-13 所示。

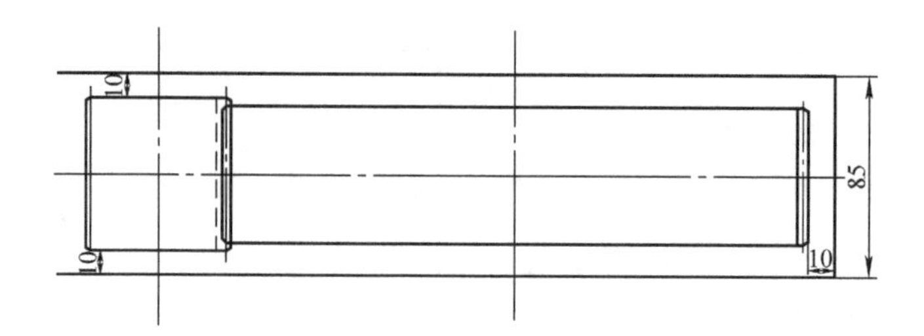

图 8-13　箱体内壁

8.5　轴的设计计算

轴的设计计算与轴上齿轮轮毂孔内径及宽度、滚动轴承的选择和校核、键的选择和验算、与轴连接的带轮及半联轴器的选择同步进行。

8.5.1　高速轴的设计与计算

高速轴的设计与计算见表 8-25。

表 8-25　高速轴的设计与计算

计算项目	计算及说明	计算结果
1. 已知条件	高速轴传递的功率 $P_1=2.95\text{kW}$，转速 $n_1=480\text{r/min}$，小齿轮分度圆直径 $d_1=58\text{mm}$，齿轮宽度 $b_1=65\text{mm}$，转矩 $T_1=58690\text{N}\cdot\text{mm}$	
2. 选择轴的材料	因传递的功率不大，并对重量及结构尺寸无特殊要求，故由表 8-26 选用常用的材料 45 钢，调质处理	45 钢，调质处理
3. 初算轴径	因为高速轴外伸段上安装带轮，所以轴径可按下式求得，通常取 $C=110\sim160$，由表 9-8 取 $C=120$，则 $d\geqslant C\sqrt[3]{\dfrac{P}{n}}=120\times\sqrt[3]{\dfrac{2.95}{480}}\text{mm}=21.98\text{mm}$ 考虑到轴上有键槽，轴径应增大 3% ~5%，则 $d>21.98+21.98\ (0.03\sim0.05)\ =22.63\sim23.08\text{mm}$ 取 $d_{\min}=23\text{mm}$	$d_{\min}=23\text{mm}$
4. 结构设计	（1）轴承部件的结构设计　轴的初步结构设计及构想如图 8-14 所示。为方便轴承部件的装拆，减速器的机体采用剖分式结构。该减速器发热小、轴不长，故轴承采用两端固定方式。然后，可按轴上零件的安装顺序，从 $d_{\min}$ 处开始设计	

（续）

计算项目	计算及说明	计算结果
	（2）轴段①的设计　轴段①上安装带轮，此段设计应与带轮设计同步进行。由最小直径可初定轴段①的轴径 $d_1=25\text{mm}$，带轮轮毂的宽度为（1.5～2.0）d_1＝（1.5～2.0）×25mm＝37.5～50mm，取为50mm，则轴段①的长度略小于毂孔宽度，取 $L_1=48\text{mm}$	$d_1=25\text{mm}$ $L_1=48\text{mm}$
	（3）轴段②轴径设计　考虑带轮的轴向固定及密封圈的尺寸，带轮用轴肩定位，轴肩高度为 $h=(0.07\sim0.1)d_1=(0.07\sim0.1)\times25\text{mm}=1.75\sim2.5\text{mm}$。轴段②的轴径 $d_2=d_1+2\times(1.75\sim2.5)\text{mm}=28.5\sim30\text{mm}$，该处轴的圆周速度 $v_{带}=\dfrac{\pi d_{d1}\times n_0}{60\times1000}=\dfrac{\pi\times30\times480}{60\times1000}\text{m/s}=0.75\text{m/s}<3\text{m/s}$，可选用毡圈油封。由表8-27，选取毡圈30 JB/ZQ 4606—1997，则 $d_2=30\text{mm}$。由于轴段②轴段的长度 L_2 涉及的因素较多，稍后再确定	
4. 结构设计	（4）轴段③和⑦的设计　轴段③和⑦安装轴承，考虑齿轮只受径向力和圆周力，所以选用球轴承即可，其直径应既便于轴承安装，又应符合轴承内径系列。现暂取轴承为6007，经过计算轴承寿命不够，改选6207轴承，由表8-28查得轴承内径 $d=35\text{mm}$，外径 $D=72\text{mm}$，宽度 $B=17\text{mm}$，内圈定位轴肩直径 $d_a=42\text{mm}$，外圈定位凸肩内径 $D_a=65\text{mm}$，故 $d_3=35\text{mm}$，该减速器齿轮的圆周速度小于2m/s，故轴承采用脂润滑，需要挡油环，取挡油环端面到内壁距离 $B_1=2\text{mm}$，为补偿箱体的铸造误差和安装挡油环，靠近箱体内壁的轴承端面至箱体内壁的距离取 $\Delta=14\text{mm}$，则 $L_3=B+\Delta+B_1=17\text{mm}+14\text{mm}+2\text{mm}=33\text{mm}$。通常一根轴上的两个轴承取相同型号，则 $d_7=35\text{mm}$，$L_7=L_3=33\text{mm}$	$d_2=30\text{mm}$ $d_3=35\text{mm}$ $d_7=35\text{mm}$
	（5）轴段②的长度设计　轴段②的长度 L_2 除与轴上零件有关外，还与轴承座宽度及轴承端盖等零件有关。由表4-1知下箱座壁厚由公式 $\delta\approx0.025a_1+3$ 计算，则 $\delta\approx0.025\times a_1+3\text{mm}=0.025\times130\text{mm}+3\text{mm}=6.25\text{mm}$，取 $\delta=8\text{mm}$，上箱座壁厚由公式 $\delta_1\approx0.9\delta$ 计算，则 $\delta_1\approx0.9\times8\text{mm}=7.2\text{mm}$，取 $\delta_1=8\text{mm}$；由于中心距 $a_1=130\text{mm}<300\text{mm}$，可确定轴承旁连接螺栓直径M12，相应的 $c_1=20\text{mm}$，$c_2=16\text{mm}$，箱体凸缘连接螺栓直径M10，地脚螺栓直径M16，轴承端盖连接螺栓直径M8，由表8-29取螺栓GB/T 5781—2000 M8×25。由表8-30可计算轴承端盖厚 $e=1.2\times d_{端螺}=1.2\times8\text{mm}=9.6\text{mm}$，取 $e=10\text{mm}$。轴承座宽度为 $L=\delta+c_1+c_2+(5\sim8)\text{mm}$ $=8\text{mm}+20\text{mm}+16\text{mm}+(5\sim8)\text{mm}=49\sim52\text{mm}$	$L_7=L_3=33\text{mm}$

（续）

计算项目	计算及说明	计算结果
4. 结构设计	取 $L=50\text{mm}$，取端盖与轴承座间的调整垫片厚度为 $\Delta_t=2\text{mm}$；为了在不拆卸带轮的条件下，方便装拆轴承端盖连接螺栓，取带轮凸缘端面至轴承端盖表面的距离 $K=28\text{mm}$，带轮采用腹板式，螺栓的拆装空间足够，则有 $L_2=L+e+K+\Delta_t-\Delta-B$ $=50\text{mm}+10\text{mm}+28\text{mm}+2\text{mm}-14\text{mm}-17\text{mm}=59\text{mm}$ （6）轴段④和⑥的设计　该轴段间接为轴承定位，可取 $d_4=d_6=45\text{mm}$，齿轮两端面与箱体内壁距离取为 $\Delta_1=10\text{mm}$，则轴段④和⑥的长度为 $L_4=L_6=\Delta_1-B_1=10\text{mm}-2\text{mm}=8\text{mm}$ （7）轴段⑤的设计　轴段⑤上安装齿轮，为便于安装，d_5 应略大于 d_3，可初定 $d_5=47\text{mm}$，则由表8-31查得该处键的截面尺寸为 $14\text{mm}\times9\text{mm}$，轮毂键槽深度为 $t_1=3.8\text{mm}$，该处齿轮轮毂键槽到齿根的距离为 $e'=\frac{d_{f1}}{2}-\frac{d_3}{2}-t_1=\frac{53\text{mm}}{2}-\frac{42\text{mm}}{2}-3.8\text{mm}=1.70\text{mm}<2.5m$ $=2.5\times2=5\text{mm}$ 故该轴应设计成齿轮轴，$L_5=b_1=65\text{mm}$ （8）箱体内壁之间的距离为 $B_X=2\Delta_1+b_1=2\times10\text{mm}+65\text{mm}=85\text{mm}$ （9）力作用点间的距离　轴承力作用点距外圈距离 $a=\frac{B}{2}=\frac{17\text{mm}}{2}=8.5\text{mm}$，则 $l_1=\frac{50\text{mm}}{2}+L_2+a=25\text{mm}+59\text{mm}+8.5\text{mm}=92.5\text{mm}$ $l_2=L_3+L_4+\frac{L_5}{2}-a=33\text{mm}+8\text{mm}+\frac{65\text{mm}}{2}-8.5\text{mm}=65\text{mm}$ $l_3=l_2=65\text{mm}$ （10）画出轴的结构及相应尺寸　如图8-15a所示	$L_2=59\text{mm}$ $d_4=d_6=45\text{mm}$ $L_4=L_6=8\text{mm}$ $L_5=65\text{mm}$ $B_X=85\text{mm}$ $l_1=92.5\text{mm}$ $l_2=l_3=65\text{mm}$
5. 键连接	联轴器与轴段间采用A型普通平键连接，由表8-31得键的型号为键 8×45　GB/T 1096—1990	

（续）

计算项目	计算及说明	计算结果
6. 轴的受力分析	（1）画轴的受力简图　轴的受力简图如图 8-15b 所示 （2）支承反力　在水平面上为 $R_{AH}=\frac{-Q\ (l_1+l_2+l_3)\ +F_{r1}l_3}{l_2+l_3}$ $=\frac{-1113.49\times\ (92.5+65+65)\ +736.60\times65}{65+65}N$ $=-1537.78N$ 式中负号表示与图中所示力的方向相反，以下同 $R_{BH}=-Q-R_{AH}+F_{r1}=-1113.49N+1537.78N+736.60N$ $=1160.89N$ 在垂直平面上为 $R_{AV}=R_{BV}=-\frac{F_{t1}l_3}{l_2+l_3}=-\frac{2023.79\times65}{65+65}N=-1011.90N$ 轴承 A 的总支承反力为 $R_A=\sqrt{R_{AH}^2+R_{AV}^2}=\sqrt{1537.78^2+1011.90^2}N=1840.97N$ 轴承 B 的总支承反力为 $R_B=\sqrt{R_{BH}^2+R_{BV}^2}=\sqrt{1160.89^2+1011.90^2}N=1540N$ （3）弯矩计算 $M_{AH}=Ql_1=1113.49\times92.5N\cdot mm=102997.83N\cdot mm$ $M_{1H}=R_{BH}l_3=1160.89\times65N\cdot mm=75457.85N\cdot mm$ 在垂直平面上为 $M_{1V}=R_{AV}l_2=-1011.90\times65N\cdot mm=-65773.5N\cdot mm$ 合成弯矩，有 $M_A=M_{AH}=102997.83N\cdot mm$ $M_1=\sqrt{M_{1H}^2+M_{1V}^2}=\sqrt{75457.85^2+65773.5^2}N\cdot mm=100100.15N\cdot mm$ （4）画弯矩图　弯矩图如图 8-15c ~ e 所示 （5）转矩和转矩图 $T_1=58690N\cdot mm$ 转矩图如图 8-15f 所示	$R_{AH}=-1537.78N$ $R_{BH}=1160.89N$ $R_{AV}=-1011.90N$ $R_{BV}=-1011.90N$ $R_A=1840.97N$ $R_B=1540N$ $M_A=102997.83N\cdot mm$ $M_1=100100.15N\cdot mm$
7. 校核轴的强度	齿轮轴与点 A 处弯矩较大，且轴颈较小，故点 A 剖面为危险剖面。 其抗弯截面系数为 $W=\frac{\pi d_3^3}{32}=\frac{\pi\times35^3}{32}mm^3=4207.11mm^3$	

（续）

计算项目	计算及说明	计算结果
7. 校核轴的强度	抗扭截面系数为 $W_T=\frac{\pi d_3^3}{16}=\frac{\pi\times 35^3}{16}\text{mm}^3=8414.22\text{mm}^3$ 最大弯曲应力为 $\sigma_A=\frac{M_A}{W}=\frac{102997.83}{4207.11}\text{MPa}=24.48\text{MPa}$ 扭剪应力为 $\tau=\frac{T_1}{W_T}=\frac{58690}{8414.22}\text{MPa}=6.98\text{MPa}$ 按弯扭合成强度进行校核计算，对于单向转动的转轴，转矩按脉动循环处理，故取折合系数 $\alpha=0.6$，则当量应力为 $\sigma_e=\sqrt{\sigma_A^2+4(\alpha\tau)^2}$ $=\sqrt{24.48^2+4\times(0.6\times 6.98)^2}\text{MPa}$ $=25.87\text{MPa}$ 由表 8-26 查得 45 钢调质处理抗拉强度极限 $\sigma_B=650\text{MPa}$，由表 8-32 用插值法查得轴的许用弯曲应力 $[\sigma_{-1b}]=60\text{MPa}$。$\sigma_e<[\sigma_{-1b}]$，强度满足要求	轴的强度满足要求
8. 校核键连接的强度	带轮处键连接的挤压应力为 $\sigma_p=\frac{4T_1}{d_1 hl}=\frac{4\times 58690}{25\times 7\times(45-8)}\text{MPa}=36.26\text{MPa}$ 取键、轴及带轮的材料都为钢，由表 8-33 查得 $[\sigma]_p=125\sim 150\text{MPa}$，$\sigma_p<[\sigma]_p$，强度足够	键强度满足要求
9. 校核轴承寿命	（1）当量动载荷　由表 8-28 查 6207 轴承得 $C=25500\text{N}$，$C_0=15200\text{N}$，轴承受力图如图 8-16 所示。因为轴承不受轴向力，轴承 A、B 当量动载荷为 $P_A=R_A=1840.97\text{N}$ $P_B=R_B=1540\text{N}$ （2）轴承寿命　因 $P_A>P_B$，故只需校核轴承 A，$P=P_A$。轴承在 100℃以下工作，由表 8-34 查得 $f_T=1$。对于减速器，由表 8-35 查得载荷系数 $f_p=1.2$。 $L_h=\frac{10^6}{60n_1}\left(\frac{f_T C}{f_p P}\right)^3$ $=\frac{10^6}{60\times 480}\left(\frac{1\times 25500}{1.2\times 1840.97}\right)^3\text{h}=53400.36\text{h}$ 减速器预期寿命为 $L_h'=2\times 8\times 250\times 10\text{h}=40000\text{h}$ $L_h>L_h'$，故轴承寿命足够	轴承寿命足够

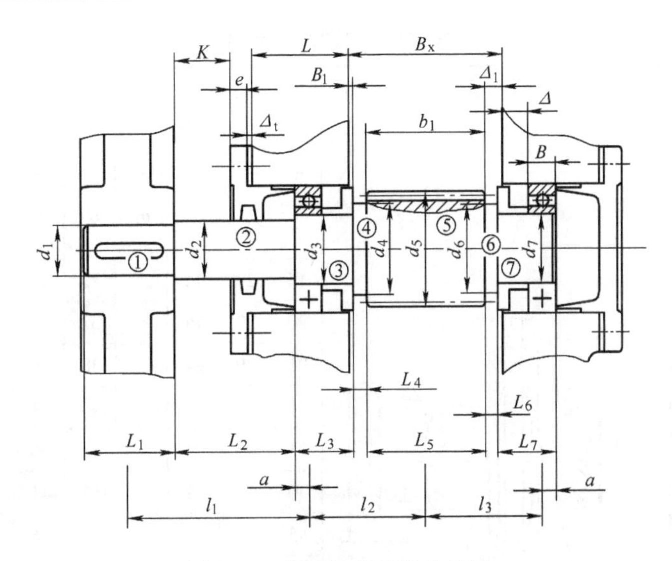

图 8-14　高速轴的结构构想图

表 8-26　轴的常用材料及其主要力学性能

材料牌号	热处理	毛坯直径 /mm	硬　度 (HBW)	抗拉强度极限 σ_B	屈服点 σ_s	弯曲疲劳极限 σ_{-1}	扭转疲劳极限 τ_{-1}
				/MPa			
Q235				440	240	200	105
45	正火	25	≤241	600	360	260	150
	正火 回火	≤100	170～217	600	300	275 *	140
	正火 回火	>100～300	162～217	580	290	270 *	135
	调质	≤200	217～255	650	360	300 *	155
40Cr	调质	≤100	241～266	750	550	350	200
350SiMn 42SiMn	调质	≤100	229～286	800	520	400 *	205
35CrMo	调质	≤100	207～269	750	550	390	200
35SiMnMo	调质	>100～300	217～269	700	550	335	95
20Cr	渗碳	15	表面 HRC	850	550	375	215
	淬火	30	50～60	650	400	289	180
	回火	≤100		650	400	280	160

注：1. 表中疲劳极限数值中有 * 者，摘自 1970 年版《重型机械设计手册》，其余按以下关系算出：钢 $\sigma_{-1} \approx 0.27\ (\sigma_B + \sigma_s)$；$\tau_{-1} \approx 0.156\ (\sigma_B + \sigma_s)$。

2. $\tau_s = (0.55 - 0.52)\ \sigma_s$。

表 8-27 毡圈油封及槽 （单位：mm）

轴径 d	毡圈			槽				
	D	d_1	b_1	D_0	d_0	b	B_{min} 钢	B_{min} 铸铁
15	29	14	6	28	16	5	10	12
20	33	19		32	21			
25	39	24	7	38	26	6	12	15
30	45	29		44	31			
35	49	34		48	36			
40	53	39		52	41			
45	61	44	8	60	46	7		
50	69	49		68	51			
55	74	53		72	56			
60	80	58		78	61			
65	84	63		82	66			
70	90	68		88	71			
75	94	73		92	76			
80	102	78	9	100	82	8	15	18

毡圈

标记示例 轴径 d=40mm 的毡圈

记为 毡圈 40 JB/ZQ 4606—1997

表 8-28 深沟球轴承（GB/T 276—1994）

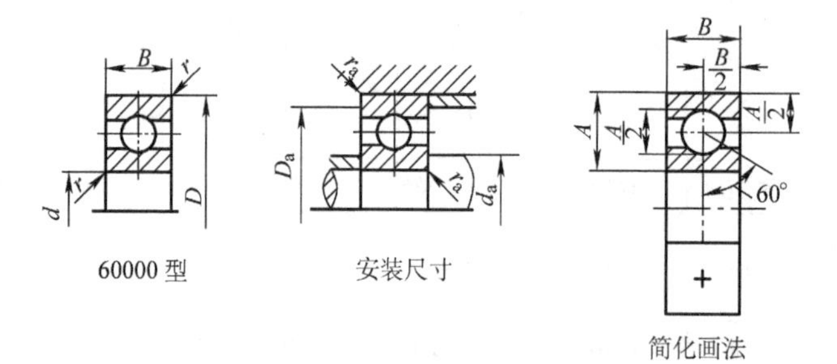

60000 型 安装尺寸 简化画法

标记示例：滚动轴承 6210 GB/T 276—1994

F_r/C_{0r}	e	Y	径向当量动载荷	径向当量静载荷
0.014	0.19	2.30		
0.028	0.22	1.99		
0.056	0.26	1.71		$P_{0r}=F_r$
0.084	0.28	1.55	当$\frac{F_a}{F_r}\leqslant e$，$P_r=F_r$	

（续）

F_r/C_{0r}	e	Y	径向当量动载荷	径向当量静载荷
0.11	0.30	1.45	当$\dfrac{F_a}{F_r}>e$，$P_r=0.56F_r+YF_a$	$P_{0r}=0.6F_r+0.5F_a$ 取上列两式计算结果的较大值。
0.17	0.34	1.31		
0.28	0.38	1.15		
0.42	0.42	1.04		
0.56	0.44	1.00		

轴承代号	基本尺寸/mm			安装尺寸/mm				基本额定动载荷 C_r	基本额定静载荷 C_{0r}	极限转速/（r/min）		原轴承代号
	d	D	B	r_a min	d_a min	D_a max	r_a max	/kN		脂润滑	油润滑	
（1）0 尺寸系列												
6000	10	26	8	0.3	12.4	23.6	0.3	4.58	1.98	20000	28000	100
6001	12	28	8	0.3	14.4	25.6	0.3	5.10	2.38	19000	26000	101
6002	15	32	9	0.3	17.4	29.6	0.3	5.58	2.85	18000	24000	102
6003	17	35	10	0.3	19.4	32.6	0.3	6.00	3.25	17000	22000	103
6004	20	42	12	0.6	25	37	0.6	9.38	5.02	15000	19000	104
6005	25	47	12	0.6	30	42	0.6	10.0	5.85	13000	17000	105
6006	30	55	13	1	36	49	1	13.2	8.30	10000	14000	106
6007	35	62	14	1	41	56	1	16.2	10.5	9000	12000	107
6008	40	68	15	1	46	62	1	17.0	11.8	8500	11000	108
6009	45	75	16	1	51	69	1	21.0	14.8	8000	10000	109
6010	50	80	16	1	56	74	1	22.0	16.2	7000	9000	110
6011	55	90	18	1.1	62	83	1	30.2	21.8	6300	8000	111
6012	60	95	18	1.1	67	88	1	31.5	24.2	6000	7500	112
6013	65	100	18	1.1	72	93	1	32.0	24.8	5600	7000	113
6014	70	110	20	1.1	77	103	1	38.5	30.5	5300	6700	114
6015	75	115	20	1.1	82	108	1	40.2	33.2	5000	6300	115
6016	80	125	22	1.1	87	118	1	47.5	39.8	4800	6000	116
6017	85	130	22	1.1	92	123	1	50.8	42.8	4500	5600	117
6018	90	140	24	1.5	99	131	1.5	58.0	49.8	4300	5300	118
6019	95	145	24	1.5	104	136	1.5	57.8	50.0	4000	5000	119
6020	100	150	24	1.5	109	141	1.5	64.5	56.2	3800	4800	120
（0）2 尺寸系列												
6200	10	30	9	0.6	15	25	0.6	5.10	2.38	19000	26000	200
6201	12	32	10	0.6	17	27	0.6	6.82	3.05	18000	24000	201
6202	15	35	11	0.6	20	30	0.6	7.65	3.72	17000	22000	202
6203	17	40	12	0.6	22	35	0.6	9.58	4.78	16000	20000	203

（续）

轴承代号	基本尺寸/mm				安装尺寸/mm			基本额定动载荷 C_r	基本额定静载荷 C_{0r}	极限转速/（r/min）		原轴承代号
	d	D	B	r_a min	d_a min	D_a max	r_a max	/kN		脂润滑	油润滑	
（0）2尺寸系列												
6204	20	47	14	1	26	41	1	12.8	6.65	14000	18000	204
6205	25	52	15	1	31	46	1	14.0	7.88	12000	16000	205
6206	30	62	16	1	36	56	1	19.5	11.5	9500	13000	206
6207	35	72	17	1.1	42	65	1	25.5	15.2	8500	11000	207
6208	40	80	18	1.1	47	73	1	29.5	18.0	8000	10000	208
6209	45	85	19	1.1	52	78	1	31.5	20.5	7000	9000	209
6210	50	90	20	1.1	57	83	1	35.0	23.2	6700	8500	210
6211	55	100	21	1.5	64	91	1.5	43.2	29.2	6000	7500	211
6212	60	110	22	1.5	69	101	1.5	47.8	32.8	5600	7000	212
6213	65	120	23	1.5	74	111	1.5	57.2	40.0	5000	6300	213
6214	70	125	24	1.5	79	116	1.5	60.8	45.0	4800	6000	214
6215	75	130	25	1.5	84	121	1.5	66.0	49.5	4500	5600	215
6216	80	140	26	2	90	130	2	71.5	54.2	4300	5300	216
6217	85	150	28	2	95	140	2	83.2	63.8	4000	5000	217
6218	90	160	30	2	100	150	2	95.8	71.5	3800	4800	218
6219	95	170	32	2.1	107	158	2.1	110	82.8	3600	4500	219
6220	100	180	34	2.1	112	168	2.1	122	92.8	3400	4300	220
（0）3尺寸系列												
6300	10	35	11	0.6	15	30	0.6	7.65	3.48	18000	24000	300
6301	12	37	12	1	18	31	1	9.72	5.08	17000	22000	301
6302	15	42	13	1	21	36	1	11.5	5.42	16000	20000	302
6303	17	47	14	1	23	41	1	13.5	6.58	15000	19000	303
6304	20	52	15	1.1	27	45	1	15.8	7.88	13000	17000	304
6305	25	62	17	1.1	32	55	1	22.2	11.5	10000	14000	305
6306	30	72	19	1.1	37	65	1	27.0	15.2	9000	12000	306
6307	35	80	21	1.5	44	71	1.5	33.2	19.2	8000	10000	307
6308	40	90	23	1.5	49	81	1.5	40.8	24.0	7000	9000	308
6309	45	100	25	1.5	54	91	1.5	52.8	31.8	6300	8000	309
6310	50	110	27	2	60	100	2	61.8	38.0	6000	7500	310
6311	55	120	29	2	65	110	2	71.5	44.8	5300	6700	311
6312	60	130	31	2.1	72	118	2.1	81.8	51.8	5000	6300	312
6313	65	140	33	2.1	77	128	2.1	93.8	60.5	4500	5600	313
6314	70	150	35	2.1	82	138	2.1	105	68.0	4300	5300	314

（续）

轴承代号	基本尺寸/mm				安装尺寸/mm			基本额定动载荷 C_r	基本额定静载荷 C_{0r}	极限转速/（r/min）		原轴承代号
	d	D	B	r_a min	d_a min	D_a max	r_a max	/kN		脂润滑	油润滑	
（0）3 尺寸系列												
6315	75	160	37	2.1	87	148	2.1	112	76.8	4000	5000	315
6316	80	170	39	2.1	92	158	2.1	122	86.5	3800	4800	316
6317	85	180	41	3	99	166	2.5	132	96.5	3600	4500	317
6318	90	190	43	3	104	176	2.5	145	108	3400	4300	318
6319	95	200	45	3	109	186	2.5	155	122	3200	4000	319
6320	100	215	47	3	114	201	2.5	172	140	2800	3600	320

表 8-29　C 级六角头螺栓（GB/T 5780—2000）、全螺纹六角头螺栓（GB/T 5781—2000）

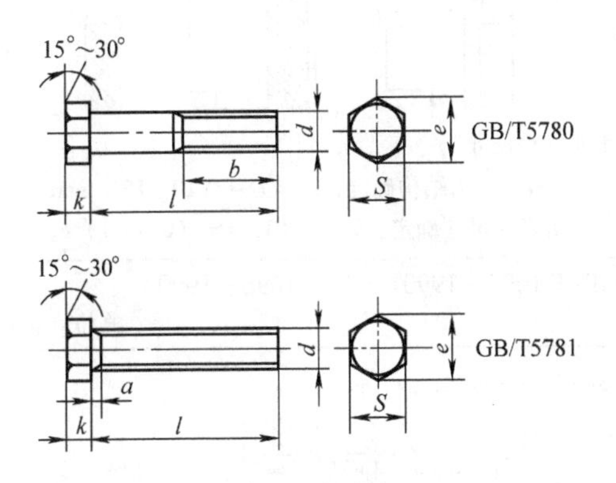

标记示例：

螺纹规格 d = M12。公称长度 l = 80mm、性能等级为 4.8 级、不经表面处理、C 级六角头螺栓的标记：

螺栓：GB/T 5780—2000 M12 × 80

螺纹规格 d（8g）		M5	M6	M8	M10	M12	（M14）	M16	（M18）	M20	（M22）	M24	（M27）
b	$l \leqslant 125$	16	18	22	26	30	34	38	42	46	50	54	60
	$125 < l \leqslant 200$	22	24	28	32	36	40	44	48	52	56	60	66
	$l > 200$	35	37	41	45	49	53	57	61	65	69	73	79
a max		2.4	3	4	4.5	5.3	6	6	7.5	7.5	7.5	9	9
e min		8.63	10.89	14.2	17.59	19.85	22.78	26.17	29.56	32.95	37.29	39.55	45.2
k 公称		3.5	4	5.3	6.4	7.5	8.8	10	11.5	12.5	14	15	17
s	max	8	10	13	16	18	21	24	27	30	34	36	41
	min	7.64	9.64	12.57	15.57	17.57	20.16	23.16	26.16	29.16	33	35	40

（续）

螺纹规格 d（8g）		M5	M6	M8	M10	M12	（M14）	M16	（M18）	M20	（M22）	M24	（M27）
l	GB/T 5780	25 ~ 50	30 ~ 60	40 ~ 80	45 ~ 100	55 ~ 120	60 ~ 140	65 ~ 160	80 ~ 180	65 ~ 200	90 ~ 220	100 ~ 240	110 ~ 260
	GB/T 5781	10 ~ 50	12 ~ 60	16 ~ 80	20 ~ 100	25 ~ 180	30 ~ 140	30 ~ 160	35 ~ 180	40 ~ 200	45 ~ 220	50 ~ 240	55 280
性能等级	钢	3.6、4.6、4.8											
表面处理	钢	（1）不经处理（2）电镀（3）非电解锌粉覆盖层											

表 8-30　螺钉连接外装式轴承盖（材料：HT150）

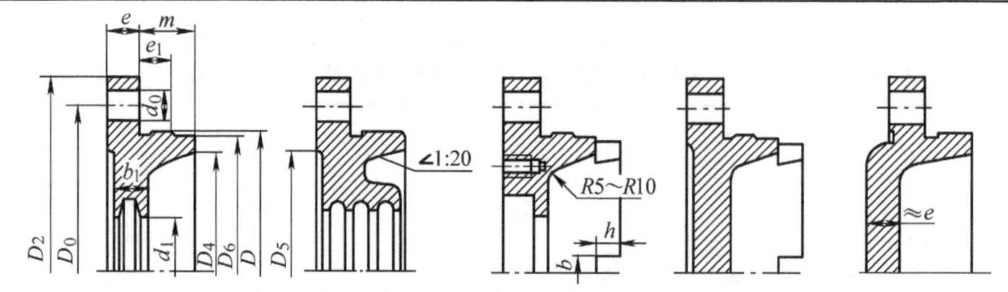

$d_0 = d_3 + 1\text{mm}$（d_3 见表"铸铁减速器箱体主要结构尺寸"）

$D_0 = D + 2.5d_3$；$D_2 = D_0 + 2.5d_3$；$e = 1.2d_3$；$e_1 \geqslant e$；m 由结构确定；$D_4 = D -$（10 ~ 15）mm；

$D_5 = D_0 - 3d_3$；$D_6 = D -$（2 ~ 4）mm；d_1、b_1 由密封尺寸确定；$b = 5 \sim 10$，$h =$（0.8 ~ 1）b。

表 8-31　普通平键（GB/T 1095—1990、GB/T 1096—1990）

（单位：mm）

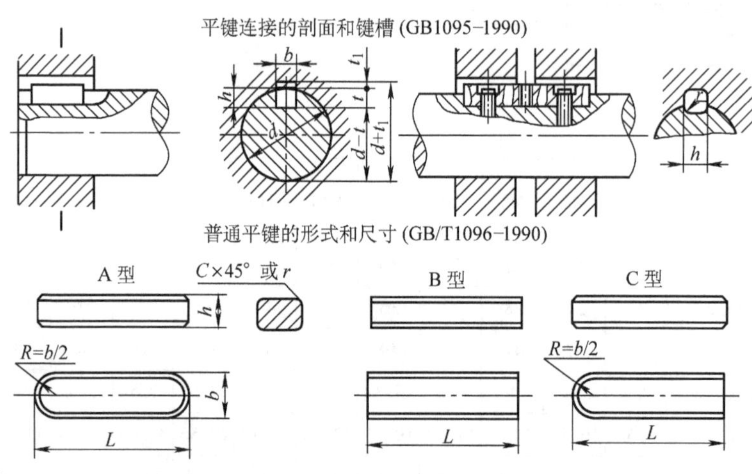

标记示例：

圆头普通平键（A 型）$b = 16\text{mm}$、$h = 10\text{mm}$、$L = 100\text{mm}$：键 16 × 100　GB/T 1096—1990

平头普通平键（B 型）$b = 16\text{mm}$、$h = 10\text{mm}$、$L = 100\text{mm}$：键 B16 × 100　GB/T 1096—1990

单圆头普通平键（C 型）$b = 16\text{mm}$、$h = 10\text{mm}$、$L = 100\text{mm}$：键 C16 × 100　GB/T 1096—1990

（续）

轴		键	键槽										
公称直径 d		公称尺寸 $b\times h$	宽度 b 的极限偏差					深度				半径 r	
			较松键连接		一般键连接		较紧键连接	轴 t		毂 t_1			
大于	至		轴 H9	毂 D10	轴 N9	毂 Js9	轴和毂 P9	公称尺寸	极限偏差	公称尺寸	极限偏差	最小	最大
12	17	5×5	+0.030 0	+0.078 0.030	0 −0.030	±0.015	−0.012 −0.042	3.0	+0.1 0	2.3	+0.1 0	0.16	0.25
17	22	6×6						3.5		2.8			
22	30	8×7	+0.036 0	+0.098 +0.040	0 0.036	±0.018	−0.015 −0.051	4.0	+0.2 0	3.3			
30	38	10×8						5.0		3.3	+0.2 0	0.25	0.40
38	44	12×8	+0.043 0	+0.120 +0.050	0 −0.043	±0.0215	−0.018 −0.061	5.0		3.3			
44	50	14×9						5.5		3.8			
50	58	16×10						6.0		4.3			
58	65	18×11						7.0		4.4			
65	75	20×12	+0.052 0	+0.149 0.065	0 −0.052	±0.026	−0.022 −0.074	7.5		4.9		0.40	0.60
75	85	22×14						9.0		5.4			
85	95	25×14						9.0		5.4			
95	110	28×16						10.0		6.4			
键的长度系列		14，16，18，20，22，25，28，32，36，40，45，50，56，63，70，80，90，100，110，125，140，160，180，200，250，280，320，360											

注：1. 在工作图中，轴槽深用 t 或（$d-t$）标注，轮毂槽深用（$d+t_1$）标注。

2. （$d-t$）和（$d+t_1$）两组组合尺寸的极限偏差按相应的 t 和 t_1 极限偏差选取，但（$d-t$）极限偏差值应取负号（−）。

3. 键长 L 公差为 h14；宽 b 公差为 h9；高 h 公差为 h11。

4. 轴槽、轮毂槽的键槽宽度 b 两侧面的表面粗糙度参数 Ra 值推荐为 1.6～3.2μm；轴槽底面、轮毂槽底面的表面粗糙度参数 Ra 值为 6.3μm。

表 8-32　轴的许用弯曲应力　（单位：MPa）

材料	σ_B	$[\sigma_{+1b}]$	$[\sigma_{0b}]$	$[\sigma_{-1b}]$
碳素钢	400	130	70	40
	500	170	75	45
	600	200	95	55
	700	230	110	65
合金钢	800	270	130	75
	900	300	140	80
	1000	330	150	90

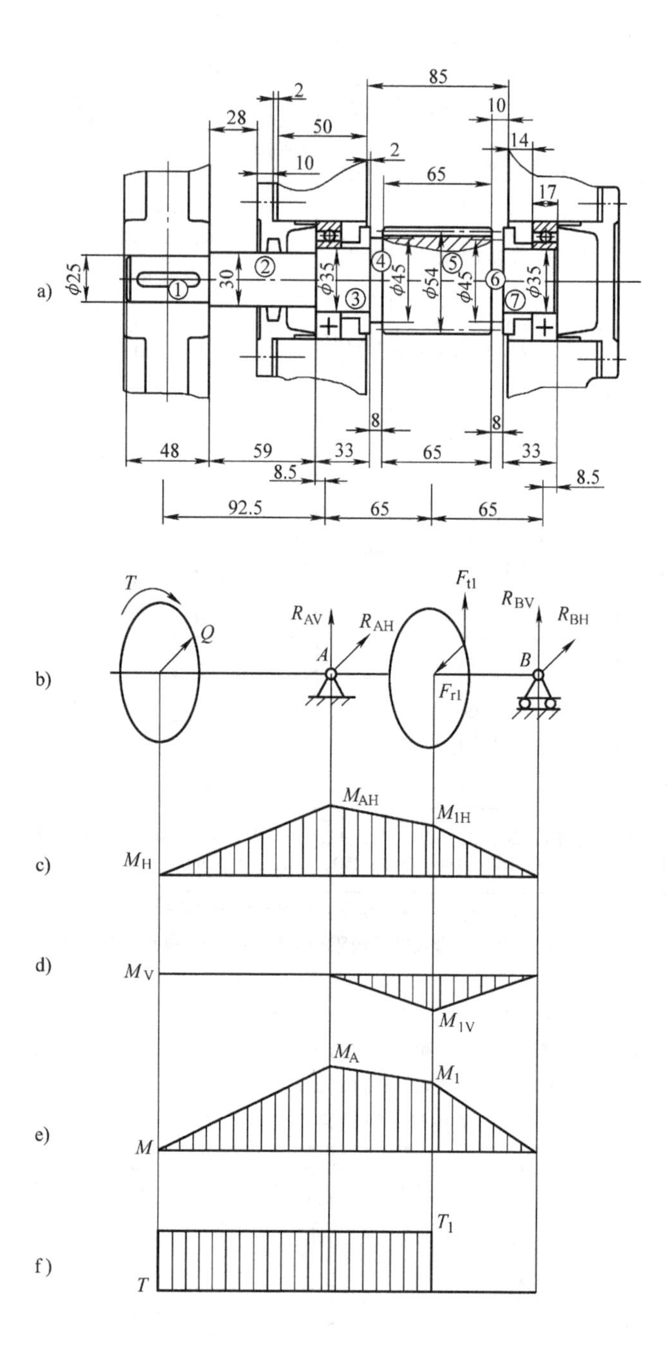

图 8-15 高速轴的结构与受力分析

表 8-33　平键的许用挤压应力 $[\sigma]_P$ 和许用压强 $[P]$（单位：MPa）

	连接方式	键、轴和轮毂中最弱的材料	载荷性质		
			静载荷	轻度冲击	冲　击
$[\sigma]_P$	静连接（普通平键，半月键）	钢	125 ~ 150	100 ~ 120	60 ~ 90
		铸　铁	70 ~ 80	50 ~ 60	30 ~ 45
$[P]$	动连接（导向平键）	钢	50	40	30

注：当被连接表面经过淬火时，$[P]$ 可提高 2 ~ 3 倍。

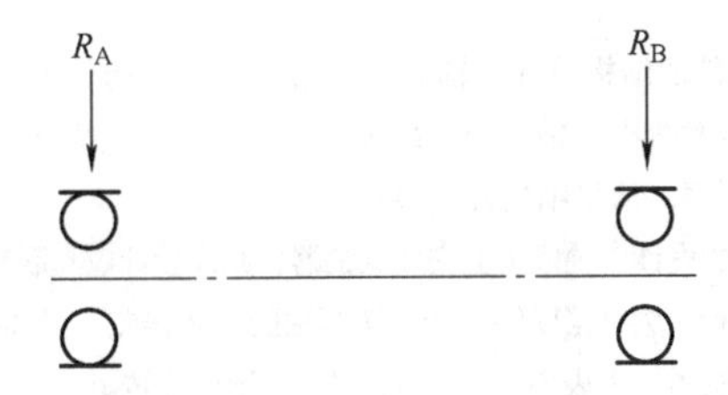

图 8-16　高速轴轴承的布置及受力

表 8-34　温度系数 f_T

轴承工作温度 t/℃	≤105	125	150	175	200	225	250	300	350
温度系数 f_T	1.0	0.95	0.90	0.85	0.80	0.75	0.70	0.60	0.50

表 8-35　载荷系数 f_P

载荷性质	举　例	f_P
无冲击或轻微冲击	电动机、汽轮机、通风机、水泵	1.0 ~ 1.2
中等冲击	车辆、机床、起重机、冶金设备、内燃机、减速器	1.2 ~ 1.8
剧烈冲击	破碎机、轧钢机、石油钻机、振动筛	1.8 ~ 3.0

8.5.2　低速轴的设计计算

低速轴的设计计算见表 8-36。

表 8-36　低速轴的设计计算

计算项目	计算及说明	计算结果
1. 已知条件	低速轴传递的功率 P_2 = 2.83kW，转速 n_2 = 137.93r/min，传递转矩 T_2 = 195.94N·m，齿轮 2 分度圆直径 d_2 = 202mm，齿轮宽度 b_2 = 60mm	
2. 材料选择	因传递的功率不大，并对重量及结构尺寸无特殊要求，故选常用的材料 45 钢，调质处理	45 钢，调质处理

（续）

计算项目	计算及说明	计算结果
3. 初算轴径	取 $C=120$，低速轴外伸段的直径可按下式求得： $$d \geqslant C\sqrt[3]{\frac{P}{n}}=120\times\sqrt[3]{\frac{2.83}{137.93}}\text{mm}=32.85\text{mm}$$ 轴与连轴器连接，有一个键槽，应增大轴径 3% ~5%，即 $d>32.85+32.85\ (0.03\sim0.05)\ =33.83\sim34.5\text{mm}$ 圆整，取 $d_{min}=35\text{mm}$	$d_{min}=35\text{mm}$
4. 结构设计	（1）轴承部件的结构设计　轴的初步结构设计及构想如图 8-17 所示，该减速器发热小，轴不长，故轴承采用两端固定方式。按轴上零件的安装顺序，从最细处开始设计 （2）轴段①的设计　轴段①上安装联轴器，此段设计应与联轴器的选择设计同步进行。为补偿联轴器所连接两轴的安装误差、隔离振动，选用弹性柱销联轴器。由表 8-37，取 $K_A=1.5$，则计算转矩 $$T_c=K_AT_2=1.5\times195940\text{N}\cdot\text{mm}=293910\text{N}\cdot\text{mm}$$ 由表 8-38 查得 GB/T 5014—2003 中 LX2 型联轴器符合要求：公称转矩为 560N·m，许用转速 6300r/min，轴孔范围为 20 ~35mm。结合伸出段直径，取联轴器毂孔直径为 35mm，轴孔长度 60mm，J 型轴孔，A 型键，联轴器主动端代号为 LX2 35×60 GB/T 5014—2003，相应的轴段①的直径 $d_1=35\text{mm}$，其长度略小于毂孔宽度，取 $L_1=58\text{mm}$ （3）轴段②轴径设计　在确定轴段②的轴径时，应考虑联轴器的轴向固定及密封圈的尺寸两个方面问题。联轴器用轴肩定位，轴肩高度 $h=\ (0.07\sim0.1)\ d_1=\ (0.07\sim0.1)\ \times35\text{mm}=2.45\sim3.5\text{mm}$。轴段②的轴径 $d_2=d_1+2\times h=39.9\sim42\text{mm}$，最终由密封圈确定。该处轴的圆周速度小于 3m/s，可选用毡圈油封，查表 8-27，选用毡圈 40 JB/ZQ4606—1997，则 $d_2=40\text{mm}$ （4）轴段③和轴段⑥轴径设计　轴段③及轴段⑥上安装轴承，考虑齿轮没有轴向力存在，因此选用深沟球轴承。轴段③和轴段⑥直径应既便于轴承安装，又应符合轴承内径系列。现暂取轴承为 6009，由表 8-28 查得轴承内径 $d=45\text{mm}$，外径 $D=75\text{mm}$，宽度 $B=16\text{mm}$，内圈定位轴肩直径 $d_a=51\text{mm}$，外圈定位凸肩内径 $D_a=69\text{mm}$，故选 $d_3=45\text{mm}$，通常一根轴上的两个轴承取相同的型号，则 $d_6=d_3=45\text{mm}$ （5）轴段④的设计　轴段④上安装齿轮，为便于齿轮的安装，d_4 必须略大于 d_3，可初定 $d_4=50\text{mm}$，齿轮 2 轮毂的宽度范围为 $(1.2\sim1.5)\ d_4=60\sim75\text{mm}$，取其轮毂宽度等于齿轮宽度，其左端采用轴肩定位，右端采用套筒固定。为使套筒端面能够顶到齿轮端面，轴段④长度应比轮毂略短，由于 $b_2=60\text{mm}$，故取 $L_4=58\text{mm}$	$d_1=35\text{mm}$ $L_1=58\text{mm}$ $d_2=40\text{mm}$ $d_6=d_3=45\text{mm}$ $d_4=50\text{mm}$ $L_4=58\text{mm}$

（续）

计算项目	计算及说明	计算结果
4. 结构设计	（6）轴段②的长度设计　轴段②的长度除与轴上的零件有关外，还与轴承座宽度及轴承端盖等零件有关。轴承座宽度 L、轴承端盖厚 e、轴承端盖连接螺栓、轴承靠近箱体内壁的端面距箱体内壁距离 Δ、端盖与轴承座间的调整垫片厚度 Δ_t 均同高速轴，为避免联轴器轮毂外径与端盖螺栓的拆装发生干涉，联轴器轮毂端面与端盖外端面的距离取 $K=13\text{mm}$，则有 $L_2=L+\Delta_t+e+K-B-\Delta=$（$50+2+10+13-16-14$）$\text{mm}=45\text{mm}$ （7）轴段⑤的设计　该轴段为齿轮提供定位作用，定位轴肩的高度为 $h=$（$0.07\sim0.1$）$d_5=3.5\sim5\text{mm}$，取 $h=5\text{mm}$，则 $d_5=60\text{mm}$，齿轮端面距箱体内壁距离为 $\Delta_3=\Delta_1+$（b_1-b_2）$/2=10\text{mm}+$（$65-60$）$\text{mm}/2=12.5\text{mm}$，取挡油环端面到内壁距离为 $\Delta_4=2.5\text{mm}$，则轴段⑤的长度为 $L_5=\Delta_3-\Delta_4=12.5\text{mm}-2.5\text{mm}=10\text{mm}$ （8）轴段③和轴段⑥的长度设计 轴段⑥的长度 $L_6=B+\Delta+\Delta_4=16\text{mm}+14\text{mm}+2.5\text{mm}=32.5\text{mm}$ 圆整，取 $L_6=32\text{mm}$ 轴段③的长度 $L_3=b_2-L_4+\Delta_3+\Delta+B=$（$60-48+12.5+14+16$）$\text{mm}=44.5\text{mm}$ 圆整，取 $L_3=44\text{mm}$ （9）轴上力作用点间距离 轴承反力的作用点距轴承外圈大端面的距离 $a=\frac{B}{2}=8\text{mm}$，则由图8-17可得轴的支点及受力点间的距离为 $l_1=a+L_2+\frac{60\text{mm}}{2}=$（$8+45+30$）$\text{mm}=83\text{mm}$ $l_2=l_3$ $l_3=l_6+l_5+\frac{b^2}{2}-a=$（$32+10+\frac{60}{2}-8$）$\text{mm}=64\text{mm}$ （10）画出轴的结构及相应尺寸　如图 8-18a 所示	$L_2=45\text{mm}$ $d_5=60\text{mm}$ $L_5=10\text{mm}$ $L_6=32\text{mm}$ $L_3=44\text{mm}$ $l_1=83\text{mm}$ $l_2=64\text{mm}$ $l_3=64\text{mm}$
5. 键连接	联轴器与轴段①及齿轮与轴段④间采用 A 型普通平键连接，查表 8-31 可得其型号分别为键 10×50　GB/T 1096—1990 和键 14×50 GB/T 1096—1990	

（续）

计算项目	计算及说明	计算结果
6. 受力分析	（1）画轴的受力简图　轴的受力简图如图8-18b所示 （2）支承反力　在水平面上为 $$R_{AH}=R_{BH}=-\frac{F_{r2}l_2}{l_3+l_2}=-\frac{736.60\times64}{64+64}\text{N}=-368.30\text{N}$$ 在垂直平面上为 $$R_{AV}=R_{BV}=\frac{F_{t2}l_2}{l_2+l_3}=\frac{2023.79\times64}{64+64}\text{N}=1011.90\text{N}$$ 轴承A、B的总支承反力为 $$R_A=R_B=\sqrt{R_{AH}^2+R_{AV}^2}=\sqrt{368.30^2+1011.90^2}\text{N}=1076.84\text{N}$$ （3）弯矩、画弯矩图　弯矩图如图8-18c、d和e所示 在水平面上，齿轮所在轴截面为 $$M_{2H}=R_{AH}l_3=-368.30\times64\text{N}\cdot\text{mm}=-23571.20\text{N}\cdot\text{mm}$$ 在垂直平面上，齿轮所在轴截面为 $$M_{2V}=R_{AV}l_3=1011.90\times64\text{N}\cdot\text{mm}=64761.60\text{N}\cdot\text{mm}$$ 合成弯矩，齿轮所在轴截面为 $$M_2=\sqrt{M_{2H}^2+M_{2V}^2}=\sqrt{23571.20^2+64761.60^2}\text{N}\cdot\text{mm}=68917.82\text{N}\cdot\text{mm}$$ 转矩图如图8-18f所示，$T_2=-195940\text{N}\cdot\text{mm}$	$R_{AH}=R_{BH}$ $=-368.30\text{N}$ $R_{AV}=R_{BV}$ $=1011.90\text{N}$ $R_A=R_B$ $=1076.84\text{N}$ $M_{2H}=-23571.20\text{N}\cdot\text{mm}$ $M_{2V}=64761.60\text{N}\cdot\text{mm}$ $M_2=68917.82\text{N}\cdot\text{mm}$ $T_2=-195940\text{N}\cdot\text{mm}$
7. 校核轴强度	因齿轮所在轴截面弯矩大，同时截面还作用有转矩，因此此截面为危险截面。其抗弯截面系数为 $$W=\frac{\pi d_4^3}{32}-\frac{bt\ (d_4-t)^2}{2d_4}=\frac{\pi\times50^3}{32}\text{mm}^3-\frac{14\times5.5\times\ (50-5.5)^2}{2\times50}\text{mm}^3=10740.83\text{mm}^3$$ 抗扭截面系数为 $$W_T=\frac{\pi d_4^3}{16}-\frac{bt\ (d_4-t)^2}{2d_4}=\frac{\pi\times50^3}{16}\text{mm}^3-\frac{14\times5.5\times\ (50-5.5)^2}{2\times50}\text{mm}^3=23006.46\text{mm}^3$$ 弯曲应力为 $$\sigma_b=\frac{M_2}{W}=\frac{68917.82}{10740.83}\text{MPa}=6.42\text{MPa}$$	

（续）

计算项目	计算及说明	计算结果
7. 校核轴强度	扭剪应力 $$\tau=\frac{T_2}{W_T}=\frac{195940}{23006.46}\text{MPa}=8.52\text{MPa}$$ 按弯扭合成强度进行校核计算，对于单向转动的转轴，转矩按脉动循环处理，故取折合系数 $\alpha=0.6$，则当量应力为 $$\sigma_e=\sqrt{\sigma_b^2+4\ (\alpha\tau)^2}=\sqrt{6.42^2+4\times\ (0.6\times8.52)^2}\text{MPa}=12.07\text{MPa}$$ 由表 8-26 查得 45 钢调质处理抗拉强度极限 $\sigma_B=650\text{MPa}$，由表 8-32 用插值法查得轴的许用弯曲应力 $[\sigma_{-1b}]=60\text{MPa}$，$\sigma'_e<[\sigma_{-1b}]$，强度满足要求	轴的强度满足要求
8. 校核键强度	齿轮 2 处键连接的挤压应力为 $$\sigma_{p2}=\frac{4T_2}{d_4hl}=\frac{4\times195940}{50\times9\times\ (50-14)}\text{MPa}=48.38\text{MPa}$$ 取键、轴及齿轮的材料都为钢，由表 8-33 查得 $[\sigma]_p=125\sim150\text{MPa}$，$\sigma_{p2}<[\sigma]_p$，强度足够 联轴器处的键的挤压应力为 $$\sigma_{p1}=\frac{4T_2}{d_1hl}=\frac{4\times195940}{35\times8\times\ (50-10)}\text{MPa}=69.98\text{MPa}$$ 故其强度也足够	键连接强度足够
9. 校核轴承寿命	（1）当量动载荷　由表 8-28 查得 6009 轴承 $C=21000\text{N}$，$C_0=14800\text{N}$。因轴承不受轴向力，如图 8-19 所示，有 $$P_A=P_B=R_A=1076.84\text{N}$$ （2）轴承寿命　轴承在 100℃以下工作，由表 8-34 查得 $f_T=1$，由表 8-35 查得载荷系数 $f_P=1.5$，则 $$L_h=\frac{10^6}{60n_2}\left(\frac{f_TC}{f_PP}\right)^3=\frac{10^6}{60\times137.93}\left(\frac{1\times21000}{1.5\times1076.84}\right)^3\text{h}=265534\text{h}$$ $L_h>L'_h$，故轴承寿命足够	轴承寿命满足要求

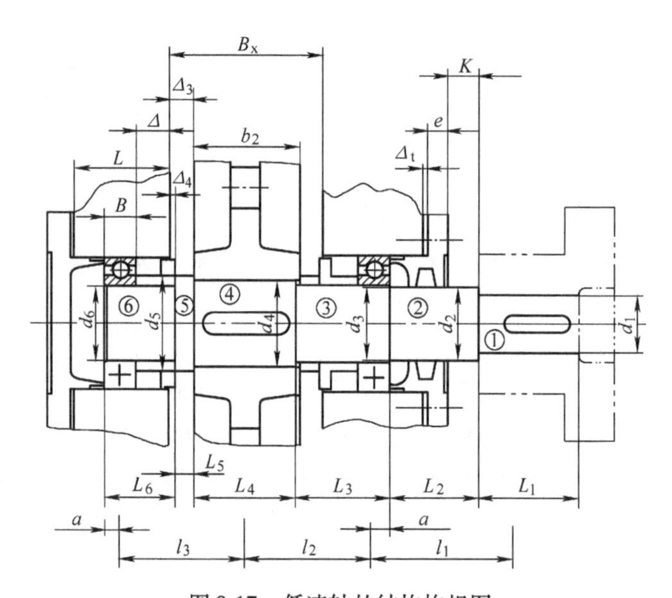

图 8-17 低速轴的结构构想图

表 8-37 载荷系数 K_A（电动机驱动时）

机器名称		K_A	机器名称	K_A
机床		1.25～2.5	往复式压气机	2.25～3.5
离心水泵		2～3	胶带或链板运输机	1.5～2
鼓风机		1.25～2	吊车、升降机、电梯	3～5
往复泵	单行程	2.5～3.5	发电机	1～2
	双行程	1.75		

注 1. 刚性联轴器取较大值，弹性联轴器取较小值。

2. 摩擦离合器取中间值。当原动机为活塞式发动机时，将表内 K 值增大 20%～40%。

表 8-38 弹性柱销联轴器（GB/T 5014—2003） （单位：mm）

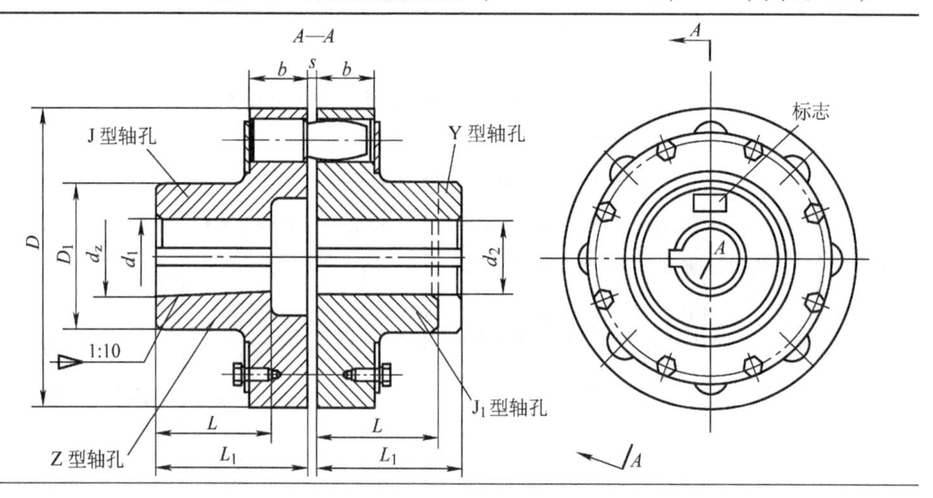

（续）

<table>
<tr><th rowspan="3">型号</th><th rowspan="3">公称转矩 T_n/（N·m）</th><th rowspan="3">许用转速 [n] /（r/min）</th><th rowspan="3">轴孔直径 d_1、d_2、d_z</th><th colspan="3">轴孔长度</th><th rowspan="3">D</th><th rowspan="3">D_1</th><th rowspan="3">b</th><th rowspan="3">S</th><th rowspan="3">转动惯量 I/（kg·m^2）</th><th rowspan="3">质量 m/kg</th></tr>
<tr><th>Y 型</th><th colspan="2">J、J$_1$、Z 型</th></tr>
<tr><th>L</th><th>L</th><th>L_1</th></tr>
<tr><td rowspan="8">LX1</td><td rowspan="8">250</td><td rowspan="8">8500</td><td>12</td><td rowspan="2">32</td><td rowspan="2">27</td><td rowspan="2">—</td><td rowspan="8">90</td><td rowspan="8">40</td><td rowspan="8">20</td><td rowspan="8">2.5</td><td rowspan="8">0.002</td><td rowspan="8">2</td></tr>
<tr><td>14</td></tr>
<tr><td>16</td><td rowspan="3">42</td><td rowspan="3">30</td><td rowspan="3">42</td></tr>
<tr><td>18</td></tr>
<tr><td>19</td></tr>
<tr><td>20</td><td rowspan="3">52</td><td rowspan="3">38</td><td rowspan="3">52</td></tr>
<tr><td>22</td></tr>
<tr><td>24</td></tr>
<tr><td rowspan="8">LX2</td><td rowspan="8">560</td><td rowspan="8">6300</td><td>20</td><td rowspan="3">52</td><td rowspan="3">38</td><td rowspan="3">52</td><td rowspan="8">120</td><td rowspan="8">55</td><td rowspan="8">28</td><td rowspan="8">2.5</td><td rowspan="8">0.009</td><td rowspan="8">5</td></tr>
<tr><td>22</td></tr>
<tr><td>24</td></tr>
<tr><td>25</td><td rowspan="2">62</td><td rowspan="2">44</td><td rowspan="2">62</td></tr>
<tr><td>28</td></tr>
<tr><td>30</td><td rowspan="3">82</td><td rowspan="3">60</td><td rowspan="3">82</td></tr>
<tr><td>32</td></tr>
<tr><td>35</td></tr>
<tr><td rowspan="8">LX3</td><td rowspan="8">1250</td><td rowspan="8">4750</td><td>30</td><td rowspan="4">82</td><td rowspan="4">60</td><td rowspan="4">82</td><td rowspan="8">160</td><td rowspan="8">75</td><td rowspan="8">36</td><td rowspan="8">2.5</td><td rowspan="8">0.026</td><td rowspan="8">8</td></tr>
<tr><td>32</td></tr>
<tr><td>35</td></tr>
<tr><td>38</td></tr>
<tr><td>40</td><td rowspan="4">112</td><td rowspan="4">84</td><td rowspan="4">112</td></tr>
<tr><td>42</td></tr>
<tr><td>45</td></tr>
<tr><td>48</td></tr>
<tr><td rowspan="9">LX4</td><td rowspan="9">2500</td><td rowspan="9">3870</td><td>40</td><td rowspan="7">112</td><td rowspan="7">84</td><td rowspan="7">112</td><td rowspan="9">195</td><td rowspan="9">100</td><td rowspan="9">45</td><td rowspan="9">3</td><td rowspan="9">0.109</td><td rowspan="9">22</td></tr>
<tr><td>42</td></tr>
<tr><td>45</td></tr>
<tr><td>48</td></tr>
<tr><td>50</td></tr>
<tr><td>55</td></tr>
<tr><td>56</td></tr>
<tr><td>60</td><td rowspan="2">142</td><td rowspan="2">107</td><td rowspan="2">142</td></tr>
<tr><td>63</td></tr>
</table>

（续）

型号	公称转矩 T_n/（N·m）	许用转速 [n] /（r/min）	轴孔直径 d_1、d_2、d_z	轴孔长度			D	D_1	b	S	转动惯量 I/（kg·m²）	质量 m/kg
				Y型	J、J_1、Z型							
				L	L	L_1						
LX5	3150	3450	50	112	84	112	220	120	45	3	0.191	30
			55									
			56									
			60	142	107	142						
			63									
			65									
			70									
			71									
			75									
LX6	6300	2720	60	142	107	142	280	140	56	4	0.543	53
			63									
			65									
			70									
			71									
			75									
			80	172	132	172						
			85									
LX7	11200	2360	70	142	107	142	320	170	56	4	1.314	98
			71									
			75									
			80	172	132	172						
			85									
			90									
			95									
			100	212	167	212						
			110									
LX8	16000	2120	80	172	132	172	360	200	56	5	2.023	119
			85									
			90									
			95									
			100	212	167	212						
			110									
			120									
			125									

（续）

型号	公称转矩 T_n/（N·m）	许用转速 $[n]$/（r/min）	轴孔直径 d_1、d_2、d_z	轴孔长度 Y 型 L	J、J_1、Z 型 L	J、J_1、Z 型 L_1	D	D_1	b	S	转动惯量 I/（kg·m^2）	质量 m/kg
LX9	22400	1850	100	212	167	212	410	230	63	5	4.386	197
			110									
			120									
			125									
			130	252	202	252						
			140									
LX10	35500	1600	110	212	167	212	480	280	75	6	9.760	322
			120									
			125									
			130	252	202	252						
			140									
			150									
			160	302	242	302						
			170									
			180									
LX11	50000	1400	130	252	202	252	540	340	75	6	20.05	520
			140									
			150									
			160	302	242	302						
			170									
			180									
			190	352	282	352						
			200									
			220									
LX12	80000	1220	160	302	242	302	630	400	90	7	37.71	714
			170									
			180									
			190	352	282	352						
			200									
			220									
			240	410	330	—						
			250									
			260									

（续）

型号	公称转矩 T_n/(N·m)	许用转速 $[n]$/(r/min)	轴孔直径 d_1、d_2、d_z	轴孔长度 Y型 L	轴孔长度 J、J_1、Z型 L	轴孔长度 J、J_1、Z型 L_1	D	D_1	b	S	转动惯量 I/(kg·m²)	质量 m/kg
LX13	125000	1080	190	352	282	352	710	465	100	8	71.37	1057
			200									
			220									
			240	410	330	—						
			250									
			260									
			280	470	380	—						
			300									
LX14	180000	950	240	410	330	—	800	530	110	8	170.6	1956
			250									
			260									
			280	470	380	—						
			300									
			320									
			340	550	450	—						

注：质量、转动惯量是按J/Y轴孔组合形式和最小轴孔直径计算的。

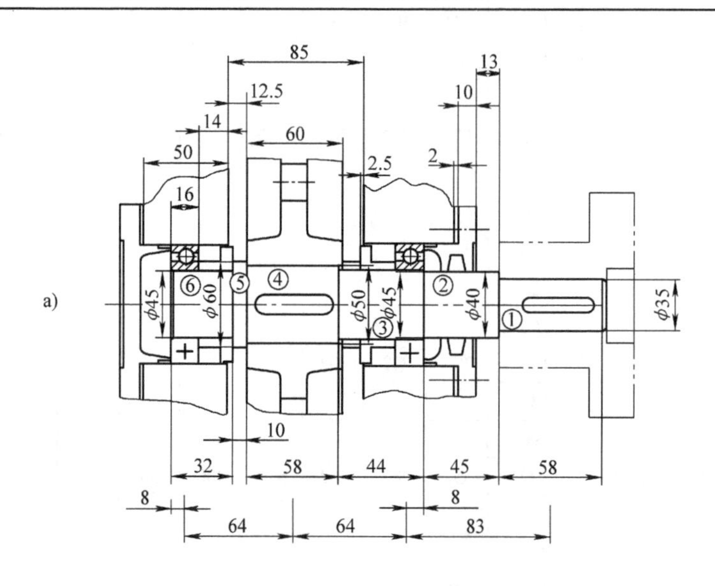

图 8-18 低速轴的结构与受力分析

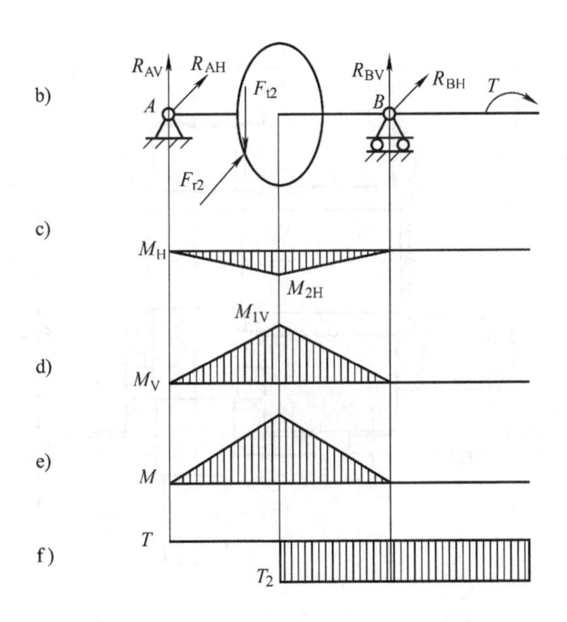

图 8-18　（续）

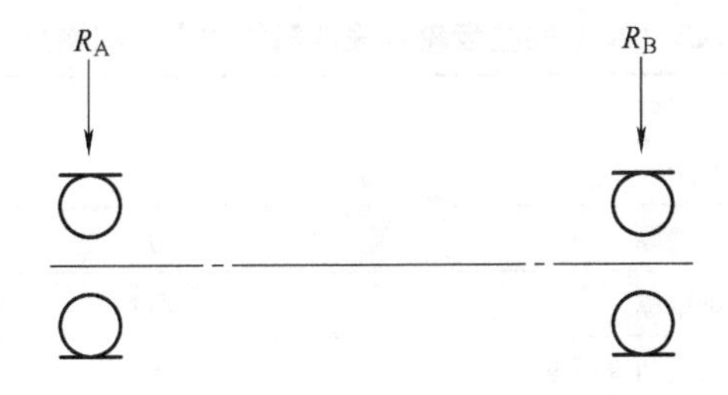

图 8-19　低速轴的轴承布置及受力

8.6　装配草图

单级圆柱齿轮减速器俯视图草图如图 8-20 所示。

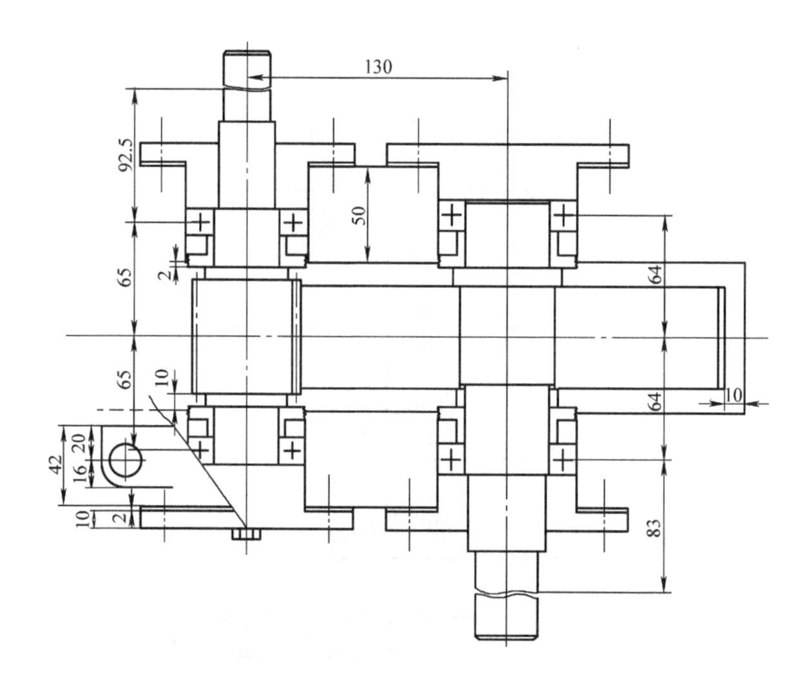

图 8-20　单级圆柱齿轮减速器俯视图草图

8.7　减速器箱体的结构尺寸

单级圆柱齿轮减速器箱体的主要结构尺寸列于表 8-39。

表 8-39　单级圆柱齿轮减速器箱体的主要结构尺寸

名　　称	代　　号	尺寸/mm
中心距	a_1	130
下箱座壁厚	δ	8
上箱座壁厚	δ_1	8
下箱座剖分面处凸缘厚度	b	12
上箱座剖分面处凸缘厚度	b_1	12
地脚螺栓底脚厚度	p	20
箱座上肋厚	M	8
箱盖上肋厚	m_1	8
地脚螺栓直径	d_ϕ	M16
地脚螺栓通孔直径	d'_ϕ	20
地脚螺栓沉头座直径	D_0	45

（续）

名　　称	代　　号	尺寸/mm
地脚凸缘尺寸（扳手空间）	L_1	27
	L_2	25
地脚螺栓数目	n	4
轴承旁连接螺栓（螺钉）直径	d_1	M12
轴承旁连接螺栓通孔直径	d_1'	13.5
轴承旁连接螺栓沉头座直径	D_0	26
剖分面凸缘螺栓凸台尺寸（扳手空间）	c_1	20
	c_2	16
上下箱连接螺栓（螺钉）直径	d_2	M10
上下箱连接螺栓通孔直径	d_2'	11
上下箱连接螺栓沉头座直径	D_0	24
箱缘尺寸（扳手空间）	c_1	18
	c_2	14
轴承盖螺钉直径	d_3	M8
检查孔盖连接螺栓直径	d_4	M6
圆锥定位销直径	d_5	6
减速器中心高	H	170
轴承旁凸台高度	h	45
轴承旁凸台半径	R_8	16
轴承端盖（轴承座）外径	D_2	115，130
轴承旁连接螺栓距离	S	118，135
箱体外壁至轴承座端面的距离	K	42
轴承座孔长度（箱体内壁至轴承座端面的距离）		50
大齿轮顶圆与箱体内壁间距离	Δ_1	10
齿轮端面与箱体内壁间的距离	Δ_2	10

8.8　润滑油的选择与计算

齿轮选择全损耗系统用油 L—AN68 润滑油润滑，润滑油深度为 5.7cm，箱体底面尺寸为 8.5cm × 32.3cm，箱体内所装润滑油量为

$$V = 8.5 \times 32.3 \times 5.7\text{cm}^3 = 1564.94\text{cm}^3$$

该减速器所传递的功率 $P_0=3.07\mathrm{kW}$，对于单级减速器，每传递 1kW 的功率，需油量为 $V_0=350\sim700\mathrm{cm}^3$，则该减速器所需油量为

$$V_1=P_0V_0=3.07\times(350\sim700)\ \mathrm{cm}^3=1074.5\sim2149\mathrm{cm}^3$$

润滑油量基本满足要求。

轴承采用钠基润滑脂润滑，润滑脂牌号为 ZN—2。

8.9 装配图和零件图

8.9.1 附件设计

1. 检查孔及检查孔盖

检查孔尺寸为 110mm×70mm，位置在传动件啮合区的上方；检查孔盖尺寸为 130mm×90mm。

2. 油面指示装置

选用油标尺 M16，由表 8-40 可查相关尺寸。

表 8-40　油标尺　　（单位：mm）

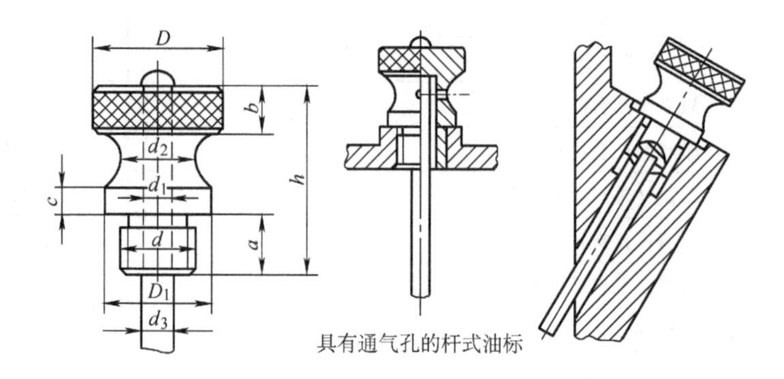

具有通气孔的杆式油标

标记示例

$d\left(d\frac{H9}{h9}\right)$	d_1	d_2	d_3	k	a	b	c	D	D_1
M12（12）	4	12	6	28	10	6	4	20	16
M16（16）	4	16	6	35	12	8	5	26	22
M20（20）	6	20	8	42	15	10	6	32	26

3. 通气器

选用提手式通气器，由图 8-21 可查相关尺寸。

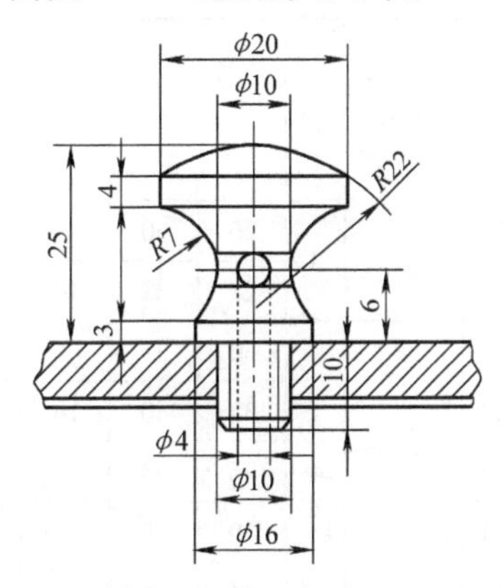

图 8-21 提手式通气器

4. 放油孔及螺塞

设置一个放油孔。螺塞选用 M14 × 1.5 JB/T 1700—2008，由表 8-41 可查相关尺寸，螺塞垫 22 × 14 JB/T 1718—2008，由表 8-42 可查相关尺寸。

表 8-41 螺塞

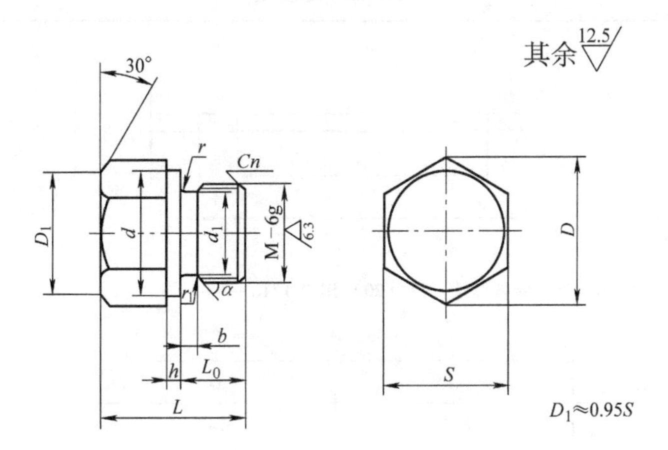

标记示例：

六角螺塞 M20 × 1.5 JB/T 1700—2008

<table>
<tr><th rowspan="2">M</th><th rowspan="2">d_1</th><th rowspan="2">d</th><th rowspan="2">D</th><th colspan="2">S</th><th rowspan="2">h</th><th rowspan="2" colspan="2">L</th><th rowspan="2" colspan="2">L_0</th><th rowspan="2">C</th><th rowspan="2">b</th><th rowspan="2">r</th><th rowspan="2">r_1</th><th rowspan="2">α</th></tr>
<tr><th>尺寸</th><th>极限偏差</th></tr>
<tr><td>M8 × 1</td><td>6.5</td><td>14</td><td>16.2</td><td>14</td><td rowspan="2">0
−0.26</td><td rowspan="2">2</td><td>18</td><td>20</td><td rowspan="2">10</td><td rowspan="2">12</td><td rowspan="2">1</td><td rowspan="2">2.5</td><td rowspan="3">0.5</td><td rowspan="3">—</td><td rowspan="3">—</td></tr>
<tr><td>M10 × 1</td><td>8.5</td><td>16</td><td>19.6</td><td>17</td><td>20</td><td>22</td></tr>
<tr><td>M12 × 1.25</td><td>10.2</td><td>18</td><td>21.9</td><td>19</td><td>0
−0.43</td><td>3</td><td>24</td><td>26</td><td>12</td><td>15</td><td>1.2</td><td>3</td></tr>
</table>

（续）

<table>
<tr><th rowspan="2">M</th><th rowspan="2">d_1</th><th rowspan="2">d</th><th rowspan="2">D</th><th colspan="2">S</th><th rowspan="2">h</th><th rowspan="2" colspan="2">L</th><th rowspan="2" colspan="2">L_0</th><th rowspan="2">C</th><th rowspan="2">b</th><th rowspan="2">r</th><th rowspan="2">r_1</th><th rowspan="2">α</th></tr>
<tr><th>尺寸</th><th>极限偏差</th></tr>
<tr><td>M14×1.5</td><td>11.5</td><td>22</td><td>25.4</td><td>22</td><td rowspan="2">0
−0.43</td><td rowspan="2">3</td><td>26</td><td>30</td><td rowspan="3">14</td><td>18</td><td rowspan="4">1.5</td><td rowspan="4">4</td><td rowspan="10">1.0</td><td rowspan="10">0.5</td><td rowspan="10">45°</td></tr>
<tr><td>M16×1.5</td><td>13.8</td><td>24</td><td>27.7</td><td>24</td><td>28</td><td>32</td><td rowspan="2">20</td></tr>
<tr><td>M20×1.5</td><td>17.8</td><td>28</td><td>34.6</td><td>30</td><td rowspan="4">0
−0.52</td><td rowspan="5">4</td><td>30</td><td>35</td></tr>
<tr><td>M24×1.5</td><td>21.0</td><td>32</td><td>36.9</td><td>32</td><td>32</td><td>40</td><td>16</td><td>24</td></tr>
<tr><td>M27×2</td><td>24.0</td><td>36</td><td>43.9</td><td>38</td><td>36</td><td>45</td><td>20</td><td>28</td><td></td><td rowspan="6">5</td></tr>
<tr><td>M30×2</td><td>27.0</td><td>40</td><td>47.3</td><td>41</td><td>40</td><td>50</td><td rowspan="2">22</td><td rowspan="2">30</td><td rowspan="5">2</td></tr>
<tr><td>M36×2</td><td>33.0</td><td>46</td><td>53.1</td><td>46</td><td rowspan="3">0
−0.62</td><td>44</td><td>55</td></tr>
<tr><td>M42×2</td><td>39.0</td><td>54</td><td>63.5</td><td>55</td><td rowspan="3">6</td><td>48</td><td>60</td><td rowspan="2">24</td><td rowspan="2">32</td></tr>
<tr><td>M48×2</td><td>45.0</td><td>60</td><td>69.3</td><td>60</td><td>52</td><td>65</td></tr>
<tr><td>M56×2</td><td>53.0</td><td>70</td><td>80.8</td><td>70</td><td>0
−0.74</td><td>56</td><td>70</td><td>26</td><td>34</td></tr>
</table>

表 8-42 螺塞垫

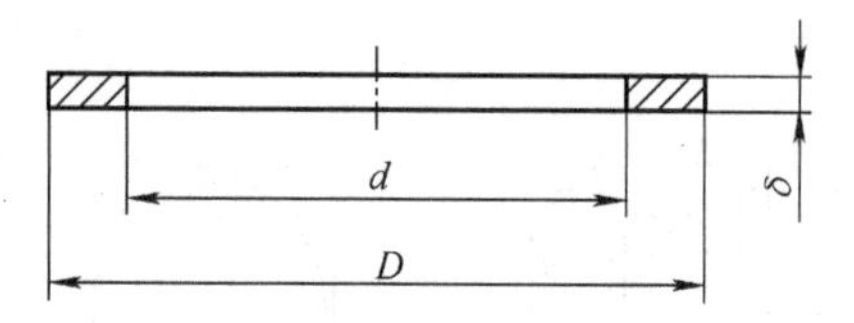

标记示例：

螺塞垫 28×20（D=28，阀杆螺纹直径为 20）JB/T 1718—2008

<table>
<tr><th>阀杆螺纹直径</th><th>d</th><th>D</th><th>δ</th></tr>
<tr><td>8</td><td>8.5</td><td>14</td><td rowspan="7">1.5</td></tr>
<tr><td>10</td><td>10.5</td><td>16</td></tr>
<tr><td>12</td><td>12.5</td><td>18</td></tr>
<tr><td>14</td><td>14.5</td><td>22</td></tr>
<tr><td>16</td><td>16.5</td><td>24</td></tr>
<tr><td>20</td><td>20.5</td><td>28</td></tr>
<tr><td>24</td><td>24.5</td><td>32</td></tr>
<tr><td>27</td><td>27.5</td><td>36</td><td rowspan="2">2.0</td></tr>
<tr><td>30</td><td>30.5</td><td>40</td></tr>
</table>

（续）

阀杆螺纹直径	d	D	δ
36	36.5	46	2.0
42	42.5	54	
48	48.5	60	
56	56.5	70	

5. 起吊装置

上箱盖采用吊环，箱座上采用吊钩，由表 8-43 可查相关尺寸。

表 8-43　箱体上的起吊结构

分　类	参　数
箱盖上的吊耳 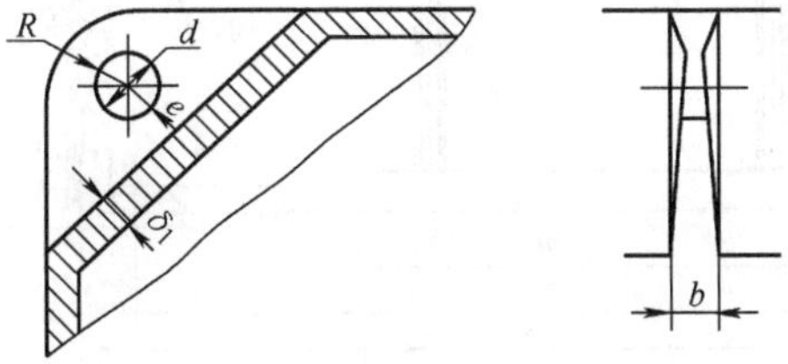 R　d　e　δ_1　b	$d=b\approx(1.5\sim2.5)\delta_1$ $R\approx(1\sim1.2)d$ $e\approx(0.8\sim1)d$ δ_1——箱盖壁厚
箱座上的吊钩 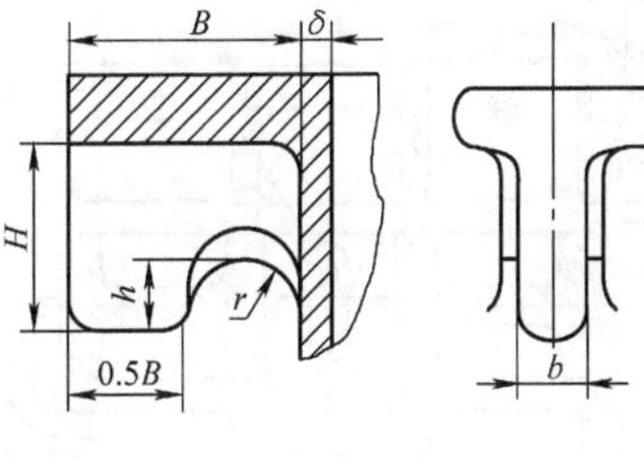 B　δ　H　h　r　0.5B　b	$b\approx(1.8\sim2.5)\delta$ $H\approx0.8B$ $h\approx0.5H$ $r\approx0.25B$ $B=c_1+c_2$ c_1、c_2 见表 4-1

6. 起箱螺钉

起箱螺钉查表 8-29，取螺钉 GB/T 5781—2000 M10×35。

7. 定位销

定位销查表 8-44，采用 GB/T 117—2000 6×30 两个定位销。

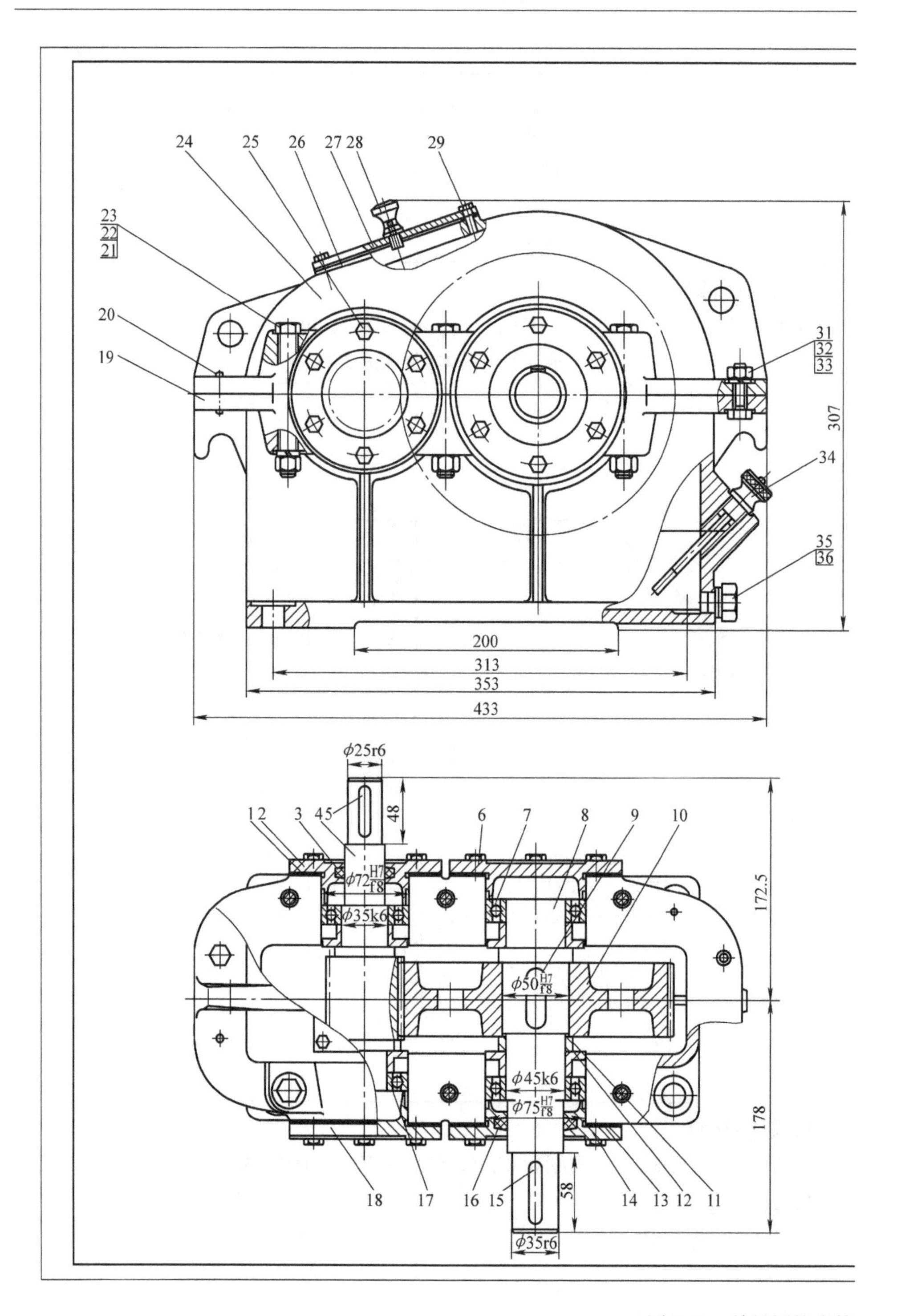

24
25
26
27 28
29
23
22
21
20
19
31
32
33
307
34
35
36
200
313
353
433
ϕ25r6
45
48
1 2
3 4 5
6
7
8
9
10
ϕ72 H7/f8
ϕ35k6
ϕ50 H7/f8
172.5
ϕ45k6
ϕ75 H7/f8
178
58
ϕ35r6
18
17
16 15
14
13 12
11

图 8-22 单级圆柱齿轮

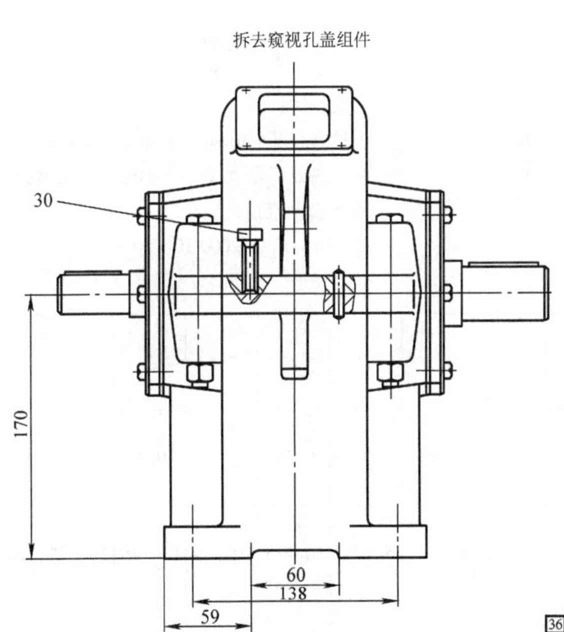

技术特性

功率	高速轴转速	传动比
3.07/kW	480/(r/min)	3.48

技术要求

1.装配前，所有零件用煤油清洗，滚动轴承用汽油清洗，机体内不允许有任何杂物存在。内壁涂上不被机油浸蚀的涂料两次。
2.啮合侧隙用铅丝检验不小于0.16，铅丝不得大于最小侧隙的4倍。
3.用涂色法检验斑点:按齿高接触斑点不小于40%;按齿长接触斑点不小于40%。必要时可用研磨或刮研磨以便改善接触情况。
4.应调整轴承轴向间隙:$\phi35$为0.45~0.1，$\phi45$为0.08~0.15。
5.检查减速器剖分面、各接触面及密封处，均不许漏油。剖分面允许涂以密封油胶或水玻璃，不允许使用任何填料。
6.机座内装L–AN68润滑油至规定高度。
7.表面涂灰色油漆。

注:本图是减速器设计的主要图纸，也是绘制零件工作图及装配减速器时的主要依据，所以标注零件号、明细表、技术特性及必要的尺寸等。

序号	名称	数量	材料	备注
36	螺塞 M14X1.5	1	35	JB/T 1700–2008
35	螺塞垫 22X14	1	10	JB/T 1718–2008
34	游标尺 M12	1	Q235	
33	垫圈 10	2	65Mn	GB/T 93–1987
32	螺母 M10	2		GB/T 6170 8 级
31	螺栓 M10×35	2		GB/T 5781-2000 8.8 级
30	螺栓 M10×35	1		GB/T 5781-2000 8.8 级
29	螺栓 M5×16	4		GB/T 5781-2000 8.8 级
28	通气器	1	Q235	
27	窥视孔盖	1	Q235	
26	垫片	1	石棉橡胶纸	
25	螺栓 M8×25	24		GB/T 5781-2000 8.8 级
24	机盖	1	HT200	
23	螺栓 M12×100	6		GB/T 5781-2000 8.8 级
22	螺母 M12	6		GG/T 6170 8 级
21	垫圈 12	6	65Mn	GB/T 93–1987
20	销 6×30	2	35	GB/T 117–2000
19	机座	1	HT200	
18	轴承端盖	1	HT200	
17	轴承 6207	2		GB/T 276–1994
16	毡圈油封 40	1	半粗羊毛毡	JB/ZQ 4606–1997
15	键 10×50	1	45	GB/T 1096–1990
14	轴承端盖	1	HT200	
13	调整垫片	2组	08F	成组
12	挡油环	2	Q235	
11	套筒	1	Q235	
10	大齿轮	1	45	
9	键 14X50	1	45	GB/T 1096–1990
8	低速轴	1	45	
7	轴承 6009	2		GB/T 276–1994
6	轴承端盖	1	HT200	
5	键 8X45	1	45	GB/T 1096–1990
4	齿轮轴	1	45	
3	毡圈油封 30	1	半粗羊毛毡	JB/ZQ 4606–1997
2	轴承端盖	1	HT200	
1	调整垫片	2组	08F	成组

单级级圆柱齿轮减速器	图号		比例	
	重量		数量	
设计				
绘图				
审核				

减速器装配图

表 8-44　圆锥销（GB/T 117—2000）　　（单位：mm）

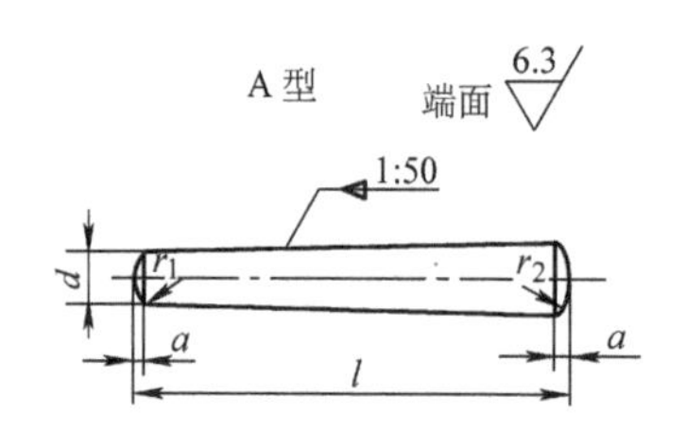

$r_1 \approx d$

$r_2 \approx \frac{a}{2} + d + \frac{(0.021)^2}{8a}$

标记示例：

公称直径 $d=10$mm，长度 $l=60$mm，材料 35 钢，热处理硬度 28～38HRC，表面氧化处理的 A 型圆锥销：

销 GB/T 117—2000 10×50

d（公称）h10	0.6	0.8	1	1.2	1.5	2	2.5	3	4	5
a≈	0.08	0.1	0.12	0.16	0.2	0.25	0.3	0.4	0.5	0.63
l（商品规格范围）	4～8	5～12	6～16	6～20	8～24	10～35	10～35	12～45	14～55	18～60
d（公称）h10	6	8	10	12	16	20	25	30	40	50
a≈	0.8	1	1.2	1.6	2	2.5	3	4	5	6.3
l（商品规格范围）	22～90	22～120	26～160	32～180	40～200	45～200	50～200	55～200	60～200	65～200
l 系列（公称尺寸）	2，3，4，5，6，8，10，12，14，16，18，20，22，24，26，28，30，32，35，40，45，50，55，60，65，70，75，80，85，90，95，100，公称长度大于 100mm，按 20mm 递增									

注：1. A 型（磨削）：锥面表面粗糙度 $R_a=0.8\mu m$；B 型（切削或冷镦）：锥面表面粗糙度 $R_a=3.2\mu m$。

2. 材料：钢、易切钢（Y12、Y15）；碳素钢（35，28～38HRC、45，38～46HRC），合金钢（30CrMnSiA35～41HRC）；不锈钢（1Cr13、2Cr13、Cr17Ni12、0Cr18Ni9Ti）。

8.9.2　绘制装配图和零件图

完成的装配图如图 8-22 所示，减速器输出轴及输出轴上的齿轮零件图如图 8-23 和图 8-24 所示。

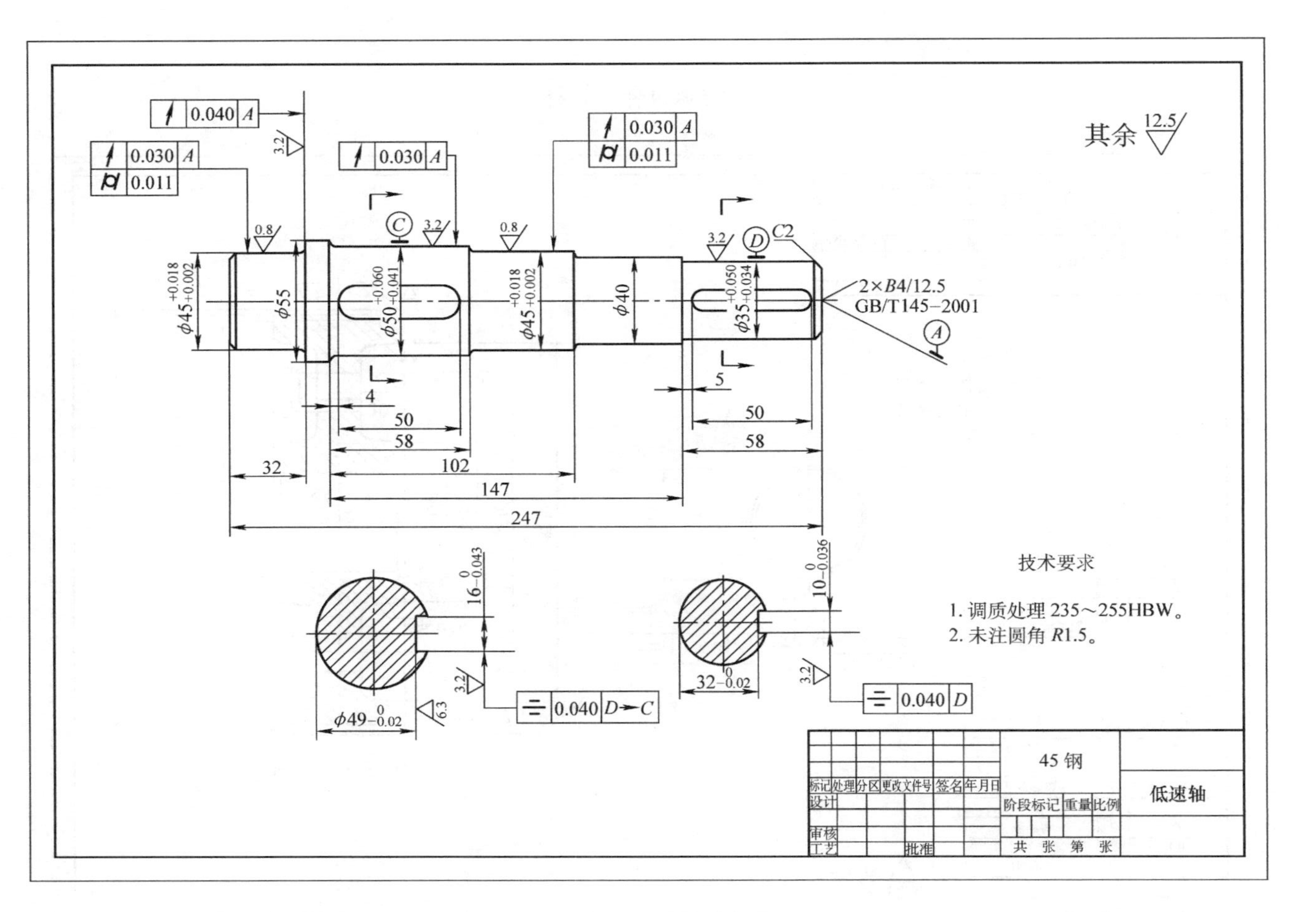
其余 12.5
0.040 A
0.030 A
0.011
0.030 A
0.030 A
0.011
3.2
0.8
C
D
C2
φ45+0.018 +0.002
φ55
φ50+0.060 +0.041
φ45+0.018 +0.002
φ40
φ35+0.050 +0.034
2×B4/12.5
GB/T145—2001
A
4
50
58
32
102
147
247
5
50
58
16 0 −0.043
10 0 −0.036
φ49 0 −0.02
32 0 −0.02
6.3
0.040 D→C
0.040 D
技术要求
1. 调质处理 235～255HBW。
2. 未注圆角 R1.5。
45 钢
低速轴
标记 处理 分区 更改文件号 签名 年月日
设计
审核
工艺
批准
阶段标记 重量 比例
共 张 第 张

图 8-23　输出轴零件图

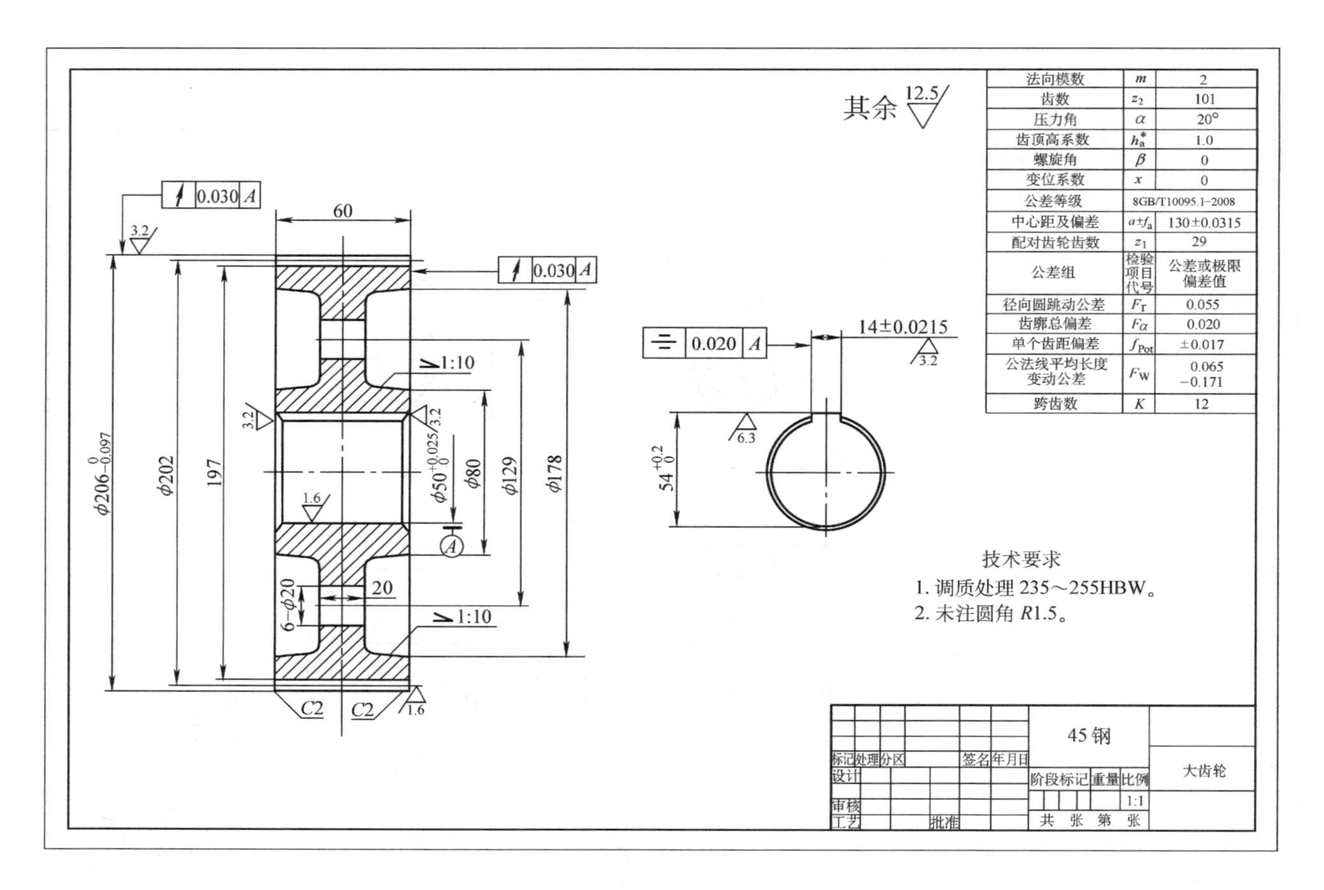
其余 12.5
法向模数 m 2
齿数 z_2 101
压力角 α 20°
齿顶高系数 h_a^* 1.0
螺旋角 β 0
变位系数 x 0
公差等级 8GB/T10095.1-2008
中心距及偏差 $a\pm f_a$ 130±0.0315
配对齿轮齿数 z_1 29
公差组 检验项目代号 公差或极限偏差值
径向圆跳动公差 F_r 0.055
齿廓总偏差 F_α 0.020
单个齿距偏差 f_{Pot} ±0.017
公法线平均长度变动公差 F_W 0.065 −0.171
跨齿数 K 12
0.030 A
60
3.2
0.030 A
0.020 A
14±0.0215
3.2
1:10
$φ50^{+0.025}_{0}$
φ80
φ129
φ178
$54^{+0.2}_{0}$
6.3
1.6
$φ206^{0}_{-0.097}$
φ202
197
6−φ20
20
1:10
C2
C2
1.6
技术要求
1. 调质处理 235～255HBW。
2. 未注圆角 R1.5。
45钢
大齿轮
标记 处理 分区 签名 年月日
设计
审核
工艺 批准
阶段标记 重量 比例
1:1
共 张 第 张

图 8-24 输出轴上齿轮

第9章　单级锥齿轮减速器设计

设计单级锥齿轮减速器。已知：输送带带轮直径 $d=100\text{mm}$，输送带运行速度 $v=0.7\text{m/s}$，输送带所需拉力 $F=2040\text{N}$，两班制，工作期限为5年，全年按300个工作日计算。在室内长期连续工作，有轻微振动，单向运转，环境有灰尘。

9.1　传动装置的总体设计

9.1.1　传动方案的确定

单级锥齿轮减速器的传动方案如图9-1所示。

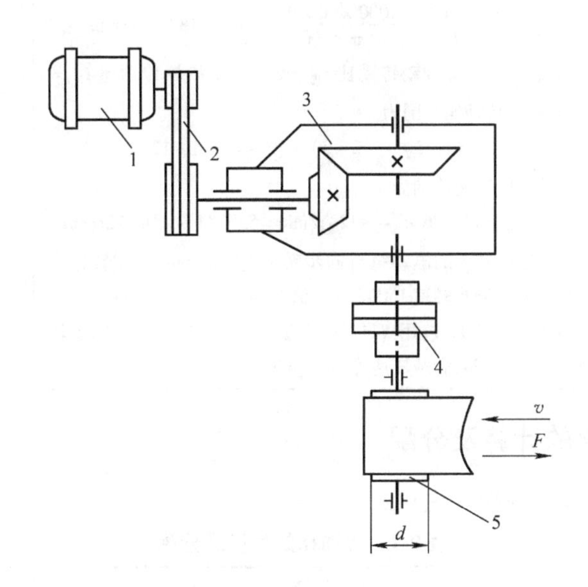

图9-1　单级锥齿轮减速器传动装置简图

1—电动机　2—带传动　3—减速器　4—联轴器　5—输送带带轮

v—带轮送带运行速度　F—带轮传送带轴所需拉力　d—带轮直径

9.1.2　电动机的选择

电动机的选择见表9-1。

表 9-1 电动机的选择

计算项目	计算及说明	计算结果
1. 选择电动机的类型	根据用途选用 Y 系列三相异步电动机	
2. 选择电动机功率	输送带所需功率为 $$P_w=\frac{Fv}{1000}=\frac{2040\times0.7}{1000}\text{kW}=1.43\text{kW}$$ 查表 2-1，取轴承效率 $\eta_{轴承}=0.98$，锥齿轮传动效率 $\eta_{锥齿轮}=0.96$，V 带效率 $\eta_{带}=0.97$，得电动机到工作机输送带间的总效率为 $$\eta_{总}=\eta_{带}\eta_{轴承}^2\eta_{锥齿轮}\eta_{联}=0.97\times0.98^2\times0.96\times0.99=0.88$$ 电动机所需工作功率为 $$P_0=\frac{P_w}{\eta_{总}}=\frac{1.43}{0.88}\text{kW}=1.65\text{kW}$$ 查表 8-2，选取电动机的额定功率 $P_{ed}=2.2\text{kW}$	$P_w=1.43\text{kW}$ $P_0=1.65\text{kW}$ $P_{ed}=2.2\text{kW}$
3. 电动机转速的确定	输送带带轮的工作转速为 $$n_W=\frac{1000\times60v}{\pi d}=\frac{1000\times60\times0.7}{\pi\times100}\text{r/min}=133.76\text{r/min}$$ 由表 2-2 知，带传动传动比 $i_{齿}=2\sim4$，锥齿轮传动比 $i_{锥}=2\sim3$，则总传动比范围为 $$i_{总}=i_{齿}i_{锥}=(2\sim3)\times(2\sim4)=4\sim12$$ 电动机的转速范围为 $$n_0=n_wi_{总}=133.76\times(4\sim12)\text{r/min}=535.04\sim1605.12\text{r/min}$$ 符合这一要求的电动机有同步转速 1000r/min、满载转速为 940r/min 和同步转速 1500r/min、满载转速为 1420r/min 等。从成本和结构考虑，选用 Y112M—6 型电动机较合理，其同步转速为 1000r/min，满载转速为 940r/min	$n_m=940\text{r/min}$

9.1.3 传动比的计算及分配

传动比的计算及分配见表 9-2。

表 9-2 传动比的计算及分配

计算项目	计算及说明	计算结果
1. 总传动比	$$i=\frac{n_m}{n_w}=\frac{940}{133.76}=7.028$$	$i=7.028$
2. 分配传动比	带传动比为 $$i_{带}=2.5$$ 锥齿轮传动比为 $$i_{锥}=\frac{i}{i_{带}}=\frac{7.028}{2.5}=2.811$$	$i_{带}=2.5$ $i_{锥}=2.811$

9.1.4　传动装置的运动、动力参数的计算

传动装置运动、动力参数的计算见表 9-3。

表 9-3　传动装置运动、动力参数的计算

计算项目	计算及说明	计算结果
1. 各轴转速	$n_0 = 940\text{r/min}$ $n_1 = \frac{940}{2.5}\text{r/min} = 376\text{r/min}$ $n_2 = \frac{n_1}{i_1} = \frac{376}{2.811}\text{r/min} = 133.76\text{r/min}$ $n_w = n_2 = 133.76\text{r/min}$	$n_0 = 940\text{r/min}$ $n_1 = 376\text{r/min}$ $n_2 = 133.76\text{r/min}$ $n_w = 133.76\text{r/min}$
2. 各轴功率	$P_1 = P_0\eta_{带} = 1.65 \times 0.97\text{kW} = 1.6\text{kW}$ $P_2 = P_1\eta_{1-2} = P_1\eta_{轴承}\eta_{锥齿轮} = 1.6 \times 0.98 \times 0.96\text{kW} = 1.51\text{kW}$ $P_w = P_2\eta_{轴承}\eta_{联} = 1.51 \times 0.99 \times 0.99 = 1.48\text{kW}$	$P_1 = 1.6\text{kW}$ $P_2 = 1.51\text{kW}$ $P_w = 1.48\text{kW}$
3. 各轴转矩	$T_0 = 9550\frac{P_0}{n_0} = 9550 \times \frac{1.65}{940}\text{N}\cdot\text{m} = 16.76\text{N}\cdot\text{m}$ $T_1 = 9550\frac{P_1}{n_1} = 9550 \times \frac{1.6}{376}\text{N}\cdot\text{m} = 40.63\text{N}\cdot\text{m}$ $T_2 = 9550\frac{P_2}{n_2} = 9550 \times \frac{1.51}{133.76}\text{N}\cdot\text{m} = 107.81\text{N}\cdot\text{m}$ $T_w = 9550\frac{P_w}{n_w} = 9550 \times \frac{1.48}{133.76}\text{N}\cdot\text{m} = 105.67\text{N}\cdot\text{m}$	$T_0 = 16.76\text{N}\cdot\text{m}$ $T_1 = 40.63\text{N}\cdot\text{m}$ $T_2 = 107.81\text{N}\cdot\text{m}$ $T_w = 105.67\text{N}\cdot\text{m}$

9.2　传动件的设计计算

9.2.1　减速器外传动件的设计

减速器外传动只有带传动，故只需对带传动进行设计，其设计计算见表 9-4。

表 9-4　带传动的设计计算

计算项目	计算及说明	计算结果
1. 确定设计功率	由表 8-6 查得工作情况系数 $K_A = 1.1$，则 $P_d = K_AP_0 = 1.1 \times 1.65\text{kW} = 1.82\text{kW}$	$P_d = 1.82\text{kW}$
2. 选择带型	根据 $n_0 = 940\text{r/min}$，$P_d = 1.82\text{kW}$，由图 8-2 选择 A 型或 Z 型 V 带，本例选 A 型 V 带	选择 A 型 V 带
3. 确定带轮基准直径	根据表 8-7 采用最小带轮基准直径，可选小带轮直径为 $d_{d1} = 90\text{mm}$，则大带轮直径为 $d_{d2} = i_{带}\,d_{d1} = 2.5 \times 90\text{mm} = 225\text{mm}$	$d_{d1} = 90\text{mm}$ $d_{d2} = 225\text{mm}$

（续）

计算项目	计算及说明	计算结果
4. 验算带的速度	$v_{带}=\dfrac{\pi d_{d1}n_0}{60\times1000}=\dfrac{\pi\times90\times940}{60\times1000}\text{m/s}=4.43\text{m/s}<v_{max}=25\text{m/s}$	带速符合要求
5. 确定中心距和V带长度	根据$0.7(d_{d1}+d_{d2})<a_0<2(d_{d1}+d_{d2})$初步确定中心距，即 $0.7\times(90+225)=220.5<a_0<2\times(90+225)=630$ 为使结构紧凑，取偏低值，$a_0=300\text{mm}$ V带计算基准长度为 $L_d'\approx2a_0+\dfrac{\pi}{2}(d_{d1}+d_{d2})+\dfrac{(d_{d2}-d_{d1})^2}{4a_0}$ $=\left[2\times300+\dfrac{\pi}{2}(90+225)+\dfrac{(225-90)^2}{4\times300}\right]\text{mm}$ $=1109.73\text{mm}$ 由表8-8选V带基准长度$L_d=1120\text{mm}$，则实际中心距为 $a=a_0+\dfrac{L_d-L_d'}{2}=300\text{mm}+\dfrac{1120-1109.7}{2}\text{mm}=305.135\text{mm}$	$a_0=300\text{mm}$ $L_d=1120\text{mm}$ $a=305.135\text{mm}$
6. 计算小轮包角	$\alpha_1=180°-\dfrac{d_{d2}-d_{d1}}{a}\times57.3°=180°-\dfrac{225-90}{305.135}\times57.3°=154.65°$	$\alpha_1=154.65°$
7. 确定V带根数	V带的根数可用下式计算 $z=\dfrac{P_d}{(P_0+\Delta P_0)K_\alpha K_L}$ 由表8-9用插值法查得单根V带所能传递的功率$P_0=0.764\text{kW}$，功率增量 $\Delta P_0=K_b n_0\left(1-\dfrac{1}{K_i}\right)$ 由表8-10查得$K_b=0.7725\times10^{-3}$，由表8-11查得$K_i=1.137$，则 $\Delta P_0=0.7725\times10^{-3}\times940\times\left(1-\dfrac{1}{1.137}\right)\text{kW}=0.087\text{kW}$ 由表8-12查得$K_\alpha=0.935$，由表8-8查得$K_L=0.91$，则带的根数为 $z=\dfrac{P_d}{(P_0+\Delta P_0)K_\alpha K_L}=\dfrac{1.82}{(0.764+0.087)\times0.935\times0.91}=2.51$ 取3根	$z=3$

（续）

计算项目	计算及说明	计算结果
8. 计算初拉力	由表 8-13 查得 V 带质量 $m=0.1\text{kg/m}$，则初拉力 $F_0=500\dfrac{P_d}{zv_{带}}\left(\dfrac{2.5-K_\alpha}{K_\alpha}\right)+mv_{带}^2=500\times\dfrac{1.82}{3\times4.43}\left(\dfrac{2.5-0.935}{0.935}\right)\text{N}+0.1\times4.43^2\text{N}=116.57\text{N}$	$F_0=116.57\text{N}$
9. 计算作用在轴上的压力	$Q=2zF_0\sin\dfrac{\alpha}{2}=2\times3\times116.57\text{N}\times\sin\dfrac{154.65°}{2}=682.38\text{N}$	$Q=682.38\text{N}$
10. 带轮结构设计	（1）小带轮结构　采用实心式，由表 8-14 查得电动机轴径 $D_0=28\text{mm}$，由表 8-15 查得 $e=15\pm0.3\text{mm}$，$f_{min}=9\text{mm}$，取 $f=10\text{mm}$，则 轮毂宽：$L_1=(1.5\sim2)D_0=(1.5\sim2)\times28\text{mm}=42\sim56\text{mm}$ 取 $L_1=50\text{mm}$ 轮缘宽：$B=(z-1)e+2f=(3-1)\times15\text{mm}+2\times10\text{mm}=50\text{mm}$ （2）大带轮结构　采用孔板式结构，轮缘宽可与小带轮相同，轮毂宽的设计可与轴设计同步进行	

9.2.2　锥齿轮传动的设计计算

锥齿轮传动的设计计算见表 9-5。

表 9-5　锥齿轮传动的设计计算

计算项目	计算及说明	计算结果
1. 选择材料、热处理方式和公差等级	小锥齿轮选用 40Cr 调质，大锥齿轮用 35SiMn 调质，由表 8-17 查得齿面硬度 $\text{HBW}_1=270$，$\text{HBW}_2=240$，选用 8 级精度	小锥齿轮选用 40Cr 调质、大锥齿轮用 35SiMn 调质，选用 8 级精度
2. 初步计算传动的主要尺寸	因为是软齿面闭式传动，故按齿面接触疲劳强度进行设计，其设计公式为 $d_1\geqslant\sqrt[3]{\dfrac{4KT_1}{0.85\phi_R u(1-0.5\phi_R)^2}\left(\dfrac{Z_E Z_H}{[\sigma]_H}\right)^2}$ 1）小齿轮传递转矩为 $T_1=40630\text{N}\cdot\text{mm}$ 2）因速度 v 值未知，动载荷系数 K_v 值不能确定，因此载荷系数也不能确定，在此可初步选载荷系数 $K_t=1.3$ 3）由 8-19 查得弹性系数 $Z_E=189.8\sqrt{\text{MPa}}$	

（续）

计算项目	计算及说明	计算结果
2. 初步计算传动的主要尺寸	4）直齿轮，由图 9-2 查得节点区域系数 $Z_H=2.5$ 5）齿数比 $u=i_1=2.811$ 6）由表 8-18 取齿宽系数 $\phi_R=0.3$ 7）许用接触应力可用下式计算 $$[\sigma]_H=\frac{Z_N\sigma_{Hlim}}{S_H}$$ 由图 8-4e 查得接触疲劳极限应力为 $\sigma_{Hlim1}=720\text{MPa}$，$\sigma_{Hlim2}=670\text{MPa}$ 小齿轮与大齿轮的应力循环次数分别为 $$N_1=60n_1aL_h=60\times376\times1.0\times2\times8\times300\times5=5.41\times10^8$$ $$N_2=\frac{N_1}{i_1}=\frac{5.41\times10^8}{2.811}=1.92\times10^8$$ 由图 8-5 查得寿命系数 $Z_{N1}=1.08$，$Z_{N2}=1.12$；由表 8-20 取安全系数 $S_H=1.0$，则有 $$[\sigma]_{H1}=\frac{Z_{N1}\sigma_{Hlim1}}{S_H}=\frac{1.08\times720}{1}=777.6\text{MPa}$$ $$[\sigma]_{H2}=\frac{Z_{N2}\sigma_{Hlim2}}{S_H}=\frac{1.12\times670}{1}=750.4\text{MPa}$$ 取 $[\sigma]_H=750.4\text{MPa}$，初算小齿轮的分度圆直径 d_{1t}，得 $$d_{1t}\geqslant\sqrt[3]{\frac{4K_tT_1}{0.85\phi_Ru(1-0.5\phi_R)^2}\cdot\left(\frac{Z_EZ_H}{[\sigma]_H}\right)^2}$$ $$=\sqrt[3]{\frac{4\times1.3\times40630}{0.85\times0.3\times2.811\times(1-0.5\times0.3)^2}\times\left(\frac{189.8\times2.5}{750.4}\right)^2}\text{mm}$$ $=54.6\text{mm}$	$d_{1t}\geqslant54.6\text{mm}$
3. 确定传动尺寸	（1）计算载荷系数　由表 8-21 查得使用系数 $K_A=1.35$ 齿宽中点分度圆直径为 $$d_{m1}=d_{1t}(1-0.5\phi_R)=54.6\times(1-0.5\times0.3)\text{mm}=46.41\text{mm}$$ 故 $v_{m1}=\frac{\pi d_{m1t}n_1}{60\times1000}=\frac{\pi\times46.41\times376}{60\times1000}\text{m/s}=0.913\text{m/s}$ 由图 8-6 按 9 级精度查得动载荷系数 $K_V=1.1$ $$\phi_{dm}=\frac{\phi_R\sqrt{u^2+1}}{2-\phi_R}=\frac{0.3\times\sqrt{2.811^2+1}}{2-0.3}\text{m/s}=0.527\text{m/s}$$ 由图 8-7 查得齿向载荷分配系数 $K_\beta=1.13$，则载荷系数 $K=K_AK_VK_\beta=1.35\times1.1\times1.13=1.68$ （2）对 d_{1t} 进行修正　因 K 与 K_t 有较大的差异，故需对 K_t 计算出的 d_{1t} 进行修正，即	

（续）

计算项目	计算及说明	计算结果
3. 确定传动尺寸	$d_1 = d_{1t}\sqrt[3]{\frac{K}{K_t}} \geqslant 54.6 \times \sqrt[3]{\frac{1.68}{1.3}}\text{mm} = 59.5\text{mm}$ （3）确定齿数，验算传动比　选齿数 $z_1 = 28, z_2 = uz_1 = 2.811 \times 28 = 78.7$，取 $z_2 = 79$，则 $u' = \frac{79}{28} = 2.82, \frac{\Delta u}{u} = \frac{2.82 - 2.811}{2.811} = 0.32\%$，在允许范围内 （4）大端模数 m $m = \frac{d_1}{z_1} = \frac{59.5}{28}\text{mm} = 2.125\text{mm}$ 查表 8-23 取标准模数 $m = 2.5\text{mm}$ （5）大端分度圆直径 $d_1 = mz_1 = 2.5 \times 28\text{mm} = 70\text{mm} > 59.5\text{mm}$ $d_2 = mz_2 = 2.5 \times 79\text{mm} = 197.5\text{mm}$ （6）锥顶距为 $R = \frac{d_1}{2}\sqrt{u^2 + 1} = \frac{70}{2}\sqrt{2.82^2 + 1}\text{mm} = 104.72\text{mm}$ （7）齿宽为 $b = \phi_R R = 0.3 \times 104.72\text{mm} = 31.42\text{mm}$ 取 $b = 32\text{mm}$	$d_1 = 59.5\text{mm}$ $z_1 = 28$ $z_2 = 79$ $m = 2.5\text{mm}$ $d_1 = 70\text{mm}$ $d_2 = 197.5\text{mm}$ $R = 104.72\text{mm}$ $b = 32\text{mm}$
4. 校核齿根弯曲疲劳强度	齿根弯曲疲劳强度公式为 $\sigma_F = \frac{KF_t}{0.85bm(1 - 0.5\phi_R)} Y_F Y_S \leqslant [\sigma]_F$ 1）K、b、m 和 ϕ_R 同前 2）圆周力为 $F_t = \frac{2T_1}{d_1(1 - 0.5\phi_R)} = \frac{2 \times 40630}{70 \times (1 - 0.5 \times 0.3)}\text{N} = 1365.71\text{N}$ 3）齿形系数 Y_F 和应力修正系数 Y_S 为 $\cos\delta_1 = \frac{u}{\sqrt{u^2 + 1}} = \frac{2.82}{\sqrt{2.82^2 + 1}} = 0.9425$ $\cos\delta_2 = \frac{1}{\sqrt{u^2 + 1}} = \frac{1}{\sqrt{2.82^2 + 1}} = 0.3342$ 则当量齿数为 $z_{v1} = \frac{z_1}{\cos\delta_1} = \frac{28}{0.9425} = 29.71$ $z_{v2} = \frac{z_2}{\cos\delta_2} = \frac{79}{0.3342} = 236.39$ 由图 8-8 查得 $Y_{F1} = 2.52, Y_{F2} = 2.06$；由图 8-9 查得 $Y_{S1} = 1.625$，$Y_{S2} = 1.88$ 4）许用弯曲应力为	

（续）

计算项目	计算及说明	计算结果
4. 校核齿根弯曲疲劳强度	$[\sigma]_F=\dfrac{Y_N\sigma_{Flim}}{S_F}$ 由图 8-4f 查得弯曲疲劳极限应力为 $\sigma_{Flim1}=310\text{MPa}$，$\sigma_{Flim2}=290\text{MPa}$ 由图 8-11 查得寿命系数 $Y_{N1}=Y_{N2}=1$，由表 8-20 查得安全系数 $S_F=1.4$，故 $[\sigma]_{F1}=\dfrac{Y_{N1}\sigma_{Flim1}}{S_F}=\dfrac{1\times310}{1.4}\text{MPa}=221.4\text{MPa}$ $[\sigma]_{F2}=\dfrac{Y_{N2}\sigma_{Flim2}}{S_F}=\dfrac{1\times290}{1.4}\text{MPa}=207.1\text{MPa}$ $\sigma_{F1}=\dfrac{KF_t}{0.85bm(1-0.5\phi_R)}Y_{F1}Y_{S1}$ $=\dfrac{1.68\times1365.71}{0.85\times32\times2.5\times(1-0.5\times0.3)}\times2.52\times1.625\text{MPa}$ $=162.55\text{MPa}<[\sigma]_{F1}$ $\sigma_{F2}=\sigma_{F1}\dfrac{Y_{F2}Y_{S2}}{Y_{F1}Y_{S1}}=162.55\times\dfrac{2.06\times1.88}{2.52\times1.625}\text{MPa}=153.73\text{MPa}<[\sigma]_{F2}$	满足齿根弯曲疲劳强度
5. 计算锥齿轮传动其他几何尺寸	$h_a=m=2.5\text{mm}$ $h_f=1.2m=1.2\times2.5\text{mm}=3\text{mm}$ $\delta_1=\arccos\dfrac{u}{\sqrt{u^2+1}}=\arccos\dfrac{2.82}{\sqrt{2.82^2+1}}°=19.525°$ $\delta_2=\arccos\dfrac{1}{\sqrt{u^2+1}}=\arccos\dfrac{1}{\sqrt{2.82^2+1}}°=70.475°$ $d_{a1}=d_1+2m\cos\delta_1=70\text{mm}+2\times2.5\times0.9425\text{mm}=74.71\text{mm}$ $d_{a2}=d_2+2m\cos\delta_2=197.5\text{mm}+2\times2.5\times0.3342\text{mm}=199.17\text{mm}$ $d_{f1}=d_1-2.4m\cos\delta_1=70\text{mm}-2.4\times2.5\times0.9425\text{mm}=64.35\text{mm}$ $d_{f2}=d_2-2.4m\cos\delta_2=197.5\text{mm}-2.4\times2.5\times0.3342\text{mm}=195.49\text{mm}$ $d_{m1}=d_1(1-0.5\phi_R)=70\times(1-0.5\times0.3)\text{mm}=59.5\text{mm}$ $d_{m2}=d_2(1-0.5\phi_R)=197.5\times(1-0.5\times0.3)\text{mm}=167.88\text{mm}$	$h_a=m=2.5\text{mm}$ $h_f=3\text{mm}$ $\delta_1=19.525°$ $\delta_2=70.475°$ $d_{a1}=74.71\text{mm}$ $d_{a2}=199.17\text{mm}$ $d_{f1}=64.35\text{mm}$ $d_{f2}=195.49\text{mm}$ $d_{m1}=59.5\text{mm}$ $d_{m2}=167.88\text{mm}$

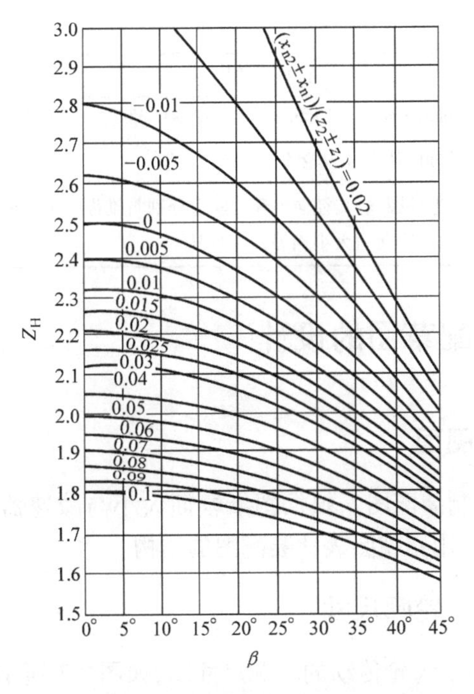

图 9-2　节点区域系数 Z_H($\alpha_n = 20°$)

9.3　齿轮上作用力的计算

齿轮上作用力的计算为后续轴的设计及校核、键的选择、验算及轴承的选择和校核提供数据，其计算见表 9-6。

表 9-6　齿轮上作用力的计算

计算项目	计算及说明	计算结果
1. 已知条件	高速轴传递的转矩为 $T_1 = 40630\text{N}\cdot\text{mm}$，转速为 $n_1 = 376\text{r/min}$，小齿轮大端分度圆直径为 $d_1 = 70\text{mm}$，$\cos\delta_1 = 0.9425$，$\sin\delta_1 = 0.3342$，$\delta_1 = 19.525°$	
2. 锥齿轮 1 的作用力	(1)圆周力为 $F_{t1} = \dfrac{2T_1}{d_{m1}} = \dfrac{2T_1}{d_1(1-0.5\phi_R)} = \dfrac{2\times 40630}{70\times(1-0.5\times 0.3)}\text{N} = 1365.71\text{N}$ 其方向与力作用点圆周速度方向相反 (2)径向力为 $F_{r1} = F_{t1}\tan\alpha\cos\delta_1 = 1365.71\times\tan 20°\times 0.9425\text{N} = 468.50\text{N}$ 其方向为由力的作用点指向轮 1 的转动中心 (3)轴向力为	$F_{t1} = 1365.71\text{N}$ $F_{r1} = 468.50\text{N}$

（续）

计算项目	计算及说明	计算结果
2. 锥齿轮1的作用力	$F_{a1}=F_{t1}\tan\alpha\cdot\sin\delta_1=1365.71\times\tan20°\times0.3342\text{N}=166.12\text{N}$ 其方向沿轴向从小锥齿轮的小端指向大端	$F_{a1}=166.12\text{N}$
3. 锥齿轮2的作用力	锥齿轮2上的圆周力、径向力和轴向力分别与锥齿轮1上的圆周力、轴向力和径向力大小相等，方向相反	

9.4 减速器装配草图的设计

9.4.1 合理布置图面

选择A0图纸绘制装配图。根据图纸幅面大小与减速器齿轮传动的中心距，绘图比例定为1:1，采用三视图表达装配图的结构。

9.4.2 绘出齿轮的轮廓尺寸

在俯视图上绘出锥齿轮传动的轮廓尺寸图，如图9-3所示。

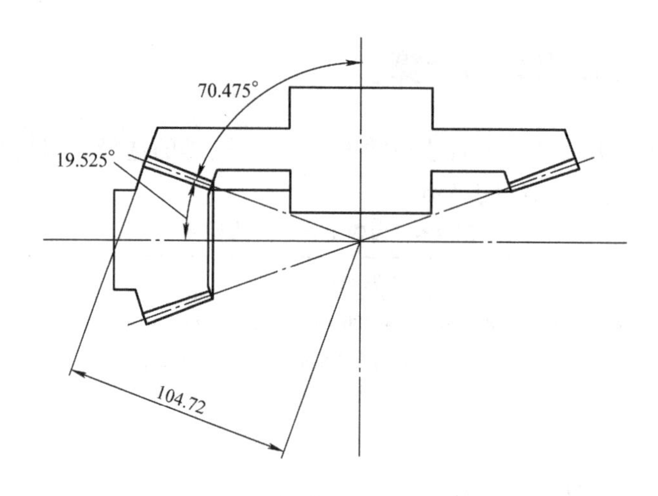

图9-3 锥齿轮传动的轮廓

9.4.3 箱体内壁

在齿轮齿廓的基础上绘出箱体的内壁如图9-4所示。小锥齿轮大端处径向端面与轴承套杯端面距离及大齿轮轮毂到内壁的距离均取为$\Delta_2=10\text{mm}$。

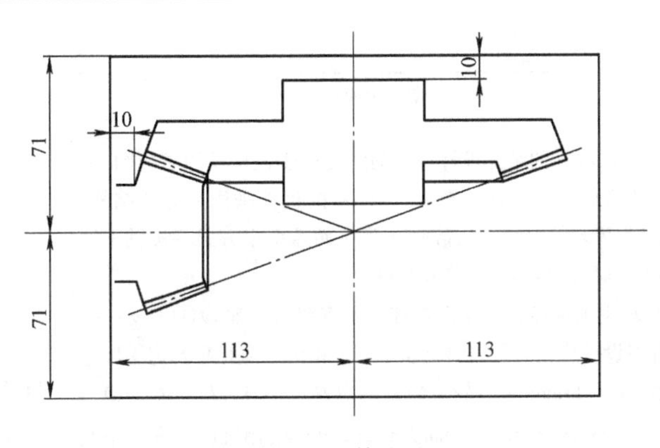

图 9-4　箱体内壁

9.5　轴的设计计算

轴的设计计算与轴上齿轮轮毂孔内径及宽度、滚动轴承的选择和校核、键的选择和验算、带轮及半联轴器的选择同步进行。

9.5.1　高速轴的设计与计算

高速轴的设计与计算见表 9-7。

表 9-7　高速轴的设计与计算

计算项目	计算及说明	计算结果
1. 已知条件	高速轴传递的功率 $P_1=1.6\text{kW}$，转矩 $T_1=40630\text{N}\cdot\text{mm}$，转速 $n_1=376\text{r/min}$，小齿轮大端分度圆直径 $d_1=70\text{mm}$，齿宽中点处分度圆直径 $d_{m1}=(1-0.5\phi_R)d_1=59.5\text{mm}$，齿轮宽度 $b=32\text{mm}$	
2. 选择轴的材料	因传递的功率不大，并对重量及结构尺寸无特殊要求，故由表 8-26 选常用的材料 45 钢，调质处理	45 钢，调质处理
3. 初算轴径	伸出端最小直径可由下式计算，由表 9-8 查得 $C=106\sim135$，取中间值 $C=120$，则 $d_{min}=C\sqrt[3]{\frac{P_1}{n_1}}=120\times\sqrt[3]{\frac{1.6}{376}}\text{mm}=19.44\text{mm}$ 轴与带轮连接，有一个键槽，应增大轴径 3%～5%，则 $d>19.44\text{mm}+19.44\times(0.03\sim0.05)\text{mm}=20.0\sim20.4\text{mm}$ 取 $d_{min}=21\text{mm}$	$d_{min}=21\text{mm}$

（续）

计算项目	计算及说明	计算结果
4. 结构设计	（1）轴承部件的结构设计　轴的结构初步设计及构想如图 9-5 所示，为方便轴承部件的装拆，减速器的机体采用剖分式结构。该减速器发热小、轴不长，故轴承采用两端固定方式。按轴上零件的安装顺序，从最小直径开始设计 （2）轴段①轴径和安装带轮部分长度设计　轴段①上安装带轮，此段设计应与带轮设计同步进行。由最小直径可初定轴段①的轴径 $d_1=25\text{mm}$，带轮轮毂的宽度为 $H=(1.5\sim2.0)d_1=(1.5\sim2.0)\times25\text{mm}=37.5\sim50\text{mm}$，取 $H=50\text{mm}$，则轴段①安装带轮部分的长度应略小于毂孔宽度，取 $L_1'=48\text{mm}$，为避免轴承段轴径过大，导致轴承寿命过长，因此带轮的轴向采用轴套定位，轴套内径取为 25mm，外径可由轴承内径、轴肩高度及密封圈尺寸确定。经计算，该处轴的圆周速度小于 3m/s，可选用毡圈油封，考虑到轴套的另一端顶在轴承内圈上，并起固定作用，因而轴套外径应大于轴承内径，暂定轴承内径为 30mm，则由表 8-27，选毡圈 35JB/ZQ4606—1997，则轴套外径取为 35mm （3）轴段②和④的设计　此段安装轴承，考虑到轴承受较大的轴向力，故选用圆锥滚子轴承，初选轴承 30206，由表 9-9 查得轴承内径 $d=30\text{mm}$，外径 $D=62\text{mm}$，宽度 $B=16\text{mm}$，$T=17.25\text{mm}$，定位轴肩直径 $d_a=36\sim37\text{mm}$，外径定位轴肩内径 $D_a=53\sim56\text{mm}$，对轴的力作用点距外圈大端面的距离 $a=13.8\text{mm}$，故 $d_2=30\text{mm}$，带轮定位轴套应顶到轴承内圈端面，则该处轴段长度应略短于轴承内圈宽度，取 $L_2=14\text{mm}$。该减速器锥齿轮的圆周速度小于 2m/s，故轴承采用脂润滑 通常一根轴上的两个轴承取相同的型号，则 $d_4=30\text{mm}$，该处轴承右侧为挡油环，对小齿轮 1 起定位作用，为保证其能够顶到轴承端面，该处轴径长度应比轴承宽度略短，故取 $L_4=14\text{mm}$ （4）轴段⑤的设计　该段上安装齿轮，小锥齿轮采用悬臂结构，d_5 应小于 d_4，可初定 $d_5=25\text{mm}$ 小锥齿轮齿宽中点分度圆与大端处径向端面的距离 M 由齿轮的结构确定，由于齿轮直径比较小，采用实心式，由图上量得 $M\approx19\text{mm}$，齿轮大端处径向端面与轴承套杯端面距离取为 $\Delta_1=10\text{mm}$，轴承套杯凸肩厚 $C=10\text{mm}$，齿轮大端处径向端面与轮毂右端面的距离取为 32mm，小齿轮左侧用挡油环定位，右侧采用轴端挡板固定，为使挡板能够压紧齿轮端面，配合段轴段应比轮毂孔长略短，为圆整，取其差值为 1.25mm，则 $L_5=32+\Delta_1+C+T-L_4-1.25\text{mm}=(32+10+10+17.25-14-1.25)\text{mm}=54\text{mm}$	$d_1=25\text{mm}$ $L_1'=48\text{mm}$ $d_2=30\text{mm}$ $L_2=14\text{mm}$ $d_4=30\text{mm}$ $L_4=14\text{mm}$ $d_5=25\text{mm}$ $L_5=54\text{mm}$

（续）

计算项目	计算及说明	计算结果
4. 结构设计	（5）轴段①的长度设计　轴段①的长度与轴上的零件、轴承端盖等零件有关。下箱座壁厚由表 4-1 中公式 $\delta \approx 0.0125(d_{m1}+d_{m2})+1 \geqslant 8$ 计算，则 $\delta \approx 0.0125(d_{m1}+d_{m2})+1\text{mm}=0.0125\times(59.5+167.88)\text{mm}=3.84\text{mm}$，取 $\delta=8\text{mm}$，上箱座壁厚由表 4-1 中公式 $\delta_1 \approx 0.85\delta \geqslant 8$ 计算，则 $\delta_1 \approx 0.85\times 8\text{mm}=6.8\text{mm}$，取 $\delta_1=8\text{mm}$；由于锥距尺寸 $R=104.72\text{mm}<300\text{mm}$，可确定轴承旁连接螺栓直径 M12、箱体凸缘连接螺栓直径 M10、地脚螺栓直径 M16，轴承端盖连接螺钉直径 M8，取轴承端盖连接螺栓标准 GB/T 5781—2000 M8 × 35。由表 8-30 可计算轴承端盖厚 $e=1.2\times d_{端螺}=1.2\times 8\text{mm}=9.6\text{mm}$，取 $e=10\text{mm}$，取端盖与轴承座间的调整垫片厚度为 $\Delta_t=2\text{mm}$；取带轮凸缘端面距轴承端盖表面距离 $K=28\text{mm}$，带轮采用腹板式，螺栓的拆装空间足够。取轴承外端面到套杯大端距离为 $S=15.75\text{mm}$，则有 $L_1=L_1'+K+e+\Delta_t+S+T-L_2=(48+28+10+2+15.75+17.25-14)\text{mm}=107\text{mm}$ （6）轴段③的设计与力作用点间距离的确定　轴段③为轴承提供定位作用，故取该段直径为轴承定位轴肩直径，即 $d_3=36\text{mm}$，该处长度与该轴的悬臂长度有关，小齿轮的受力点与右端轴承对轴的力作用点间的距离为 $l_3=M+\Delta_1+C+a=(19+10+10+13.8)\text{mm}=52.8\text{mm}$ 则两轴承对轴的力作用点间的距离为 $l_2=(2\sim2.5)l_3=(2\sim2.5)\times52.8\text{mm}=105.6\sim132\text{mm}$，取 $L_3=100\text{mm}$，则有 $l_2=L_3+2T-2a=(100+2\times17.25-2\times13.8)\text{mm}=106.9\text{mm}$ 在其取值范围内，符合要求 $l_1=\dfrac{H}{2}+L_1-L_1'+L_2-T+a=(25+107-48+14-17.25+13.8)\text{mm}=94.55\text{mm}$ （7）画出轴的结构及相应尺寸　如图 9-6a 所示	$L_1=107\text{mm}$ $d_3=36\text{mm}$ $l_3=52.8\text{mm}$ $L_3=100\text{mm}$ $l_2=106.9\text{mm}$ $l_1=94.55\text{mm}$
5. 键连接	带轮与轴段①间采用 A 型普通平键连接，由表 8-31 查得其型号为键 8 ×45GB/T 1096—1990，齿轮与轴段④间采用 A 型普通平键连接，由表 8-31 查得其型号为键 8 ×30 GB/T 1096—1990	
6. 轴的受力分析	（1）画轴的受力简图　轴的受力简图如图 9-6b 所示 （2）计算支反力　在水平面上支反力为	

（续）

计算项目	计算及说明	计算结果
6. 轴的受力分析	$R_{AH}=\dfrac{F_{a1}\dfrac{d_{m1}}{2}-F_{r1}l_3-Q(l_1+l_2)}{l_2}$ $=\dfrac{166.12\times\dfrac{59.5}{2}-468.50\times52.8-682.38\times(94.55+106.9)}{106.9}$ $=-1471.10N$ 负号表示与图示方向相反，以下相同	$R_{AH}=-1471.10N$
	$R_{BH}=F_{r1}-R_{AH}-Q=(468.50+1471.10-682.38)N=1257.22N$	$R_{BH}=1257.22N$
	在垂直平面上支反力为 $R_{AV}=\dfrac{F_{t1}l_3}{l_2}=\dfrac{1365.71\times52.8}{106.9}N=674.55N$	$R_{AV}=674.55N$
	$R_{BV}=-(F_{t1}+R_{AV})=(-1365.71-674.55)N=-2040.26N$	$R_{BV}=-2040.26N$
	轴承1的总支承反力为 $R_A=\sqrt{R_{AH}^2+R_{AV}^2}=\sqrt{1471.10^2+674.55^2}N=1618.38N$	$R_A=1618.38N$
	轴承2的总支承反力为 $R_B=\sqrt{R_{BH}^2+R_{BV}^2}=\sqrt{1257.22^2+2040.26^2}N=2396.51N$	$R_B=2396.51N$
	(3)弯矩计算　在水平面上，A处截面为 $M_{AH}=Ql_1=682.38\times94.55=64802.68N\cdot mm$	$M_{AH}=64802.68N\cdot mm$
	在水平面上，B处截面为 $M_{BH}=-F_{r1}l_3+F_{a1}\dfrac{d_{m1}}{2}=-468.50\times52.8mm$ $+166.12\times\dfrac{59.5}{2}mm=-19794.73N\cdot mm$	$M_{BH}=-19794.73N\cdot mm$
	齿轮所在截面左侧弯矩为 $M_{1H}=F_{a1}\dfrac{d_{m1}}{2}=166.12\times\dfrac{59.5}{2}mm=4942.07N\cdot mm$	$M_{1H}=4942.07N\cdot mm$
	在垂直平面上，B处截面弯矩为 $M_{BV}=R_{AV}l_2=674.55\times106.9N\cdot mm=72109.40N\cdot mm$	$M_{BV}=72109.40N\cdot mm$
	合成弯矩，B处截面弯矩为 $M_B=\sqrt{M_{BH}^2+M_{BV}^2}=\sqrt{19794.73^2+72109.40^2}N\cdot mm$ $=74776.98N\cdot mm$	$M_B=74776.98N\cdot mm$
	A处截面弯矩为 $M_A=M_{AH}=64802.68N\cdot mm$	$M_A=64802.68N\cdot mm$
	齿轮所在截面弯矩为 $M_1=M_{1H}=4942.07N\cdot mm$	$M_1=4942.07N\cdot mm$
	(4)画弯矩图　弯矩图如图9-6c、d、e所示	
	(5)转矩和转矩图 $T_1=40630N\cdot mm$	$T_1=40630N\cdot mm$
	转矩图如图9-6f所示	

（续）

计算项目	计算及说明	计算结果
7. 校核轴的强度	B 处截面弯矩较大，同时作用有转矩，所以此截面为危险截面。其抗弯截面系数 $$W=\frac{\pi d_4^3}{32}=\frac{\pi\times30^3}{32}\text{mm}^3=2649.38\text{mm}^3$$ 抗扭截面系数为 $$W_T=\frac{\pi d_4^3}{16}=\frac{\pi\times30^3}{16}\text{mm}^3=5298.75\text{mm}^3$$ 最大弯曲应力为 $$\sigma_b=\frac{M_B}{W}=\frac{74776.98}{2649.38}\text{MPa}=28.22\text{MPa}$$ 扭剪应力为 $$\tau=\frac{T_1}{W_T}=\frac{40630}{5298.75}\text{MPa}=7.67\text{MPa}$$ 按弯扭合成强度进行校核计算，对于单向转动的转轴，转矩按脉动循环处理，故取折合系数 $\alpha=0.6$，则当量应力为 $$\sigma_e=\sqrt{\sigma_b^2+4(\alpha\tau)^2}$$ $$=\sqrt{28.22^2+4\times(0.6\times7.67)^2}\text{MPa}=29.68\text{MPa}$$ 由表 8-26 查得 45 钢调质处理抗拉强度极限 $\sigma_B=650\text{MPa}$，则由表 8-32 用插值法查得轴的许用弯曲应力 $[\sigma_{-1b}]=60\text{MPa}$，$\sigma_e<[\sigma_{-1b}]$，强度满足要求	轴的强度满足要求
8. 校核键连接的强度	带轮处键连接的挤压应力为 $$\sigma_{p1}=\frac{4T_1}{d_1hl}=\frac{4\times40630}{25\times7\times(45-8)}\text{MPa}=25.10\text{MPa}$$ 齿轮处键连接的挤压应力 $$\sigma_{p2}=\frac{4T_1}{d_5hl}=\frac{4\times40630}{25\times7\times(30-8)}\text{MPa}=42.21\text{MPa}$$ 取键、轴及带轮的材料都为钢，由表 8-33 查得 $[\sigma]_p=125\sim150\text{MPa}$，$\sigma_{p1}<[\sigma]_p$、$\sigma_{p2}<[\sigma]_p$，强度足够	键强度满足要求
9. 校核轴承寿命	（1）轴承的轴向力　由表 9-9 查 30206 轴承得 $C_r=43200\text{N}$，$e=0.37$，$Y=1.6$。由表 9-10 查得 30206 轴承内部轴向力计算公式，则轴承 1、2 的内部轴向力分别为 $$S_1=\frac{R_A}{2Y}=\frac{1618.38}{2\times1.6}\text{N}=505.74\text{N}$$ $$S_2=\frac{R_B}{2Y}=\frac{2396.51}{2\times1.6}\text{N}=748.91\text{N}$$ 外部轴向力 $A=166.12\text{N}$，各力方向如图 9-7 所示 $$S_2+A=(748.91+166.12)\text{N}=915.03\text{N}>S_1$$ 则两轴承的轴向力分别为 $$F_{a1}=S_2+A=915.03\text{N}$$ $$F_{a2}=S_2=748.91\text{N}$$	

（续）

计算项目	计算及说明	计算结果
9. 校核轴承寿命	（2）当量动载荷　因为$\frac{F_{a1}}{R_A}=\frac{915.03}{1618.38}=0.565>e=0.37$，则轴承1当量动载荷为 $P_{r1}=0.4R_A+YF_{a1}=0.4\times1618.38\text{N}+1.6\times915.03\text{N}=2111.4\text{N}$ 因$\frac{F_{a2}}{R_B}=\frac{748.91}{2396.51}=0.31<e=0.37$，则轴承2的当量动载荷为 $$P_{r2}=R_B=2396.51\text{N}$$ （3）校核轴承寿命　因$P_{r1}<P_{r2}$，故只需校核轴承2，$P=P_{r2}$。轴承在100℃以下工作，查表8-34得$f_T=1$。对于减速器，查表8-35得载荷系数$f_P=1.2$。轴承2的寿命为 $L_h=\frac{10^6}{60n_1}\left(\frac{f_TC}{f_PP}\right)^{\frac{10}{3}}=\frac{10^6}{60\times376}\times\left(\frac{1\times43200}{1.2\times2396.51}\right)^{\frac{10}{3}}\text{h}=370741.97\text{h}$ 减速器预期寿命为 $$L_h'=2\times8\times300\times5\text{h}=24000\text{h}$$ $L_h>L_h'$，故轴承寿命足够	轴承寿命满足要求

表9-8　轴的常用材料的许用扭转切应力[τ]和C值

轴的材料	Q235	45钢	40Cr　35SiMn　35CrMo
[τ]/MPa	12～20	20～40	40～52
C	158～135	135～106	106～97

注：当轴上的弯矩比转矩小或只有转矩时，C取较小值。

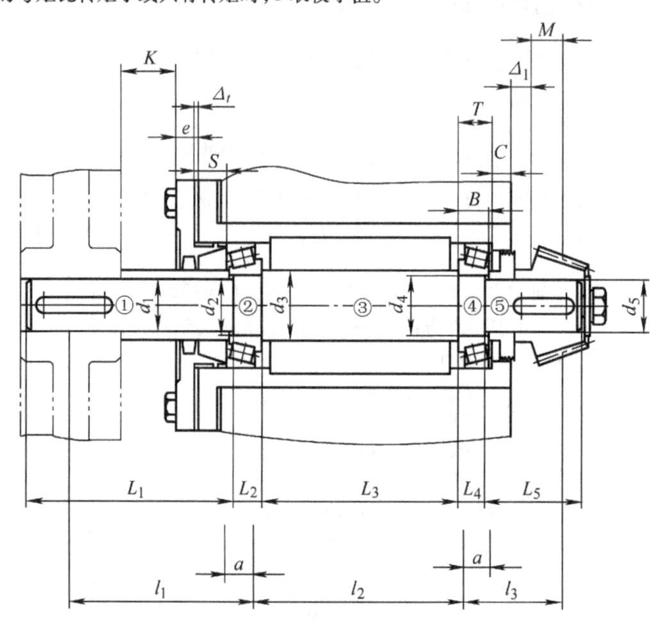

图9-5　高速轴的结构构想图

表 9-9　圆锥滚子轴承(GB/T 297—1994)

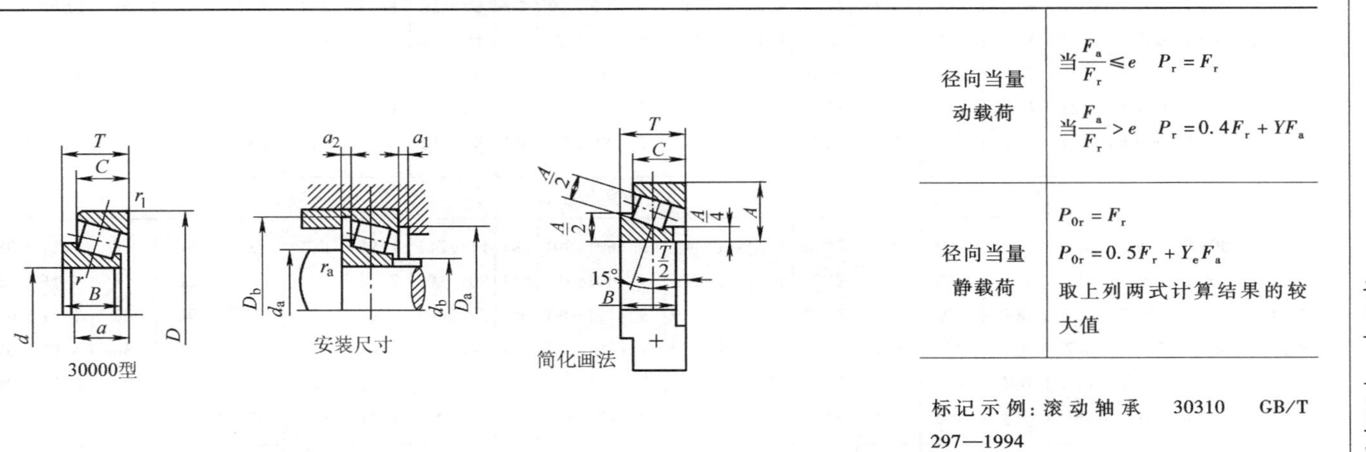

径向当量动载荷	当 $\frac{F_a}{F_r} \leqslant e$　$P_r = F_r$ 当 $\frac{F_a}{F_r} > e$　$P_r = 0.4F_r + YF_a$
径向当量静载荷	$P_{0r} = F_r$ $P_{0r} = 0.5F_r + Y_eF_a$ 取上列两式计算结果的较大值

标记示例：滚动轴承　30310　GB/T 297—1994

轴承代号	尺寸/mm								安装尺寸/mm									计算系数			基本额定动载荷	基本额定静载荷	极限转速/(r/min)		原轴承代号
	d	D	T	B	C	r_s min	r_{1s} min	a ≈	d_a min	d_b max	D_a min	D_a max	D_b min	a_1 min	a_2 min	r_{as} max	r_{bs} max	e	Y	Y_e	C_r kN	C_{0r} kN	脂润滑	油润滑	
02 尺寸系列																									
30203	17	40	13.25	12	11	1	1	9.9	23	23	34	34	37	2	2.5	1	1	0.35	1.7	1	20.8	21.8	9 000	12 000	7203 E
30204	20	47	15.25	14	12	1	1	11.2	26	27	40	41	43	2	3.5	1	1	0.35	1.7	1	28.2	30.5	8 000	10 000	7204 E
30205	25	52	16.25	15	13	1	1	12.5	31	31	44	46	48	2	3.5	1	1	0.37	1.6	0.9	32.2	37.0	7 000	9 000	7205 E
30206	30	62	17.25	16	14	1	1	13.8	36	37	53	56	58	2	3.5	1	1	0.37	1.6	0.9	43.2	50.5	6 000	7 500	7206 E
30207	35	72	18.25	17	15	1.5	1.5	15.3	42	44	62	65	67	3	3.5	1.5	1.5	0.37	1.6	0.9	54.2	63.5	5 300	6 700	7207 E
30208	40	80	19.75	18	16	1.5	1.5	16.9	47	49	69	73	75	3	4	1.5	1.5	0.37	1.6	0.9	63.0	74.0	5 000	6 300	7208 E

（续）

轴承代号	尺寸/mm								安装尺寸/mm									计算系数			基本额定		极限转速/(r/min)		原轴承代号
	d	D	T	B	C	r_s min	r_{1s} min	a ≈	d_a min	d_b max	D_a min	D_a max	D_b min	a_1 min	a_2 min	r_{as} max	r_{bs} max	e	Y	Y_e	动载荷 C_r kN	静载荷 C_{0r} kN	脂润滑	油润滑	
02 尺寸系列																									
30209	45	85	20.75	19	16	1.5	1.5	18.6	52	53	74	78	80	3	5	1.5	1.5	0.4	1.5	0.8	67.8	83.5	4 500	5 600	7209 E
30210	50	90	21.75	20	17	1.5	1.5	20	57	58	79	83	86	3	5	1.5	1.5	0.42	1.4	0.8	73.2	92.0	4 300	5 300	7210 E
30211	55	100	22.75	21	18	2	1.5	21	64	64	88	91	95	4	5	2	1.5	0.4	1.5	0.8	90.8	115	3 800	4 800	7211 E
30212	60	110	23.75	22	19	2	1.5	22.3	69	69	96	101	103	4	5	2	1.5	0.4	1.5	0.8	102	130	3 600	4 500	7212 E
30213	65	120	24.75	23	20	2	1.5	23.8	74	77	106	111	114	4	5	2	1.5	0.4	1.5	0.8	120	152	3 200	4 000	7213 E
30214	70	125	26.25	24	21	2	1.5	25.8	79	81	110	116	119	4	5.5	2	1.5	0.42	1.4	0.8	132	175	3 000	3 800	7214 E
30215	75	130	27.25	25	22	2	1.5	27.4	84	85	115	121	125	4	5.5	2	1.5	0.44	1.4	0.8	138	185	2 800	3 600	7215 E
30216	80	140	28.25	26	22	2.5	2	28.1	90	90	124	130	133	4	6	2.1	2	0.42	1.4	0.8	160	212	2 600	3 400	7216 E
30217	85	150	30.5	28	24	2.5	2	30.3	95	96	132	140	142	5	6.5	2.1	2	0.42	1.4	0.8	178	238	2 400	3 200	7217 E
30218	90	160	32.5	30	26	2.5	2	32.3	100	102	140	150	151	5	6.5	2.1	2	0.42	1.4	0.8	200	270	2 200	3 000	7218 E
30219	95	170	34.5	32	27	3	2.5	34.2	107	108	149	158	160	5	7.5	2.5	2.1	0.42	1.4	0.8	228	308	2 000	2 800	7219 E
30220	100	180	37	34	29	3	2.5	36.4	112	114	157	168	169	5	8	2.5	2.1	0.42	1.4	0.8	255	350	1 900	2 600	7220 E
03 尺寸系列																									
30302	15	42	14.25	13	11	1	1	9.6	21	22	36	36	38	2	3.5	1	1	0.29	2.1	1.2	22.8	21.5	9 000	12 000	7302 E
30303	17	47	15.25	14	12	1	1	10.4	23	25	40	41	43	3	3.5	1	1	0.29	2.1	1.2	28.2	27.2	8 500	11 000	7303 E
30304	20	52	16.25	15	13	1.5	1.5	11.1	27	28	44	45	48	3	3.5	1.5	1.5	0.3	2	1.1	33.0	33.2	7 500	9 500	7304 E
30305	25	62	18.25	17	15	1.5	1.5	13	32	34	54	55	58	3	3.5	1.5	1.5	0.3	2	1.1	46.8	48.0	6 300	8 000	7305 E
30306	30	72	20.75	19	16	1.5	1.5	15.3	37	40	62	65	66	3	5	1.5	1.5	0.31	1.9	1.1	59.0	63.0	5 600	7 000	7306 E

（续）

轴承代号	尺寸/mm								安装尺寸/mm									计算系数			基本额定		极限转速/(r/min)		原轴承代号
	d	D	T	B	C	r_s min	r_{1s} min	a ≈	d_a min	d_b max	D_a min	D_a max	D_b min	a_1 min	a_2 min	r_{as} max	r_{bs} max	e	Y	Y_e	动载荷 C_r (kN)	静载荷 C_{0r} (kN)	脂润滑	油润滑	
03 尺寸系列																									
30307	35	80	22.75	21	18	2	1.5	16.8	44	45	70	71	74	3	5	2	1.5	0.31	1.9	1.1	75.2	82.5	5 000	6 300	7307 E
30308	40	90	25.25	23	20	2	1.5	19.5	49	52	77	81	84	3	5.5	2	1.5	0.35	1.7	1	90.8	108	4 500	5 600	7308 E
30309	45	100	27.25	25	22	2	1.5	21.3	54	59	86	91	94	3	5.5	2	1.5	0.35	1.7	1	108	130	4 000	5 000	7309 E
30310	50	110	29.25	27	23	2.5	2	23	60	65	95	100	103	4	6.5	2	2	0.35	1.7	1	130	158	3 800	4 800	7310 E
30311	55	120	31.5	29	25	2.5	2	24.9	65	70	104	110	112	4	6.5	2.5	2	0.35	1.7	1	152	188	3 400	4 300	7311 E
30312	60	130	33.5	31	26	3	2.5	26.6	72	76	112	118	121	5	7.5	2.5	2.1	0.35	1.7	1	170	210	3 200	4 000	7312 E
30313	65	140	36	33	28	3	2.5	28.7	77	83	122	128	131	5	8	2.5	2.1	0.35	1.7	1	195	242	2 800	3 600	7313 E
30314	70	150	38	35	30	3	2.5	30.7	82	89	130	138	141	5	8	2.5	2.1	0.35	1.7	1	218	272	2 600	3 400	7314 E
30315	75	160	40	37	31	3	2.5	32	82	95	139	148	150	5	9	2.5	2.1	0.35	1.7	1	252	318	2 400	3 200	7315 E
30316	80	170	42.5	39	33	3	2.5	34.4	92	102	148	158	160	5	9.5	2.5	2.1	0.35	1.7	1	278	352	2 200	3 000	7316 E
30317	85	180	44.5	41	34	4	3	35.9	99	107	156	166	168	6	10.5	3	2.5	0.35	1.7	1	305	388	2 000	2 800	7317 E
30318	90	190	46.5	43	36	4	3	37.5	104	113	165	176	178	6	10.5	3	2.5	0.35	1.7	1	342	440	1 900	2 600	7318 E
30319	95	200	49.5	45	38	4	3	40.1	109	118	172	186	185	6	11.5	3	2.5	0.35	1.7	1	370	478	1 800	2 400	7319 E
30320	100	215	51.5	47	39	4	3	42.2	114	127	184	201	199	6	12.5	3	2.5	0.35	1.7	1	405	525	1 600	2 000	7320 E

（续）

轴承代号	尺寸/mm								安装尺寸/mm									计算系数			基本额定		极限转速/(r/min)		原轴承代号
	d	D	T	B	C	r_s min	r_{1s} min	a ≈	d_a min	d_b max	D_a min	D_a max	D_b min	a_1 min	a_2 min	r_{as} max	r_{bs} max	e	Y	Y_e	动载荷 C_r (kN)	静载荷 C_{0r} (kN)	脂润滑	油润滑	
22尺寸系列																									
32206	30	62	21.25	20	17	1	1	15.6	36	36	52	56	58	3	4.5	1	1	0.37	1.6	0.9	51.8	63.8	6 000	7 500	7506 E
32207	35	72	24.25	23	19	1.5	1.5	17.9	42	42	61	65	68	3	5.5	1.5	1.5	0.37	1.6	0.9	70.5	89.5	5 300	6 700	7507 E
32208	40	80	24.75	23	19	1.5	1.5	18.9	47	48	68	73	75	3	6	1.5	1.5	0.37	1.6	0.9	77.8	97.2	5 000	6 300	7508 E
32209	45	85	24.75	23	19	1.5	1.5	20.1	52	53	73	78	81	3	6	1.5	1.5	0.4	1.5	0.8	80.8	105	4 500	5 600	7509 E
32210	50	90	24.75	23	19	1.5	1.5	21	57	57	78	83	86	3	6	1.5	1.5	0.42	1.4	0.8	82.8	108	4 300	5 300	7510 E
32211	55	100	26.75	25	21	2	1.5	22.8	64	62	87	91	96	4	6	2	1.5	0.4	1.5	0.8	108	142	3 800	4 800	7511 E
32212	60	110	29.75	28	24	2	1.5	25	69	68	95	101	105	4	6	2	1.5	0.4	1.5	0.8	132	180	3 600	4 500	7512 E
32213	65	120	32.75	31	27	2	1.5	27.3	74	75	104	111	115	4	6	2	1.5	0.4	1.5	0.8	160	222	3 200	4 000	7513 E
32214	70	125	33.25	31	27	2	1.5	28.8	79	79	108	116	120	4	6.5	2	1.5	0.42	1.4	0.8	168	238	3 000	3 800	7514 E
32215	75	130	33.25	31	27	2	1.5	30	84	84	115	121	126	4	6.5	2	1.5	0.44	1.4	0.8	170	242	2 800	3 600	7515 E
32216	80	140	35.25	33	28	2.5	2	31.4	90	89	122	130	135	5	7.5	2.1	2	0.42	1.4	0.8	198	278	2 600	3 400	7516 E
32217	85	150	38.5	36	30	2.5	2	33.9	95	95	130	140	143	5	8.5	2.1	2	0.42	1.4	0.8	228	325	2 400	3 200	7517 E

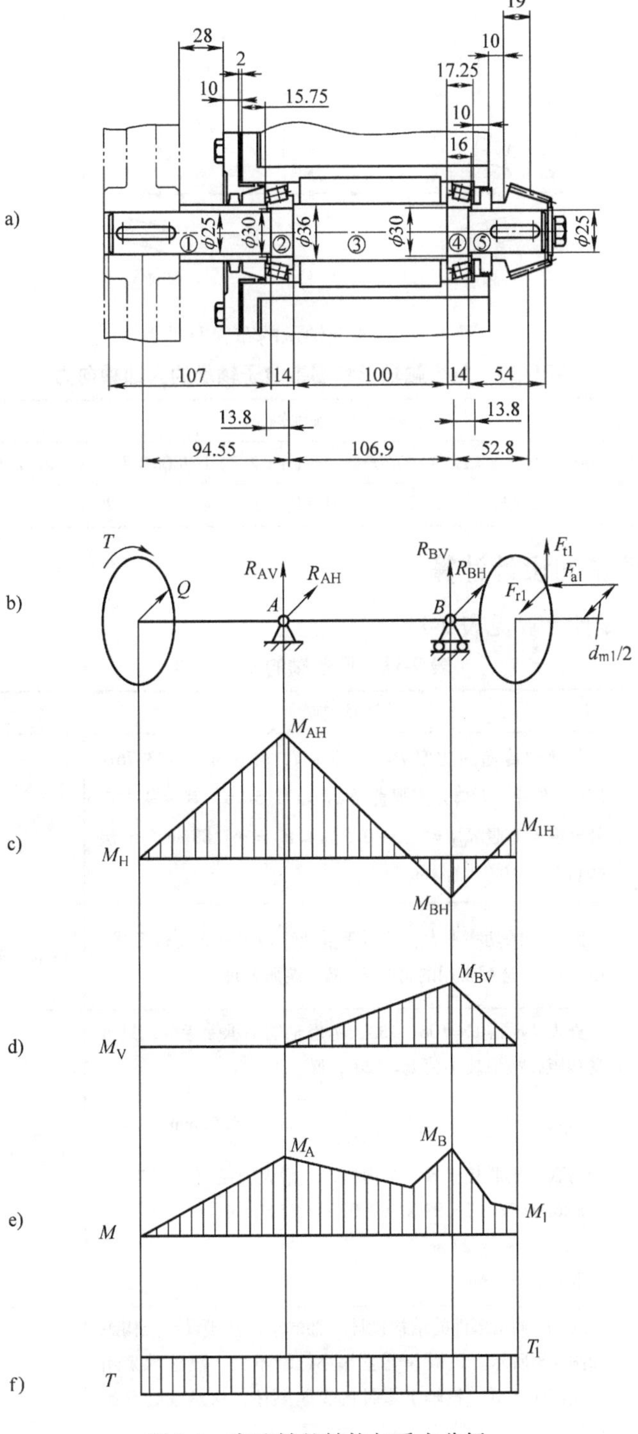

图 9-6　高速轴的结构与受力分析

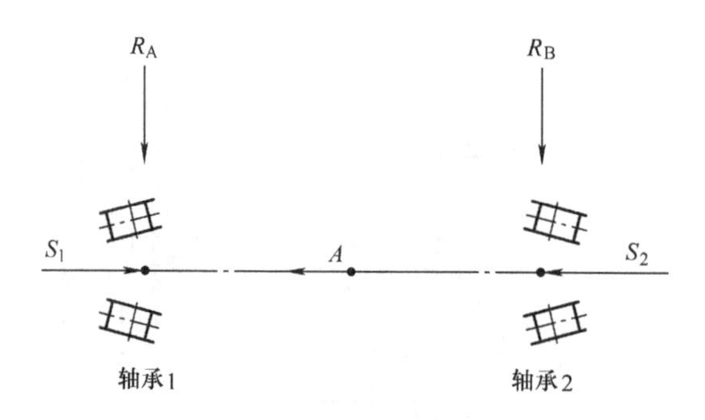

图9-7　高速轴轴承的布置及受力

表9-10　角接触轴承和圆锥滚子轴承的内部轴向力

轴承类型	角接触球轴承			圆锥滚子轴承
	7000*C* 型（$\alpha=15°$）	7000*AC* 型（$\alpha=25°$）	7000*B* 型（$\alpha=40°$）	
S	$0.4F_r$	$0.7F_r$	F_r	$F_r/2Y$

9.5.2　低速轴的设计计算

低速轴的设计计算见表9-11。

表9-11　低速轴的设计计算

计算项目	计算及说明	计算结果
1. 已知条件	低速轴传递的功率 $P_2=1.51\text{kW}$，转速 $n_2=133.76\text{r/min}$，锥齿轮大端分度圆直径 $d_2=197.5\text{mm}$，其齿宽中点处分度圆直径 $d_{m2}=(1-0.5\phi_R)d_2=167.88\text{mm}$，传递转矩 $T_2=107.81\text{N}\cdot\text{m}$	
2. 选择轴的材料	因传递的功率不大，并对重量及结构尺寸无特殊要求，由表8-26选用常用的材料45钢，调质处理	45钢，调质处理
3. 初算轴径	查表9-8得 $C=106\sim135$，考虑轴端不承受弯矩，只承受转矩，故取较小值 $C=120$，则 $d_{min}=C\sqrt[3]{\frac{P_2}{n_2}}=120\times\sqrt[3]{\frac{1.51}{133.76}}\text{mm}=26.92\text{mm}$ 轴与联轴器联接，有一个键槽，应增大轴径3%～5% $d>26.92\text{mm}+26.92\times(0.03\sim0.05)\text{mm}$ $=27.73\sim28.27\text{mm}$ 取 $d_{min}=28\text{mm}$	$d_{min}=28\text{mm}$
4. 结构设计	（1）轴承部件的结构设计　轴的结构初步设计及构想如图9-8所示。该减速器发热小、轴不长，故轴承采用两端固定方式。按轴上零件的安装顺序，从最细处开始设计	

（续）

计算项目	计算及说明	计算结果
4. 结构设计	（2）轴段①的轴径设计　轴段①上安装联轴器，此段设计应与联轴器的选择设计同步进行。为补偿联轴器所连接两轴的安装误差、隔离振动，选用弹性柱销联轴器。查表8-37，取载荷系数$K_A=1.5$，则计算转矩 $T_c=K_AT_2=1.5\times107810\text{N}\cdot\text{mm}=161715\text{N}\cdot\text{mm}$ 由表8-38查得GB/T 5014—2003中的LX2型联轴器符合要求：公称转矩为560N·m，许用转速6300r/min，轴孔范围为20mm～35mm。考虑最小直径$d_{min}=28\text{mm}$，取联轴器毂孔直径为30mm，轴孔长度60mm，J型轴孔，A型键，联轴器主动端代号为LX230×60 GB/T 5014—2003，相应的轴段①的直径$d_1=30\text{mm}$，其长度略小于毂孔宽度，取$L_1=58\text{mm}$，联轴器用轴套定位，经计算，该处轴的圆周速度小于3m/s，可选用毡圈油封，考虑到套的另一端与轴承内圈端面接触，因而轴套外径应大于轴承内径，暂定轴承内径为35mm，由表8-27选取毡圈40JB/ZQ 4606—1997，轴套外径为40mm	$d_1=30\text{mm}$ $L'_1=58\text{mm}$
	（3）轴段②和⑤的轴径设计　轴段②和⑤安装轴承，其设计应与轴承的选择同步进行。考虑齿轮有较大的轴向力和圆周力存在，故选用圆锥滚子轴承。暂取轴承为30207，由表9-9查得轴承内径$d=35\text{mm}$，外径$D=72\text{mm}$，总宽度$T=18.25\text{mm}$，内圈宽度$B=17\text{mm}$，内圈定位轴肩直径$d_a=42\text{mm}$，外圈定位轴肩内径$D_a=62\sim65\text{mm}$，对轴的力作用点距外圈大端面的距离$a=15.3\text{mm}$，故$d_2=d_5=35\text{mm}$	$d_2=d_5=35\text{mm}$
	（4）轴段④的设计　轴段④上安装齿轮，为便于齿轮的安装，d_4略大于d_5，可初定$d_4=37\text{mm}$	$d_4=37\text{mm}$
	由于直径比较小，齿轮2采用实心式，其左端采用轴肩定位，右端采用套筒（挡油环）固定，齿轮2轮毂的宽度范围为（1.2～1.5）$d_4=44.4\sim55.5\text{mm}$，取其轮毂宽度$B_2=45\text{mm}$，左端采用轴肩定位，右端采用套筒固定。为使套筒端面能够顶到齿轮端面，轴段④的长度应比相应齿轮的轮毂略短，故取$L_4=43\text{mm}$	$B_2=45\text{mm}$ $L_4=43\text{mm}$
	（5）轴段③的设计　轴段③为齿轮提供定位，其轴肩高度范围为（0.07～0.1）$d_4=2.59\sim3.7\text{mm}$，取其高度为$h=3\text{mm}$，故$d_3=43\text{mm}$	$d_3=43\text{mm}$
	齿轮2的轮毂右端面距离箱体内壁的距离取为$\Delta_2=10\text{mm}$，且使箱体两内侧壁关于高速轴轴线对称，测得内	

（续）

计算项目	计算及说明	计算结果
4. 结构设计	壁距离 $B_X=142\text{mm}$，则轴段③的长度为 $L_3=B_X-B_2-2\Delta_2=(142-45-2\times10)\ \text{mm}=77\text{mm}$ （6）轴段⑤的长度设计　轴承座孔长则由轴承旁螺栓相关尺寸确定，轴承弯螺栓直径为 M12，则相应的 $c_1=20$，$c_2=16$，轴承端盖连接螺钉为 M8×20，取标准 GB/T 5781—2000M8×20；即 $L=c_1+c_2+(5\sim8)\ \text{mm}+\delta$ $=[20+16+(5\sim8)+8]\ \text{mm}=49\sim52\text{mm}$ 取座孔长为 $L=50\text{mm}$，由于轴承采用脂润滑，故轴承内端面距箱体内壁的距离取为 $\Delta=14\text{mm}$，则轴段⑤的长度为 $L_5=B+\Delta+\Delta_2+B_2-L_4$ $=(17+14+10+45-43)\text{mm}=43\text{mm}$ （7）轴段②的长度设计　联轴器采用轴套定位，轴套与轴承内圈接触，为了使轴套与内圈紧密贴合，轴段②的长度取为 $L_2=B+\Delta+\Delta_2-2\text{mm}=(17+14+10-2)\ \text{mm}=39\text{mm}$ （8）轴段①的长度设计　由高速轴设计可知，轴承端盖凸缘厚度取为 $e=10\text{mm}$，取端盖与轴承座间的调整垫片厚度为 $\Delta_t=2\text{mm}$；另外取联轴器凸缘端面距轴承端盖表面距离 $K=10\text{mm}$，由图 9-8 所示，螺栓的拆装空间足够，则有 $L_1=L'_1+K+e+\Delta_t+L+\Delta_2-L_2$ $=(58+10+10+2+50+10-39)\ \text{mm}=101\text{mm}$ （9）轴上力作用点间距离为 $l_1=\frac{60}{2}\text{mm}+L_1-L'_1+L_2-\Delta_2-\Delta-T+a$ $=(30+101-58+39-10-14-18.25+15.3)\ \text{mm}$ $=85.05\text{mm}$ 由图 9-8 可量取分度圆中点到轮毂边缘的距离为 14mm，则 $l_2=\Delta+\Delta_2+T-a+L_3+14\text{mm}$ $=(14+10+18.25-15.3+77+14)\text{mm}=117.95\text{mm}$ $l_3=B_2-14\text{mm}+\Delta_2+\Delta+T-a$ $=(45-14+10+14+18.25-15.3)\text{mm}=57.95\text{mm}$ （10）画出轴及尺寸　如图 9-9a 所示	$L_3=77\text{mm}$ $L=50\text{mm}$ $L_5=43\text{mm}$ $L_2=39\text{mm}$ $L_1=101\text{mm}$ $l_1=85.05\text{mm}$ $l_2=117.95\text{mm}$ $l_3=57.95\text{mm}$
5. 键连接	联轴器与轴段①和齿轮 2 与轴段④间采用 A 型普通平键连接，由表 8-31 查得其型号分别为键 8×50 GB/T 1096—1990 和键 10×40 GB/T 1096—1990	

（续）

计算项目	计算及说明	计算结果
6. 轴的受力分析	（1）画轴的受力简图　轴的受力简图如图 9-9b 所示	
	（2）支承反力　在水平面上为	
	$R_{AH}=\dfrac{F_{r2}l_3-F_{a2}\dfrac{d_{m2}}{2}}{l_2+l_3}$	$R_{AH}=-168.84N$
	$=\dfrac{166.12\times57.95-468.5\times\dfrac{167.88}{2}}{117.95+57.95}N=-168.84N$	
	$R_{BH}=F_{r2}-R_{AH}=(166.12+168.84)N=334.96N$	$R_{BH}=334.96N$
	在垂直平面上支反力为	
	$R_{AV}=\dfrac{F_{t2}l_3}{l_2+l_3}=\dfrac{1365.71\times57.95}{117.95+57.95}N=449.93N$	$R_{AV}=449.93N$
	$R_{BV}=F_{t2}-R_{AV}=(1365.71-449.93)N=915.78N$	$R_{BV}=915.78N$
	轴承 A 的总支承反力为	
	$R_A=\sqrt{R_{AH}^2+R_{AV}^2}=\sqrt{168.84^2+449.93^2}N=480.57N$	$R_A=480.57N$
	轴承 B 的总支承反力为	
	$R_B=\sqrt{R_{BH}^2+R_{BV}^2}=\sqrt{334.96^2+915.78^2}N=975.12N$	$R_B=975.12N$
	（3）弯矩和弯矩图　弯矩图如图 9-9c、d 和 e 所示	
	在水平面上，齿轮齿宽中点所在轴截面左侧弯矩为	
	$M_{2H}=R_{AH}l_2$	$M_{2H}=-19914.68N\cdot mm$
	$=-168.84\times117.95N\cdot mm=-19914.68N\cdot mm$	
	齿轮齿宽中点所在轴剖面截面右侧弯矩为	
	$M'_{2H}=R_{BH}l_3=334.96\times57.95N\cdot mm$	$M'_{2H}=19410.93N\cdot mm$
	$=19410.93N\cdot mm$	
	在垂直平面上齿轮齿宽中点所在轴截面左侧弯矩为	
	$M_{2V}=R_{AV}l_2=449.93\times117.95N\cdot mm$	$M_{2V}=53069.24N\cdot mm$
	$=53069.24N\cdot mm$	
	合成弯矩，齿轮齿宽中点所在轴截面左侧弯矩为	
	$M_2=\sqrt{M_{2H}^2+M_{2V}^2}$	$M_2=56682.79N\cdot mm$
	$=\sqrt{19914.68^2+53069.24^2}N\cdot mm=56682.79N\cdot mm$	
	齿轮齿宽中点所在轴截面右侧弯矩为	
	$M'_2=\sqrt{M'^2_{2H}+M_{2V}^2}$	$M'_2=56507.77N\cdot mm$
	$=\sqrt{19410.93^2+53069.24^2}N\cdot mm=56507.77N\cdot mm$	
	（4）转矩和转矩图　转矩图如图 9-9f 所示	
	$T_2=-107810N\cdot mm$	$T_2=-107810N\cdot mm$
7. 校核轴的强度	因齿轮齿宽中点所在轴截面左侧弯矩大，截面左侧除作用有弯矩外还作用有转矩，因此此截面为危险截面	
	其抗弯截面系数为	

（续）

计算项目	计算及说明	计算结果
7. 校核轴的强度	$W=\frac{\pi d_4^3}{32}-\frac{bt\ (d_4-t)^2}{2d_4}$ $=\frac{\pi\times37^3}{32}mm^3-\frac{10\times5\times\ (37-5)^2}{2\times37}mm^3=4278.43mm^3$ 抗扭截面系数为 $W_T=\frac{\pi d_4^3}{16}-\frac{bt(d_4-t)^2}{2d_2}$ $=\frac{\pi\times37^3}{16}mm^3-\frac{10\times5\times(37-5)^2}{2\times37}mm^3=9248.76mm^3$ 弯曲应力为 $\sigma_b'=\frac{M_2}{W}=\frac{56682.79}{4278.43}MPa=13.24MPa$ 扭剪应力为 $\tau=\frac{T_2}{W_T}=\frac{107810}{9248.76}MPa=11.66MPa$ 按弯扭合成强度进行校核计算，对于单向转动的转轴，转矩按脉动循环处理，故取折合系数 $\alpha=0.6$，则当量应力为 $\sigma_e'=\sqrt{\sigma_b'^2+4\ (\alpha\tau)^2}$ $=\sqrt{13.24^2+4\times\ (0.6\times11.66)^2}MPa=19.26MPa$ 由表 8-26 查得 45 钢调质处理抗拉强度极限 $\sigma_B=650MPa$，则由表 8-32 用插值法查得轴的许用弯曲应力 $[\sigma_{-1b}]=60MPa$，$\sigma'_e<[\sigma_{-1b}]$，强度满足要求	轴的强度满足要求
8. 校核键连接的强度	齿轮 2 处键连接的挤压应力 $\sigma_p=\frac{4T_2}{d_4hl}=\frac{4\times107810}{37\times8\times\ (40-10)}=48.56MPa$ 取键、轴及齿轮的材料都为钢，由表 8-33 查得 $[\sigma]_p=125\sim150MPa$，$\sigma_p<[\sigma]_p$，强度足够 联轴器处键的挤压应力 $\sigma_p=\frac{4T_2}{d_1hl}=\frac{4\times107810}{30\times7\times\ (50-8)}MPa=48.89MPa$ 故其强度也足够	键连接强度足够
9. 校核轴承寿命	（1）计算轴承的轴向力　由表 9-9 查 30207 轴承得 $C=54200N$，$C_0=63500N$，$e=0.37$，$Y=1.6$；由表 9-10 查得 30207 轴承内部轴向力计算公式，则轴承 1、2 的内部轴向力分别为 $S_1=\frac{R_A}{2Y}=\frac{480.57}{2\times1.6}N=150.18N$ $S_2=\frac{R_B}{2Y}=\frac{975.12}{2\times1.6}N=304.73N$	

（续）

计算项目	计算及说明	计算结果
9. 校核轴承寿命	外部轴向力 $A=F_{a2}468.5\text{N}$，各轴向力方向如图9-10所示 $S_1+A=(150.18+468.5)\text{N}=618.68\text{N}>S_2$ 则两轴承的轴向力分别为 $F_{a1}=S_1=150.18\text{N}$ $F_{a2}=S_1+A=618.68\text{N}$ （2）计算当量动载荷　因 $R_B>R_A$，$F_{a2}>F_{a1}$，故只需校核轴承2的寿命 因为$\frac{F_{a2}}{R_B}=\frac{618.68}{975.12}=0.63>e$，则当量动载荷为 $P=0.4R_B+1.6F_{a2}$ $=(0.4\times975.12+1.6\times618.68)\text{N}=1379.94\text{N}$ （3）计算轴承寿命　轴承在100℃以下工作，查表8-34得 $f_T=1$。对于减速器，查表8-35得载荷系数 $f_P=1.2$ 轴承2的寿命为 $L_h=\frac{10^6}{60n_2}\left(\frac{f_T C}{f_P P}\right)^{\frac{10}{3}}$ $=\frac{10^6}{60\times133.76}\times\left(\frac{1\times54200}{1.2\times1379.94}\right)^{\frac{10}{3}}\text{h}=13975970\text{h}$ 减速器预期寿命为 $L_h'=2\times8\times300\times5\text{h}=24000\text{h}$ $L_h>L_h'$，故轴承寿命足够	轴承寿命满足要求

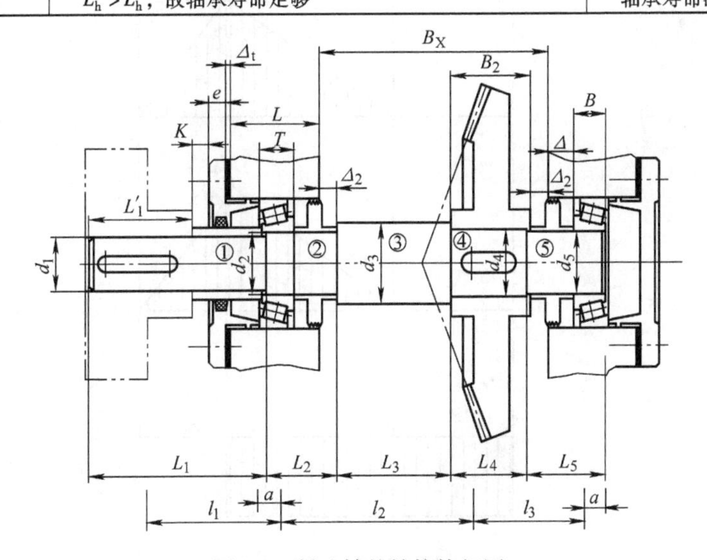

图9-8　低速轴的结构构想图

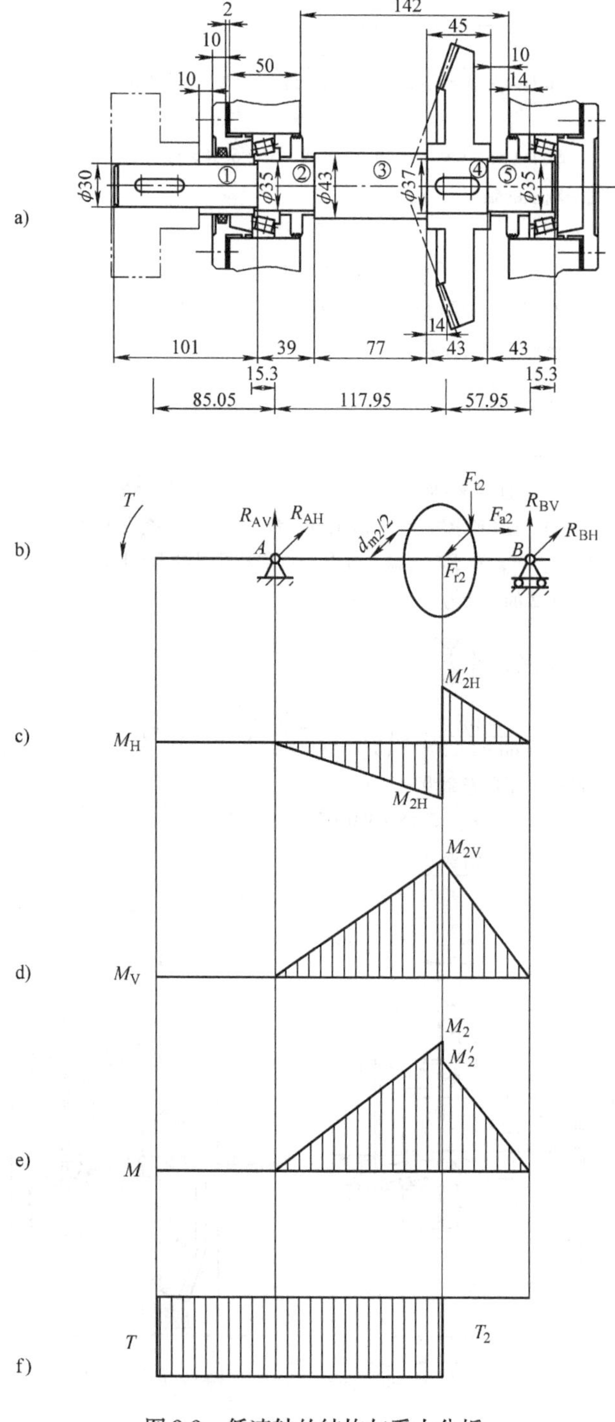

图 9-9 低速轴的结构与受力分析

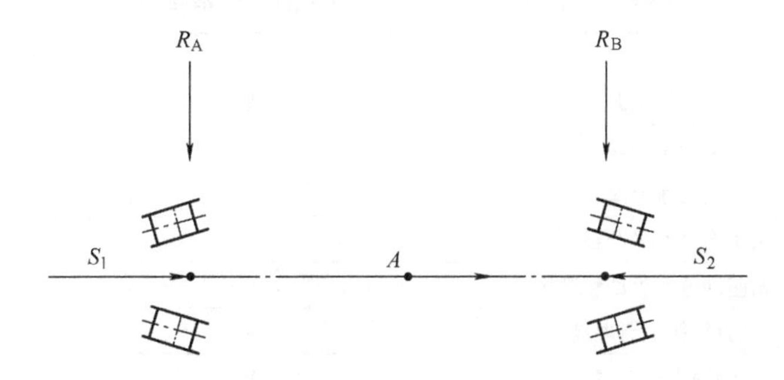

图 9-10　低速轴的轴承布置及受力

9.6　装配草图

单级锥齿轮减速器俯视图草图如图 9-11 所示。

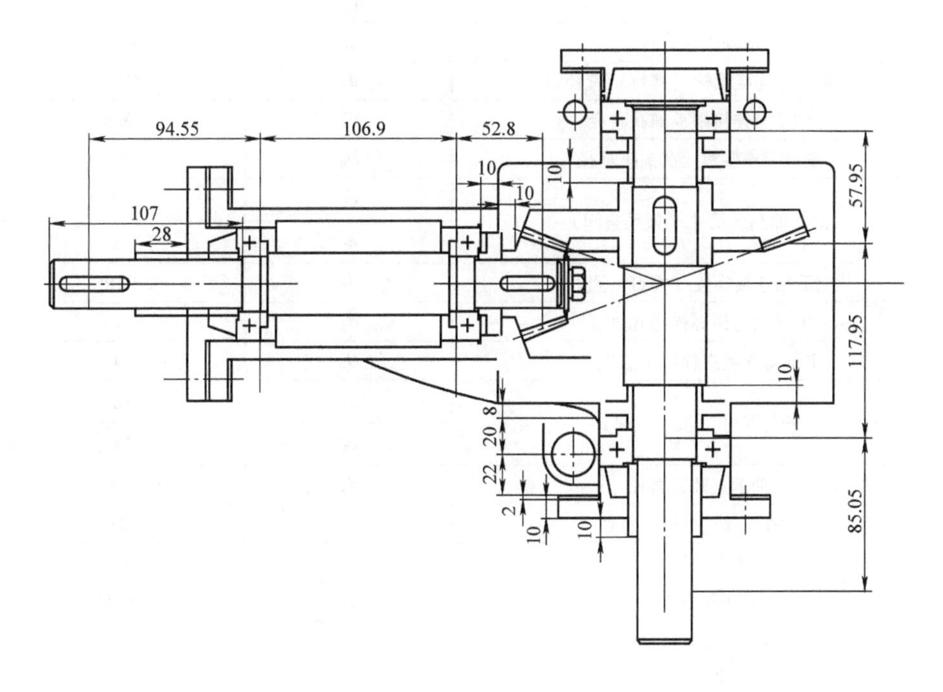

图 9-11　单级锥齿轮减速器俯视图草图

9.7　减速器箱体的结构尺寸

单级锥齿轮减速器箱体的主要结构尺寸列于表 9-12。

表 9-12 单极锥齿轮减速器箱体的主要结构尺寸

名 称	代 号	尺 寸/mm
锥齿轮锥距	R	104.72
下箱座壁厚	δ	8
上箱座壁厚	δ_1	8
下箱座剖分面处凸缘厚度	b	12
上箱座剖分面处凸缘厚度	b_1	12
地脚螺栓底脚厚度	p	18
箱座上的肋厚	M	8
箱盖上的肋厚	m_1	8
地脚螺栓直径	d_ϕ	M16
地脚螺栓通孔直径	d'_ϕ	17.5
地脚螺栓沉头座直径	D_0	34.4
底脚凸缘尺寸（扳手空间）	L_1	27
	L_2	25
地脚螺栓数目	n	4 个
轴承旁连接螺栓（螺钉）直径	d_1	M12
轴承旁连接螺栓通孔直径	d'_1	13.5
轴承旁连接螺栓沉头座直径	D_0	26
剖分面凸缘尺寸（扳手空间）	c_1	20
	c_2	16
上下箱连接螺栓（螺钉）直径	d_2	M10
上下箱连接螺栓通孔直径	d'_2	11
上下箱连接螺栓沉头座直径	D_0	24
箱缘尺寸（扳手空间）	c_1	18
	c_2	14
轴承盖螺钉直径	d_3	M8
检查孔盖连接螺栓直径	d_4	M5
圆锥定位销直径	d_5	6
减速器中心高	H	130
轴承旁凸台高度	h	35
轴承旁凸台半径	R_δ	16
轴承端盖（轴承座）外径	D_2	115，127
轴承旁连接螺栓距离	S	116，131
箱体外壁至轴承座端面的距离	K	42
轴承座孔长度（箱体内壁至轴承座端面的距离）		50
齿轮端面与箱体内壁间的距离	Δ_2	10

9.8　润滑油的选择与计算

齿轮选择全损耗系统用油 L—AN10 润滑油润滑，润滑油深度为 5.2cm，箱体底面尺寸为 22.6cm × 14.2cm，箱体内所装润滑油量为

$$V = 5.2 \times 22.6 \times 14.2\text{cm}^3 = 1668.8\text{cm}^3$$

该减速器所传递的功率 $P_0 = 1.65\text{kW}$。对于单级减速器，每传递 1kW 的功率，需油量为 $V_0 = 350 \sim 700\text{cm}^3$，则该减速器所需油量为

$$V_1 = P_0 V_0 = 1.65 \times (350 \sim 700)\ \text{cm}^3 = 577.5 \sim 1155\text{cm}^3$$

$V_1 < V$，润滑油量满足要求。

轴承采用钠基润滑脂润滑，润滑脂牌号为 ZN—2。

9.9　装配图和零件图

9.9.1　附件设计

1. 检查孔及检查孔盖

检查孔尺寸 100mm × 90mm，位置在传动件啮合区的上方；检查孔盖尺寸 130mm × 120mm。

2. 油面指示装置

选用油标尺 M12，由表 8-40 可查相关尺寸。

3. 通气器

选用提手式通气器，由图 8-21 可查相关尺寸。

4. 放油孔及螺塞

设置一个放油孔。螺塞选用六角螺塞 M14 × 1.5 JB/T 1700—2008，由表 8-41 可查相关尺寸；螺塞垫 22 × 14 JB/T 1718—2008，由表 8-42 可查相关尺寸。

5. 起吊装置

上箱盖采用吊环，箱座上采用吊钩，由表 8-43 可查相关尺寸。

6. 起箱螺钉

起箱螺钉查表 8-29，取螺钉 GB/T 5781—2000 M10 × 35。

7. 定位销

定位销由表 8-44 查得，采用两个定位销 GB/T 117—2000 6 × 32。

9.9.2　绘制装配图和零件图

选择附件后，完成的装配图如图 9-12 所示，并绘制减速器输出轴及输出轴上的齿轮零件图，如图 9-13 和图 9-14 所示。

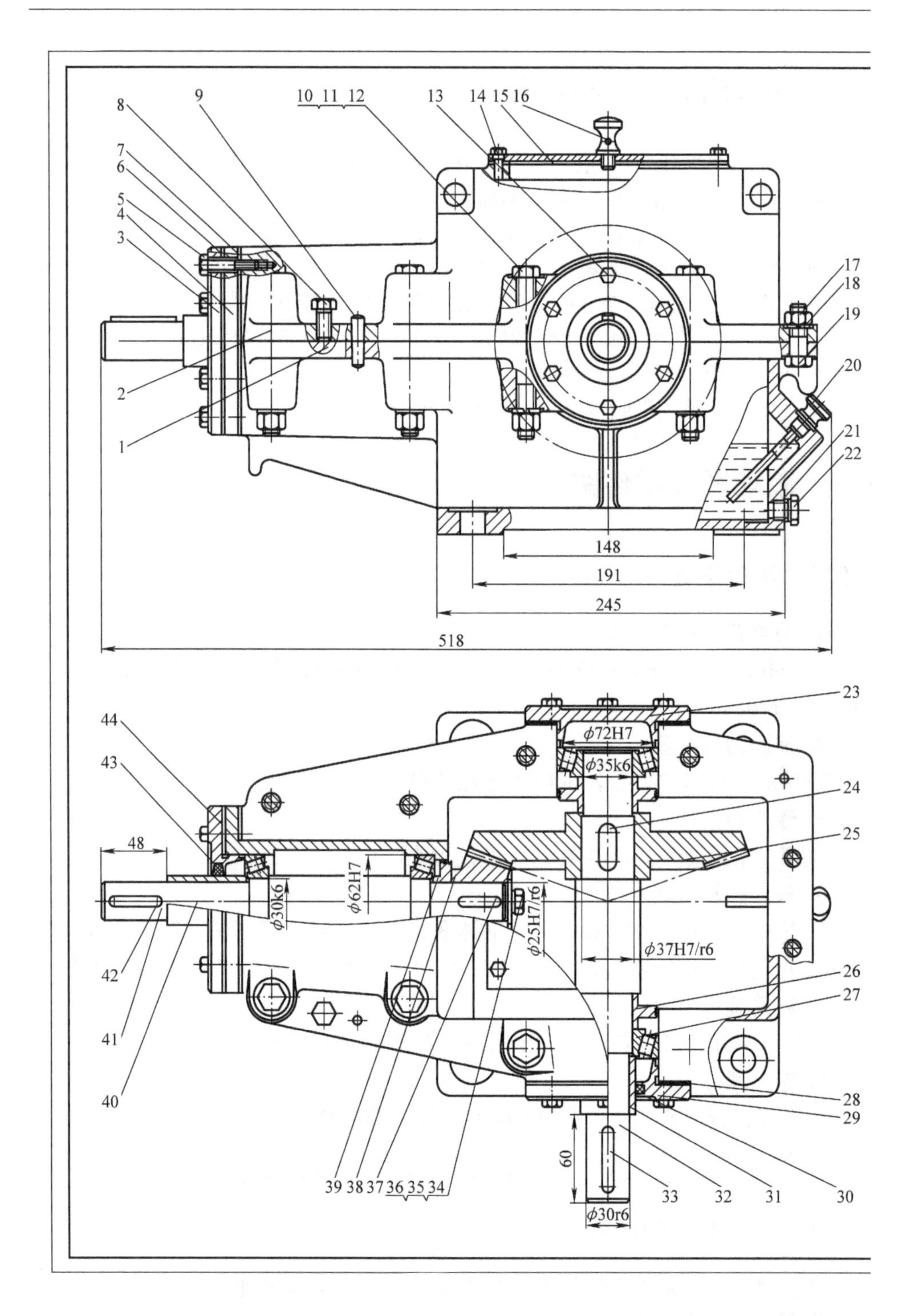
1
2
3
4
5
6
7
8
9
10 11 12
13
14 15 16
17
18
19
20
21
22
148
191
245
518
23
24
25
26
27
28
29
30
31
32
33
34
35
36
37
38
39
40
41
42
43
44
48
φ72H7
φ35k6
φ62H7
φ30k6
φ25H7/r6
φ37H7/r6
60
φ30r6

图 9-12 单级锥齿轮

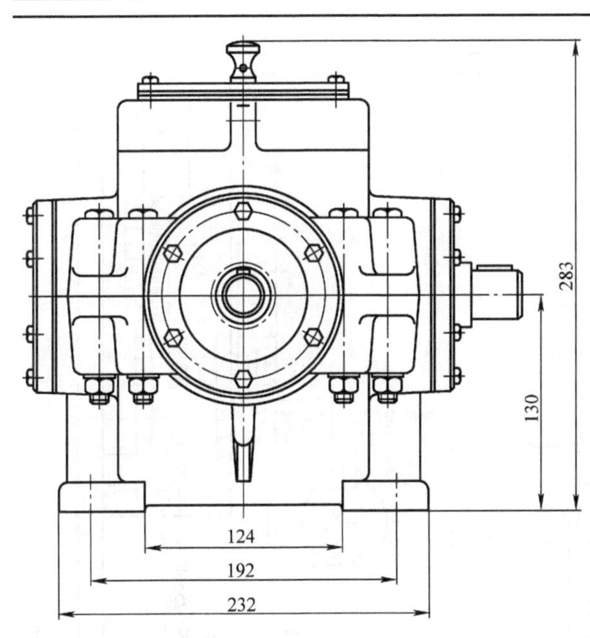

44	轴承30206	2		GB/T 297-1994
43	毡圈35	1	半粗羊毛毡	JB/ZQ 4606-1997
42	键8×45	1	45	GB/T 1096-1990
41	轴	1	45	
40	套筒	1	Q235	
39	挡油板	2	Q235	
38	小锥齿轮	1	40Cr	$m=2.5, z_1=28$
37	键8×30	1	45	GB/T 1096-1990
36	挡圈B30	1	Q235	GB/T 891-1986
35	垫圈10	2	65Mn	GB/T 93-1987
34	螺栓M10×25	1		GB/T 5781 8.8级
33	键8×50	1	45	GB/T 1096-1990
32	轴	1	45	
31	套筒	1	Q235	
30	毡圈40	1	半粗羊毛毡	GB/T 4606-1997
29	轴承端盖	1	HT200	
28	调整垫片	2组	08F	成组
27	轴承30207	2		GB/T 297-2007
26	挡油板	2	Q235	
25	大锥齿轮	1	35SiMn	$m=2.5, z_2=79$
24	键10×40	1	45	GB/T 1096-1990
23	轴承端盖	1	HT200	
22	六角螺塞14×1.5	1	35	JB/T 1700-2008
21	螺塞垫2×14	1	10	JB/T 1718-2008
20	油尺M12	1	Q235	
19	螺母M10	2		GB/T 6170 8级
18	垫圈	2	65Mn	GB/T 93-1987
17	螺栓M10×35	2		GB/T 5781-2000 8.8级
16	窥视孔及通气器	1	Q235	
15	垫片	1	石棉橡胶纸	
14	螺栓M5×15	4		GB/T 5781-2000 8.8级
13	螺栓M8×20	12		GB/T 5781-2000 8.8级
12	螺栓M12×100	8		GB/T 5781-2000 8.8级
11	螺母M12	8		GB/T 6170 8级
10	垫圈2	8	65Mn	GB/T 93-1987
9	销6×32	2	35	GB/T 117-2000
8	螺栓M10×35	1		GB/T 5781-2000 8.8级
7	调整垫片	1组	08F	成组
6	调整垫片	1组	08F	成组
5	螺栓M8×35	6		GB/T 5781-2000 8.8级
4	套杯	1	HT200	
3	轴承端盖	1	HT200	
2	机盖	1	HT200	
1	机座	1	HT200	
序号	名称	数量	材料	备注

一级锥齿轮减速器	图号	9-12	比例	
	重量		数量	
设计				
绘图				
审核				

技术特性

功率	高速轴转速	传动化
1.65kW	376(r/min)	2.811

技术要求

1.装配前，所有零件用煤油清洗，滚动轴承用汽油清洗，机体内不允许有任何杂物存在。内壁涂上不被机油浸蚀的涂料两次。
2.啮合侧隙用铅丝检验不小于0.16，铅丝不得大于最小侧隙的4倍。
3.用涂色法检验斑点:按齿高接触斑点不小于40%;按齿长接触斑点不小于40%。必要时可用研磨或刮后研磨以便改善接触情况。
4.应调整轴承轴向间隙:ϕ30为0.35～0.1，ϕ35为0.08～0.15。
5.检查减速器剖分面、各接触面及密封处，均不许漏油。剖分面允许涂以密封油胶或水玻璃，不允许使用任何填料。
6.机座内装L-AN10润滑油至规定高度。
7.表面涂灰色油漆。

注:本图是减速器设计的主要图纸，也是绘制零件工作图及装配减速器时的主要依据，所以标注零件号、明细表、技术特性及必要的尺寸等。

减速器装配图

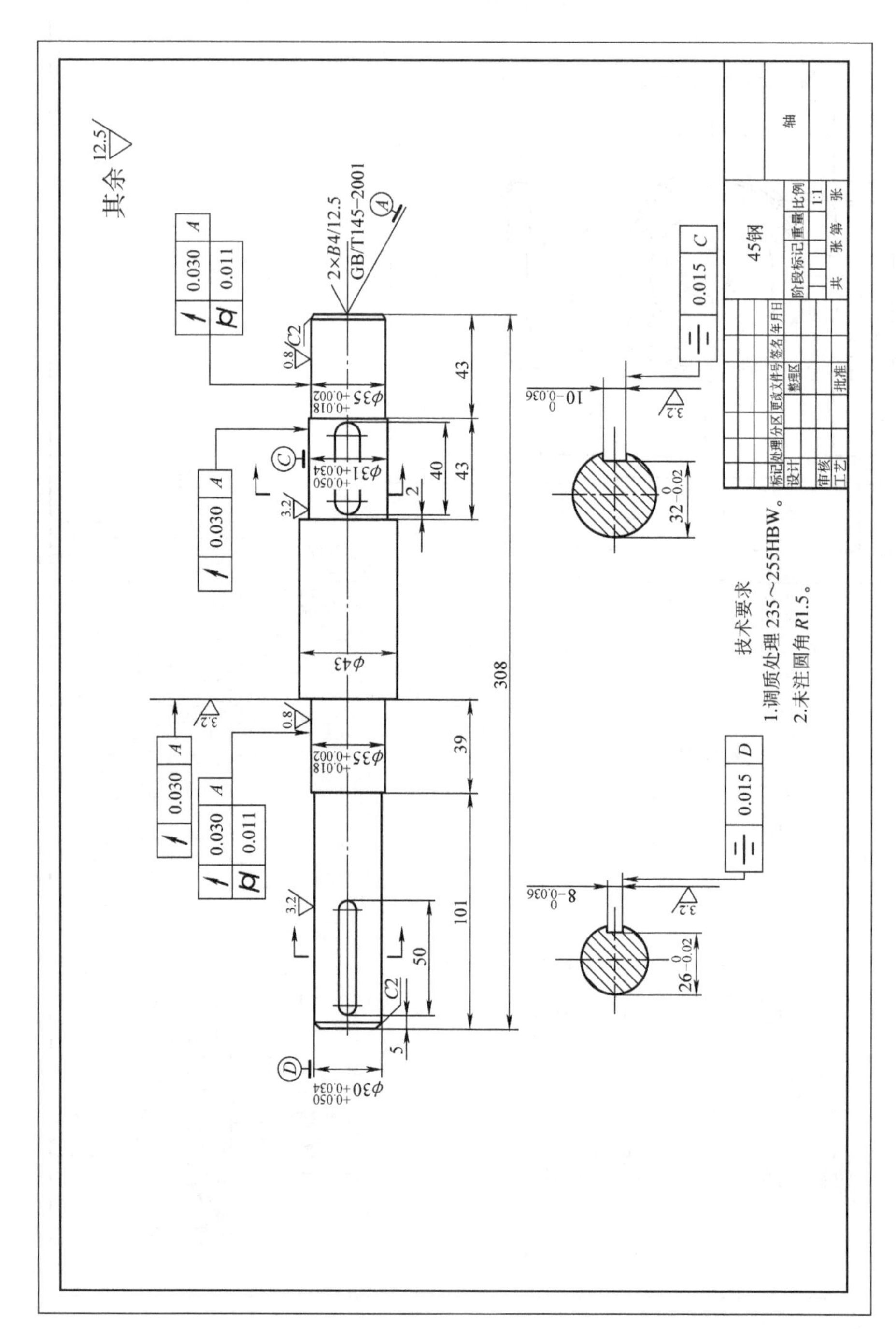

其余 12.5
2×B4/12.5
GB/T145-2001
0.030 A
0.011
φ35 +0.018 +0.002
φ31 +0.050 +0.034
φ43
φ30 +0.050 +0.034
43
43
40
39
101
50
308
C2
0.8
3.2
10 0 -0.036
32 0 -0.02
8 0 -0.036
26 0 -0.02
0.015 C
0.015 D
技术要求
1.调质处理 235～255HBW。
2.未注圆角 R1.5。
45钢
轴
1:1

图 9-13 输出轴零件图

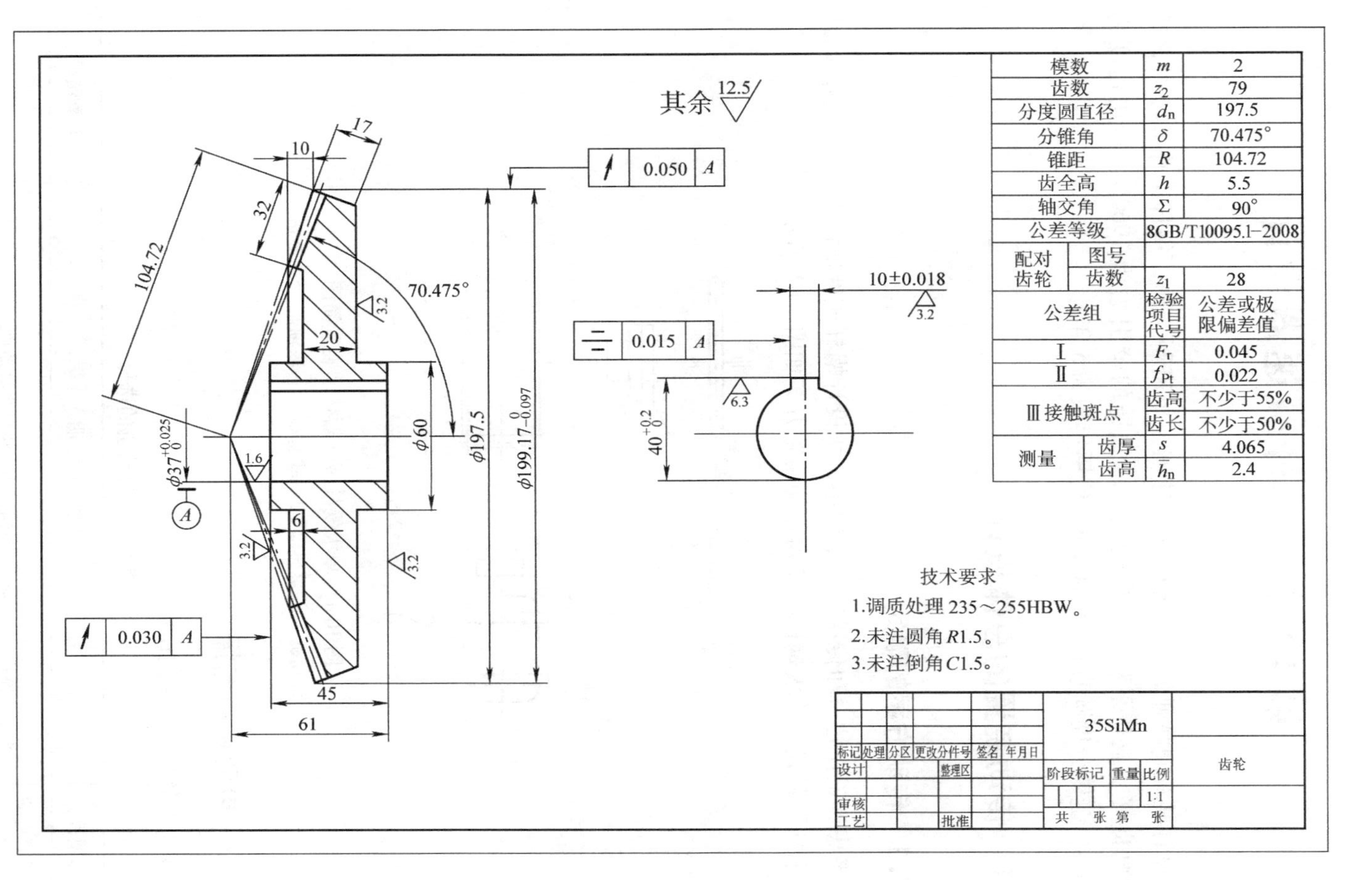
模数 | m | 2
齿数 | z_2 | 79
分度圆直径 | d_n | 197.5
分锥角 | δ | 70.475°
锥距 | R | 104.72
齿全高 | h | 5.5
轴交角 | Σ | 90°
公差等级 | 8GB/T10095.1–2008
配对齿轮 | 图号
配对齿轮 | 齿数 | z_1 | 28
公差组 | 检验项目代号 | 公差或极限偏差值
Ⅰ | F_r | 0.045
Ⅱ | f_{Pt} | 0.022
Ⅲ接触斑点 | 齿高 | 不少于55%
Ⅲ接触斑点 | 齿长 | 不少于50%
测量 | 齿厚 | s | 4.065
测量 | 齿高 | $\bar{h}_n$ | 2.4
其余
12.5
技术要求
1.调质处理 235～255HBW。
2.未注圆角 R1.5。
3.未注倒角 C1.5。
35SiMn
齿轮
标记 处理 分区 更改分件号 签名 年月日
设计 整理区
审核
工艺 批准
阶段标记 重量 比例
1:1
共 张 第 张
10±0.018
3.2
6.3
1.6
0.015 A
0.050 A
0.030 A
$40^{+0.2}_{0}$
$\phi199.17^{0}_{-0.097}$
φ197.5
φ60
70.475°
104.72
$\phi37^{+0.025}_{0}$
17
10
32
20
6
45
61

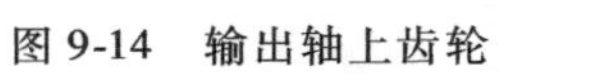
图 9-14　输出轴上齿轮

第 10 章 蜗杆减速器设计

设计某车间喷弹处理装置中的减速器，单班制工作，每日工作 8 小时，通风情况良好，载荷平稳，单向转动，输送链的牵引力为 1960N，传送速度为 0.9m/s，链轮分度圆直径为 330mm，使用年限为 5 年。

10.1 传动装置的总体设计

10.1.1 传动方案的确定

考虑到工作拉力和传送速度都较小，所设计蜗杆速度估计小于 10m/s，因此采用蜗杆下置式，单级蜗杆减速器传动装置方案如图 10-1 所示。

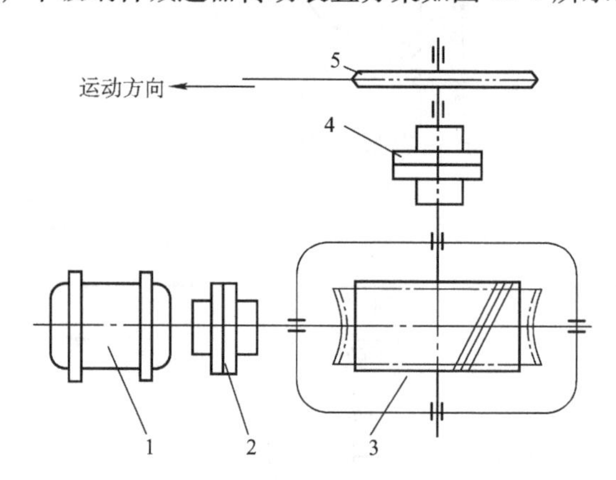

图 10-1 单极蜗杆减速器传动装置简图

1—电动机 2—联轴器 3—减速器 4—联轴器 5—链轮

10.1.2 电动机的选择

电动机的选择见表 10-1。

表 10-1 电动机的选择

计算项目	计 算 及 说 明	计算结果
1. 选择电动机的类型	根据用途选用 Y 系列一般用途的三相异步电动机	

（续）

计算项目	计 算 及 说 明	计算结果
2. 选择电动机功率	输送链所需功率 $$P_W=\frac{F_w v_w}{1000}=\frac{1960\times 0.9}{1000}kW=1.76kW$$ 查表 2-1 得，轴承效率 $\eta_{轴承}=0.98$，蜗轮蜗杆传动效率 $\eta_{蜗}=0.8$，联轴器效率 $\eta_{联}=0.99$，得电动机所需工作功率为 $$P_0=\frac{P_W}{\eta_{\Pi}}=\frac{P_W}{\eta_{联}\eta_{轴承}^3\eta_{蜗}\eta_{联}}=\frac{1.76}{0.99\times 0.98^3\times 0.8\times 0.99}kW=2.39kW$$ 根据表 8-2，选取电动机的额定功率 $P_{ed}=3kW$	$P_w=1.76kW$ $P_0=2.39kW$ $P_{ed}=3kW$
3. 电动机转速的确定	由链的线速度 $v_w=\frac{n\pi D}{60\times 1000}$，得输送链链轮的转速为 $$n_w=\frac{v_w}{\pi D}=\frac{0.9\times 60}{\pi\times 330\times 10^{-3}}r/min=52.11r/min$$ 由表 2-2 可知单级蜗轮蜗杆传动比范围为 $i_{蜗}=10\sim 40$，所用电动机的转速范围为 $$n_0=n_w i_{蜗}=52.11\times(10\sim 40)r/min=521.13\sim 2084.4r/min$$ 符合这一要求的电动机同步转速有 750r/min、1000r/min 和 1500r/min 等。从成本和结构尺寸考虑，选用同步转速为 1000r/min 的电动机较合理，其满载转速为 960r/min，型号为 Y132S1-6	$n_w=52.11r/min$ $n_m=960r/min$

10.1.3　传动比的计算

传动比的计算见表 10-2。

表 10-2　传动比的计算

计算项目	计 算 及 说 明	计算结果
传动比	$$i=\frac{n_m}{n_w}=\frac{960}{52.11}=18.42$$	$i=18.42$

10.1.4　传动装置的运动、动力参数计算

传动装置的运动、动力参数计算见表 10-3。

表 10-3　传动装置的运动、动力参数计算

计算项目	计 算 及 说 明	计算结果
1. 各轴转速	$n_0=960r/min$ $n_1=n_0=960r/min$ $$n_2=\frac{n_1}{i}=\frac{960}{18.42}r/min=52.11r/min$$ $n_w=n_2=52.11r/min$	$n_0=960r/min$ $n_1=960r/min$ $n_2=52.11r/min$ $n_w=52.11r/min$

（续）

计算项目	计算及说明	计算结果
2. 各轴功率	$P_1=P_0\eta_{0-1}=P_0\eta_{联}=2.39\times0.99\text{kW}=2.37\text{kW}$ $P_2=P_1\eta_{1-2}=P_1\eta_{轴承}\eta_{蜗}=2.37\times0.98\times0.8\text{kW}=1.86\text{kW}$ $P_W=P_2\eta_{2-W}=P_2\eta_{轴承}\eta_{联}=1.86\times0.98\times0.99\text{kW}=1.82\text{kW}$	$P_1=2.37\text{kW}$ $P_2=1.86\text{kW}$ $P_W=1.82\text{kW}$
3. 各轴转矩	$T_0=9550\dfrac{P_0}{n_0}=9550\times\dfrac{2.39}{960}\text{N}\cdot\text{m}=23.78\text{N}\cdot\text{m}$ $T_1=9550\dfrac{P_1}{n_1}=9550\times\dfrac{2.37}{960}\text{N}\cdot\text{m}=23.58\text{N}\cdot\text{m}$ $T_2=9550\dfrac{P_2}{n_2}=9550\times\dfrac{1.86}{52.11}\text{N}\cdot\text{m}=340.88\text{N}\cdot\text{m}$ $T_w=9550\dfrac{P_w}{n_w}=9550\times\dfrac{1.82}{52.11}\text{N}\cdot\text{m}=333.54\text{N}\cdot\text{m}$	$T_0=23.78\text{N}\cdot\text{m}$ $T_1=23.58\text{N}\cdot\text{m}$ $T_2=340.88\text{N}\cdot\text{m}$ $T_w=333.54\text{N}\cdot\text{m}$

10.2 传动件的设计计算

由传动简图可知蜗杆减速器外部是通过联轴器与电动机连接，所以只对内部传动件蜗轮蜗杆进行设计计算。

10.2.1 蜗杆副设计计算

蜗杆副的设计计算见表10-4。

表10-4 蜗杆副的设计计算

计算项目	计算及说明	计算结果
1. 选择材料、热处理方式和公差等级	考虑到蜗杆传动传递的功率不大，速度不太高有相对滑动速度，蜗杆选用45钢，表面淬火处理，HBC = 45 ~ 50。设相对滑动速度 $v_s<6\text{m/s}$，故蜗轮选用铸铝铁青铜ZCuAl10Fe3金属模铸造，选用8级精度	蜗杆45钢表面淬火处理蜗轮ZCuAl10Fe3金属模铸造8级精度
2. 确定蜗杆头数和蜗杆齿数	由表10-5选取 $z_1=2$，则 $z_2=iz_1=18.42\times2=36.8$，取 $z_2=37$	$z_1=2$ $z_2=37$
3. 初步计算传动的主要尺寸	因为是软齿面闭式传动，故按齿面接触疲劳强度进行设计。则有 $m^2d_1\geqslant9KT_2\left(\dfrac{Z_E}{z_2[\sigma]_H}\right)^2$ 1）蜗轮传递转矩 $T_2=340880\text{N}\cdot\text{mm}$ 2）载荷系数 $K=K_AK_vK_\beta$。由表10-6查得工作情况系数 $K_A=1.0$；设蜗轮圆周速度 $v_2<3\text{m/s}$，取动载荷系数 $K_v=1.0$；因工作载荷平稳，故取齿向载荷分布系数 $K_\beta=1.0$，则	

（续）

计算项目	计 算 及 说 明	计算结果
3. 初步计算传动的主要尺寸	$K = K_A K_v K_\beta = 1.0 \times 1.0 \times 1.0 = 1.0$ 3）许用接触应力 $[\sigma]_H = K_{NH}[\sigma]_{OH}$。由表 10-7 查取基本许用接触应力 $[\sigma]_{OH} = 180\text{MPa}$，应力循环次数为 $N = 60an_2L_h = 60 \times 1.0 \times 52.11 \times 8 \times 300 \times 5 = 3.75 \times 10^7$ 故寿命系数为 $K_{NH} = \sqrt[8]{\dfrac{10^7}{N}} = \sqrt[8]{\dfrac{10^7}{3.75 \times 10^7}} = 0.85$ $[\sigma]_H = K_{NH}[\sigma]_{OH} = 0.85 \times 180\text{MPa} = 153\text{MPa}$ 4）弹性系数 $Z_E = 160\sqrt{\text{MPa}}$，则模数 m 和蜗杆分度圆直径 d_1 $m^2 d_1 \geqslant 9KT_2\left(\dfrac{Z_E}{z_2[\sigma]_H}\right)^2 = 9 \times 1.0 \times 340880 \times \left(\dfrac{160}{37 \times 153}\right)^2 \text{mm}^3$ $= 2450.74\text{mm}^3$ 由表 10-8 选取 $m = 6.3\text{mm}$，$d_1 = 63\text{mm}$，则 $m^2 d_1 = 2500.47\text{mm}^3$	$K = 1.0$ $m = 6.3\text{mm}$ $d_1 = 63\text{mm}$
4. 计算传动尺寸	（1）蜗轮分度圆直径为 $d_2 = mz_2 = 6.3 \times 37\text{mm} = 233.1\text{mm}$ （2）传动中心距为 $a = \dfrac{1}{2}(d_1 + d_2) = \dfrac{1}{2}(63 + 233.1)\text{mm} = 148.05\text{mm}$	$d_2 = 233.1\text{mm}$ $a = 148.05\text{mm}$
5. 验算蜗轮圆周速度 v_2、相对滑动速度 v_s 及传动总效率 η	（1）蜗轮圆周速度 v_2 $v_2 = \dfrac{\pi d_2 n_2}{60 \times 1000} = \dfrac{\pi \times 233.1 \times 52.11}{60 \times 1000}\text{m/s} = 0.64\text{m/s} < 3\text{m/s}$ 与初选相符合，取 $K_v = 1.0$ 合适 （2）导程角　由 $\tan\gamma = mz_1/d_1 = 6.3 \times 2/63 = 0.2$，得 $\gamma = 11.31°$ （3）相对滑动速度 v_s $v_s = \dfrac{\pi d_1 n_1}{60 \times 1000\cos\gamma} = \dfrac{\pi \times 63 \times 960}{60 \times 1000 \times \cos 11.31°}\text{m/s} = 3.23\text{m/s} < 6\text{m/s}$ 与初选值相符，选用材料合适 （4）传动总效率 η　由查表 10-9 得当量摩擦角 $\rho' = 2°30'$，则 $\eta = (0.95 \sim 0.96)\dfrac{\tan\gamma}{\tan(\gamma + \rho')} = 0.773 \sim 0.781$ 原估计效率 0.8 与总效率相差较大，需要重新计算 $m^2 d_1$	$v_2 = 0.64\text{m/s}$ $K_v = 1.0$ 合适 选用材料合适
6. 复核 $m^2 d_1$	$9KT_2\left(\dfrac{Z_E}{z_2[\sigma]_H}\right)^2 = 2450.74 \times \dfrac{0.78}{0.8} = 2392.84 < m^2 d_1$ 原设计合理	原设计合理
7. 验算蜗轮抗弯强度	蜗轮齿根抗弯强度验算公式为 $\sigma_F = \dfrac{1.53KT_2}{d_1 d_2 m} Y_{Fa2} Y_\gamma \leqslant [\sigma]_F$	

（续）

计算项目	计 算 及 说 明	计算结果
7. 验算蜗轮弯强度	1）K、T_2、m 和 d_1、d_2 同前 2）齿形系数 Y_{Fa2}。当量齿数 $z_{v2}=z_2/\cos^3\gamma=37/\cos^3 11.31°=39.24$，由图 10-2 查得 $Y_{Fa2}=2.4$ 3）螺旋角系数 Y_γ。$Y_\gamma=1-\dfrac{\gamma}{140°}=1-\dfrac{11.31°}{140°}=0.92$ 4）许用弯曲应力。由表 10-10 查得 $[\sigma]_{0F}=90\text{MPa}$，寿命系数为 $$Y_N=\sqrt[9]{\frac{10^6}{N}}=\sqrt[9]{\frac{10^6}{3.75\times10^7}}=0.67$$ $$[\sigma]_F=Y_N[\sigma]_{0F}=0.67\times90\text{MPa}=60.3\text{MPa}$$ 则抗弯强度为 $$\sigma_F=\frac{1.53KT_2}{d_1d_2m}Y_{Fa2}Y_\gamma=\frac{1.53\times1.0\times340880}{63\times233.1\times6.3}\times2.4\times0.92\text{MPa}$$ $$=12.45\text{MPa}<[\sigma]_F$$ 抗弯强度足够	抗弯强度足够
8. 计算蜗杆传动其他几何尺寸	（1）蜗杆 齿顶高 $$h_{a1}=h_a^*m=1\times6.3\text{mm}=6.3\text{mm}$$ 全齿高　$h_1=2h_a^*m+c=2\times1\times6.3\text{mm}+0.2\times6.3\text{mm}=13.86\text{mm}$ 齿顶圆直径　$d_{a1}=d_1+2h_a^*m=63\text{mm}+2\times1\times6.3\text{mm}=75.6\text{mm}$ 齿根圆直径　$d_{f1}=d_1-2h_a^*m-2c=63\text{mm}-2\times1\times6.3\text{mm}-2\times0.2\times6.3\text{mm}=47.88\text{mm}$ 蜗杆螺旋部分长度为 $b_1\geqslant(11+0.06z_2)m=(11+0.06\times37)\times6.3\text{mm}=83.286\text{mm}$ 取 $b_1=110\text{mm}$ 蜗杆轴向齿距　$p_x=\pi m=\pi\times m=19.782\text{mm}$ 蜗杆螺旋线导程　$p_a=z_1p_x=2\times19.782\text{mm}=39.564\text{mm}$ （2）蜗轮 蜗轮齿顶圆直径 $d_{a2}=(z_2+2h_a^*)m=(37+2\times1)\times6.3\text{mm}=245.7\text{mm}$ 齿根圆直径　$d_{f2}=d_2-2h_a^*m-2c=233.1\text{mm}-2\times1\times6.3\text{mm}-2\times0.2\times6.3\text{mm}=217.98\text{mm}$ 外圆直径　$d_{e2}=d_{a2}+1.5m=245.7\text{mm}+1.5\times6.3\text{mm}=255.15\text{mm}$ 齿宽　$b_2=2m(0.5+\sqrt{q+1})=2\times6.3\times(0.5+\sqrt{10+1})\text{mm}=48.09\text{mm}$ 齿宽角　$\theta=2\arcsin\dfrac{b_2}{d_1}=\left(2\arcsin\dfrac{48.09}{63}\right)°=99.57°$ 咽喉母圆半径　$r_{02}=a-\dfrac{d_{a2}}{2}=148.05\text{mm}-\dfrac{245.7}{2}\text{mm}=25.2\text{mm}$ 轮缘宽度　$b\leqslant0.75d_{a1}=0.75\times75.6\text{mm}=56.7\text{mm}$ 取 $b=55\text{mm}$	$d_{a1}=75.6\text{mm}$ $d_{f1}=47.88\text{mm}$ $b_1=110\text{mm}$ $d_{a2}=245.7\text{mm}$ $d_{f2}=217.98\text{mm}$ $d_{e2}=255.15\text{mm}$ $b_2=48.09\text{mm}$ $b=55\text{mm}$

（续）

计算项目	计 算 及 说 明	计算结果
9. 热平衡计算	取油温 $t=70℃$，周围空气温度 $t=20℃$，通风良好，取 $K_s=15\text{W}/(\text{m}^2\cdot℃)$，传动总效率为 0.78，则散热面积为 $A=\dfrac{1000P_1(1-\eta)}{K_s(t-t_0)}=\dfrac{1000\times 2.37\times(1-0.78)}{15\times(70-20)}\text{m}^2=0.70\text{m}^2$	$A=0.70\text{m}^2$

表 10-5　z_1 和 z_2 的推荐值

$i=z_2/z_1$	5~6	7~9	10~13	14~24	25~27	28~40	>40
z_1	6	4	3~4	2~3	2~3	1~2	1
z_2	30~36	28~36	30~52	28~72	50~81	28~80	>40

表 10-6　工作情况系数

工作类型	Ⅰ	Ⅱ	Ⅲ
载荷性质	均匀，无冲击	不均匀，小冲击	不均匀，大冲击
每小时起动次数	<25	25~50	>50
K_A	1.0	1.15	1.2

表 10-7　铝铁青铜及灰铸铁蜗轮许用接触应力 $[\sigma]_{OH}$（单位：MPa）

材　料		相对滑动速度 v_s/（m/s）						
蜗轮	蜗杆	0.25	0.5	1	2	3	4	6
铝铁青铜 ZCuAl10Fe3	钢经淬火①	—	250	230	210	180	160	120
锰铅黄铜 ZCuZn38Mn2Pb2	钢经淬火①	—	215	200	180	150	135	95
灰铸铁 HT150 HT200	渗碳钢	160	130	115	90	—	—	—
灰铸铁 HT150 HT200	调质或正火钢	140	110	90	70	—	—	—

① 蜗杆未经淬火时，表中的值需降低 20%。

表 10-8　普通圆柱蜗杆传动的 m 与 d_1 搭配值（摘自 GB 10085—1988）

m/mm	1	1.25	1.6	2
d_1/mm	18	20　22.4	20　28	（18）　22.4　（28）　35.5
m^2d_1/mm^3	18	31.25　35	51.2　71.68	72　89.6　112　142

m/mm	2.5	3.15	4
d_1/mm	（22.4）　28　（35.5）　45	（28）　35.5　（45）　56	（31.5）　40　（50）　71
m^2d_1/mm^3	140　175　221.9　281	277.8　352.5　446.5　556	504　640　800　1136

（续）

m/mm	5				6.3				8			
d_1/mm	(40)	50	(63)	90	(50)	63	(80)	112	(63)	80	(100)	140
m^2d_1/mm^3	1000	1250	1575	2250	1985	2500	3175	4445	4032	5376	6400	8960
m/mm	10				12.5				16			
d_1/mm	(71)	90	(112)	160	(90)	112	(140)	200	(112)	140	(180)	250
m^2d_1/mm^3	7100	9000	11200	16000	14062	17500	21875	31250	28672	35840	46080	64000

表 10-9　当量摩擦系数 f' 和当量摩擦角 ρ'

蜗轮齿圈材料	锡　青　铜				无锡青铜		灰　铸　铁			
蜗杆齿面硬度	≤45HRC		其他		≤45HRC		≥45HRC		其他	
相对滑动速度 v_s/(m/s)	f'	ρ'	f'	ρ'	f'	ρ'	f'	ρ'	f'	ρ'
0.01	0.110	6°17′	0.120	6°51′	0.180	10°12′	0.180	10°12′	0.190	10°45′
0.05	0.090	5°09′	0.100	5°43′	0.140	7°58′	1.40	7°58′	0.160	9°05′
0.10	0.080	4°34′	0.90	5°09′	0.130	7°24′	0.130	7°24′	0.140	7°58′
0.25	0.065	3°43′	0.075	4°17′	0.100	5°43′	0.100	5°43′	0.120	6°51′
0.50	0.055	3°09′	0.065	3°43′	0.090	5°09′	0.090	5°09′	0.100	5°49′
1.0	0.045	2°35′	0.055	3°09′	0.070	4°00′	0.070	4°00′	0.090	5°09′
1.5	0.040	2°17′	0.05	2°52′	0.065	3°43′	0.065	3°43′	0.080	4°34′
2.0	0.035	2°00′	0.045	2°35′	0.055	3°09′	0.055	3°09′	0.070	4°00′
2.5	0.030	1°43′	0.040	2°17′	0.05	2°52′				
3.0	0.028	1°36′	0.035	2°00′	0.045	2°35′				
4	0.024	1°22′	0.031	1°47′	0.040	2°17′				
5	0.022	1°16′	0.029	1°40′	0.035	2°00′				
8	0.018	1°02′	0.026	1°29′	0.03					
10	0.016	0°55′	0.024	1°22′						
15	0.014	0°48′	0.020	1°09′						
24	0.013	0°45′								

表 10-10　蜗轮材料的基本许用弯曲应力 $[\sigma]_{OF}$　（单位：MPa）

蜗 轮 材 料	铸造方法	单侧工作	双侧工作
铸锡青铜 ZCuSn10Pb1	砂型铸造	40	29
	金属型铸造	56	40

（续）

蜗 轮 材 料		铸造方法	单侧工作	双侧工作
铸锡锌铅青铜 ZCuSn5Pb5Zn5		砂型铸造	26	22
		金属型铸造	32	26
铸铝铁青铜 ZCuAl10Fe3		砂型铸造	80	57
		金属型铸造	90	64
灰铸铁	HT150	砂型铸造	40	28
	HT200	砂型铸造	48	34

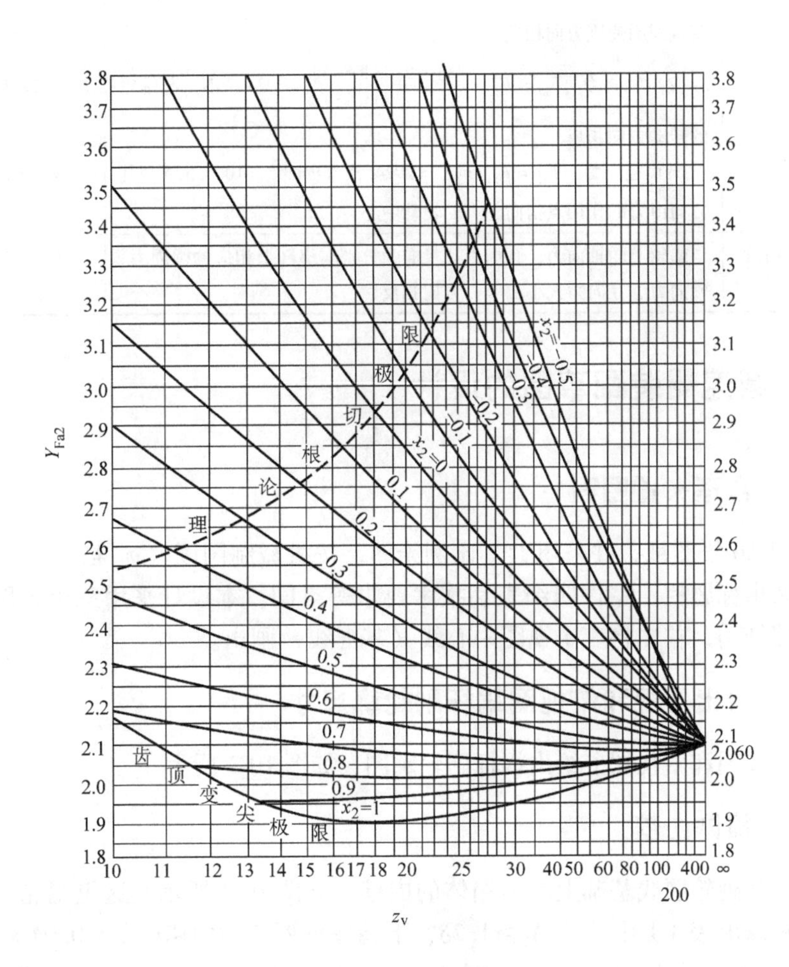

图 10-2　蜗轮齿形系数

10.2.2 蜗杆副上作用力的计算

蜗杆副上作用力的计算为后续轴的设计及校核、键的选择、验算及轴承的选择和校核提供数据。其作用力的计算见表 10-11。

表 10-11 蜗杆副上作用力的计算

计算项目	计 算 及 说 明	计算结果
1. 已知条件	高速轴传递的转矩 $T_1=23580\text{N}\cdot\text{mm}$，转速 $n_1=960\text{r/min}$，蜗杆分度圆直径 $d_1=63\text{mm}$，低速轴传递的转矩 $T_2=340880\text{N}\cdot\text{mm}$，蜗轮分度圆直径 $d_2=233.1\text{mm}$	
2. 蜗杆上的作用力	（1）圆周力 $F_{t1}=\dfrac{2T_1}{d_1}=\dfrac{2\times23580}{63}\text{N}=748.57\text{N}$，其方向与力作用点圆周速度方向相反	$F_{t1}=748.57\text{N}$
	（2）轴向力 $F_{a1}=F_{t2}=\dfrac{2T_2}{d_2}=\dfrac{2\times340880}{233.1}\text{N}=2924.75\text{N}$，与蜗轮的转动方向相反	$F_{a1}=2924.75\text{N}$
	（3）径向力 $F_{r1}=F_{a1}\tan\alpha_n=2924.75\times\tan20^\circ=1064.52\text{N}$，其方向由力的作用点指向轮 1 的转动中心	$F_{r1}=1064.52\text{N}$
3. 蜗轮上的作用力	蜗轮上的轴向力、圆周力、径向力分别与蜗杆上相应的圆周力、轴向力、径向力大小相等，方向相反	

10.3 减速器装配草图的设计

10.3.1 合理布置图面

选用 A0 号图纸，并采用 1:1 比例绘图，按机械制图国家标准，绘出 A0 号图框，留出标题栏、零件明细表和技术要求等空间。本设计采用三个视图来表达减速器结构，首先将三个视图中心线（基准线）画出。

10.3.2 绘出主视和俯视图蜗杆副轮廓尺寸

在主视图和俯视图上绘出蜗杆副轮廓图，如图 10-3 所示。

10.3.3 箱体内壁

在蜗杆副轮廓线基础上绘出箱体的内壁，如图 10-4 所示，这里蜗轮外圆到内壁的距离由表 4-1 中公式 $\Delta_1\geqslant1.2\delta$，下箱座壁厚 $\delta=0.04a+3=0.04\times148.5+3=8.922\text{mm}$，取 $\delta=10\text{mm}$，而 $\Delta_1\geqslant1.2\delta=1.2\times10\text{mm}=12\text{mm}$，取 $\Delta_1=12\text{mm}$，取蜗轮轮毂到内壁的距离 $\Delta_2=15\text{mm}$。

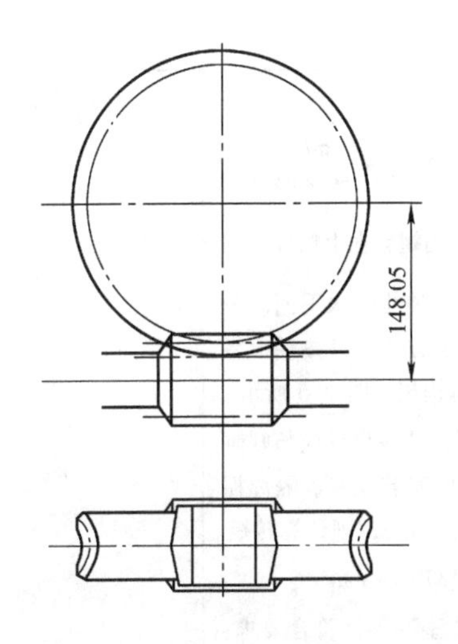

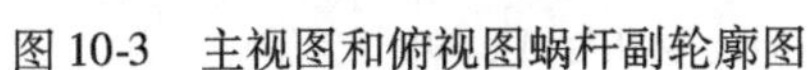

图 10-3　主视图和俯视图蜗杆副轮廓图

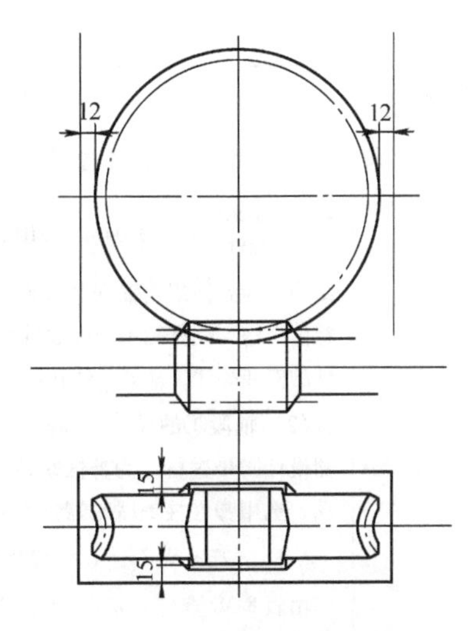

图 10-4　主视图和俯视图箱体内壁

10.4　轴的设计计算

轴的设计计算与轴上轮毂孔内径及宽度、滚动轴承的选择和校核、键的选择和验算、与轴连接的半联轴器的选择同步进行。

10.4.1　蜗杆轴的设计与计算

蜗杆轴的设计与计算见表 10-12。

表 10-12　蜗杆轴的设计与计算

计算项目	计 算 及 说 明	计算结果
1. 已知条件	蜗杆轴传递的功率 $P_1=2.37\text{kW}$，转速 $n_1=960\text{r/min}$，传递转矩 $T_1=23.58\text{N}\cdot\text{m}$，蜗杆分度圆直径为 63mm，$d_{f1}=47.88\text{mm}$，宽度 $b_1=110\text{mm}$	
2. 轴的材料和热处理	因传递的功率不大，并对重量及结构尺寸无特殊要求，查表 8-26，选用常用的材料 45 钢，考虑到蜗杆、蜗轮有相对滑动，因此蜗杆采用表面淬火处理	45 钢，表面淬火处理
3. 初算轴径	初步确定蜗杆轴外伸段直径。因蜗杆轴外伸段上安装联轴器，故轴径可按下式求得，由表 9-8，可取 $C=120$，则 $d\geqslant C\sqrt[3]{\dfrac{P}{n}}=120\times\sqrt[3]{\dfrac{2.37}{960}}\text{mm}=16.22\text{mm}$ 轴与联轴器连接，有一个键槽，应增大轴径 3% ~5%，则 $d>16.22\text{mm}+16.22\times(0.03\sim0.05)\text{mm}=16.71\sim17.03\text{mm}$ 圆整，暂定外伸直径 $d_{min}=18\text{mm}$	$d_{min}=18\text{mm}$

（续）

计算项目	计 算 及 说 明	计算结果
4. 结构设计	（1）轴承部件结构设计　蜗杆的速度 $v_s = \frac{\pi d_1 n_1}{60\times1000} = \frac{\pi\times63\times960}{60\times1000}$m/s = 3.04m/s < 10m/s，减速器采用蜗轮在上蜗杆在下结构。为方便蜗轮轴安装及调整，采用沿蜗轮轴线的水平面剖分箱体结构，蜗杆轴不长，故轴承采用两端固定方式。可按轴上零件的安装顺序，从 d_{min} 处开始设计。轴的结构构想如图 10-5 所示 （2）轴段①的设计　轴段①上安装联轴器，此段设计应与联轴器设计同步进行。为补偿联轴器所连接两轴的安装误差、隔离振动，选用弹性柱销联轴器。查表 8-37，取 $K_A = 1.5$，则计算转矩 $T_c = K_A T_1 = 1.5\times23580\text{N}\cdot\text{mm} = 35370\text{N}\cdot\text{mm}$ 由表 8-38 查得 GB/T 5014—2003 中的 LX2 型联轴器符合要求：公称转矩为 560N · m，许用转速为 6300r/min，轴孔范围为 20 ~ 35mm。结合伸出段直径，取联轴器毂孔直径为 30mm，轴孔长度 60mm，J 型轴孔，A 型键，联轴器从动端代号为 LX2 30 ×60 GB/T 5014—2003，相应的轴段①的直径 d_1 = 30mm，其长度略小于毂孔宽度，取 L_1 = 58mm	d_1 = 30mm L_1 = 58mm
计	（3）轴段②的直径　考虑到联轴器的轴向固定及密封圈的尺寸，联轴器用轴肩定位，轴肩高度为 $h = (0.07 \sim 0.1)d_1 = (0.07 \sim 0.1)\times30\text{mm} = 2.1 \sim 3\text{mm}$ 轴段②的轴径 $d_2 = d_1\text{mm} + 2\times(2.1 \sim 3)\text{mm} = 34.2 \sim 36\text{mm}$，其最终由密封圈确定，该处轴的圆周速度小于 3m/s，可选用毡圈油封，查表 8-27 选取毡圈 35 JB/ZQ4606—1997，则 d_2 = 35mm，由于轴段②的长度 L_2 涉及的因素较多，稍后再确定	d_2 = 35mm
	（4）轴段③及轴段⑦的设计　轴段③和⑦上安装轴承，考虑蜗杆受径向力、切向力和较大轴向力，所以选用圆锥滚子轴承。轴段③上安装轴承，其直径应既便于轴承安装，又符合轴承内径系列。现暂取轴承为 30208，由表 9-9 查得轴承内径 d = 40mm，外径 D = 80mm，宽度 B = 18mm，T = 19.75mm，内圈定位轴肩直径 d_a = 47mm，外圈定位轴肩内径 D_a = 69 ~ 73mm，a = 16.9mm，故 d_3 = 40mm。蜗杆轴承采用油润滑，轴承靠近箱体内壁的端面距箱体内壁距离取 Δ_3 = 5mm。通常一根轴上的两个轴承型号相同，则 d_7 = 40mm，为了蜗杆上轴承很好地润滑，通常油面高度应到达最低滚动体中心，在此油面高度高出轴承座孔底边 12mm，而蜗杆浸油深度应为 $(0.75 \sim 1)\ h_1 \approx (0.75 \sim 1)\times13.86\text{mm} \approx 10 \sim 14\text{mm}$，蜗杆齿顶圆到轴承座孔底边的距离为 $(D - d_{a1})/2 = (80 - 75.6)/2\text{mm} \approx 2.2\text{mm}$，油面浸入蜗杆约 0.75 个齿高，因此不需要甩油环润滑蜗杆，则轴段③及轴段⑦的长度可取为 $L_7 = L_3 = B = 18\text{mm}$	d_3 = 40mm d_7 = 40mm

（续）

计算项目	计 算 及 说 明	计算结果
4. 结构设计	（5）轴段②的长度设计　轴段②的长度 L_2 除与轴上的零件有关外，还与轴承座宽度及轴承端盖等零件尺寸有关。取轴承座与蜗轮外圆之间的距离 $\Delta=12\text{mm}$，这样可以确定出轴承座内伸部分端面的位置和箱体内壁位置。由前面计算得知下箱座壁厚取 $\delta=10\text{mm}$；由中心距尺寸 148.05mm < 200mm，可确定轴承旁连接螺栓直径 M12、箱体凸缘连接螺栓直径 M10、地脚螺栓直径 M16，轴承端盖连接螺栓直径 M8，由表 8-29 取螺栓 GB/T 5781 M8×20。由表 8-30 可计算轴承端盖厚 $e=1.2\times d_{端螺}=1.2\times 8\text{mm}=9.6\text{mm}$，取 $e=10\text{mm}$。端盖与轴承座间的调整垫片厚度为 $\Delta_t=2\text{mm}$。为方便不拆卸联轴器的条件下，可以装拆轴承端盖连接螺栓，并使轮毂外径与端盖螺栓的拆装不干涉，故取联轴器轮毂端面与端盖外端面的距离为 $K_1=15\text{mm}$。轴承座外伸凸台高 $\Delta_t'=2\text{mm}$，测出轴承座长为 $L'=52\text{mm}$，则有 $L_2=K_1+e+\Delta_t+L'-\Delta_3-L_3=(15+10+2+52-5-18)\text{mm}=56\text{mm}$ （6）轴段④和轴段⑥的设计　该轴段直径可取轴承定位轴肩的直径，则 $d_4=d_6=47\text{mm}$，轴段④和⑥的长度可由蜗轮外圆直径、蜗轮齿顶外缘与内壁距离 $\Delta_1=12\text{mm}$ 和蜗杆宽 $b_1=110\text{mm}$，及壁厚、凸台高、轴承座长等确定，如图 10-5 和图 10-11 所示，即 $L_4=L_6=\frac{d_{e2}}{2}+\Delta_1+\delta+\Delta_t'-L'+\Delta_3-\frac{b_1}{2}=\left(\frac{255.15}{2}+12+10+2-52+5-\frac{110}{2}\right)\text{mm}=49.575\text{mm}$ 圆整，取 $L_4=L_6=50\text{mm}$ （7）蜗杆轴段⑤的设计　轴段⑤即为蜗杆段长 $L_5=b_1=110\text{mm}$，分度圆直径为 63mm，齿根圆直径 $d_{f1}=47.88\text{mm}$ （8）轴上力作用点间距　轴承反力的作用点距轴承外圈大端面的距离 $a=16.9\text{mm}$，则可得轴的支点及受力点间的距离如图 10-5 所示为 $l_1=\frac{60}{2}+L_2+L_3-T+a=(30+56+18-19.75+16.9)\text{mm}=101.15\text{mm}$ $l_2=l_3=T-a+L_4+\frac{L_5}{2}=(19.75-16.9+50+55)\text{mm}=107.85\text{mm}$ （9）画出轴的结构及相应尺寸　如图 10-6a 所示	$L_7=L_3=18\text{mm}$ $L_2=56\text{mm}$ $d_4=d_6=47\text{mm}$ $L_4=L_6=50\text{mm}$ $L_5=b_1=110\text{mm}$ $l_1=101.15\text{mm}$ $l_2=107.85\text{mm}$ $l_3=107.85\text{mm}$
5. 键连接的设计	联轴器与轴段①间采用 A 型普通平键连接，查表 8-31 选键的型号为键 10×50 GB/T 1096—1990	

（续）

<table>
<tr><th>计算项目</th><th>计 算 及 说 明</th><th>计算结果</th></tr>
<tr><td>6. 轴的受力分析</td><td>（1）画轴的受力简图　轴的受力简图如图 10-6b 所示
（2）支承反力　在水平平面上为
$R_{AH}=R_{BH}=\frac{F_{t1}l_3}{l_2+l_3}=\frac{748.57\times107.85}{107.85+107.85}N=374.29N$
在垂直平面上为
$R_{AV}=\frac{F_{r1}l_3+F_{a1}d_1/2}{l_2+l_3}=\frac{1064.52\times107.85+2924.75\times63/2}{107.85+107.85}N$
$=959.38N$
$R_{BV}=F_{r1}-R_{AV}=1064.52N-959.38N=105.14N$
轴承 A 的总支承反力为
$R_A=\sqrt{R_{AH}^2+R_{AV}^2}=\sqrt{374.29^2+959.38}N=1029.81N$
轴承 B 的总支承反力为
$R_B=\sqrt{R_{BH}^2+R_{BV}^2}=\sqrt{374.29^2+105.14}N=388.78N$
（3）画弯矩图　弯矩图如图 10-6c、d 和 e 所示
在水平平面上，蜗杆受力点截面为
$M_{1H}=R_{AH}l_2=374.29\times107.85N\cdot mm=40367.18N\cdot mm$
在垂直平面上，蜗杆受力点截面左侧为
$M_{1V}=R_{AV}l_2=959.38\times107.85N\cdot mm=103469.13N\cdot mm$
蜗杆受力点截面右侧为
$M'_{1V}=R_{BV}l_3=105.14\times107.85N\cdot mm=11339.35N\cdot mm$
合成弯矩，蜗杆受力点截面左侧为
$M_1=\sqrt{M_{1H}^2+M_{1V}^2}=\sqrt{40367.18^2+103469.13^2}N\cdot mm$
$=111064.71N\cdot mm$
蜗杆受力点截面右侧为
$M_{1右}=\sqrt{M_{1H}^2+M_{1V}'^2}=\sqrt{40367.18^2+11339.35^2}N\cdot mm$
$=41929.58N\cdot mm$
（4）画转矩图　转矩图如图 10-6f 所示，$T_1=23580N\cdot mm$</td><td>$R_{AH}=374.29N$
$R_{BH}=374.29N$
$R_{AV}=959.38N$
$R_{BV}=105.14N$
$R_A=1029.81N$
$R_B=388.78N$
$M_{1H}=40367.18N\cdot mm$
$M_{1V}=103469.13N\cdot mm$
$M'_{1V}=11339.35N\cdot mm$
$M_1=111064.71N\cdot mm$
$M'_1=41929.58N\cdot mm$
$T_1=23580N\cdot mm$</td></tr>
<tr><td>7. 校核轴的强度</td><td>由弯矩图可知，蜗杆受力点截面左侧为危险截面
其抗弯截面系数为
$W=\frac{\pi d_{f1}^3}{32}=\frac{\pi\times47.88^3}{32}mm^3=10776.12mm^3$
抗扭截面系数为
$W_T=\frac{\pi d_3^3}{16}=\frac{\pi\times47.88^3}{16}mm^3=21552.24mm^3$
最大弯曲应力为
$\sigma_1=\frac{M_1}{W}=\frac{111064.71}{10776.12}MPa=10.31MPa$
扭剪应力为</td><td></td></tr>
</table>

（续）

计算项目	计 算 及 说 明	计算结果
7. 校核轴的强度	$\tau=\dfrac{T_1}{W_T}=\dfrac{23580}{21552.24}\text{MPa}=1.09\text{MPa}$ 按弯扭合成强度进行校核计算，对于单向转动的转轴，转矩按脉动循环处理，故取折合系数 $\alpha=0.6$，则当量应力为 $\sigma_e=\sqrt{\sigma_1^2+4(\alpha\tau)^2}=\sqrt{10.31^2+4\times(0.6\times1.09)^2}\text{MPa}=10.39\text{MPa}$ 由表 8-26 查得 45 钢调质处理抗拉强度极限 $\sigma_B=650\text{MPa}$，则由表 8-32 用插值法查得轴的许用弯曲应力 $[\sigma_{-1b}]=60\text{MPa}$，$\sigma_e<[\sigma_{-1b}]$，用淬火钢比调质钢强度高，所以强度满足要求	抗弯强度满足要求
8. 蜗杆轴的挠度校核	蜗杆当量轴径 $d_V=\dfrac{\sum d_i l_i}{l}$ 其中 d_i，l_i 分别为两轴承力作用点间各轴段直径和长度，l 为两轴承力作用点间跨距，即 $d_V=\dfrac{40\times(19.75-16.9)+47\times50+47.88\times110+47\times50+40\times(19.75-16.9)}{107.85+107.85}\text{mm}=47.26\text{mm}$ 转动惯量 $I=\dfrac{\pi d_V^4}{64}=\dfrac{3.14\times47.26^4}{64}\text{mm}^4=2.45\times10^5\text{mm}^4$ （一般情况下 d_V 用 d_{f1} 代替） 对于淬火钢许用最大挠度 $[\gamma]=0.004m=0.004\times6.3\text{mm}=0.0252\text{mm}$，取弹性模量 $E=2.1\times10^5\text{MPa}$，则蜗杆中点挠度 $\gamma=\dfrac{\sqrt{F_{t1}^2+F_{r1}^2}\cdot l^3}{48EI}=\dfrac{\sqrt{748.57^2+1064.52^2}\times(107.85+107.85)^3}{48\times2.1\times10^5\times2.45\times10^5}=0.045\text{mm}<[\gamma]$	挠度满足要求
9. 校核键连接的强度	联轴器处键连接的挤压应力为 $\sigma_p=\dfrac{4T_1}{d_1hl}=\dfrac{4\times23580}{30\times8\times(50-10)}\text{MPa}=9.83\text{MPa}$ 键、轴及联轴器的材料都为钢，由表 8-33 查得 $[\sigma]_p=125\sim150\text{MPa}$，$\sigma_p<[\sigma]_p$，强度足够	键连接强度足够
10. 校核轴承寿命	（1）计算当量动载荷　由表 9-9 查 30208 轴承得 $C=63000\text{N}$，$C_0=74000\text{N}$，$e=0.37$，$Y=1.6$；由表 9-10 查得滚动轴承内部轴向力计算公式，则轴承 1、2 的内部轴向力分别为 $S_1=\dfrac{R_A}{2Y}=\dfrac{1029.81}{2\times1.6}\text{N}=321.82\text{N}$	

（续）

计算项目	计 算 及 说 明	计算结果
10. 校核轴承寿命	$S_2=\dfrac{R_B}{2Y}=\dfrac{388.78}{2\times1.6}\text{N}=121.49\text{N}$ 外部轴向力 $A=2924.75\text{N}$，各力方向如图 10-7 所示 $S_2+A=121.49\text{N}+2924.75\text{N}=3046.24\text{N}>S_1$ 则两轴承的轴向力分别为 $F_{a1}=S_2+A=3046.24\text{N}$ $F_{a2}=S_2=121.49\text{N}$ 因为$\dfrac{F_{a1}}{R_A}=\dfrac{3046.24}{1029.81}=2.96>e=0.37$，则轴承 1 的当量动载荷为 $P_{r1}=0.4R_A+YF_{a1}=0.4\times1029.81\text{N}+1.6\times3046.24\text{N}$ $=5285.91\text{N}$ 因为$\dfrac{F_{a2}}{R_B}=\dfrac{121.49}{388.78}=0.31<e=0.37$，则轴承 2 的当量动载荷为 $P_{r2}=R_B=388.78\text{N}$ （2）轴承的寿命　因 $P_{r1}>P_{r2}$，故只需校核轴承 1，$P=P_{r1}$。轴承在 100℃以下工作，由查表 8-34 得 $f_T=1$。对于减速器，查表 8-35 得载荷系数 $f_P=1.2$。则轴承 1 的寿命为 $L_h=\dfrac{10^6}{60n_1}\left(\dfrac{f_TC}{f_PP}\right)^{\frac{10}{3}}=\dfrac{10^6}{60\times960}\times\left(\dfrac{1\times63000}{1.2\times5285.91}\right)^{\frac{10}{3}}\text{h}$ $=36563\text{h}$ 减速器预期寿命为 $L_h'=2\times8\times300\times5\text{h}=24000\text{h}$ $L_h>L_h'$，故轴承寿命足够	轴承寿命足够

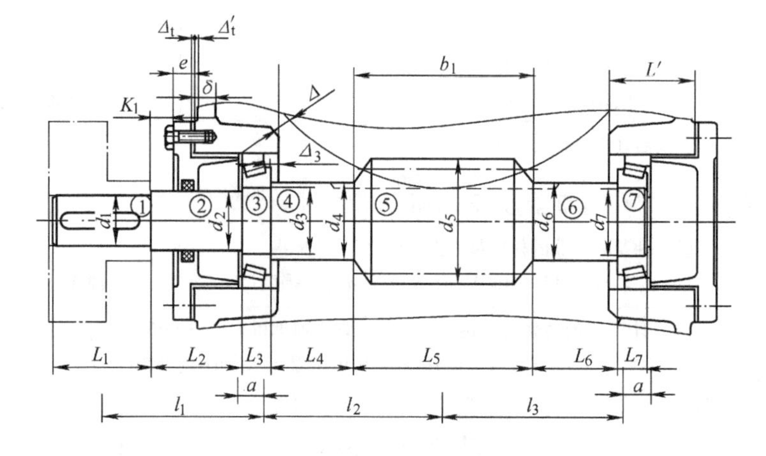

图 10-5　蜗杆轴结构的构想图

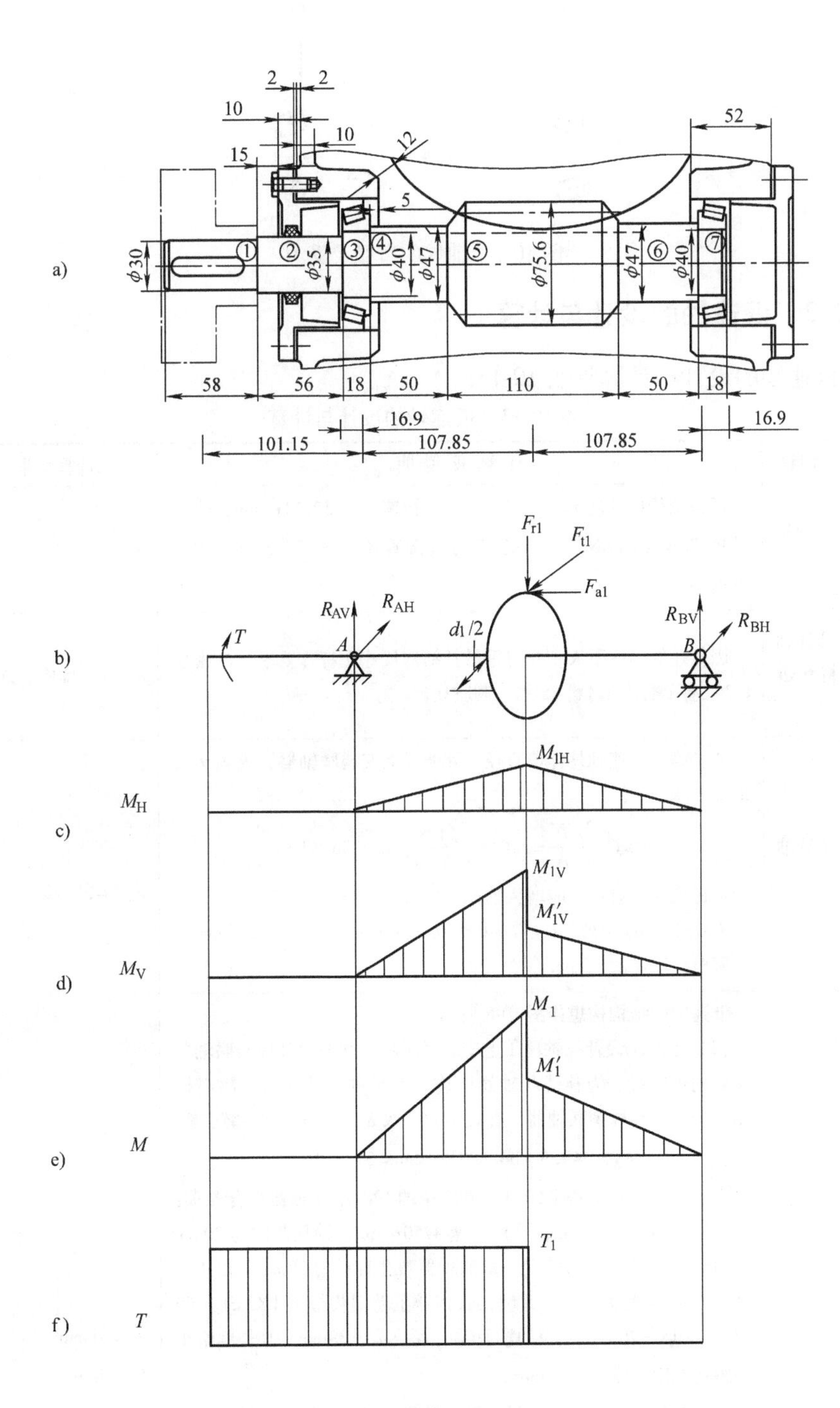

图 10-6　蜗杆轴结构与受力图

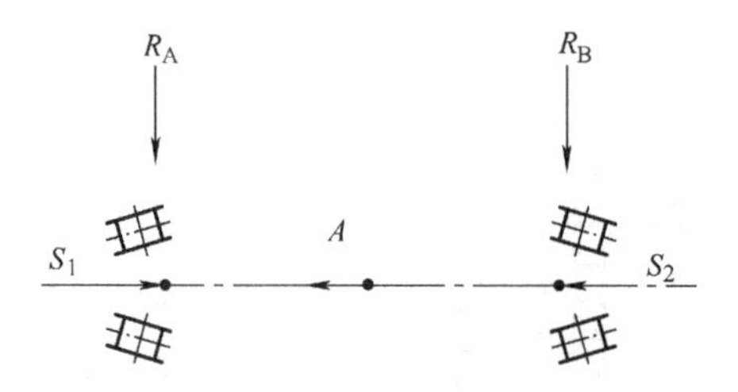

图 10-7 轴承的布置及受力

10.4.2 低速轴的设计与计算

低速轴的设计与计算见表 10-13。

表 10-13 低速轴的设计与计算

计算项目	计算及说明	计算结果
1. 已知条件	低速轴传递的功率 $P_2 = 1.86\text{kW}$，转速 $n_2 = 52.11\text{r/min}$，传递转矩 $T_2 = 340.88\text{N}\cdot\text{m}$，蜗轮 2 分度圆直径 $d_2 = 233.1\text{mm}$，蜗轮宽度 $b_2 = 55\text{mm}$	
2. 选择轴的材料和热处理	因传递的功率不大，并对重量及结构尺寸无特殊要求，故由表 8-26 选用常用的材料 45 钢，调质处理	45 钢，调质处理
3. 初算轴径	初步确定低速轴外伸段直径，外伸段上安装联轴器，查表 9-8，取 $C=110$，则 $d \geqslant C\sqrt[3]{\frac{P}{n}} = 110 \times \sqrt[3]{\frac{1.86}{52.11}}\text{mm} = 36.22\text{mm}$ 考虑到轴上有键，应增大轴径 3% ~5%，则 $d > 36.22\text{mm} + 36.22 \times (0.03 \sim 0.05)\ \text{mm} = 37.3 \sim 38.03\text{mm}$ 圆整，取 $d_{min} = 38\text{mm}$	$d_{min} = 38\text{mm}$
4. 结构设计	低速轴的结构构想如图 10-8 所示 （1）轴段①设计　轴段①上安装联轴器，此段设计应与联轴器设计同步进行。为补偿联轴器所连接两轴的安装误差、隔离振动，选用弹性柱销联轴器。查表 8-37，取 $K_A = 1.5$，则计算转矩 $T_c = K_A T_2 = 1.5 \times 340880\text{N}\cdot\text{mm} = 511320\text{N}\cdot\text{mm}$ 由表 8-38 查得 GB/T 5014—2003 中的 LX3 型联轴器符合要求：公称转矩为 1250N·m，许用转速 4750r/min，轴孔范围为 30mm ~48mm。结合伸出段直径，取联轴器毂孔直径为 38mm，轴孔长度 60mm，J 型轴孔，A 型键，联轴器主动端代号为 LX3 38 ×60 GB/T 5014—2003，相应的轴段①的直径 $d_1 = 38\text{mm}$，其长度略小于毂孔宽度，取 $L_1 = 58\text{mm}$ （2）轴段②直径　确定轴段②的轴径须考虑联轴器的轴向固定	$d_1 = 38\text{mm}$ $L_1 = 58\text{mm}$

（续）

计算项目	计 算 及 说 明	计算结果
4. 结构设计	及密封圈的尺寸，联轴器用轴肩定位，轴肩高度为 $h=(0.07\sim0.1)d_1=(0.07\sim0.1)\times38\text{mm}=2.66\sim3.8\text{mm}$ 轴段②的轴径 $d_2=d_1+2\times h=43.32\sim45.6\text{mm}$，其最终由密封圈确定。该处轴的圆周速度小于3m/s，可选用毡圈油封，查表8-27，选用毡圈45 JB/ZQ4606—1997，则 $d_2=45\text{mm}$	$d_2=45\text{mm}$
	（3）轴段③及轴段⑥的轴径设计　轴段③及轴段⑥上安装轴承，考虑蜗轮轴向力的存在，选用圆锥滚子轴承。其直径应既便于轴承安装，又应符合轴承内径系列。现暂取轴承为30210，由表9-9得轴承内径 $d=50\text{mm}$，外径 $D=90\text{mm}$，宽度 $B=20\text{mm}$，$T=21.75\text{mm}$，内圈定位轴肩直径 $d_a=57\text{mm}$，外圈定位轴肩内径 $D_a=79\sim83\text{mm}$，轴承反力的作用点距轴承外圈大端面的距离 $a=20\text{mm}$，故选 $d_3=50\text{mm}$。由于蜗轮的圆周速度小于2m/s，故轴承采用脂润滑，需要挡油环，为补偿箱体的铸造误差和安装挡油环，轴承靠近箱体内壁的端面距箱体内壁距离取 $\Delta_3=10\text{mm}$。通常一根轴上的两个轴承取相同的型号，则 $d_6=d_3=50\text{mm}$	$d_6=d_3=50\text{mm}$
	（4）轴段④的设计　轴段④上安装蜗轮，为便于蜗轮的安装，d_4 应略大于 d_3，可初定 $d_4=55\text{mm}$，蜗轮轮毂的宽度范围为 $(1.2\sim1.8)\ d_4=66\sim99\text{mm}$，取其轮毂宽度 $H=66\text{mm}$，其右端采用轴肩定位，左端采用套筒固定。为使套筒端面能够顶到齿轮端面，轴段④长度应比轮毂略短，故取 $L_4=64\text{mm}$	$d_4=55\text{mm}$ $L_4=64\text{mm}$
	（5）轴段③的长度设计　取蜗轮轮毂到内壁距离 $\Delta_2=15\text{mm}$，则 $L_3=B+\Delta_3+\Delta_2+H-L_4=(20+10+15+66-64)\text{mm}=47\text{mm}$	$L_3=47\text{mm}$
	（6）轴段②的长度设计　轴段②的长度除与轴上的零件有关外，还与轴承座宽度及轴承端盖等零件有关。轴承端盖连接螺栓同高速轴，为GB/T 5781 M8×20，其安装圆周大于联轴器轮毂外径，为使轮毂外径不与端盖螺栓的拆装发生干涉，故取联轴器轮毂端面与端盖外端面的距离为 $K_1=13\text{mm}$。下箱座壁厚同前 $\delta=10\text{mm}$，轴承旁连接螺栓同前M12，由表4-1可查，剖分面凸缘尺寸（扳手空间）$c_1=20\text{mm}$、$c_2=16\text{mm}$，轴承座的厚度为 $L'=\delta+c_1+c_2+(5\sim8)\text{mm}$ $=10\text{mm}+16\text{mm}+20\text{mm}+(5\sim8)\text{mm}$ $=51\sim54\text{mm}$ 则取 $L'=52\text{mm}$，轴承端盖凸缘厚同前 $e=10\text{mm}$；端盖与轴承座间的调整垫片厚度同前 $\Delta_t=2\text{mm}$，则 $L_2=K_1+e+\Delta_t+L'-\Delta_3-B=(13+10+2+52-10-20)\text{mm}$ $=47\text{mm}$	$L_2=47\text{mm}$

（续）

计算项目	计算及说明	计算结果
4. 结构设计	（7）轴段⑤设计　该轴段为蜗轮提供定位，定位轴肩的高度为 $h=(0.07\sim0.1)d_5=3.85\sim5.5\text{mm}$ 取 $h=5\text{mm}$，则 $d_5=65\text{mm}$，取轴段⑤的长度 $L_5=10\text{mm}$ （8）轴段⑥的长度设计　为保证挡油环、轴承相对蜗轮中心线对称，则 $L_6=L_3-L_5-2\text{mm}=(47-10-2)\text{mm}=35\text{mm}$ （9）轴上力作用点间距　如图 10-8 可得轴的支点及受力点间的距离为 $l_1=\frac{60}{2}+L_2+L_3+L_4-H-\Delta_2-\Delta_3-(T-a)$ $=\left(\frac{60}{2}+47+47+64-66-15-10-21.75+20\right)\text{mm}$ $=95.25\text{mm}$ $l_2=l_3=T-a+\Delta_2+\Delta_3+\frac{H}{2}$ $=\left(21.75-20+15+10+\frac{66}{2}\right)\text{mm}=59.75\text{mm}$	$d_5=65\text{mm}$ $L_5=10\text{mm}$ $L_6=35\text{mm}$ $l_1=95.25\text{mm}$ $l_2=l_3=59.75\text{mm}$
5. 键连接设计	联轴器与轴段①及蜗轮与轴段④间采用 A 型普通平键连接，查表 8-31，选其型号分别为键 12×50 GB/T 1096—1990 和键 16×56 GB/T 1096—1990	
6. 轴的受力分析	（1）画轴的受力简图　轴的受力简图如图 10-9b 所示 （2）支承反力　在水平平面上为 $R_{AH}=R_{BH}=-\frac{F_{t2}}{2}=-\frac{2924.75\text{N}}{2}=-1462.38\text{N}$ 负号表示与图示方向相反 在垂直平面上为 $R_{AV}=\frac{-F_{r2}l_3-F_{a2}d_2/2}{l_2+l_3}=\frac{-1064.52\times59.75-748.57\times233.1/2}{59.75+59.75}\text{N}$ $=-1262.35\text{N}$ $R_{BV}=-F_{r2}-R_{AV}=-1064.52\text{N}+1262.35\text{N}=197.83\text{N}$ 轴承 A 的总支承反力为 $R_A=\sqrt{R_{AH}^2+R_{AV}^2}=\sqrt{1462.38^2+1262.35^2}\text{N}=1931.86\text{N}$ 轴承 B 的总支承反力为 $R_B=\sqrt{R_{BH}^2+R_{BV}^2}=\sqrt{1462.38^2+197.83^2}\text{N}=1475.70\text{N}$ （3）画弯矩图　弯矩图如图 10-9c、d 和 e 所示 在水平平面上，蜗轮受力点截面 $M_{2H}=R_{AH}l_2=-1462.38\times59.75\text{N}\cdot\text{mm}=-87377.21\text{N}\cdot\text{mm}$	$R_{AH}=R_{BH}$ $=-1462.38\text{N}$ $R_{AV}=-1262.35\text{N}$ $R_{BV}=197.83\text{N}$ $R_A=1931.86\text{N}$ $R_B=1475.70\text{N}$ $M_{2H}=-87377.21\text{N}\cdot\text{mm}$

（续）

计算项目	计 算 及 说 明	计算结果
6. 轴的受力分析	在垂直平面上，蜗轮受力点截面左侧为 $M_{2V}=R_{AV}l_2=-1262.35\times59.75\text{N}\cdot\text{mm}=-75425.41\text{N}\cdot\text{mm}$ 蜗轮受力点截面右侧为 $M'_{2V}=R_{BV}l_3=197.83\times59.75\text{N}\cdot\text{mm}=11820.34\text{N}\cdot\text{mm}$ 合成弯矩，蜗轮所在轴剖面左侧为 $M_2=\sqrt{M_{2H}^2+M_{2V}^2}=\sqrt{(87377.21)^2+(-75425.41)^2}\text{N}\cdot\text{mm}$ $=115428.63\text{N}\cdot\text{mm}$ 蜗轮所在轴剖面右侧为 $M'_2=\sqrt{M_{2H}^2+M'^2_{2V}}=\sqrt{87377.21^2+11820.34^2}\text{N}\cdot\text{mm}$ $=88173.11\text{N}\cdot\text{mm}$ 转矩图如图 10-9f 所示，$T_2=340880\text{N}\cdot\text{mm}$	$M_{2V}=-75425.41\text{N}\cdot\text{mm}$ $M'_{2V}=11820.34\text{N}\cdot\text{mm}$ $M_2=115428.63\text{N}\cdot\text{mm}$ $M'_2=88173.11\text{N}\cdot\text{mm}$ $T_2=340880\text{N}\cdot\text{mm}$
7. 校核轴的强度	由弯矩图可知，蜗轮处轴剖面弯矩最大，且作用有转矩，故此剖面为危险剖面 其抗弯截面系数为 $W=\frac{\pi d_4^3}{32}-\frac{bt(d_4-t)^2}{2d_4}=\frac{\pi\times55^3}{32}\text{mm}^3-\frac{16\times6\times(55-6)^2}{2\times55}\text{mm}^3$ $=14238.4\text{mm}^3$ 抗扭截面系数为 $W_T=\frac{\pi d_4^3}{16}-\frac{bt(d_4-t)^2}{2d_4}=\frac{\pi\times55^3}{16}\text{mm}^3-\frac{16\times6\times(55-6)^2}{2\times55}\text{mm}^3$ $=30572.24\text{mm}^3$ 最大弯曲应力为 $\sigma_b=\frac{M}{W}=\frac{115428.63}{14238.4}\text{MPa}=8.11\text{MPa}$ 扭剪应力为 $\tau=\frac{T_2}{W_T}=\frac{340880}{30572.24}\text{MPa}=11.15\text{MPa}$ 按弯扭合成强度进行校核计算，对于单向转动的转轴，转矩按脉动循环处理，故取折合系数 $\alpha=0.6$，则当量应力为 $\sigma_e=\sqrt{\sigma_b^2+4(\alpha\tau)^2}=\sqrt{8.11^2+4\times(0.6\times11.15)^2}\text{MPa}$ $=15.64\text{MPa}$ 由表 8-26 用插值法查得 45 钢调质处理抗拉强度极限 $\sigma_B=650\text{MPa}$，则由表 8-32 查得轴的许用弯曲应力 $[\sigma_{-1b}]=60\text{MPa}$，$\sigma_e<[\sigma_{-1b}]$，强度满足要求	抗弯强度满足要求

（续）

计算项目	计 算 及 说 明	计算结果
8. 校核键连接的强度	联轴器处键连接的挤压应力为 $\sigma_{p1}=\dfrac{4T_2}{d_1hl}=\dfrac{4\times340880}{38\times8\times(50-12)}\text{MPa}=118.03\text{MPa}$ 蜗轮2处键连接的挤压应力为 $\sigma_{p2}=\dfrac{4T_2}{d_4hl}=\dfrac{4\times340880}{55\times10\times(56-16)}\text{MPa}=61.98\text{MPa}$ 键、轴、蜗轮及联轴器的材料都为钢，由表8-33查得 $[\sigma]_p=125\sim150\text{MPa}$，$\sigma_{p1}<[\sigma]_p$，强度足够	键连接强度足够
9. 校核轴承寿命	（1）轴承的轴向力　由表9-9查30210轴承得 $C=73200\text{N}$，$C_0=92000\text{N}$，$e=0.42$，$Y=1.4$。由表9-10查得滚动轴承内部轴向力计算公式，则轴承1、2的内部轴向力分别为 $S_1=\dfrac{R_A}{2Y}=\dfrac{1931.86}{2\times1.4}\text{N}=689.95\text{N}$ $S_2=\dfrac{R_B}{2Y}=\dfrac{1475.70}{2\times1.4}\text{N}=527.04\text{N}$ 外部轴向力 $A=748.57\text{N}$，各力方向如图10-10所示 $S_2+A=527.04\text{N}+748.57\text{N}=1275.61\text{N}>S_1$ 则两轴承的轴向力分别为 $F_{a1}=S_2+A=1275.61\text{N}$ $F_{a2}=S_2=527.04\text{N}$ （2）当量动载荷　因为 $\dfrac{F_{a1}}{R_A}=\dfrac{1275.61}{1931.86}=0.66>e=0.42$，则轴承1的当量动载荷为 $P_{r1}=0.4R_A+YF_{a1}=0.4\times1931.86\text{N}+1.4\times1275.61\text{N}=2558.60\text{N}$ 因为 $\dfrac{F_{a2}}{R_B}=\dfrac{527.04}{1475.70}=0.36<e=0.42$，则轴承2的当量动载荷为 $P_{r2}=R_B=1466.30\text{N}$ （3）校核轴承寿命　因 $P_{r1}>P_{r2}$，故只需校核轴承1，$P=P_{r1}$。轴承在100℃以下工作，查表8-34得 $f_T=1$。对于减速器，查表8-35得载荷系数 $f_P=1.2$。轴承1的寿命为 $L_h=\dfrac{10^6}{60n_1}\left(\dfrac{f_TC}{f_PP}\right)^{\frac{10}{3}}=\dfrac{10^6}{60\times52.11}\times\left(\dfrac{1\times73200}{1.2\times2558.60}\right)^{\frac{10}{3}}\text{h}$ $=12474385\text{h}$ 减速器预期寿命为 $L_h'=2\times8\times300\times5\text{h}=24000\text{h}$ $L_h>L_h'$，故轴承寿命足够	轴承寿命足够

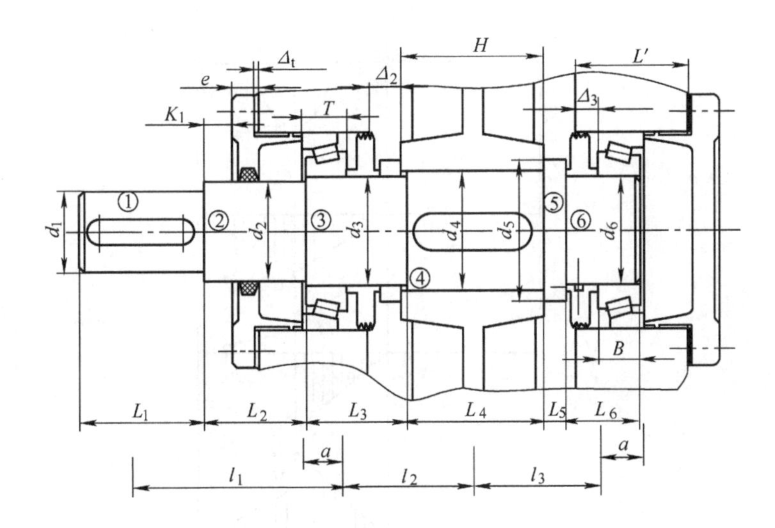

图 10-8　低速轴结构的构想图

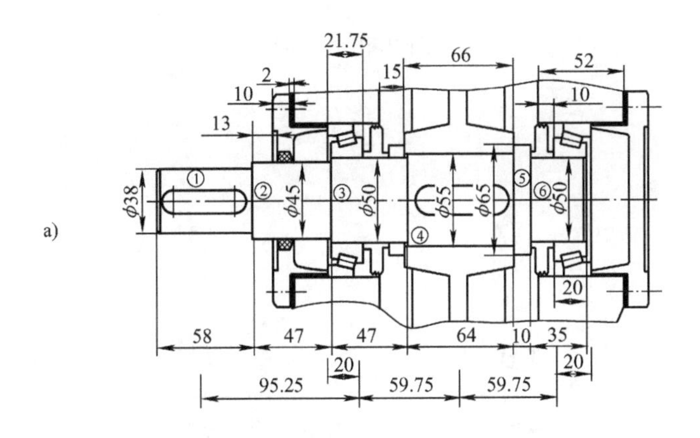

图 10-9　低速轴的结构与受力分析

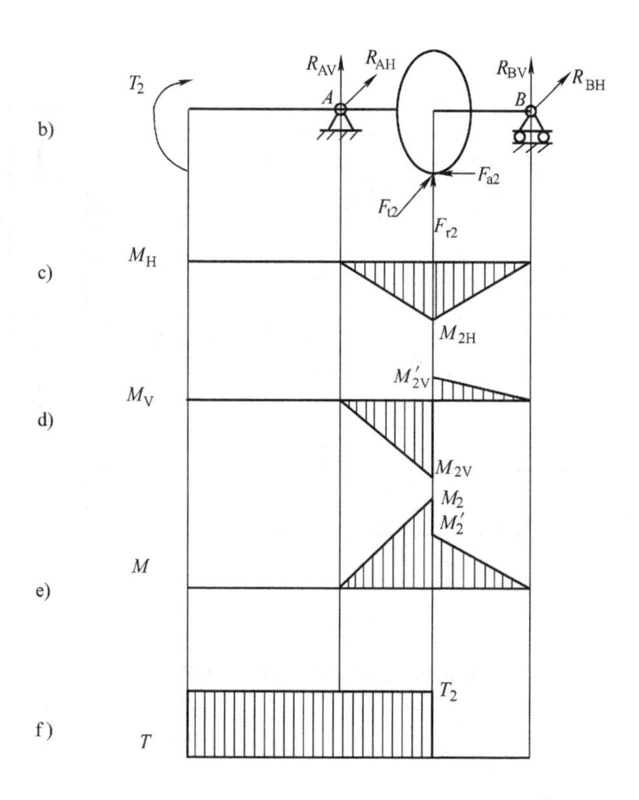

图 10-9 （续）

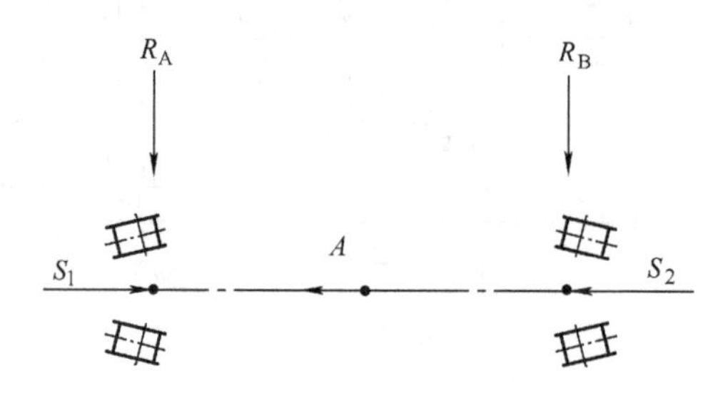

图 10-10 低速轴轴承的布置及受力

10.5　装配草图

装配草图的绘制与轴系零部件的设计计算是同步进行的，单级蜗杆减速器减速器装配主视图和俯视图草图如图 10-11 所示。

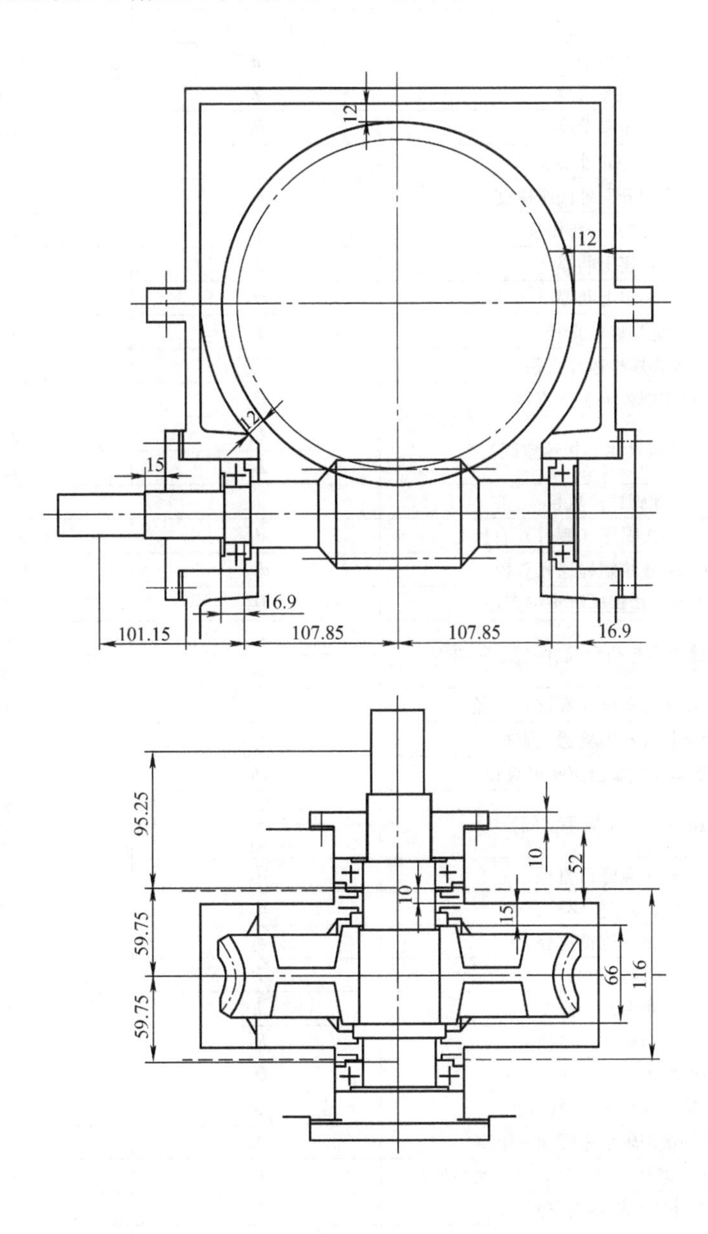

图 10-11　单级蜗杆减速器装配主视和俯视图草图

10.6 减速器箱体的结构尺寸

单级蜗杆减速器箱体的主要结构尺寸列于表10-14。

表10-14 单级蜗杆减速器箱体的主要结构尺寸

名　　称	代　　号	尺　　寸/mm
中心距	a	148.05
下箱座壁厚	δ	10
上箱座壁厚	δ_1	10
下箱座剖分面处凸缘厚度	b	12
上箱座剖分面处凸缘厚度	b_1	12
地脚螺栓底脚厚度	p	22
箱座上肋厚	M	10
箱盖上肋厚	m_1	10
地脚螺栓直径	d_ϕ	M16
地脚螺栓通孔直径	d_ϕ'	20
地脚螺栓沉头座直径	D_0	45
地脚凸缘尺寸（扳手空间）	L_1	27
	L_2	25
地脚螺栓数目	n	4
轴承旁连接螺栓（螺钉）直径	d_1	M12
轴承旁连接螺栓通孔直径	$d_1{}'$	13.5
轴承旁连接螺栓沉头座直径	D_0	26
剖分面凸缘上螺栓凸台尺寸（扳手空间）	c_1	20
	c_2	16
上下箱连接螺栓（螺钉）直径	d_2	M10
上下箱连接螺栓通孔直径	$d_2{}'$	11
上下箱连接螺栓沉头座直径	D_0	22
箱缘尺寸（扳手空间）	c_1	18
	c_2	14
轴承盖螺钉直径	d_3	M8
检查孔盖连接螺栓直径	d_4	M5
圆锥定位销直径	d_5	6
减速器中心高	H	115
轴承旁凸台高度	h	46
轴承旁凸台半径	R_8	16
轴承端盖（轴承座）外径	D_2	120，130
轴承旁连接螺栓距离	S	125，172
箱体外壁至轴承座端面的距离	K	42
轴承座孔长度（箱体内壁至轴承座端面的距离）	L'	52
蜗轮外圆与箱体内壁间距离	Δ_1	12
蜗轮轮毂端面与箱体内壁间的距离	Δ_2	12

10.7　润滑油的选择与计算

低速级轴承选择 ZN—3 钠基润滑脂润滑。蜗杆副及高速级轴承选择全损耗系统用油 L—AN100 润滑油润滑，润滑油深度为 7.5cm，箱体底面尺寸为 28.1cm×9.6cm，箱体内所装润滑油量为

$$V = 7.5 \times 28.1 \times 9.6\text{cm}^3 = 2023.20\text{cm}^3$$

该减速器所传递的功率 $P_0 = 2.39\text{kW}$。对于单级减速器，每传递 1kW 的功率，需油量为 $V_0 = 350 \sim 700\text{cm}^3$，则该减速器所需油量为

$$V_1 = P_0 V_0 = 2.39 \times (350 \sim 700)\text{cm}^3 = 836.50 \sim 1673\text{cm}^3$$

$V_1 < V$，润滑油量满足要求。

10.8　装配图和零件图

10.8.1　附件设计

1. 检查孔及检查孔盖

检查孔尺寸为 110mm×60mm，位置在传动件啮合区的上方；检查孔盖尺寸为 130mm×80mm。

2. 油面指示装置

选用油标尺 M16，由表 8-40 可查相关尺寸。

3. 通气器

选用提手式通气器，由图 8-21 可查相关尺寸。

4. 放油孔及螺塞

设置一个放油孔。螺塞选用 M14×1.5JB/T 1700—2008，由表 8-41 可查相关尺寸，螺塞垫 22×14JB/T 1718—2008，由表 8-42 可查相关尺寸。

5. 起吊装置

上箱盖采用吊环，箱座上采用吊钩，由表 8-43 可查相关尺寸。

6. 起箱螺钉

起箱螺钉查表 8-29，取螺钉 GB/T 5781—2000　M10×35。

7. 定位销

定位销查表 8-44，采用销 GB/T 117—2000　6×30 两个销。

10.8.2　绘制装配图和零件图

选择附件后，完成的装配图如图 10-12 所示，并绘制减速器输出轴及输出轴上的齿轮零件图，如图 10-13 和图 10-14 所示。

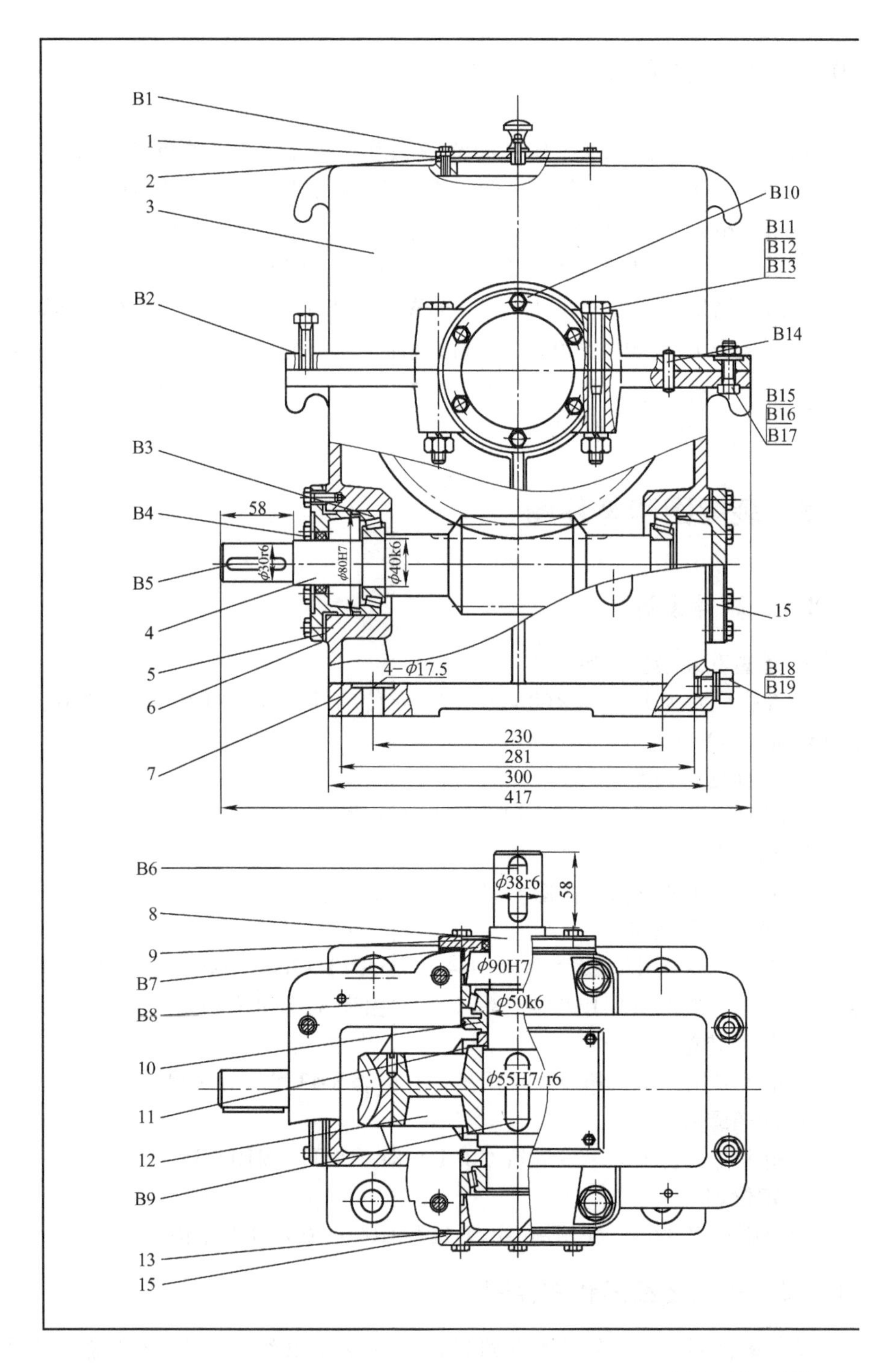
B1
1
2
3
B2
B3
B4
B5
4
5
6
7
B10
B11
B12
B13
B14
B15
B16
B17
15
B18
B19
58
φ30r6
φ80H7
φ40k6
4-φ17.5
230
281
300
417
B6
8
9
B7
B8
10
11
12
B9
13
15
φ38r6
58
φ90H7
φ50k6
φ55H7/r6

图 10-12　单级蜗杆

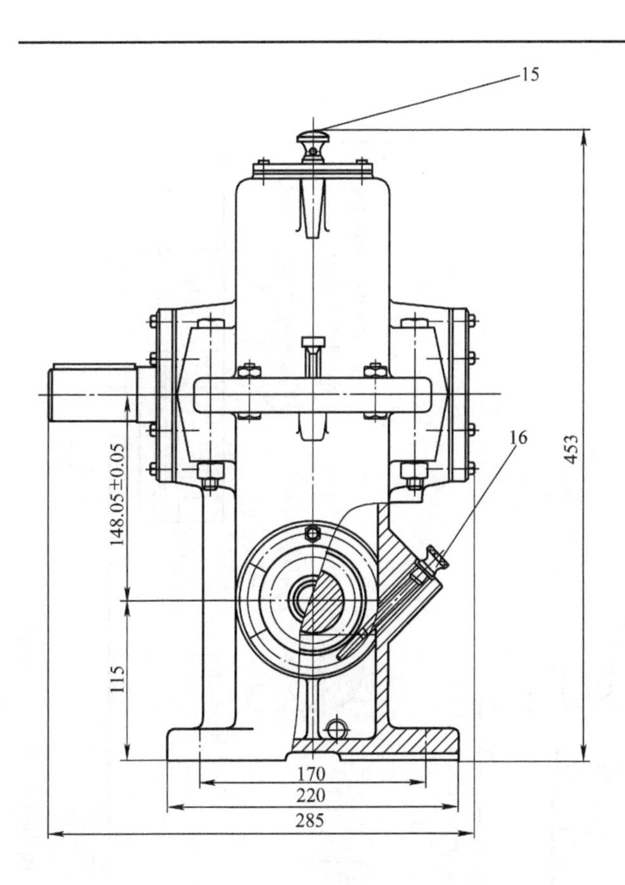

技术特性

功率	高速轴转速	传动比
2.39kW	960r/min	18.42

技术要求

1. 装配前，所有零件用煤油清洗，滚动轴承用汽油清洗，机体内不允许有任何杂物存在。内壁涂上不被机油浸蚀的涂料两次。
2. 啮合侧隙用铅丝检验不小于 0.16，铅丝不得大于最小侧隙的 4 倍。
3. 用涂色法检验斑点：按齿高接触斑点不小于 40%；按齿长接触斑点不小于 40%。必要时可用研磨或刮后研磨以便改善接触情况。
4. 蜗杆轴承的轴向间隙为 0.04～0.07，蜗轮轴承的轴向间隙为 0.05～0.07。
5. 检查减速器剖分面，各接触面及密封处，均不许漏油。剖分面允许涂以密封油胶或水玻璃，不允许使用任何填料。
6. 机座内装 L-AN100 润滑油至规定高度，轴承用 ZN-3 钠基脂润滑。
7. 表面涂灰色油漆。

序号	名 称	重量	材 料	备注
B19	螺塞 M14×1.5	1	35	JB/T1700—2008
B18	螺塞垫 22×14	1	10	JB/T1718—2008
B17	垫圈 10	2	65Mn	GB/T 93—1987
B16	螺母 M10	2		GB/T 6170　8 级
B15	螺栓 M10×35	2		GB/T 5781—2000　8.8 级
B14	销 6×30	2	35	GB/T 117—2000
B13	螺栓 M12×120	4		GB/T 5781—2000　8.8 级
B12	螺母 M12	4		GB/T 6170—2000 8 级
B11	垫圈 12	6	65Mn	GB/T 93—1987
B10	螺栓 M8×20	24		GB/T 1096—2000-1990
B9	键 16×56	1	45	GB/T 1096—1990
B8	轴承 30210	2		GB/T 297—2007
B7	毡圈油封45	1	半粗毛毛毡	JB/ZQ4606—1997
B6	键 12×50	1	45	GB/T 1096—1990
B5	键 10×50	1	45	GB/T 1096—1990
B4	毡圈油封35	1	半粗毛毛毡	JB/ZQ40606—1997
B3	轴承 30208	2		GB/T 297—2007
B2	螺栓 M10×35	1		GB/T 5781—2007　8.8级
B1	螺栓 M5×16	4		GB/T 5781—2007　8.8级
17	油标尺 M12	1		
16	通气器	1	HT200	
15	轴承端盖	1	Q235	
14	轴承端盖	1	Q235	
13	调整垫片	2 组	08F	
12	蜗轮	1		m=6.3, z_2=37
11	套筒	1	Q235	
10	挡油环	2	Q235	
9	轴承端盖	1	HT200	
8	低速轴	1	45	m=6.3, z_1=2
7	机座	1	HT200	
6	调整垫片	2 组	08F	
5	轴承端盖	1	HT200	
4	蜗杆轴	1	45	
3	垫片	1	HT200	
2	机盖	1	石棉橡胶纸	
1	窥视孔盖	1	Q235	

一级蜗杆蜗轮减速器	图号	10-1	比例	
	重量		数量	
设计				
绘图				
审核				

减速器装配图

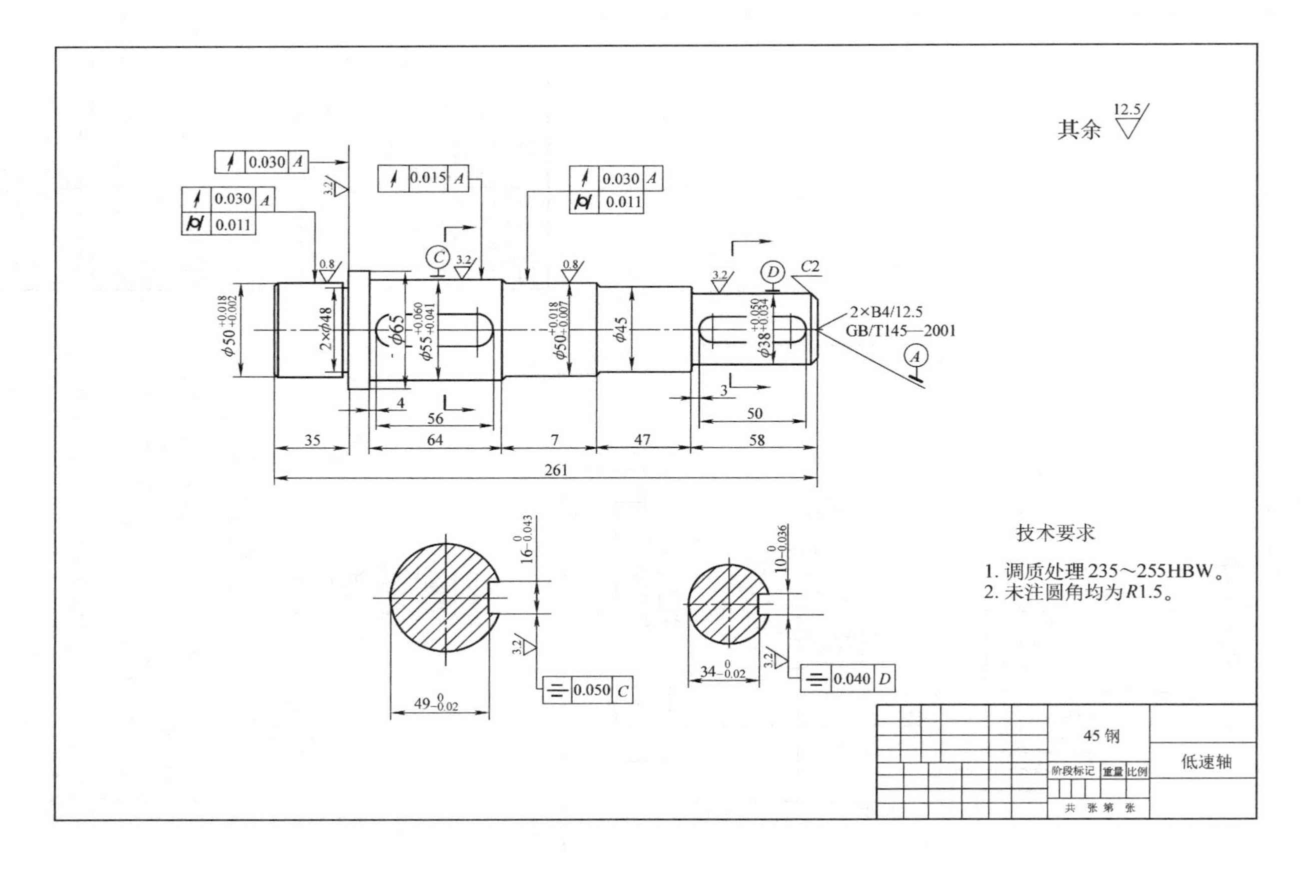

图 10-13 输出轴零件图

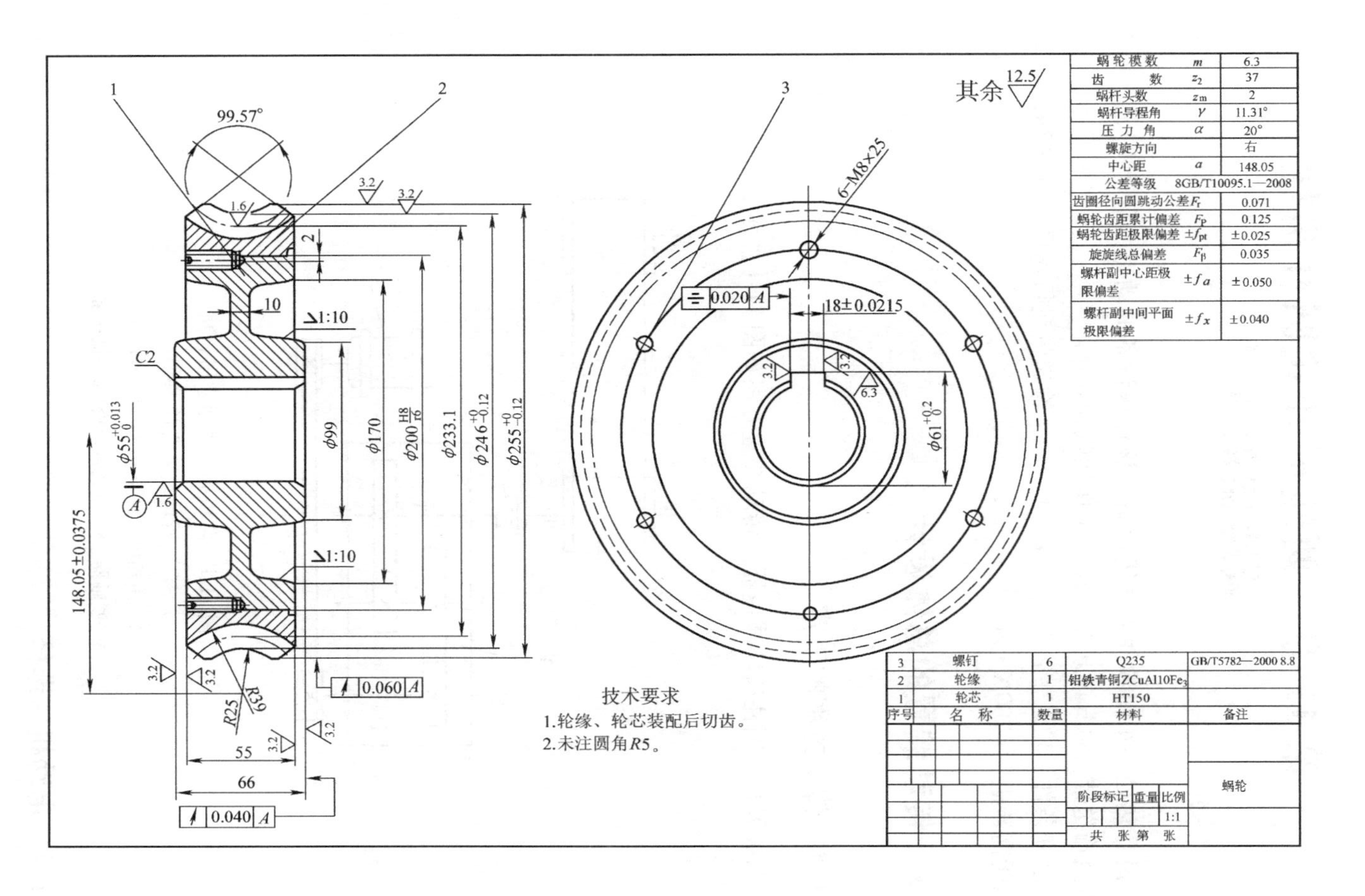
蜗轮模数 m 6.3
齿数 z_2 37
蜗杆头数 z_m 2
蜗杆导程角 γ 11.31°
压力角 α 20°
螺旋方向 右
中心距 a 148.05
公差等级 8GB/T10095.1—2008
齿圈径向圆跳动公差 F_r 0.071
蜗轮齿距累计偏差 F_P 0.125
蜗轮齿距极限偏差 $\pm f_{pt}$ ±0.025
旋旋线总偏差 F_β 0.035
螺杆副中心距极限偏差 $\pm f_a$ ±0.050
螺杆副中间平面极限偏差 $\pm f_x$ ±0.040
其余 12.5
1
2
3
99.57°
6-M8×25
0.020 A
18±0.0215
$\phi 61^{+0.2}_{0}$
6.3
3.2
1.6
2
10
1:10
C2
$\phi 55^{+0.013}_{0}$
A
$\phi 99$
$\phi 170$
$\phi 200\frac{H8}{r6}$
$\phi 233.1$
$\phi 246^{+0}_{-0.12}$
$\phi 255^{+0}_{-0.12}$
148.05±0.0375
R25
R39
55
66
0.060 A
0.040 A
技术要求
1.轮缘、轮芯装配后切齿。
2.未注圆角R5。
3 螺钉 6 Q235 GB/T5782—2000 8.8
2 轮缘 1 铝铁青铜ZCuAl10Fe3
1 轮芯 1 HT150
序号 名称 数量 材料 备注
蜗轮
阶段标记 重量 比例 1:1
共 张 第 张

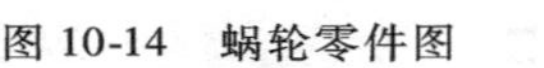
图 10-14　蜗轮零件图

第 11 章　两级展开式圆柱齿轮减速器的设计

设计热处理车间零件清洗用设备。该传送设备的动力由电动机经减速装置后传至输送带。每日两班制工作，工作期限为 8 年。

已知条件：输送带带轮直径 $d = 300\text{mm}$，输送带运行速度 $v = 0.63\text{m/s}$，输送带轴所需转矩 $T = 700\text{N}\cdot\text{m}$。

11.1　传动装置的总体设计

11.1.1　传动方案的确定

两级展开式圆柱齿轮减速器的传动装置方案如图 11-1 所示。

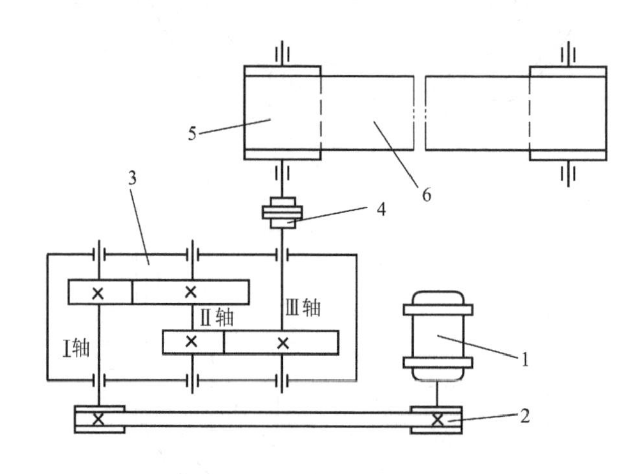

图 11-1　两级展开式圆柱齿轮减速器传动装置简图

1—电动机　2—带传动　3—减速器

4—联轴器　5—输送带带轮　6—输送带

11.1.2　电动机的选择

电动机的选择见表 11-1。

表 11-1　电动机的选择

计算项目	计算及说明	计算结果
1. 选择电动机的类型	根据用途选用 Y 系列一般用途的全封闭自冷式三相异步电动机	
2. 选择电动机功率	输送带所需拉力为 $F=\frac{2T}{d}=\frac{2\times 700}{0.3}\text{N}\approx 4667\text{N}$ 输送带所需功率为 $P_w=\frac{Fv}{1000}=\frac{4667\times 0.63}{1000}\text{kW}=2.94\text{kW}$ 由表 2-1 取，V 带传动效率 $\eta_{带}=0.96$，一对轴承效率 $\eta_{轴承}=0.99$，斜齿圆柱齿轮传动效率 $\eta_{齿轮}=0.97$，联轴器效率 $\eta_{联}=0.99$，则电动机到工作机间的总效率为 $\eta_{总}=\eta_{带}\eta_{轴承}^4\eta_{齿轮}^2\eta_{联}=0.96\times 0.99^4\times 0.97^2\times 0.99=0.859$ 电动机所需工作功率为 $P_0=\frac{P_w}{\eta_{总}}=\frac{2.94}{0.859}\text{kW}=3.42\text{kW}$ 根据表 8-2，选取电动机的额定功率 $P_{ed}=4\text{kW}$	$F=4667\text{N}$ $P_w=2.94\text{kW}$ $\eta_{总}=0.859$ $P_0=3.42\text{kW}$ $P_{ed}=4\text{kW}$
3. 确定电动机的转速	输送带带轮的工作转速为 $n_w=\frac{1000\times 60v}{\pi d}=\frac{1000\times 60\times 0.63}{\pi\times 300}\text{r/min}=40.13\text{r/min}$ 查表 2-2，V 带传动传动比 $i_{带}=2\sim 4$，两级减速器传动比 $i_{齿}=8\sim 40$，则总传动比范围为 $i_{总}=i_{带}i_{齿}=(2\sim 4)\times(8\sim 40)=16\sim 160$ 电动机的转速范围为 $n_0=n_w i_{总}=40.13\times(16\sim 160)\text{r/min}=642.1\sim 6421\text{r/min}$ 由表 8-2 可知，符合这一要求的电动机同步转速有 1000r/min、1500r/min 和 3000r/min，考虑 3000r/min 的电动机转速太高，而 1000r/min 的电动机体积大且贵，故选用转速为 1500r/min 的电动机进行试算，其满载转速为 1440r/min，其型号为 Y112M-4	$n_w=40.13\text{r/min}$ $n_m=1440\text{r/min}$

11.1.3　传动比的计算及分配

各级传动比的计算及分配见表 11-2。

表 11-2　传动比的计算及分配

计算项目	计算及说明	计算结果
1. 总传动比	$i_{总}=\frac{n_m}{n_w}=\frac{1440}{40.13}=35.88$	$i_{总}=35.88$

（续）

计算项目	计算及说明	计算结果
2. 分配传动比	根据传动比范围，取带传动的传动比 $i_{带}=2.5$，则减速器传动比为 $i=\frac{i_{总}}{i_{带}}=\frac{35.88}{2.5}=14.35$ 高速级传动比为 $i_1=\sqrt{(1.3\sim1.4)i}=\sqrt{(1.3\sim1.4)\times14.35}=4.32\sim4.48$ 取 $i_1=4.4$ 低速级传动比为 $i_2=\frac{i}{i_1}=\frac{14.35}{4.4}=3.26$	$i_{带}=2.5$ $i=14.35$ $i_1=44$ $i_2=3.26$

11.1.4 传动装置的运动、动力参数计算

传动装置的运动、动力参数计算见表 11-3。

表 11-3 传动装置的运动、动力参数计算

计算项目	计算及说明	计算结果
1. 各轴转速	$n_0=n_m=1440\text{r/min}$ $n_1=\frac{n_0}{i_{带}}=\frac{1440}{2.5}\text{r/min}=576\text{r/min}$ $n_2=\frac{n_1}{i_1}=\frac{576}{4.4}\text{r/min}=130.9\text{r/min}$ $n_3=\frac{n_2}{i_2}=\frac{130.9}{3.26}\text{r/min}=40.15\text{r/min}$ $n_w=n_3=40.15\text{r/min}$	$n_0=1440\text{r/min}$ $n_1=576\text{r/min}$ $n_2=130.9\text{r/min}$ $n_3=40.15\text{r/min}$ $n_w=40.15\text{r/min}$
2. 各轴功率	$P_1=P_0\eta_{0-1}=P_0\eta_{带}=3.42\times0.96\text{kW}=3.28\text{kW}$ $P_2=P_1\eta_{1-2}=P_1\eta_{轴承}\eta_{齿}=3.28\times0.99\times0.97\text{kW}=3.15\text{kW}$ $P_3=P_2\eta_{2-3}=P_2\eta_{轴承}\eta_{齿}=3.15\times0.99\times0.97\text{kW}=3.02\text{kW}$ $P_w=P_3\eta_{3-w}=P_3\eta_{轴承}\eta_{联}=3.02\times0.99\times0.99\text{kW}=2.96\text{kW}$	$P_1=3.28\text{kW}$ $P_2=3.15\text{kW}$ $P_3=3.02\text{kW}$ $P_w=2.96\text{kW}$
3. 各轴转矩	$T_0=9550\frac{P_0}{n_0}=9550\times\frac{3.42}{1440}\text{N}\cdot\text{m}=22.68\text{N}\cdot\text{m}$ $T_1=9550\frac{P_1}{n_1}=9550\times\frac{3.28}{576}\text{N}\cdot\text{m}=54.38\text{N}\cdot\text{m}$ $T_2=9550\frac{P_2}{n_2}=9550\times\frac{3.15}{130.9}\text{N}\cdot\text{m}=229.81\text{N}\cdot\text{m}$ $T_3=9550\frac{P_3}{n_3}=9550\times\frac{3.02}{40.15}\text{N}\cdot\text{m}=718.33\text{N}\cdot\text{m}$ $T_w=9550\frac{P_w}{n_w}=9550\times\frac{2.96}{40.15}\text{N}\cdot\text{m}=704.06\text{N}\cdot\text{m}$	$T_0=22.68\text{N}\cdot\text{m}$ $T_1=54.38\text{N}\cdot\text{m}$ $T_2=229.81\text{N}\cdot\text{m}$ $T_3=718.33\text{N}\cdot\text{m}$ $T_w=704.06\text{N}\cdot\text{m}$

11.2　传动件的设计计算

11.2.1　减速器外传动件的设计

减速器外传动只有带传动，故只需对带传动进行设计。带传动的设计计算见表 11-4。

表 11-4　带传动的设计计算

计算项目	计算及说明	计算结果
1. 确定设计功率	$P_d = K_A P_0$ 由表 8-6，查得工作情况系数 $K_A = 1.2$，则 $P_d = 1.2 \times 3.42\text{kW} = 4.1\text{kW}$	$P_d = 4.1\text{kW}$
2. 选择带型	$n_0 = 1440\text{r/min}$，$P_d = 4.1\text{kW}$，由图 8-2 选择 A 型 V 带	选择 A 型 V 带
3. 确定带轮基准直径	根据表 8-7，选小带轮直径为 $d_{d1} = 100\text{mm}$，则大带轮直径为 $d_{d2} = i_{带} d_{d1} = 2.5 \times 100\text{mm} = 250\text{mm}$	$d_{d1} = 100\text{mm}$ $d_{d2} = 250\text{mm}$
4. 验算带的速度	$v_{带} = \dfrac{\pi d_{d1} n_0}{60 \times 1000} = \dfrac{\pi \times 100 \times 1440}{60 \times 1000}\text{m/s} = 7.54\text{m/s} < v_{max} = 25\text{m/s}$	带速符合要求
5. 确定中心距和 V 带长度	根据 $0.7(d_{d1} + d_{d2}) < a_0 < 2(d_{d1} + d_{d2})$，初步确定中心距，即 $0.7 \times (100 + 250)\text{mm} = 245\text{mm} < a_0 < 2 \times (100 + 250)\text{mm} = 700\text{mm}$ 为使结构紧凑，取偏低值，$a_0 = 350\text{mm}$ V 带计算基准长度为 $L'_d \approx 2a_0 + \dfrac{\pi}{2}(d_{d1} + d_{d2}) + \dfrac{(d_{d2} - d_{d1})^2}{4a_0}$ $= \left[2 \times 350 + \dfrac{\pi}{2}(100 + 250) + \dfrac{(250 - 100)^2}{4 \times 350}\right]\text{mm}$ $= 1265.57\text{mm}$ 由表 8-8 选 V 带基准长度 $L_d = 1250\text{mm}$，则实际中心距为 $a = a_0 + \dfrac{L_d - L'_d}{2} = 350\text{mm} + \dfrac{1250 - 1265.57}{2}\text{mm} = 342.21\text{mm}$	$a_0 = 350\text{mm}$ $L_d = 1250\text{mm}$ $a = 342.21\text{mm}$
6. 计算小带轮包角	$\alpha_1 = 180° - \dfrac{d_{d2} - d_{d1}}{a} \times 57.3° = 180° - \dfrac{250 - 100}{342.21} \times 57.3°$ $= 154.88° > 120°$	$\alpha_1 = 154.88° > 120°$ 合格
7. 确定 V 带根数	V 带的根数可用下式计算： $z = \dfrac{P_d}{(P_0 + \Delta P_0) K_\alpha K_L}$	

（续）

计算项目	计算及说明	计算结果
7. 确定V带根数	由表8-9查取单根V带所能传递的功率$P_0=1.3\text{kW}$，功率增量 $$\Delta P_0=K_b n_1\left(1-\frac{1}{K_i}\right)$$ 由表8-10查得$K_b=0.7725\times10^{-3}$，由表8-11查得$K_i=1.137$，则 $$\Delta P_0=0.7725\times10^{-3}\times1440\times\left(1-\frac{1}{1.137}\right)\text{kW}=0.134\text{kW}$$ 由表8-12查得$K_\alpha=0.935$，由表8-8查得$K_L=0.93$，则带的根数为 $$z=\frac{P_d}{(P_0+\Delta P_0)K_\alpha K_L}=\frac{4.1}{(1.3+0.134)\times0.935\times0.93}=3.29$$ 取4根	$z=4$
8. 计算初拉力	由表8-13查得V带质量$m=0.1\text{kg/m}$，则初拉力为 $$F_0=500\frac{P_d}{zv_{带}}\left(\frac{2.5-K_\alpha}{K_\alpha}\right)+mv_{带}^2$$ $$=500\times\frac{4.1}{4\times7.54}\left(\frac{2.5-0.935}{0.935}\right)\text{N}+0.1\times7.54^2\text{N}=119.45\text{N}$$	$F_0=119.45\text{N}$
9. 计算作用在轴上的压力	$$Q=2zF_0\sin\frac{\alpha}{2}$$ $$=2\times4\times119.45\text{N}\times\sin\frac{154.88°}{2}=932.72\text{N}$$	$Q=932.72\text{N}$
10. 带轮结构设计	（1）小带轮结构　采用实心式，由表8-14查电动机轴径$D_0=28$，由表8-15查得 $$e=15\pm0.3\text{mm},f=10_{-1}^{+2}\text{mm}$$ 轮毂宽：$L_{带轮}=(1.5\sim2)D_0=(1.5\sim2)\times28\text{mm}=42\sim56\text{mm}$ 其最终宽度结合安装带轮的轴段确定 轮缘宽：$B_{带轮}=(z-1)e+2f=(4-1)\times15\text{mm}+2\times10\text{mm}=65\text{mm}$ （2）大带轮结构　采用孔板式结构，轮缘宽可与小带轮相同，轮毂宽可与轴的结构设计同步进行	

11.2.2 减速器内传动的设计计算

高速级斜齿圆柱齿轮的设计计算见表11-5。

表11-5　高速级斜齿圆柱齿轮的设计计算

计算项目	计算及说明	计算结果
1. 选择材料、热处理方式和公差等级	考虑到带式运输机为一般机械，故大、小齿轮均选用45钢，小齿轮调质处理，大齿轮正火处理，由表8-17得齿面硬度$HBW_1=217\sim255HBW$，$HBW_2=162\sim217HBW$。平均硬度$\overline{HBW_1}=236HBW$，$\overline{HBW_2}=190HBW$。$\overline{HBW_1}-\overline{HBW_2}=46HBW$，在$30\sim50HBW$之间。选用8级精度	45钢 小齿轮调质处理 大齿轮正火处理 8级精度

（续）

计算项目	计算及说明	计算结果
2. 初步计算传动的主要尺寸	因为是软齿面闭式传动，故按齿面接触疲劳强度进行设计。其设计公式为 $$d_1 \geqslant \sqrt[3]{\frac{2KT_1}{\phi_d} \cdot \frac{u+1}{u} \cdot \left(\frac{Z_E Z_H Z_\varepsilon Z_\beta}{[\sigma]_H}\right)^2}$$ 1）小齿轮传递转矩为 $T_1 = 54380\text{N} \cdot \text{mm}$ 2）因 v 值未知，K_v 值不能确定，可初步选载荷系数 $K_t = 1.1 \sim 1.8$，初选 $K_t = 1.4$ 3）由表 8-18，取齿宽系数 $\phi_d = 1.1$ 4）由表 8-19，查得弹性系数 $Z_E = 189.8\ \sqrt{\text{MPa}}$ 5）初选螺旋角 $\beta = 12°$，由图 9-2 查得节点区域系数 $Z_H = 2.46$ 6）齿数比 $u = i_1 = 4.4$ 7）初选 $z_1 = 23$，则 $z_2 = uz_1 = 4.4 \times 23 = 101.2$，取 $z_2 = 101$，则端面重合度为 $$\varepsilon_\alpha = \left[1.88 - 3.2\left(\frac{1}{z_1} + \frac{1}{z_2}\right)\right]\cos\beta = \left[1.88 - 3.2\left(\frac{1}{23} + \frac{1}{101}\right)\right]\cos12° = 1.67$$ 轴向重合度为 $$\varepsilon_\beta = 0.318\phi_d z_1 \tan\beta = 0.318 \times 1.1 \times 23 \times \tan12° = 1.71$$ 由图 8-3 查得重合度系数 $Z_\varepsilon = 0.775$ 8）由图 11-2 查得螺旋角系数 $Z_\beta = 0.99$ 9）许用接触应力可用下式计算 $$[\sigma]_H = \frac{Z_N \sigma_{Hlim}}{S_H}$$ 由图 8-4e、a 查得接触疲劳极限应力为 $\sigma_{Hlim1} = 580\text{MPa}$，$\sigma_{Hlim2} = 390\text{MPa}$ 小齿轮与大齿轮的应力循环次数分别为 $$N_1 = 60n_1 aL_h = 60 \times 576 \times 1.0 \times 2 \times 8 \times 250 \times 8 = 1.106 \times 10^9$$ $$N_2 = \frac{N_1}{i_1} = \frac{1.106 \times 10^9}{4.4} = 2.51 \times 10^8$$ 由图 8-5 查得寿命系数 $Z_{N1} = 1.0$，$Z_{N2} = 1.14$，由表 8-20 取安全系数 $S_H = 1.0$，则小齿轮的许用接触应力为 $$[\sigma]_{H1} = \frac{Z_{N1}\sigma_{Hlim1}}{S_H} = \frac{1.0 \times 580\text{MPa}}{1} = 580\text{MPa}$$ 大齿轮的许用接触应力为 $$[\sigma]_{H2} = \frac{Z_{N2}\sigma_{Hlim2}}{S_H} = \frac{1.14 \times 390\text{MPa}}{1} = 445\text{MPa}$$	$z_1 = 23$ $z_2 = 101$ $[\sigma]_{H1} = 580\text{MPa}$ $[\sigma]_{H2} = 445\text{MPa}$

（续）

计算项目	计算及说明	计算结果
2. 初步计算传动的主要尺寸	取$[\sigma]_H=445\text{MPa}$，初算小齿轮的分度圆直径d_{1t}，得 $d_{1t}\geqslant\sqrt[3]{\frac{2K_tT_1}{\phi_d}\cdot\frac{u+1}{u}\cdot\left(\frac{Z_EZ_HZ_\varepsilon Z_\beta}{[\sigma]_H}\right)^2}$ $=\sqrt[3]{\frac{2\times1.4\times54380}{1.1}\times\frac{4.4+1}{4.4}\times\left(\frac{189.8\times2.46\times0.775\times0.99}{445}\right)^2}\text{mm}$ $=47.93\text{mm}$	$[\sigma]_H=445\text{MPa}$ $d_{1t}\geqslant47.93\text{mm}$
3. 确定传动尺寸	（1）计算载荷系数　由表8-21查得使用系数$K_A=1.0$ 因$v=\frac{\pi d_{1t}n_1}{60\times1000}=\frac{\pi\times47.93\times576}{60\times1000}\text{m/s}=1.44\text{m/s}$，由图8-6查得动载荷系数$K_v=1.13$，由图8-7查得齿向载荷分配系数$K_\beta=1.11$，由表8-22查得齿间载荷分配系数$K_\alpha=1.2$，则载荷系数为 $K=K_AK_vK_\beta K_\alpha=1.0\times1.13\times1.11\times1.2=1.505$ （2）对d_{1t}进行修正　因K与K_t有较大的差异，故需对由K_t计算出的d_{1t}进行修正，即 $d_1=d_{1t}\sqrt[3]{\frac{K}{K_t}}\geqslant47.93\times\sqrt[3]{\frac{1.505}{1.4}}\text{mm}=49.1\text{mm}$ （3）确定模数m_n $m_n=\frac{d_1\cos\beta}{z_1}=\frac{49.1\text{mm}\times\cos12^\circ}{23}=2.09\text{mm}$ 按表8-23，取$m_n=2.5\text{mm}$ （4）计算传动尺寸　中心距为 $a_1=\frac{m_n(z_1+z_2)}{2\cos\beta}=\frac{2.5\times(23+101)\text{mm}}{2\times\cos12^\circ}=158.46\text{mm}$ 圆整，取$a_1=160\text{mm}$，则螺旋角为 $\beta=\arccos\frac{m_n(z_1+z_2)}{2a_1}=\arccos\frac{2.5\times(23+101)}{2\times160}=14.362^\circ$ 因β值与初选值相差较大，故对与β有关的参数进行修正 由图9-2查得节点区域系数$Z_H=2.43$，则端面重合度为 $\varepsilon_\alpha=\left[1.88-3.2\left(\frac{1}{z_1}+\frac{1}{z_2}\right)\right]\cos\beta$ $=\left[1.88-3.2\left(\frac{1}{23}+\frac{1}{101}\right)\right]\cos14.362^\circ=1.66$ 轴向重合度为 $\varepsilon_\beta=0.318\phi_dz_1\tan\beta=0.318\times1.1\times23\times\tan14.362^\circ$ $=2.06$ 由图8-3查得重合度系数$Z_\varepsilon=0.775$，由图11-2查得螺旋角系数$Z_\beta=0.985$	$K=1.505$

（续）

计算项目	计算及说明	计算结果
3. 确定传动尺寸	$d_{1t} \geqslant \sqrt[3]{\dfrac{2KT_1}{\phi_d} \cdot \dfrac{u+1}{u} \cdot \left(\dfrac{Z_E Z_H Z_\varepsilon Z_\beta}{[\sigma]_H}\right)^2}$ $= \sqrt[3]{\dfrac{2 \times 1.505 \times 54380}{1.1} \times \dfrac{4.4+1}{4.4} \times \left(\dfrac{189.8 \times 2.43 \times 0.775 \times 0.985}{445}\right)^2}\text{mm}$ $= 48.53\text{mm}$	$d_{1t} \geqslant 48.53\text{mm}$
	精确计算圆周速度为 $v = \dfrac{\pi d_{1t} n_1}{60 \times 1000} = \dfrac{\pi \times 48.53 \times 576}{60 \times 1000}\text{m/s} = 1.46\text{m/s}$ 由图 8-6 查得动载荷系数 $K_v = 1.13$，K 值不变	
	$m_n = \dfrac{d_{1t}\cos\beta}{z_1} = \dfrac{48.53\text{mm} \times \cos 14.362°}{23} = 2.04\text{mm}$	$m_n = 2.5\text{mm}$
	按表 8-23，取 $m_n = 2.5\text{mm}$，则高速级中心距为 $a_1 = \dfrac{m_n(z_1+z_2)}{2\cos\beta} = \dfrac{2.5 \times (23+101)}{2 \times \cos 14.362°}\text{mm} = 160\text{mm}$	$a_1 = 160\text{mm}$
	则螺旋角修正为 $\beta = \arccos\dfrac{m_n(z_1+z_2)}{2a} = \arccos\dfrac{2.5 \times (23+101)}{2 \times 160} = 14.362°$	$\beta = 14.362°$
	修正完毕，故 $d_1 = \dfrac{m_n z_1}{\cos\beta} = \dfrac{2.5 \times 23}{\cos 14.362°}\text{mm} = 59.355\text{mm}$	$d_1 = 59.355\text{mm}$
	$d_2 = \dfrac{m_n z_2}{\cos\beta} = \dfrac{2.5 \times 101}{\cos 14.362°}\text{mm} = 260.545\text{mm}$	$d_2 = 260.545\text{mm}$
	$b = \phi_d d_1 = 1.1 \times 59.355\text{mm} = 65.29\text{mm}$，取 $b_2 = 66\text{mm}$	$b_2 = 66\text{mm}$
	$b_1 = b_2 + (5 \sim 10)\text{mm}$，取 $b_1 = 75\text{mm}$	$b_1 = 75\text{mm}$
4. 校核齿根弯曲疲劳强度	齿根弯曲疲劳强度条件为 $\sigma_F = \dfrac{2KT_1}{bm_n d_1} Y_F Y_S Y_\varepsilon Y_\beta \leqslant [\sigma]_F$ 1）K、T_1、m_n 和 d_1 同前 2）齿宽 $b = b_2 = 66\text{mm}$ 3）齿形系数 Y_F 和应力修正系数 Y_S。当量齿数为 $z_{v1} = \dfrac{z_1}{\cos^3\beta} = \dfrac{23}{\cos^3 14.362°} = 25.3$ $z_{v2} = \dfrac{z_2}{\cos^3\beta} = \dfrac{101}{\cos^3 14.362°} = 111.1$ 由图 8-8 查得 $Y_{F1} = 2.61$，$Y_{F2} = 2.22$，由图 8-9 查得 $Y_{S1} = 1.59$，$Y_{S2} = 1.81$	

（续）

计算项目	计算及说明	计算结果
4. 校核齿根弯曲疲劳强度	4）由图 8-10 查得重合度系数 $Y_\varepsilon=0.71$ 5）由图 11-3 查得螺旋角系数 $Y_\beta=0.87$ 6）许用弯曲应力 $$[\sigma]_F=\frac{Y_N\sigma_{Flim}}{S_F}$$ 由图 8-4f、b 查得弯曲疲劳极限应力为 $\sigma_{Flim1}=215MPa$，$\sigma_{Flim2}=170MPa$，由图 8-11 查得寿命系数 $Y_{N1}=Y_{N2}=1$，由表 8-20 查得安全系数 $S_F=1.25$，故 $$[\sigma]_{F1}=\frac{Y_{N1}\sigma_{Flim1}}{S_F}=\frac{1\times215}{1.25}MPa=172MPa$$ $$[\sigma]_{F2}=\frac{Y_{N2}\sigma_{Flim2}}{S_F}=\frac{1\times170}{1.25}MPa=136MPa$$ $$\sigma_{F1}=\frac{2KT_1}{bm_nd_1}Y_{F1}Y_{S1}Y_\varepsilon Y_\beta$$ $$=\frac{2\times1.505\times54380}{66\times2.5\times59.355}\times2.61\times1.59\times0.71\times0.87MPa$$ $$=42.8MPa<[\sigma]_{F1}$$ $$\sigma_{F2}=\sigma_{F1}\frac{Y_{F2}Y_{S2}}{Y_{F1}Y_{S1}}=42.8\times\frac{2.22\times1.81}{2.61\times1.59}MPa$$ $$=41MPa<[\sigma]_{F2}$$	满足齿根弯曲疲劳强度
5. 计算齿轮传动其他几何尺寸	端面模数 $m_t=\frac{m_n}{\cos\beta}=\frac{2.5}{\cos14.362°}mm=2.58065mm$	$m_t=2.58065mm$
	齿顶高 $h_a=h_a^*m_n=1\times2.5mm=2.5mm$	$h_a=2.5mm$
	齿根高 $h_f=(h_a^*+c^*)m_n=(1+0.25)\times2.5mm=3.125mm$	$h_f=3.125mm$
	全齿高 $h=h_a+h_f=2.5mm+3.125mm=5.625mm$	$h=5.625mm$
	顶隙 $c=c^*m_n=0.25\times2.5mm=0.625mm$	$c=0.625mm$
	齿顶圆直径为 $d_{a1}=d_1+2h_a=59.355mm+2\times2.5mm=61.355mm$ $d_{a2}=d_2+2h_a=260.645mm+2\times2.5mm=265.645mm$	$d_{a1}=61.355mm$ $d_{a2}=265.645mm$
	齿根圆直径为 $d_{f1}=d_1-2h_f=59.355mm-2\times3.125mm=53.105mm$ $d_{f2}=d_2-2h_f=260.645mm-2\times3.125mm=254.395mm$	$d_{f1}=53.105mm$ $d_{f2}=254.395mm$

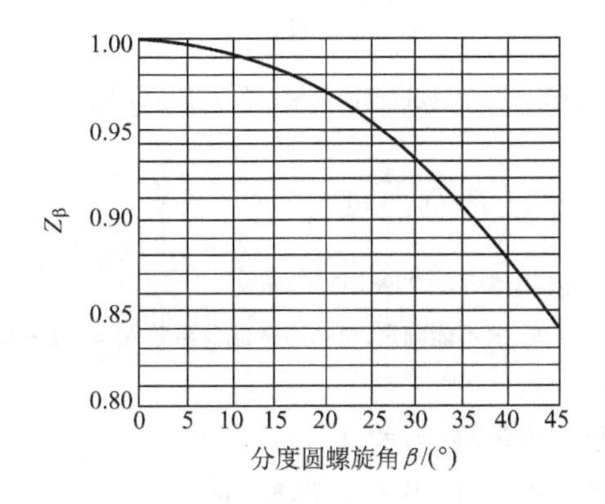

图 11-2　螺旋角系数 Z_β

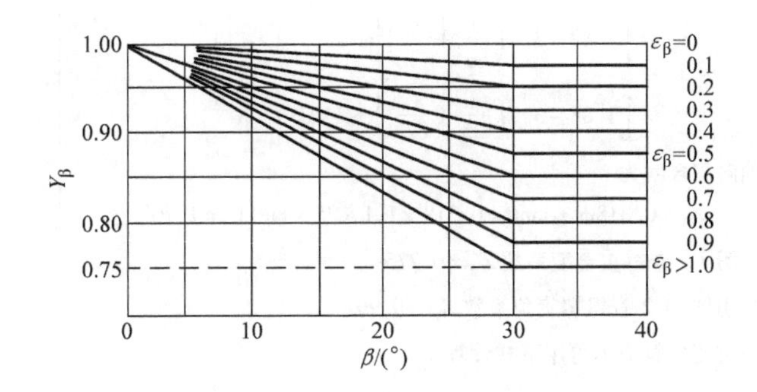

图 11-3　螺旋角系数 Y_β

低速级斜齿圆柱齿轮的设计计算见表 11-6。

表 11-6　低速级斜齿圆柱齿轮的设计计算

计算项目	计算及说明	计算结果
1. 选择材料、热处理方式和公差等级	大、小齿轮均选用 45 钢，小齿轮调质处理，大齿轮正火处理，由表 8-17 得齿面硬度 $HBW_1=217\sim255$，$HBW_2=162\sim217$HBW。平均硬度 $\overline{HBW_1}=236$，$\overline{HBW_2}=190$。$\overline{HBW_1}-\overline{HBW_2}=46$，在 30 ~ 50HBW 之间。选用 8 级精度	45 钢 小齿轮调质处理 大齿轮正火处理 8 级精度

（续）

计算项目	计算及说明	计算结果
2. 初步计算传动的主要尺寸	因为是软齿面闭式传动，故按齿面接触疲劳强度进行设计。其设计公式为 $$d_3 \geqslant \sqrt[3]{\frac{2KT_3}{\phi_d} \cdot \frac{u+1}{u} \cdot \left(\frac{Z_E Z_H Z_\varepsilon Z_\beta}{[\sigma]_H}\right)^2}$$ 1）小齿轮传递转矩为 $T_3 = 229810\text{N} \cdot \text{mm}$ 2）因 v 值未知，K_v 值不能确定，可初步选载荷系数 $K_t = 1.1 \sim 1.8$，初选 $K_t = 1.4$ 3）由表 8-18，取齿宽系数 $\phi_d = 1.1$ 4）由表 8-19，查得，弹性系数 $Z_E = 189.8\ \sqrt{\text{MPa}}$ 5）初选螺旋角 $\beta = 11°$，由图 9-2 查得节点区域系数 $Z_H = 2.465$ 6）齿数比 $u = i_2 = 3.26$ 7）初选 $z_3 = 25$，则 $z_4 = uz_3 = 3.26 \times 25 = 81.5$，取 $z_4 = 82$，则端面重合度为 $$\varepsilon_\alpha = \left[1.88 - 3.2\left(\frac{1}{z_3} + \frac{1}{z_4}\right)\right]\cos\beta = \left[1.88 - 3.2\left(\frac{1}{25} + \frac{1}{82}\right)\right]\cos 11° = 1.68$$ 轴向重合度为 $$\varepsilon_\beta = 0.318\phi_d z_3 \tan\beta = 0.318 \times 1.1 \times 25 \times \tan 11° = 1.70$$ 由图 8-3 查得重合度系数 $Z_\varepsilon = 0.775$ 8）由图 11-2 查得螺旋角系数 $Z_\beta = 0.99$ 9）许用接触应力可用下式计算 $$[\sigma]_H = \frac{Z_N \sigma_{Hlim}}{S_H}$$ 由图 8-4e、a 查得接触疲劳极限应力为 $\sigma_{Hlim3} = 580\text{MPa}$，$\sigma_{Hlim4} = 390\text{MPa}$ 小齿轮与大齿轮的应力循环次数分别为 $$N_3 = 60n_2 aL_h = 60 \times 130.9 \times 1.0 \times 2 \times 8 \times 250 \times 8 = 2.513 \times 10^8$$ $$N_4 = \frac{N_3}{i_2} = \frac{2.513 \times 10^8}{3.26} = 7.71 \times 10^7$$ 由图 8-5 查得寿命系数 $Z_{N3} = 1.14$，$Z_{N4} = 1.2$，由表 8-20 取安全系数 $S_H = 1.0$，则小齿轮的许用接触应力为 $$[\sigma]_{H3} = \frac{Z_{N3}\sigma_{Hlim3}}{S_H} = \frac{1.14 \times 580}{1}\text{MPa} = 661.2\text{MPa}$$ 大齿轮的许用接触应力为 $$[\sigma]_{H4} = \frac{Z_{N4}\sigma_{Hlim4}}{S_H} = \frac{1.2 \times 390}{1}\text{MPa} = 468\text{MPa}$$	$z_3 = 25$ $z_4 = 82$ $[\sigma]_{H3} = 661.2\text{MPa}$ $[\sigma]_{H4} = 468\text{MPa}$

（续）

计算项目	计算及说明	计算结果
2. 初步计算传动的主要尺寸	取$[\sigma]_H=468\text{MPa}$ 初算小齿轮的分度圆直径 d_{3t}，得 $d_{3t}\geqslant\sqrt[3]{\frac{2K_tT_3}{\phi_d}\cdot\frac{u+1}{u}\cdot\left(\frac{Z_EZ_HZ_\varepsilon Z_\beta}{[\sigma]_H}\right)^2}$ $=\sqrt[3]{\frac{2\times1.4\times229810}{1.1}\times\frac{3.26+1}{3.26}\times\left(\frac{189.8\times2.465\times0.775\times0.99}{468}\right)^2}\text{mm}$ $=76.615\text{mm}$	$[\sigma]_H=468\text{MPa}$ $d_{3t}\geqslant76.615\text{mm}$
3. 确定传动尺寸	（1）计算载荷系数　由表 8-21 查得使用系数 $K_A=1.0$ 因 $v=\frac{\pi d_{3t}n_2}{60\times1000}=\frac{\pi\times76.615\times130.9}{60\times1000}\text{m/s}=0.52\text{m/s}$，由图 8-6 查得动载荷系数 $K_v=1.07$，由图 8-7 查得齿向载荷分配系数 $K_\beta=1.11$，由表 8-22 查得齿间载荷分配系数 $K_\alpha=1.2$，则载荷系数为 $K=K_AK_vK_\beta K_\alpha=1.0\times1.07\times1.11\times1.2=1.43$ （2）确定模数 m_n　因 K 与 K_t 差异不大，不需对 K_t 计算出的 d_{3t} 进行修正，即 $m_n=\frac{d_3\cos\beta}{z_3}=\frac{76.615\times\cos11°}{25}\text{mm}=3.01\text{mm}$ 按表 8-23，取 $m_n=3.5\text{mm}$ （3）计算传动尺寸　低速级中心距为 $a_2=\frac{m_n(z_3+z_4)}{2\cos\beta}=\frac{3.5\times(25+82)}{2\times\cos11°}\text{mm}=190.75\text{mm}$ 圆整，$a_2=190\text{mm}$ 螺旋角为 $\beta=\arccos\frac{m_n(z_3+z_4)}{2a_2}=\arccos\frac{3.5\times(25+82)}{2\times190}=9.76°$ 因 β 值与初选值相差较大，故对与 β 有关的参数进行修正 由图 9-2 查得节点区域系数 $Z_H=2.46$，则端面重合度为 $\varepsilon_\alpha=\left[1.88-3.2\left(\frac{1}{z_3}+\frac{1}{z_4}\right)\right]\cos\beta$ $=\left[1.88-3.2\left(\frac{1}{25}+\frac{1}{82}\right)\right]\cos9.76°=1.69$ 轴向重合度为 $\varepsilon_\beta=0.318\phi_dz_3\tan\beta=0.318\times1.1\times25\times\tan9.76°$ $=1.50$ 由图 8-3 查得重合度系数 $Z_\varepsilon=0.77$，由图 11-2 查得螺旋角系数 $Z_\beta=0.991$，则	$K=1.43$ $m_n=3.5\text{mm}$ $a_2=190\text{mm}$

（续）

计算项目	计算及说明	计算结果
3. 确定传动尺寸	$d_{3t} \geqslant \sqrt[3]{\frac{2KT_3}{\phi_d}\frac{u+1}{u}\left(\frac{Z_E Z_H Z_\varepsilon Z_\beta}{[\sigma]_H}\right)^2}$ $=\sqrt[3]{\frac{2\times1.43\times229810}{1.1}\times\frac{3.26+1}{3.26}\times\left(\frac{189.8\times2.46\times0.77\times0.991}{468}\right)^2}\text{mm}$ $=76.77\text{mm}$	$d_{3t} \geqslant 76.77\text{mm}$
	因 $v=\frac{\pi d_{3t}n_2}{60\times1000}=\frac{\pi\times76.77\times130.9}{60\times1000}=0.53\text{m/s}$，由图 8-6 查得动载荷系数 $K_v=1.07$，K 值不变 $m_n=\frac{d_3\cos\beta}{z_3}=\frac{76.77\times\cos9.76°}{25}\text{mm}=3.03\text{mm}$	$m_n=3.5\text{mm}$
	按表 8-23，取 $m_n=3.5\text{mm}$，则中心距 $a_2=\frac{m_n(z_3+z_4)}{2\cos\beta}=\frac{3.5\times(25+82)}{2\times\cos9.76°}\text{mm}=190\text{mm}$	$a_2=190\text{mm}$
	螺旋角 $\beta=\arccos\frac{m_n(z_3+z_4)}{2a}=\arccos\frac{3.5\times(25+82)}{2\times190}=9.76°$	$\beta=9.76°$
	修正完毕，故 $d_3=\frac{m_nz_3}{\cos\beta}=\frac{3.5\times25}{\cos9.76°}\text{mm}=88.785\text{mm}$ $d_4=\frac{m_nz_4}{\cos\beta}=\frac{3.5\times82}{\cos9.76°}\text{mm}=291.215\text{mm}$	$d_3=88.785\text{mm}$ $d_4=291.215\text{mm}$
	$b=\phi_d d_3=1.1\times88.785=97.66\text{mm}$，取 $b_4=98\text{mm}$ $b_3=b_4+(5\sim10)\text{mm}$，取 $b_3=105\text{mm}$	$b_4=98\text{mm}$ $b_3=105\text{mm}$
4. 校核齿根弯曲疲劳强度	齿根弯曲疲劳强度条件为 $\sigma_F=\frac{2KT_3}{bm_nd_3}Y_FY_SY_\varepsilon Y_\beta\leqslant[\sigma]_F$ 1）K、T_3、m_n 和 d_3 同前 2）齿宽 $b=b_3=98\text{mm}$ 3）齿形系数 Y_F 和应力修正系数 Y_S。当量齿数为 $z_{v3}=\frac{z_3}{\cos^3\beta}=\frac{25}{\cos^3 9.76°}=26.1$ $z_{v4}=\frac{z_4}{\cos^3\beta}=\frac{82}{\cos^3 9.76°}=85.7$ 由图 8-8 查得 $Y_{F3}=2.6$，$Y_{F4}=2.25$；由图 8-9 查得 $Y_{S3}=1.59$，$Y_{S4}=1.79$	满足齿根弯曲疲劳强度

（续）

计算项目	计算及说明	计算结果
4. 校核齿根弯曲疲劳强度	4）由图 8-10 查得重合度系数 $Y_\varepsilon = 0.701$ 5）由图 11-3 查得螺旋角系数 $Y_\beta = 0.92$ 6）许用弯曲应力为 $$[\sigma]_F = \frac{Y_N \sigma_{Hlim}}{S_F}$$ 由图 8-4f、b 查得弯曲疲劳极限应力为 $\sigma_{Flim3} = 215\text{MPa}$，$\sigma_{Flim4} = 170\text{MPa}$，由图 8-11 查得寿命系数 $Y_{N3} = Y_{N4} = 1$，由表 8-20 查得安全系数 $S_F = 1.25$，故 $$[\sigma]_{F3} = \frac{Y_{N3}\sigma_{Flim3}}{S_F} = \frac{1 \times 215}{1.25}\text{MPa} = 172\text{MPa}$$ $$[\sigma]_{F4} = \frac{Y_{N4}\sigma_{Flim4}}{S_F} = \frac{1 \times 170}{1.25}\text{MPa} = 136\text{MPa}$$ $$\sigma_{F3} = \frac{2KT_3}{bm_n d_3} Y_{F3} Y_{S3} Y_\varepsilon Y_\beta = \frac{2 \times 1.43 \times 229810}{98 \times 3.5 \times 88.785} \times 2.6 \times 1.59 \times 0.705 \times 0.92\text{MPa} = 57.87\text{MPa} < [\sigma]_{F3}$$ $$\sigma_{F4} = \sigma_{F3}\frac{Y_{F4}Y_{S4}}{Y_{F3}Y_{S3}} = 57.87 \times \frac{2.25 \times 1.79}{2.6 \times 1.59}\text{MPa} = 56.38\text{MPa} < [\sigma]_{F4}$$	满足齿根弯曲疲劳强度
5. 计算齿轮传动其他几何尺寸	端面模数　$m_t = \frac{m_n}{\cos\beta} = \frac{3.5}{\cos 9.76}\text{mm} = 3.55140\text{mm}$	$m_t = 3.55140\text{mm}$
	齿顶高　$h_a = h_a^* m_n = 1 \times 3.5\text{mm} = 3.5\text{mm}$	$h_a = 3.5\text{mm}$
	齿根高　$h_f = (h_a^* + c^*) m_n = (1 + 0.25) \times 3.5\text{mm} = 4.375\text{mm}$	$h_f = 4.375\text{mm}$
	全齿高　$h = h_a + h_f = 3.5\text{mm} + 4.375\text{mm} = 7.875\text{mm}$	$h = 7.875\text{mm}$
	顶隙　$c = c^* m_n = 0.25 \times 3.5\text{mm} = 0.875\text{mm}$	$c = 0.875\text{mm}$
	齿顶圆直径为 $d_{a3} = d_3 + 2h_a = 88.785\text{mm} + 2 \times 3.5\text{mm} = 95.785\text{mm}$ $d_{a4} = d_4 + 2h_a = 291.215\text{mm} + 2 \times 3.5\text{mm} = 298.215\text{mm}$	$d_{a3} = 95.785\text{mm}$ $d_{a4} = 298.215\text{mm}$
	齿根圆直径为 $d_{f3} = d_3 - 2h_f = 88.785\text{mm} - 2 \times 4.375\text{mm} = 80.035\text{mm}$ $d_{f4} = d_4 - 2h_f = 291.215\text{mm} - 2 \times 4.375\text{mm} = 282.465\text{mm}$	$d_{f3} = 80.035\text{mm}$ $d_{f4} = 282.465\text{mm}$

11.3 斜齿圆柱齿轮上作用力的计算

齿轮上作用力的计算为后续轴的设计和校核、键的选择和验算及轴承的选择和校核提供数据,其计算见表11-7。

表11-7 斜齿圆柱齿轮上作用力的计算

计算项目	计算及说明	计算结果
1. 高速级齿轮传动的作用力	(1)已知条件 高速轴传递的转矩 $T_1=54380\mathrm{N\cdot mm}$,转速 $n_1=576\mathrm{r/min}$,高速级齿轮的螺旋角 $\beta=14.362°$,小齿轮左旋,大齿轮右旋,小齿轮分度圆直径 $d_1=59.355\mathrm{mm}$	
	(2)齿轮1的作用力 圆周力为	
	$$F_{t1}=\frac{2T_1}{d_1}=\frac{2\times54380}{59.355}\mathrm{N}=1832.4\mathrm{N}$$	$F_{t1}=1832.4\mathrm{N}$
	其方向与力作用点圆周速度方向相反	
	径向力为	
	$$F_{r1}=F_{t1}\frac{\tan\alpha_n}{\cos\beta}=1832.4\times\frac{\tan20°}{\cos14.362°}\mathrm{N}=688.4\mathrm{N}$$	$F_{r1}=688.4\mathrm{N}$
	其方向为由力的作用点指向轮1的转动中心	
	轴向力为	
	$$F_{a1}=F_{t1}\tan\beta=1832.4\times\tan14.362°\mathrm{N}=469.2\mathrm{N}$$	$F_{a1}=469.2\mathrm{N}$
	其方向可用左手法则确定,即用左手握住轮1的轴线,并使四指的方向顺着轮的转动方向,此时拇指的指向即为该力方向	
	法向力为	
	$$F_{n1}=\frac{F_{t1}}{\cos\alpha_n\cos\beta}=\frac{1832.4}{\cos20°\times\cos14.362°}\mathrm{N}=2012.9\mathrm{N}$$	$F_{n1}=2012.9\mathrm{N}$
	(3) 齿轮2的作用力 从动齿轮2各个力与主动齿轮1上相应的力大小相等,作用方向相反	
2. 低速级齿轮传动的作用力	(1)已知条件 中间轴传递的转矩 $T_2=229810\mathrm{N\cdot mm}$,转速 $n_2=130.9\mathrm{r/min}$,低速级齿轮的螺旋角 $\beta=9.76°$。为使齿轮3的轴向力与齿轮2的轴向力互相抵消一部分,低速级的小齿轮右旋,大齿轮左旋,小齿轮分度圆直径为 $d_3=88.785\mathrm{mm}$	
	(2)齿轮3的作用力 圆周力为	
	$$F_{t3}=\frac{2T_2}{d_3}=\frac{2\times229810}{88.785}\mathrm{N}=5176.8\mathrm{N}$$	$F_{t3}=5176.8\mathrm{N}$
	其方向与力作用点圆周速度方向相反	
	径向力为	
	$$F_{r3}=F_{t3}\frac{\tan\alpha_n}{\cos\beta}=5176.8\times\frac{\tan20°}{\cos9.76°}\mathrm{N}=1911.9\mathrm{N}$$	$F_{r3}=1911.9\mathrm{N}$

（续）

计算项目	计算及说明	计算结果
2. 低速级齿轮传动的作用力	其方向为由力的作用点指向轮 3 的转动中心 轴向力为 $F_{a3}=F_{t3}\tan\beta=5176.8\times\tan9.76°\text{N}=890.5\text{N}$ 其方向可用右手法则确定，即用右手握住轮 1 的轴线，并使四指的方向顺着轮的转动方向，此时拇指的指向即为该力的方向 法向力为 $F_{n3}=\dfrac{F_{t3}}{\cos\alpha_n\cos\beta}=\dfrac{5176.8}{\cos20°\times\cos9.76°}\text{N}=5589.9\text{N}$ （3）齿轮 4 的作用力　从动齿轮 4 各个力与主动齿轮 3 上相应的力大小相等，作用方向相反	$F_{a3}=890.5\text{N}$ $F_{n3}=5589.9\text{N}$

11.4　减速器装配草图的设计

11.4.1　合理布置图面

该减速器的装配图可以绘在一张 A0 或 A1 图纸上，本文选择 A0 图纸绘制装配图。根据图纸幅面大小与减速器两级齿轮传动的中心距，绘图比例定为 1∶1，采用三视图表达装配的结构。

11.4.2　绘出齿轮的轮廓尺寸

在俯视图上绘出两级齿轮传动的轮廓尺寸，如图 11-4 所示。

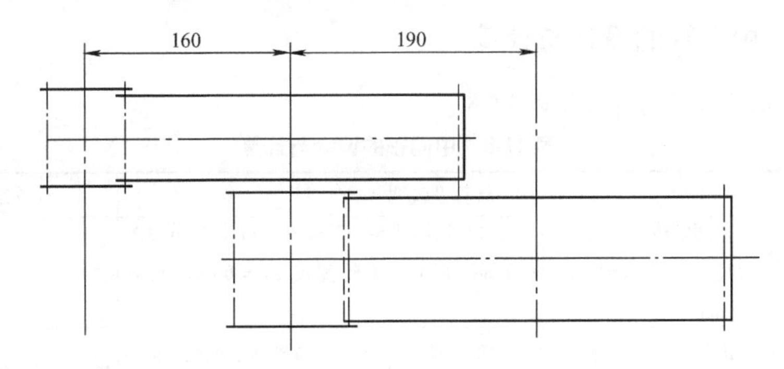

图 11-4　齿轮的轮廓

11.4.3　箱体内壁

在齿轮齿廓的基础上绘出箱体的内壁、轴承端面、轴承座端面，如图 11-5 所示。

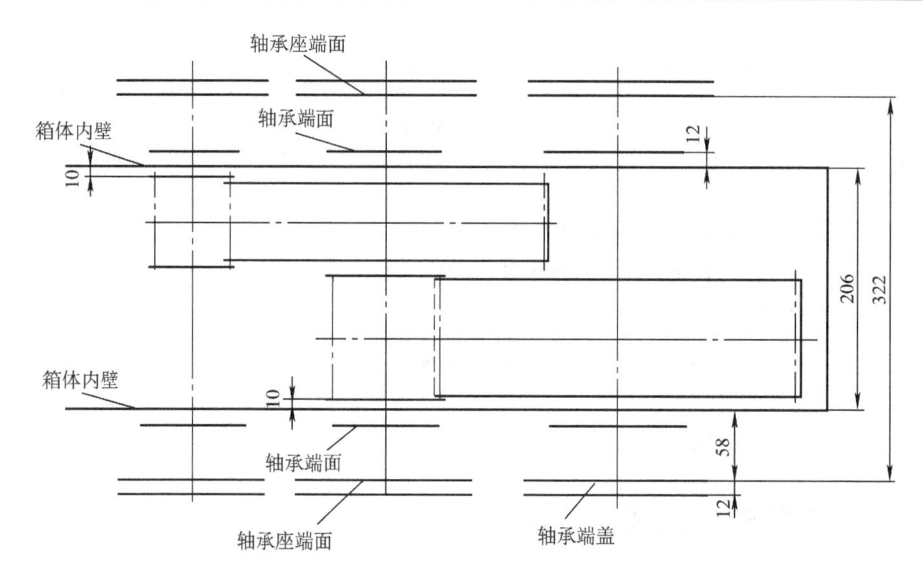

图 11-5　箱体内壁

11.5　轴的设计计算

轴的设计计算与轴上齿轮轮毂孔内径及宽度、滚动轴承的选择和校核、键的选择和验算、与轴连接的半联轴器的选择同步进行。因箱体内壁宽度主要由中间轴的结构尺寸确定，故先对中间轴进行设计，然后对高速轴和低速轴进行设计。

11.5.1　中间轴的设计与计算

中间轴的设计与计算见表 11-8。

表 11-8　中间轴的设计与计算

计算项目	计算及说明	计算结果
1. 已知条件	中间轴传递的功率 $P_2=3.15\text{kW}$，转速 $n_2=130.9\text{r/min}$，齿轮分度圆直径 $d_2=260.645\text{mm}$，$d_3=88.785\text{mm}$，齿轮宽度 $b_2=66\text{mm}$，$b_3=105\text{mm}$	
2. 选择轴的材料	因传递的功率不大，并对重量及结构尺寸无特殊要求，故由表 8-26 选常用的材料 45 钢，调质处理	45 钢，调质处理
3. 初算轴径	查表 9-8 得 $C=106\sim135$，考虑轴端不承受转矩，只承受少量的弯矩，故取较小值 $C=110$，则 $$d_{min}=C\sqrt[3]{\frac{P_2}{n_2}}=110\times\sqrt[3]{\frac{3.15}{130.9}}\text{mm}=31.76\text{mm}$$	$d_{min}=31.76\text{mm}$

（续）

计算项目	计算及说明	计算结果
4. 结构设计	轴的结构构想如图 11-6 所示 (1)轴承部件的结构设计　轴不长，故轴承采用两端固定方式。然后，按轴上零件的安装顺序，从 d_{min} 处开始设计 (2)轴承的选择与轴段①及轴段⑤的设计　该段轴段上安装轴承，其设计应与轴承的选择同步进行。考虑齿轮有轴向力存在，选用角接触球轴承。轴段①、⑤上安装轴承，其直径既应便于轴承安装，又应符合轴承内径系列。暂取轴承为 7207C，经过验算，轴承 7207C 的寿命不满足减速器的预期寿命要求，则改变直径系列，取 7210C 进行设计计算，由表 11-9 得轴承内径 $d=50\text{mm}$，外径 $D=90\text{mm}$，宽度 $B=20\text{mm}$，定位轴肩直径 $d_a=57\text{mm}$，外径定位直径 $D_a=83\text{mm}$，对轴的力作用点与外圈大端面的距离 $a_3=19.4\text{mm}$，故 $d_1=50\text{mm}$ 通常一根轴上的两个轴承取相同的型号，则 $d_5=50\text{mm}$	$d_1=50\text{mm}$ $d_5=50\text{mm}$
	(3)轴段②和轴段④的设计　轴段②上安装齿轮 3，轴段④上安装齿轮 2，为便于齿轮的安装，d_2 和 d_4 应分别略大于 d_1 和 d_5，可初定 $d_2=d_4=52\text{mm}$	$d_2=d_4=52\text{mm}$
	齿轮 2 轮毂宽度范围为 $(1.2\sim1.5)d_2=62.4\sim78\text{mm}$，取其轮毂宽度与齿轮宽度 $b_2=66\text{mm}$ 相等，左端采用轴肩定位，右端采用套筒固定。由于齿轮 3 的直径比较小，采用实心式，取其轮毂宽度与齿轮宽度 $b_3=105\text{mm}$ 相等，其右端采用轴肩定位，左端采用套筒固定。为使套筒端面能够顶到齿轮端面，轴段②和轴段④的长度应比相应齿轮的轮毂略短，故取 $L_2=102\text{mm}$，$L_4=64\text{mm}$	$L_2=102\text{mm}$ $L_4=64\text{mm}$
	(4)轴段③　该段为中间轴上的两个齿轮提供定位，其轴肩高度范围为 $(0.07\sim0.1)d_2=3.64\sim5.2\text{mm}$，取其高度为 $h=5\text{mm}$，故 $d_3=62\text{mm}$ 齿轮 3 左端面与箱体内壁距离与高速轴齿轮右端面距箱体内壁距离均取为 $\Delta_1=10\text{mm}$，齿轮 2 与齿轮 3 的距离初定为 $\Delta_3=10\text{mm}$，则箱体内壁之间的距离为 $B_X=2\Delta_1+\Delta_3+b_3+\dfrac{b_1+b_2}{2}=\left(2\times10+10+105+\dfrac{75+66}{2}\right)\text{mm}=205.5\text{mm}$，取 $\Delta_3=10.5\text{mm}$，则箱体内壁距离为 $B_X=206\text{mm}$。齿轮 2 的右端面与箱体内壁的距离 $\Delta_2=\Delta_1+(b_1-b_2)/2=[10+(75-66)/2]\text{mm}=14.5\text{mm}$，则轴段③的长度为 $L_3=\Delta_3=10.5\text{mm}$	$d_3=62\text{mm}$ $B_X=206\text{mm}$ $L_3=10.5\text{mm}$
	(5)轴段①及轴段⑤的长度　该减速器齿轮的圆周速度小于 2m/s，故轴承采用脂润滑，需要用挡油环阻止箱体内润滑油溅入轴承座，轴承内端面距箱体内壁的距离取为 $\Delta=12\text{mm}$，中间轴上两个齿轮的固定均由挡油环完成，则轴段①的长度为 $L_1=B+\Delta+\Delta_1+3\text{mm}=(20+12+10+3)\text{mm}=45\text{mm}$	$L_1=45\text{mm}$

（续）

计算项目	计算及说明	计算结果
4. 结构设计	轴段⑤的长度为 $L_5=B+\Delta+\Delta_2+2=(20+12+14.5+2)\mathrm{mm}=48.5\mathrm{mm}$ （6）轴上力作用点的间距　轴承反力的作用点距轴承外圈大端面的距离 $a_3=19.4\mathrm{mm}$，则由图 11-6 可得轴的支点及受力点间的距离为 $l_1=L_1+\frac{b_3}{2}-a_3-3\mathrm{mm}=\left(45+\frac{105}{2}-19.4-3\right)\mathrm{mm}=75.1\mathrm{mm}$ $l_2=L_3+\frac{b_2+b_3}{2}=\left(10.5+\frac{66+105}{2}\right)\mathrm{mm}=96\mathrm{mm}$ $l_3=L_5+\frac{b_2}{2}-a_3-2\mathrm{mm}=\left(48.5+\frac{66}{2}-19.4-2\right)\mathrm{mm}=60.1\mathrm{mm}$	$L_5=48.5\mathrm{mm}$ $l_1=75.1\mathrm{mm}$ $l_2=96\mathrm{mm}$ $l_3=60.1\mathrm{mm}$
5. 键连接	齿轮与轴间采用 A 型普通平键连接，查表 8-31 得键的型号分别为键 16×100 GB/T 1096—1990 和键 16×63 GB/T 1096—1990	
6. 轴的受力分析	（1）画轴的受力简图　轴的受力简图如图 11-7b 所示 （2）计算支承反力　在水平面上为 $R_{1H}=\frac{F_{r2}l_3-F_{r3}(l_2+l_3)-F_{a2}\frac{d_2}{2}-F_{a3}\frac{d_3}{2}}{l_1+l_2+l_3}$ $=\frac{688.4\times60.1-1911.9\times(96+60.1)-469.2\times\frac{260.645}{2}-890.5\times\frac{88.785}{2}}{75.1+96+60.1}\mathrm{N}$ $=-1547.4\mathrm{N}$ $R_{2H}=F_{r2}-R_{1H}-F_{r3}=688.4\mathrm{N}+1547.4\mathrm{N}-1911.9\mathrm{N}=323.9\mathrm{N}$ 式中负号表示与图中所画力的方向相反 在垂直平面上为 $R_{1V}=\frac{F_{t3}(l_2+l_3)+F_{t2}l_3}{l_1+l_2+l_3}$ $=\frac{5176.8\times(96+60.1)+1832.4\times60.1}{75.1+96+60.1}\mathrm{N}=3971.6\mathrm{N}$ $R_{2V}=F_{t3}+F_{t2}-R_{1V}$ $=5176.8\mathrm{N}+1832.4\mathrm{N}-3971.6\mathrm{N}=3037.6\mathrm{N}$ 轴承 1 的总支承反力为 $R_1=\sqrt{R_{1H}^2+R_{1V}^2}=\sqrt{1547.4^2+3971.6^2}\mathrm{N}=4262.4\mathrm{N}$ 轴承 2 的总支承反力为 $R_2=\sqrt{R_{2H}^2+R_{2V}^2}=\sqrt{323.9^2+3037.6^2}\mathrm{N}=3054.8\mathrm{N}$ （3）画弯矩图　弯矩图如图 11-7c、d 和 e 所示 在水平面上，a-a 剖面图左侧为 $M_{aH}=R_{1H}l_1=-1547.4\times75.1\mathrm{N\cdot mm}=-116209.7\mathrm{N\cdot mm}$ a-a 剖面图右侧为	$R_{1H}=-1547.4\mathrm{N}$ $R_{2H}=323.9\mathrm{N}$ $R_{1V}=3971.6\mathrm{N}$ $R_{2V}=3037.4\mathrm{N}$ $R_1=4262.6\mathrm{N}$ $R_2=3054.8\mathrm{N}$

（续）

<table>
<tr><th>计算项目</th><th>计算及说明</th><th>计算结果</th></tr>
<tr><td>6. 轴的受力分析</td><td>$M'_{aH}=M_{aH}+F_{a3}\frac{d_3}{2}$
$=-116209.7\text{N}\cdot\text{mm}+890.5\times\frac{88.785}{2}\text{N}\cdot\text{mm}$
$=-76678.2\text{N}\cdot\text{mm}$
b-b 剖面右侧为
$M'_{bH}=R_{2H}l_3=323.9\times60.1\text{N}\cdot\text{mm}=19466.4\text{N}\cdot\text{mm}$
$M_{bH}=M'_{bH}-F_{a2}\frac{d_2}{2}$
$=19466.4\text{N}\cdot\text{mm}-469.2\times\frac{260.645}{2}\text{N}\cdot\text{mm}$
$=-41680.9\text{N}\cdot\text{mm}$
在垂直平面上为
$M_{aV}=R_{1V}l_1=3971.6\times75.1\text{N}\cdot\text{mm}=298267.2\text{N}\cdot\text{mm}$
$M_{bV}=R_{2V}l_3=3037.6\times60.1\text{N}\cdot\text{mm}=182559.8\text{N}\cdot\text{mm}$
合成弯矩，在 a-a 剖面左侧为
$M_a=\sqrt{M_{aH}^2+M_{aV}^2}=\sqrt{116209.7^2+298267.2^2}\text{N}\cdot\text{mm}$
$=320106.3\text{N}\cdot\text{mm}$
a-a 剖面右侧为
$M'_a=\sqrt{M'^2_{aH}+M_{aV}^2}=\sqrt{76678.2^2+298267.2^2}\text{N}\cdot\text{mm}$
$=307965.7\text{N}\cdot\text{mm}$
b-b 剖面左侧为
$M_b=\sqrt{M_{bH}^2+M_{bV}^2}=\sqrt{41680.9^2+182559.8^2}\text{N}\cdot\text{mm}$
$=187257.5\text{N}\cdot\text{mm}$
b-b 剖面右侧为
$M'_b=\sqrt{M'^2_{bH}+M_{bV}^2}=\sqrt{19466.4^2+182559.8^2}\text{N}\cdot\text{mm}$
$=183594.7\text{N}\cdot\text{mm}$
（4）画转矩图　转矩图如图 11-7f 所示，$T_2=229810\text{N}\cdot\text{mm}$</td><td>$M_a=320106.3\text{N}\cdot\text{mm}$
$M'_a=307965.7\text{N}\cdot\text{mm}$
$M_b=187257.5\text{N}\cdot\text{mm}$
$M'_b=183594.7\text{N}\cdot\text{mm}$
$T_2=229810\text{N}\cdot\text{mm}$</td></tr>
<tr><td>7. 校核轴的强度</td><td>虽然 a-a 剖面左侧弯矩大，但 a-a 剖面右侧除作用有弯矩外还作用有转矩，故 a-a 剖面两侧均有可能为危险剖面，故分别计算
a-a 剖面的抗弯截面系数为
$W=\frac{\pi d_2^3}{32}-\frac{bt(d_2-t)^2}{2d_2}=\frac{\pi\times52^3}{32}\text{mm}^3-\frac{16\times6\times(52-6)^2}{2\times52}\text{mm}^3$
$=11843.8\text{mm}^3$</td><td></td></tr>
</table>

（续）

计算项目	计算及说明	计算结果
7. 校核轴的强度	抗扭截面系数为 $$W_T=\frac{\pi d_2^3}{16}-\frac{bt(d_2-t)^2}{2d_2}=\frac{\pi\times 52^3}{16}\text{mm}^3-\frac{16\times 6\times(52-6)^2}{2\times 52}\text{mm}^3$$ $$=25641.1\text{mm}^3$$ a-a 剖面左侧弯曲应力为 $$\sigma_b=\frac{M_a}{W}=\frac{320106.3}{11843.8}\text{MPa}=27.0\text{MPa}$$ a-a 剖面右侧的弯曲应力为 $$\sigma_b'=\frac{M_a'}{W}=\frac{307965.7}{11843.8}\text{MPa}=26.0\text{MPa}$$ 扭剪应力为 $$\tau=\frac{T_2}{W_T}=\frac{229810}{25641.1}\text{MPa}=9.0\text{MPa}$$ 按弯扭合成强度进行校核计算，对于单向转动的转轴，转矩按脉动循环处理，故取折合系数 $\alpha=0.6$，则当量应力为 $$\sigma_e'=\sqrt{\sigma_b'^2+4(\alpha\tau)^2}=\sqrt{26.0^2+4\times(0.6\times 9.0)^2}\text{MPa}$$ $$=28.2\text{MPa}$$ $\sigma_e'>\sigma_b$，故 a-a 剖面右侧为危险截面 由表 8-26 查得 45 钢调质处理抗拉强度极限 $\sigma_B=650\text{MPa}$，由表 8-32 查得轴的许用弯曲应力 $[\sigma_{-1b}]=60\text{MPa}$，$\sigma_e'<[\sigma_{-1b}]$，强度满足要求	轴的强度满足要求
8. 校核键连接的强度	齿轮 2 处键连接的挤压应力为 $$\sigma_p=\frac{4T_2}{d_4hl}=\frac{4\times 229810}{52\times 10\times(63-16)}\text{MPa}=37.6\text{MPa}$$ 取键、轴及齿轮的材料都为钢，由表 8-33 查得 $[\sigma]_p=125\sim 150\text{MPa}$，$\sigma_p<[\sigma]_p$，强度足够 齿轮 3 处的键长于齿轮 2 处的键，故其强度也足够	键连接强度足够
9. 校核轴承寿命	（1）计算轴承的轴向力　由表 11-9 查 7210C 轴承得 $C=42800\text{N}$，$C_0=32000\text{N}$。由表 9-10 查得 7210C 轴承内部轴向力计算公式，则轴承 1、2 的内部轴向力分别为 $$S_1=0.4R_1=0.4\times 4262.4\text{N}=1705.0\text{N}$$ $$S_2=0.4R_2=0.4\times 3054.8\text{N}=1221.9\text{N}$$ 外部轴向力 $A=F_{a3}-F_{a2}=890.5\text{N}-469.2\text{N}=421.3\text{N}$，各轴向力方向如图 11-8 所示 $$S_2+A=1221.9\text{N}+421.3\text{N}=1643.2\text{N}<S_1$$	

（续）

计算项目	计算及说明	计算结果
9. 校核轴承寿命	则两轴承的轴向力分别为 $$F_{a1}=S_1=1705.0\text{N}$$ $$F_{a2}=S_1-A=1705.0\text{N}-421.3\text{N}=1283.7\text{N}$$ 因 $R_1>R_2$，$F_{a1}>F_{a2}$，故只需校核轴承 1 的寿命 （2）计算轴承 1 的当量动载荷　由 $F_{a1}/C_0=1705.0/32000=0.053$，查表 11-9 得 $e=0.43$，因 $F_{a1}/R_1=1705.0/4262.4=0.4<e$，故 $X=1$，$Y=0$，则当量动载荷为 $$P=XR_1+YF_{a1}=1\times4262.4\text{N}+0\times1705.0\text{N}=4262.4\text{N}$$ （3）校核轴承寿命　轴承在 100℃以下工作，查表 8-34 得 $f_T=1$。对于减速器，查表 8-35 得载荷系数 $f_P=1.5$ 轴承 1 的寿命为 $$L_h=\frac{10^6}{60n_2}\left(\frac{f_T C}{f_P P}\right)^3=\frac{10^6}{60\times130.9}\left(\frac{1\times42800}{1.5\times4262.4}\right)^3\text{h}$$ $$=38195\text{h}$$ 减速器预期寿命为 $$L_h'=2\times8\times250\times8\text{h}=32000\text{h}$$ $L_h>L_h'$，故轴承寿命足够	轴承寿命满足要求

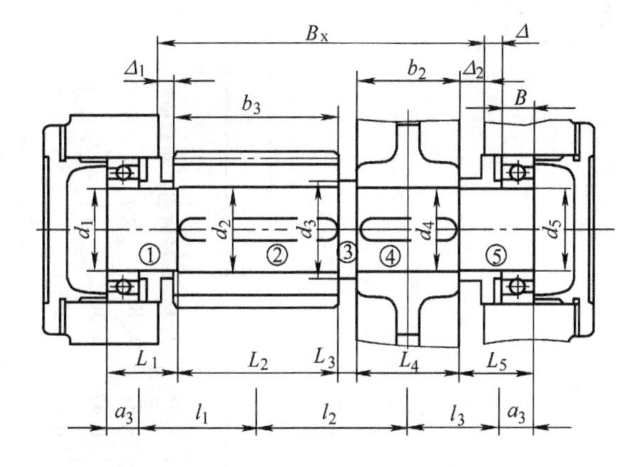

图 11-6　中间轴结构的构想图

表 11-9　角接触球轴承(GB/T 292—1994)

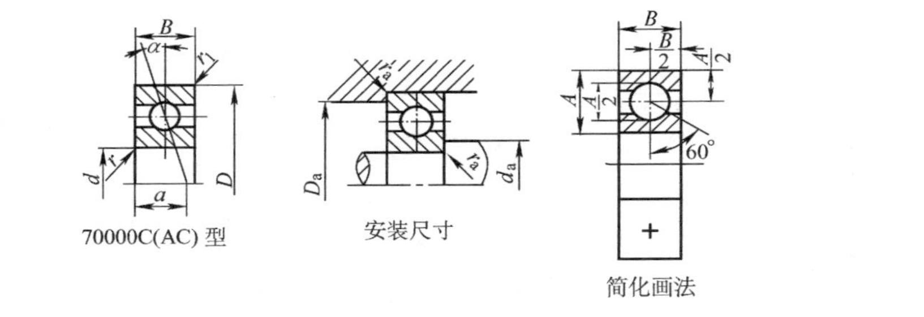

70000C(AC) 型　　安装尺寸　　简化画法

标记示例:滚动轴承　7210C　GB/T 292—1994

iF_a/C_{0r}	e	Y	70000C 型	70000AC 型
0.015	0.38	1.47	径向当量动载荷 当 $F_a/F_r \leqslant e$　$P_r = F_r$ 当 $F_a/F_r > e$　$P_r = 0.44F_r + YF_a$	径向当量动载荷 当 $F_a/F_r \leqslant 0.68$　$P_r = F_r$ 当 $F_a/F_r > 0.68$　$P_r = 0.41F_r + 0.87F_a$
0.029	0.40	1.40		
0.058	0.43	1.30		
0.087	0.46	1.23		
0.12	0.47	1.19		
0.17	0.50	1.12	径向当量静载荷 $P_{0r} = 0.5F_r + 0.46F_a$ 当 $P_{0r} < F_r$ 取 $P_{0r} = F_r$	径向当量静载荷 $P_{0r} = 0.5F_r + 0.38F_a$ 当 $P_{0r} < F_r$ 取 $P_{0r} = F_r$
0.29	0.55	1.02		
0.44	0.56	1.00		
0.58	0.56	1.00		

（续）

轴承代号		基本尺寸/mm					安装尺寸/mm			70000C（$\alpha=15°$）			70000AC（$\alpha=25°$）			极限转速/(r/min)		原轴承代号	
		d	D	B	r_s	r_{1s}	d_a	D_a	r_a	a /mm	基本额定 动载荷 C_r	基本额定 静载荷 C_{0r}	a /mm	基本额定 动载荷 C_r	基本额定 静载荷 C_{0r}	脂润滑	油润滑		
					min		min	max			kN			kN					
(1)0尺寸系列																			
7000C	7000AC	10	26	8	0.3	0.15	12.4	23.6	0.3	6.4	4.92	2.25	8.2	4.75	2.12	19000	28000	36100	46100
7001C	7001AC	12	28	8	0.3	0.15	14.4	25.6	0.3	6.7	5.42	2.65	8.7	5.20	2.55	18000	26000	36101	46101
7002C	7002AC	15	32	9	0.3	0.15	17.4	29.6	0.3	7.6	6.25	3.42	10	5.95	3.25	17000	24000	36102	46102
7003C	7003AC	17	35	10	0.3	0.15	19.4	32.6	0.3	8.5	6.60	3.85	11.1	6.30	3.68	16000	22000	36103	46103
7004C	7004AC	20	42	12	0.6	0.15	25	37	0.6	10.2	10.5	6.08	13.2	10.0	5.78	14000	19000	36104	46104
7005C	7005AC	25	47	12	0.6	0.15	30	42	0.6	10.8	11.5	7.45	14.4	11.2	7.08	12000	17000	36105	46105
7006C	7006AC	30	55	13	1	0.3	36	49	1	12.2	15.2	10.2	16.4	14.5	9.85	9500	14000	36106	46106
7007C	7007AC	35	62	14	1	0.3	41	56	1	13.5	19.5	14.2	18.3	18.5	13.5	8500	12000	36107	46107
7008C	7008AC	40	68	15	1	0.3	46	62	1	14.7	20.0	15.2	20.1	19.0	14.5	8000	11000	36108	46108
7009C	7009AC	45	75	16	1	0.3	51	69	1	16	25.8	20.5	21.9	25.8	19.5	7500	10000	36109	46109
7010C	7010AC	50	80	16	1	0.3	56	74	1	16.7	26.5	22.0	23.2	25.2	21.0	6700	9000	36110	46110
7011C	7011AC	55	90	18	1.1	0.6	62	83	1	18.7	37.2	30.5	25.9	35.2	29.2	6000	8000	36111	46111
7012C	7012AC	60	95	18	1.1	0.6	67	88	1	19.4	38.2	32.8	27.1	36.2	31.5	5600	7500	36112	46112
7013C	7013AC	65	100	18	1.1	0.6	72	93	1	20.1	40.0	35.5	28.2	38.0	33.8	5300	7000	36113	46113
7014C	7014AC	70	110	20	1.1	0.6	77	103	1	22.1	48.2	43.5	30.9	45.8	41.5	5000	6700	36114	46114

（续）

轴承代号		基本尺寸/mm d	D	B	r_s min	r_{1s} min	安装尺寸/mm d_a min	D_a max	r_a max	70000C（$\alpha=15°$） a /mm	基本额定动载荷 C_r /kN	基本额定静载荷 C_{0r} /kN	70000AC（$\alpha=25°$） a /mm	基本额定动载荷 C_r /kN	基本额定静载荷 C_{0r} /kN	极限转速/(r/min) 脂润滑	油润滑	原轴承代号	
(1)0尺寸系列																			
7015C	7015AC	75	115	20	1.1	0.6	82	108	1	22.7	49.5	46.5	32.2	46.8	44.2	4800	6300	36115	46115
7016C	7016AC	80	125	22	1.5	0.6	89	116	1.5	24.7	58.5	55.8	34.9	55.5	53.2	4500	6000	36116	46116
7017C	7017AC	85	130	22	1.5	0.6	94	121	1.5	25.4	62.5	60.2	36.1	59.2	57.2	4300	5600	36117	46117
7018C	7018AC	90	140	24	1.5	0.6	99	131	1.5	27.4	71.5	69.8	38.8	67.5	66.5	4000	5300	36118	46118
7019C	7019AC	95	145	24	1.5	0.6	104	136	1.5	28.1	73.5	73.2	40	69.5	69.8	3800	5000	36119	46119
7020C	7020AC	100	150	24	1.5	0.6	109	141	1.5	28.7	79.2	78.5	41.2	75	74.8	3800	5000	36120	46120
(0)2尺寸系列																			
7200C	7200AC	10	30	9	0.6	0.15	15	25	0.6	7.2	5.82	2.95	9.2	5.58	2.82	18000	26000	36200	46200
7201C	7201AC	12	32	10	0.6	0.15	17	27	0.6	8	7.35	3.52	10.2	7.10	3.35	17000	24000	36201	46201
7202C	7202AC	15	35	11	0.6	0.15	20	30	0.6	8.9	8.68	4.62	11.4	8.35	4.40	16000	22000	36202	46202
7203C	7203AC	17	40	12	0.6	0.3	22	35	0.6	9.9	10.8	5.95	12.8	10.5	5.65	15000	20000	36203	46203
7204C	7204AC	20	47	14	1	0.3	26	41	1	11.5	14.5	8.22	14.9	14.0	7.82	13000	18000	36204	46204
7205C	7205AC	25	52	15	1	0.3	31	46	1	12.7	16.5	10.5	16.4	15.8	9.88	11000	16000	36205	46205
7206C	7206AC	30	62	16	1	0.3	36	56	1	14.2	23.0	15.0	18.7	22.0	14.2	9000	13000	36206	46206
7207C	7207AC	35	72	17	1.1	0.6	42	65	1	15.7	30.5	20.0	21	29.0	19.2	8000	11000	36207	46207
7208C	7208AC	40	80	18	1.1	0.6	47	73	1	17	36.8	25.8	23	35.2	24.5	7500	10000	36208	46208
7209C	7209AC	45	85	19	1.1	0.6	52	78	1	18.2	38.5	28.5	24.7	36.8	27.2	6700	9000	36209	46209

（续）

轴承代号		基本尺寸/mm					安装尺寸/mm			70000C ($\alpha=15°$)			70000AC ($\alpha=25°$)			极限转速 /(r/min)		原轴承代号	
		d	D	B	r_s	r_{1s}	d_a	D_a	r_a	a /mm	基本额定动载荷 C_r	基本额定静载荷 C_{0r}	a /mm	基本额定动载荷 C_r	基本额定静载荷 C_{0r}	脂润滑	油润滑		
					min	min	min	max	max		kN	kN		kN	kN				
(0)2 尺寸系列																			
7210C	7210AC	50	90	20	1.1	0.6	57	83	1	19.4	42.8	32.0	26.3	40.8	30.5	6300	8500	36210	46210
7211C	7211AC	55	100	21	1.5	0.6	64	91	1.5	20.9	52.8	40.5	28.6	50.5	38.5	5600	7500	36211	46211
7212C	7212AC	60	110	22	1.5	0.6	69	101	1.5	22.4	61.0	48.5	30.8	58.2	46.2	5300	7000	36212	46212
7213C	7213AC	65	120	23	1.5	0.6	74	111	1.5	24.2	69.8	55.2	33.5	66.5	52.5	4800	6300	36213	46213
7214C	7214AC	70	125	24	1.5	0.6	79	116	1.5	25.3	70.2	60.0	35.1	69.2	57.5	4500	6000	36214	46214
7215C	7215AC	75	130	25	1.5	0.6	84	121	1.5	26.4	79.2	65.8	36.6	75.2	63.0	4300	5600	36215	46215
7216C	7216AC	80	140	26	2	1	90	130	2	27.7	89.5	78.2	38.9	85.0	74.5	4000	5300	36216	46216
7217C	7217AC	85	150	28	2	1	95	140	2	29.9	99.8	85.0	41.6	94.8	81.5	3800	5000	36217	46217
7218C	7178AC	90	160	30	2	1	100	150	2	31.7	122	105	44.2	118	100	3600	4800	36218	46218
7219C	7219AC	95	170	32	2.1	1.1	107	158	2.1	33.8	135	115	46.9	128	108	3400	4500	36219	46219
7220C	7220AC	100	180	34	2.1	1.1	112	168	2.1	35.8	148	128	49.7	142	122	3200	4300	36220	46220
(0)3 尺寸系列																			
7301C	7301AC	12	37	12	1	0.3	18	31	1	8.6	8.10	5.22	12	8.08	4.88	16000	22000	36301	46301
7302C	7302AC	15	42	13	1	0.3	21	36	1	9.6	9.38	5.95	13.5	9.08	5.58	15000	20000	36302	46302
7303C	7303AC	17	47	14	1	0.3	23	41	1	10.4	12.8	8.62	14.8	11.5	7.08	14000	19000	36303	46303
7304C	7304AC	20	52	15	1.1	0.6	27	45	1	11.3	14.2	9.68	16.8	13.8	9.10	12000	17000	36304	46304

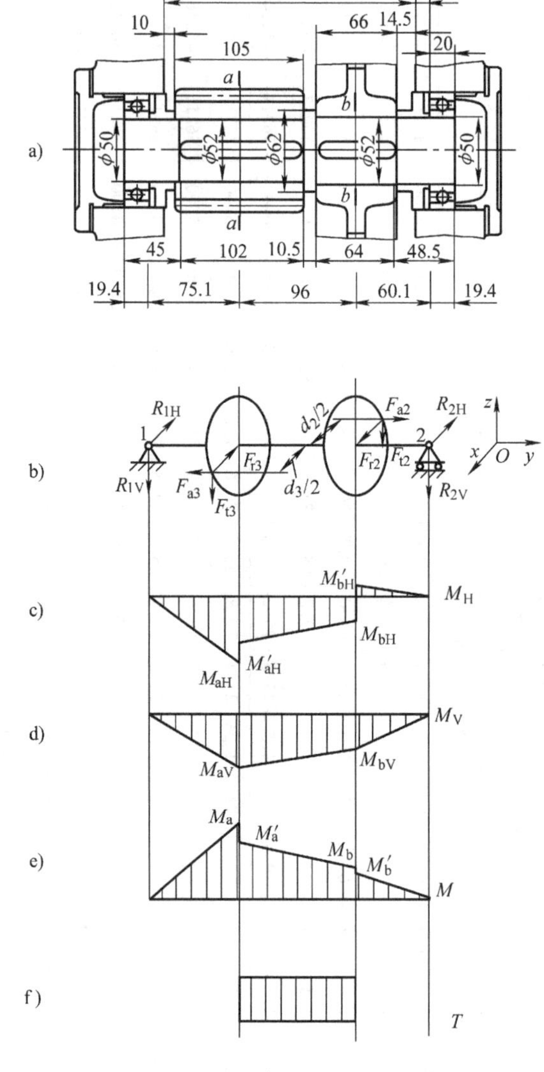

图 11-7　中间轴的结构与受力分析

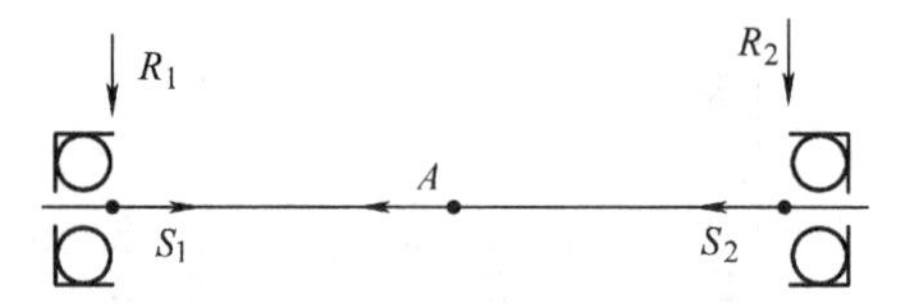

图 11-8　中间轴轴承的布置及受力

11.5.2　高速轴的设计与计算

高速轴的设计与计算见表 11-10。

表 11-10　高速轴的设计与计算

计算项目	计算及说明	计算结果
1. 已知条件	高速轴传递的功率 $P_1=3.28\text{kW}$，转速 $n_1=576\text{r/min}$，小齿轮分度圆直径 $d_1=59.355\text{mm}$，齿轮宽度 $b_1=75\text{mm}$	
2. 选择轴的材料	因传递的功率不大，并对重量及结构尺寸无特殊要求，故由表 8-26 选用常用的材料 45 钢，调质处理	45 钢，调质处理
3. 初算最小轴径	查表 9-8 得 $C=106\sim135$，考虑轴端既承受转矩，又承受弯矩，故取中间值 $C=120$，则 $d_{min}=C\sqrt[3]{\frac{P_1}{n_1}}=120\times\sqrt[3]{\frac{3.28}{576}}\text{mm}=21.43\text{mm}$ 轴与带轮连接，有一个键槽，轴径应增大 3% ~5%，轴端最细处直径为 $d_1>21.43\text{mm}+21.43\times(0.03\sim0.05)\text{mm}=22.07\sim22.5\text{mm}$ 取 $d_{min}=23\text{mm}$	$d_{min}=23\text{mm}$
4. 结构设计	轴的结构构想如图 11-9 所示 (1)轴承部件的结构设计　为方便轴承部件的装拆，减速器的机体采用剖分式结构，该减速器发热小、轴不长，故轴承采用两端固定方式。按轴上零件的安装顺序，从轴的最细处开始设计 (2)轴段①　轴段①上安装带轮，此段轴的设计应与带轮轮毂轴孔设计同步进行。根据第三步初算的结果，考虑到如该段轴径取得太小，轴承的寿命可能满足不了减速器预期寿命的要求，初定轴段①的轴径 $d_1=30\text{mm}$，带轮轮毂的宽度为 $(1.5\sim2.0)d_1=(1.5\sim2.0)\times30\text{mm}=45\text{mm}\sim60\text{mm}$，结合带轮结构 $L_{带轮}=42\sim56\text{mm}$，取带轮轮毂的宽度 $L_{带轮}=50\text{mm}$，轴段①的长度略小于毂孔宽度，取 $L_1=48\text{mm}$ (3)密封圈与轴段②　在确定轴段②的轴径时，应考虑带轮的轴向固定及密封圈的尺寸。带轮用轴肩定位，轴肩高度 $h=(0.07\sim0.1)d_1=(0.07\sim0.1)\times30\text{mm}=2.1\sim3\text{mm}$。轴段②的轴径 $d_2=d_1+2\times(2.1\sim3)\text{mm}=34.2\sim36\text{mm}$，其最终由密封圈确定。该处轴的圆周速度小于 3m/s，可选用毡圈油封，查表 8-27 选毡圈 35　JB/ZQ 4606—1997，则 $d_2=35\text{mm}$	$d_1=30\text{mm}$ $L_1=48\text{mm}$ $d_2=35\text{mm}$

（续）

计算项目	计算及说明	计算结果
4. 结构设计	（4）轴承与轴段③及轴段⑦　考虑齿轮有轴向力存在，选用角接触球轴承。轴段③上安装轴承，其直径应符合轴承内径系列。现暂取轴承为7208C，由表11-9得轴承内径 $d=40\mathrm{mm}$，外径 $D=80\mathrm{mm}$，宽度 $B=18\mathrm{mm}$，内圈定位轴肩直径 $d_a=47\mathrm{mm}$，外圈定位内径 $D_a=73\mathrm{mm}$，在轴上力作用点与外圈大端面的距离 $a_3=17\mathrm{mm}$，故取轴段③的直径 $d_3=40\mathrm{mm}$。轴承采用脂润滑，需要用挡油环阻止箱体内润滑油溅入轴承座。为补偿箱体的铸造误差和安装挡油环，轴承靠近箱体内壁的端面距箱体内壁距离取 Δ，挡油环的挡油凸缘内侧面凸出箱体内壁1～2mm，挡油环轴孔宽度初定为 $B_1=15\mathrm{mm}$，则 $L_3=B+B_1=(18+15)\mathrm{mm}=33\mathrm{mm}$ 通常一根轴上的两个轴承应取相同的型号，则 $d_7=40\mathrm{mm}$，$L_7=B+B_1=18+15=33\mathrm{mm}$	$d_3=40\mathrm{mm}$ $L_3=33\mathrm{mm}$ $d_7=40\mathrm{mm}$ $L_7=33\mathrm{mm}$
	（5）齿轮与轴段⑤　该段上安装齿轮，为便于齿轮的安装，d_5 应略大于 d_3，可初定 $d_5=42\mathrm{mm}$，则由表8-31知该处键的截面尺寸为 $b\times h=12\mathrm{mm}\times 8\mathrm{mm}$，轮毂键槽深度为 $t_1=3.3\mathrm{mm}$，则该处齿轮上齿根圆与毂孔键槽顶部的距离为 $e=\frac{d_{f1}}{2}-\frac{d_3}{2}-t_1=\left(\frac{53.105}{2}-\frac{42}{2}-3.3\right)\mathrm{mm}=2.26\mathrm{mm}<2.5m_n=2.5\times 2.5\mathrm{mm}=6.25\mathrm{mm}$，故该轴设计成齿轮轴，则有 $d_5=d_{f1}$，$L_5=b_1=75\mathrm{mm}$	$b=12\mathrm{mm}$ $h=8\mathrm{mm}$ 齿轮轴 $d_5=d_{f1}$ $L_5=75\mathrm{mm}$
	（6）轴段④和轴段⑥的设计　该轴段直径可取略大于轴承定位轴肩的直径，则 $d_4=d_6=48\mathrm{mm}$，齿轮右端面距箱体内壁距离为 Δ_1，则轴段⑥的长度 $L_6=\Delta+\Delta_1-B_1=(12+10-15)\mathrm{mm}=7\mathrm{mm}$。轴段④的长度为 $L_4=B_X+\Delta-\Delta_1-b_1-B_1=(206+12-10-75-15)\mathrm{mm}=118\mathrm{mm}$	$d_4=d_6=48\mathrm{mm}$ $L_6=7\mathrm{mm}$ $L_4=118\mathrm{mm}$
	（7）轴段②的长度　该轴段的长度除与轴上的零件有关外，还与轴承座宽度及轴承端盖等零件有关。轴承座的宽度为 $L=\delta+c_1+c_2+(5\sim8)\mathrm{mm}$，由表4-1可知，下箱座壁厚 $\delta=0.025a_2+3\mathrm{mm}=(0.025\times 190+3)\mathrm{mm}=7.75\mathrm{mm}<8\mathrm{mm}$，取 $\delta=8\mathrm{mm}$，$a_1+a_2=(160+190)\mathrm{mm}=350\mathrm{mm}<400\mathrm{mm}$，取轴承旁连接螺栓为M16，则 $c_1=24\mathrm{mm}$，$c_2=20\mathrm{mm}$，箱体轴承座宽度 $L=[8+24+20+(5\sim8)]\mathrm{mm}=57\sim60\mathrm{mm}$，取 $L=58\mathrm{mm}$；可取箱体凸缘连接螺栓为M12，地脚螺栓为 $d_\phi=\mathrm{M}20$，则有轴承端盖连接螺定为 $0.4d_\phi=0.4\times 20\mathrm{mm}=8\mathrm{mm}$，由表8-30得轴承端盖凸缘厚度取为 $B_d=10\mathrm{mm}$；取端盖与轴承座间的调整垫片厚度为 $\Delta_t=2\mathrm{mm}$；端盖连接螺钉查表8-29采用螺钉GB/T 5781 M8×25；为方便不拆卸带轮的条件下，可以装拆轴承端盖连接螺钉，取带轮凸缘端面距轴承端盖表面距离 $K=28\mathrm{mm}$，带轮采用腹板式，螺钉的拆装空间足够。	$\delta=8\mathrm{mm}$ $L=58\mathrm{mm}$

（续）

计算项目	计算及说明	计算结果
4. 结构设计	则 $L_2 = L + B_d + K + \Delta_t + \dfrac{B_{带轮} - L_{带轮}}{2} - \Delta - B = \left(58+10+28+2+\dfrac{65-50}{2}-12-18\right)\text{mm} = 75.5\text{mm}$ (8)轴上力作用点的间距　轴承反力的作用点距轴承外圈大端面的距离 $a_3 = 17\text{mm}$，则由图 11-9 可得轴的支点及受力点间的距离为 $l_1 = \dfrac{L_{带轮}}{2} + L_2 + a_3 = \left(\dfrac{50}{2}+75.5+17\right)\text{mm} = 117.5\text{mm}$ $l_2 = L_3 + L_4 + \dfrac{L_5}{2} - a_3 = \left(33+118+\dfrac{75}{2}-17\right)\text{mm} = 171.5\text{mm}$ $l_3 = \dfrac{L_5}{2} + L_6 + L_7 - a_3 = \left(\dfrac{75}{2}+7+33-17\right)\text{mm} = 60.5\text{mm}$	$L_2 = 75.5\text{mm}$ $l_1 = 117.5\text{mm}$ $l_2 = 171.5\text{mm}$ $l_3 = 60.5\text{mm}$
5. 键连接	带轮与轴段①间采用 A 型普通平键连接，查表 8-31 得其型号为键 8×45 GB/T 1096—1990	
6. 轴的受力分析	(1)画轴的受力简图　轴的受力简图如图 11-10b 所示 (2)计算轴承支承反力　在水平面上为 $R_{1H} = \dfrac{Q(l_1+l_2+l_3) - F_{r1}l_3 - F_{a1}\dfrac{d_1}{2}}{l_2+l_3}$ $= \dfrac{972.7\times(117.5+171.5+60.5) - 688.4\times60.5 - 469.2\times\dfrac{59.355}{2}}{171.5+60.5}\text{N}$ $= 1225.8\text{N}$ $R_{2H} = Q - R_{1H} - F_{r1} = 972.7\text{N} - 1225.8\text{N} - 688.4\text{N} = -941.5\text{N}$ 式中负号表示与图中所画力的方向相反 在垂直平面上为 $R_{1V} = \dfrac{F_{t1}l_3}{l_2+l_3} = \dfrac{1832.4\times60.5}{171.5+60.5}\text{N} = 477.8\text{N}$ $R_{2V} = F_{t1} - R_{1V} = 1832.4\text{N} - 477.8\text{N} = 1354.6\text{N}$ 轴承 1 的总支承反力为 $R_1 = \sqrt{R_{1H}^2 + R_{1V}^2} = \sqrt{1225.8^2 + 477.8^2}\text{N} = 1315.7\text{N}$ 轴承 2 的总支承反力为 $R_2 = \sqrt{R_{2H}^2 + R_{2V}^2} = \sqrt{941.5^2 + 1354.6^2}\text{N} = 1649.6\text{N}$ (3)画弯矩图　弯矩图如图 11-10c、d、e 所示 在水平面上，a-a 剖面右侧 $M'_{aH} = R_{2H}l_3 = -941.5\times60.5\text{N}\cdot\text{mm} = -56961.4\text{N}\cdot\text{mm}$ a-a 剖面左侧为	$R_{1H} = 1225.8\text{N}$ $R_{2H} = -941.5\text{N}$ $R_{1V} = 477.8\text{N}$ $R_{2V} = 1354.6\text{N}$ $R_1 = 1315.7\text{N}$ $R_2 = 1649.6\text{N}$

（续）

计算项目	计算及说明	计算结果
6. 轴的受力分析	$M_{aH}=M'_{aH}-F_{a1}\frac{d_1}{2}$ $=-56961.4\text{N}\cdot\text{mm}-469.2\times\frac{59.355}{2}\text{N}\cdot\text{mm}$ $=-70887.4\text{N}\cdot\text{mm}$ *b-b* 剖面为 $M_{bH}=-Ql_1=-932.72\times117.5\text{N}\cdot\text{mm}=-109592.3\text{N}\cdot\text{mm}$ 在垂直平面上为 $M_{aV}=-R_{1V}l_2=-477.8\times171.5\text{N}\cdot\text{mm}=-81942.7\text{N}\cdot\text{mm}$ $M_{bV}=0\text{N}\cdot\text{mm}$ 合成弯矩，*a-a* 剖面左侧 $M_a=\sqrt{M_{aH}^2+M_{aV}^2}=\sqrt{(-70887.4)^2+(-81942.7)^2}\text{N}\cdot\text{mm}$ $=108349.6\text{N}\cdot\text{mm}$ *a-a* 剖面右侧为 $M'_a=\sqrt{M'^2_{aH}+M_{aV}^2}=\sqrt{(-56961.4)^2+(-81942.7)^2}\text{N}\cdot\text{mm}$ $=99795.8\text{N}\cdot\text{mm}$ *b-b* 剖面为 $M_b=\sqrt{M_{bH}^2+M_{bV}^2}=\sqrt{(109592.3)^2+0^2}\text{N}\cdot\text{mm}$ $=109592.3\text{N}\cdot\text{mm}$ （4）画转矩图　转矩图如图 11-10f 所示，$T_1=54380\text{N}\cdot\text{mm}$	$M_a=108349.6\text{N}\cdot\text{mm}$ $M'_a=99795.8\text{N}\cdot\text{mm}$ $M_b=109592.3\text{N}\cdot\text{mm}$ $T_1=54380\text{N}\cdot\text{mm}$
7. 校核轴的强度	因 *b-b* 剖面弯矩大，且作用有转矩，其轴颈较小，故 *b-b* 剖面为危险剖面 其抗弯截面系数为 $W=\frac{\pi d_3^3}{32}=\frac{\pi\times40^3}{32}\text{mm}^3=6280\text{mm}^3$ 抗扭截面系数为 $W_T=\frac{\pi d_3^3}{16}=\frac{\pi\times40^3}{16}\text{mm}^3=12560\text{mm}^3$ 弯曲应力为 $\sigma_b=\frac{M_b}{W}=\frac{109592.3}{6280}\text{MPa}=17.5\text{MPa}$ 扭剪应力为 $\tau=\frac{T_1}{W_T}=\frac{54380}{12560}\text{MPa}=4.3\text{MPa}$ 按弯扭合成强度进行校核计算，对于单向转动的转轴，转矩按脉动循环处理，故取折合系数 $\alpha=0.6$，则当量应力为 $\sigma_e=\sqrt{\sigma_b^2+4(\alpha\tau)^2}=\sqrt{17.5^2+4\times(0.6\times4.3)^2}\text{MPa}=18.2\text{MPa}$	

（续）

计算项目	计算及说明	计算结果
7. 校核轴的强度	由表 8-26 查得 45 钢调质处理抗拉强度极限 $\sigma_B = 650\text{MPa}$，则由表 8-32 查得轴的许用弯曲应力 $[\sigma_{-1b}] = 60\text{MPa}$，$\sigma_e < [\sigma_{-1b}]$，强度满足要求	轴的强度满足要求
8. 校核键连接的强度	带轮处键连接的挤压应力为 $\sigma_p = \frac{4T_1}{d_1 hl} = \frac{4 \times 54380}{30 \times 7 \times (45-8)}\text{MPa} = 28.0\text{MPa}$ 键、轴及带轮的材料都选为钢，由表 8-33 查得 $[\sigma]_p = 125 \sim 150\text{MPa}$，$\sigma_p < [\sigma]_p$，强度足够	键连接强度足够
9. 校核轴承寿命	（1）计算轴承的轴向力　由表 11-9 查 7208C 轴承得 $C = 36800\text{N}$，$C_0 = 25800\text{N}$。由表 9-10 查得 7208C 轴承内部轴向力计算公式，则轴承 1、2 的内部轴向力分别为 $S_1 = 0.4R_1 = 0.4 \times 1315.7\text{N} = 526.3\text{N}$ $S_2 = 0.4R_2 = 0.4 \times 1649.6\text{N} = 659.8\text{N}$ 外部轴向力 $A = 469.2\text{N}$，各轴向力方向如图 11-11 所示 $S_2 + A = 659.8\text{N} + 469.2\text{N} = 1129.0\text{N} > S_1$ 则两轴承的轴向力分别为 $F_{a1} = S_2 + A = 1129.0\text{N}$ $F_{a2} = S_2 = 659.8\text{N}$ （2）计算当量动载荷　由 $F_{a1}/C_0 = 1129.0/25800 = 0.044$，查表 11-9 得 $e = 0.42$，因 $F_{a1}/R_1 = 1129.0/1315.7 = 0.86 > e$，故 $X = 0.44$，$Y = 1.35$，则轴承 1 的当量动载荷为 $P_1 = XR_1 + YF_{a1} = 0.44 \times 1315.7\text{N} + 1.35 \times 1129.0\text{N} = 2103.1\text{N}$ 由 $F_{a2}/C_0 = 659.8/25800 = 0.026$，查表 11-9 得 $e = 0.40$，因 $F_{a2}/R_2 = 659.8/1649.6 = 0.40 = e$，故 $X = 1$，$Y = 0$，则轴承 2 的当量动载荷为 $P_2 = XR_2 + YF_{a2} = 1 \times 1649.6\text{N} + 0 \times 659.8\text{N} = 1649.6\text{N}$ （3）校核轴承寿命　因 $P_1 > P_2$，故只需校核轴承 1 的寿命，$P = P_1$。轴承在 100℃ 以下工作，查表 8-34 得 $f_T = 1$。查表 8-35 得载荷系数 $f_P = 1.5$ 轴承 1 的寿命为 $L_h = \frac{10^6}{60n_1}\left(\frac{f_T C}{f_P P}\right)^3 = \frac{10^6}{60 \times 576}\left(\frac{1 \times 36800}{1.5 \times 2103.1}\right)^3\text{h}$ $= 45931\text{h}$ $L_h > L_h'$，故轴承寿命足够	轴承寿命满足要求

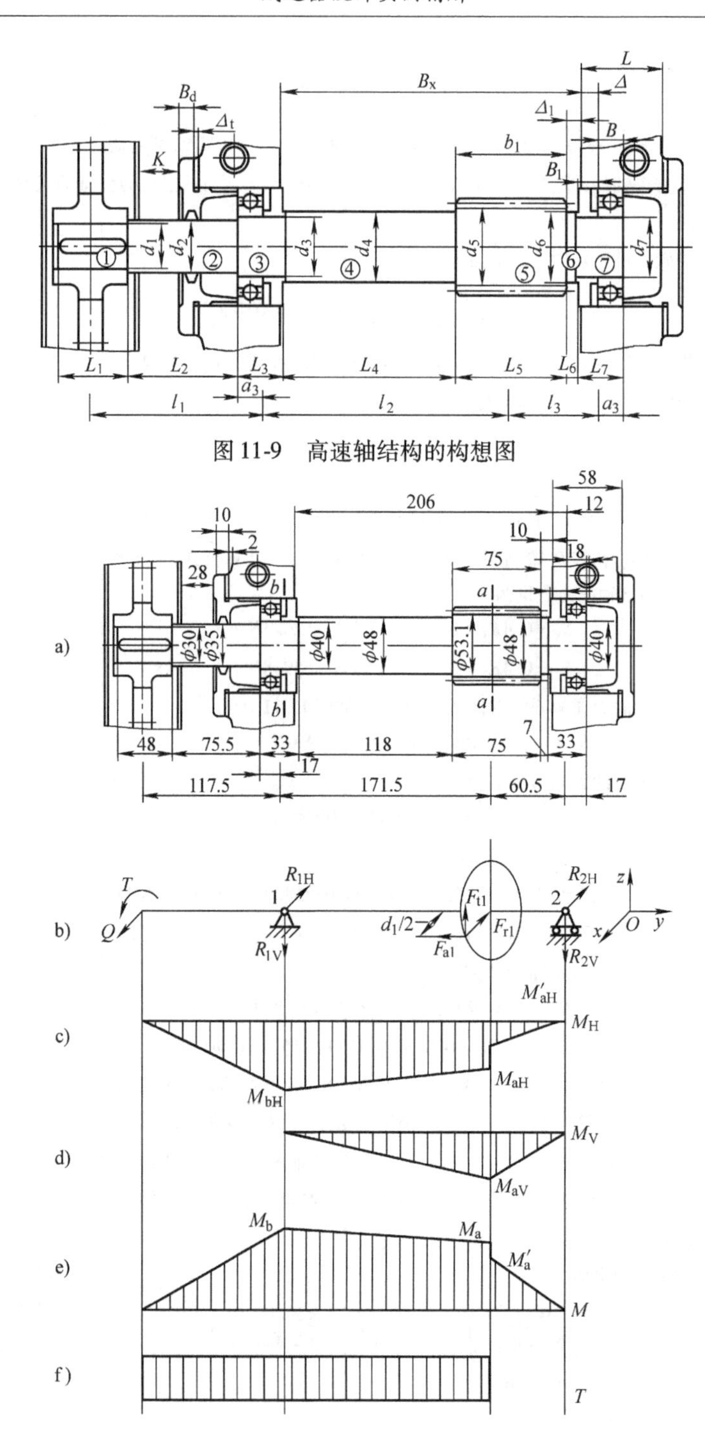

图 11-9　高速轴结构的构想图

图 11-10　高速轴的结构与受力分析

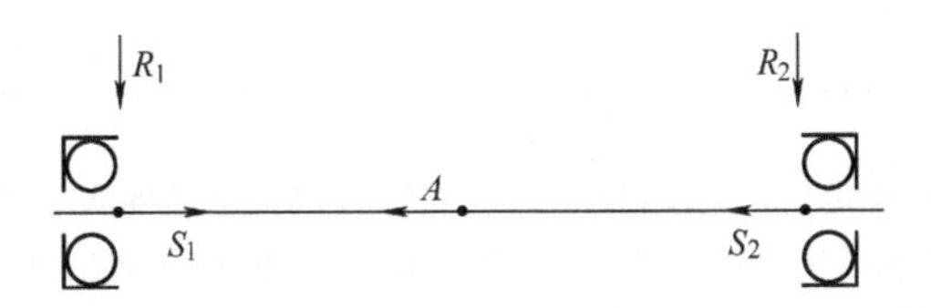

图 11-11　高速轴轴承的布置及受力

11.5.3　低速轴的设计计算

低速轴的设计计算见表 11-11。

表 11-11　低速轴的设计计算

计算项目	计算及说明	计算结果
1. 已知条件	低速轴传递的功率 $P_3=3.02\text{kW}$,转速 $n_3=40.15\text{r/min}$,齿轮 4 分度圆直径 $d_4=291.215\text{mm}$,齿轮宽度 $b_4=98\text{mm}$	
2. 选择轴的材料	因传递的功率不大,并对重量及结构尺寸无特殊要求,故查表 8-26 选用常用的材料 45 钢,调质处理	45 钢,调质处理
3. 初算轴径	查表 9-8 得 $C=106\sim135$,考虑轴端只承受转矩,故取小值 $C=106$,则 $$d_{\min}=C\sqrt[3]{\frac{P_3}{n_3}}=106\times\sqrt[3]{\frac{3.02}{40.15}}\text{mm}=44.75\text{mm}$$ 轴与联轴器连接,有一个键槽,轴径应增大 3% ~5%,轴端最细处直径 $d_1>44.75\text{mm}+44.75\times(0.03\sim0.05)\text{mm}=46.09\sim46.98\text{mm}$	$d_{\min}=44.75\text{mm}$ $d_1>46.09\sim46.98\text{mm}$
4. 结构设计	轴的结构构想如图 11-12 所示 (1)轴承部件的结构设计　该减速器发热小,轴不长,故轴承采用两端固定方式。按轴上零件的安装顺序,从最小轴径处开始设计 (2)联轴器及轴段①　轴段①上安装联轴器,此段设计应与联轴器的选择同步进行 为补偿联轴器所连接两轴的安装误差、隔离振动,选用弹性柱销联轴器。查表 8-37,取 $K_A=1.5$,则计算转矩 $$T_c=K_AT_3=1.5\times718330\text{N}\cdot\text{mm}=1077495\text{N}\cdot\text{mm}$$ 由表 8-38 查得 GB/T 5014—2003 中的 LX3 型联轴器符合要求:公称转矩为 1250N · mm,许用转速 4750r/min,轴孔范围为 30 ~48mm。考虑 $d>46.98\text{mm}$,取联轴器毂孔直径为 48mm,轴孔长度 84mm,J 型轴孔,A 型键,联轴器主动端代号为 LX3　48 ×84 GB/T 5014—2003,相应的轴段①的直径 $d_1=48\text{mm}$,其长度略小于毂孔宽度,取 $L_1=82\text{mm}$ (3)密封圈与轴段②　在确定轴段②的轴径时,应考虑联轴器的轴向固定及轴承盖密封圈的尺寸。联轴器用轴肩定位,轴肩高度 $h=(0.07\sim0.1)d_1=(0.07\sim0.1)\times48\text{mm}=2.36\sim4.8\text{mm}$。轴段②的轴径 $d_2=d_1+2\times h=52.72\sim57.8\text{mm}$,最终由密封圈确定。该处轴的圆周速度小于 3m/s,可选用毡圈油封,查表 8-27,选毡圈 55 JB/ZQ4606—1997,则 $d_2=55\text{mm}$	$d_1=48\text{mm}$ $L_1=82\text{mm}$ $d_2=55\text{mm}$

（续）

计算项目	计算及说明	计算结果
4. 结构设计	（4）轴承与轴段③及轴段⑥的设计　轴段③和⑥上安装轴承，其直径应既便于轴承安装，又应符合轴承内径系列。考虑齿轮有轴向力存在，选用角接触球轴承。现暂取轴承为 7212C，由表 11-9 得轴承内径 $d=60\text{mm}$，外径 $D=110\text{mm}$，宽度 $B=22\text{mm}$，内圈定位轴肩直径 $d_a=69\text{mm}$，外圈定位直径 $D_a=101\text{mm}$，轴上定位端面圆角半径最大为 $r_a=1.5\text{mm}$，对轴的力作用点与外圈大端面的距离 $a_3=22.4\text{mm}$，故 $d_3=60\text{mm}$。轴承采用脂润滑，需要挡油环，挡油环宽度初定为 B_1，故 $L_3=B+B_1=(22+15)\text{mm}=37\text{mm}$	$d_3=60\text{mm}$ $L_3=37\text{mm}$
	通常一根轴上的两个轴承取相同的型号，故 $d_6=60\text{mm}$	$d_6=60\text{mm}$
	（5）齿轮与轴段⑤　该段上安装齿轮 4，为便于齿轮的安装，d_5 应略大于 d_6，可初定 $d_5=62\text{mm}$，齿轮 4 轮毂的宽度范围为 $(1.2\sim1.5)d_5=74.4\sim93\text{mm}$，小于齿轮宽度 $b_4=98\text{mm}$，取其轮毂宽度等于齿轮宽度，其右端采用轴肩定位，左端采用套筒固定。为使套筒端面能够顶到齿轮端面，轴段⑤的长度应比轮毂略短，故取 $L_5=96\text{mm}$	$d_5=62\text{mm}$ $L_5=96\text{mm}$
	（6）轴段④　该轴段为齿轮提供定位和固定作用，定位轴肩的高度为 $h=(0.07\sim0.1)d_5=4.34\sim6.2\text{mm}$，取 $h=5\text{mm}$，则 $d_4=72\text{mm}$，齿轮左端面距箱体内壁距离为 $\Delta_4=\Delta_1+(b_3-b_4)/2=10\text{mm}+(105-98)/2\text{mm}=13.5\text{mm}$，则轴段④的长度 $L_4=B_X-\Delta_4-b_4+\Delta-B_1=(206-13.5-98+12-15)\text{mm}=91.5\text{mm}$	$d_4=72\text{mm}$ $L_4=91.5\text{mm}$
	（7）轴段②与轴段⑥的长度　轴段②的长度除与轴上的零件有关外，还与轴承座宽度及轴承端盖等零件有关。轴承端盖连接螺栓为螺栓 GB/T 5781 M8×25，其安装圆周大于联轴器轮毂外径，轮毂外径不与端盖螺栓的拆装空间干涉，故取联轴器轮毂端面与端盖外端面的距离为 $K_2=10\text{mm}$。则有 $L_2=L+\Delta_t+B_d+K_2-B-\Delta=(58+2+10+10-22-12)\text{mm}=46\text{mm}$ 则轴段⑥的长度 $L_6=B+\Delta+\Delta_4+2\text{mm}=22\text{mm}+12\text{mm}+13.5\text{mm}+2\text{mm}=49.5\text{mm}$	$L_2=46\text{mm}$ $L_6=49.5\text{mm}$
	（8）轴上力作用点的间距　轴承反力的作用点与轴承外圈大端面的距离 $a_3=22.4\text{mm}$，则由图 11-12 可得轴的支点及受力点间的距离为 $l_1=L_6+L_5-\frac{b_4}{2}-a_3=49.5\text{mm}+96\text{mm}-\frac{98}{2}\text{mm}-22.4\text{mm}=74.1\text{mm}$ $l_2=L_3+L_4+\frac{b_4}{2}-a_3=37\text{mm}+91.5\text{mm}+\frac{98}{2}\text{mm}-22.4\text{mm}=155.1\text{mm}$ $l_3=a_3+L_2+\frac{84}{2}=22.4\text{mm}+46\text{mm}+42\text{mm}=110.4\text{mm}$	$l_1=74.1\text{mm}$ $l_2=155.1\text{mm}$ $l_3=110.4\text{mm}$

（续）

计算项目	计算及说明	计算结果
5. 键连接	联轴器与轴段①及齿轮 4 与轴段⑤间均采用 A 型普通平键连接，查表 8-31 得其型号分别为键 14 × 80　GB/T 1096—1990 和键 18 × 18　GB/T 1096—1990	
6. 轴的受力分析	(1) 画轴的受力简图　轴的受力简图如图 11-13b 所示 (2) 计算支承反力　在水平面上为 $R_{1H}=\dfrac{F_{r4}l_2-F_{a4}\dfrac{d_4}{2}}{l_1+l_2}=\dfrac{1911.9\times155.1-890.5\times\dfrac{291.215}{2}}{74.1+155.1}\text{N}$ $=728.1\text{N}$ $R_{2H}=F_{r4}-R_{1H}=1911.9\text{N}-728.1\text{N}=1183.8\text{N}$ 在垂直平面上为 $R_{1V}=\dfrac{F_{t4}l_2}{l_1+l_2}=\dfrac{5176.8\times155.1}{74.1+155.1}\text{N}=3503.2\text{N}$ $R_{2V}=F_{t4}-R_{1V}=5176.8\text{N}-3503.2\text{N}=1673.6\text{N}$ 轴承 1 的总支承反力为 $R_1=\sqrt{R_{1H}^2+R_{1V}^2}=\sqrt{728.1^2+3503.2^2}\text{N}=3578.1\text{N}$ 轴承 2 的总支承反力为 $R_2=\sqrt{R_{2H}^2+R_{2V}^2}=\sqrt{1183.8^2+1673.6^2}\text{N}=2050.0\text{N}$ (3) 画弯矩图　弯矩图如图 11-13c、d、e 所示 在水平面上，*a-a* 剖面右侧为 $M_{aH}=R_{1H}l_1=728.1\times74.1\text{N}\cdot\text{mm}=53952.2\text{N}\cdot\text{mm}$ *a-a* 剖面左侧为 $M'_{aH}=R_{2H}l_2=1183.8\times155.1\text{N}\cdot\text{mm}=183607.4\text{N}\cdot\text{mm}$ 在垂直平面上，*a-a* 剖面为 $M_{aV}=-R_{1V}l_1=-3503.2\times74.1\text{N}\cdot\text{mm}=-259587.1\text{N}\cdot\text{mm}$ 合成弯矩，*a-a* 剖面左侧为 $M_a=\sqrt{M_{aH}^2+M_{aV}^2}=\sqrt{5395.2^2+(-259587.1)^2}\text{N}\cdot\text{mm}$ $=265134.5\text{N}\cdot\text{mm}$ *a-a* 剖面右侧为 $M'_a=\sqrt{M'^2_{aH}+M_{aV}^2}=\sqrt{183607.4^2+(-259587.1)^2}\text{N}\cdot\text{mm}$ $=317957.8\text{N}\cdot\text{mm}$ (4) 画转矩图　转矩图如图 11-13f 所示，$T_3=718330\text{N}\cdot\text{mm}$	$R_{1H}=728.1\text{N}$ $R_{2H}=1183.8\text{N}$ $R_{1V}=3503.2\text{N}$ $R_{2V}=1354.6\text{N}$ $R_1=3578.1\text{N}$ $R_2=2050.0\text{N}$ $M_a=265134.5\text{N}\cdot\text{mm}$ $M'_a=317957.8\text{N}\cdot\text{mm}$ $T_3=718330\text{N}\cdot\text{mm}$
7. 校核轴的强度	因 *a-a* 剖面右侧弯矩大，且作用有转矩，故 *a-a* 剖面右侧为危险面 其抗弯截面系数为 $W=\dfrac{\pi d_5^3}{32}-\dfrac{bt(d_5-t)^2}{2d_5}=\dfrac{\pi\times62^3}{32}\text{mm}^3-\dfrac{18\times7\times(62-7)^2}{2\times62}\text{mm}^3$ $=20312\text{mm}^3$	

（续）

计算项目	计算及说明	计算结果
7. 校核轴的强度	抗扭截面系数 $W_T=\frac{\pi d_5^3}{16}-\frac{bt(d_5-t)^2}{2d_5}=\frac{\pi\times62^3}{16}mm^3-\frac{18\times7\times(62-7)^2}{2\times62}mm^3$ $=43698mm^3$ 弯曲应力为 $\sigma_b=\frac{M'_a}{W}=\frac{317957.8}{20312}MPa=15.7MPa$ 扭剪应力为 $\tau=\frac{T_3}{W_T}=\frac{718330}{43698}MPa=16.4MPa$ 按弯扭合成强度进行校核计算，对于单向转动的转轴，转矩按脉动循环处理，故取折合系数 $\alpha=0.6$，则当量应力为 $\sigma_e=\sqrt{\sigma_b^2+4(\alpha\tau)^2}=\sqrt{15.7^2+4\times(0.6\times16.4)^2}MPa=25.2MPa$ 由表 8-26 查得 45 钢调质处理抗拉强度极限 $\sigma_B=650MPa$，则由表 8-32 查得轴的许用弯曲应力 $[\sigma_{-1b}]=60MPa$，$\sigma_e<[\sigma_{-1b}]$，强度满足要求	轴的强度满足要求
8. 校核键连接的强度	联轴器处键连接的挤压应力为 $\sigma_{p1}=\frac{4T_3}{d_1hl}=\frac{4\times718330}{48\times9\times(80-14)}MPa=100.8MPa$ 齿轮 4 处键连接的挤压应力为 $\sigma_{p2}=\frac{4T_3}{d_5hl}=\frac{4\times718330}{62\times11\times(80-18)}MPa=68.0MPa$ 取键、轴、齿轮及联轴器的材料都为钢，由表 8-33 查得 $[\sigma]_p=125\sim150MPa$，$\sigma_{p1}<[\sigma]_p$，强度足够	键连接强度足够
9. 校核轴承寿命	(1)计算轴承的轴向力　由表 11-9 查 7212C 轴承得 $C=61000N$，$C_0=48500N$。由表 9-10 查得 7212C 轴承内部轴向力计算公式，则轴承 1、2 的内部轴向力分别为 $S_1=0.4R_1=0.4\times3578.1N=1431.2N$ $S_2=0.4R_2=0.4\times2050N=820N$ 外部轴向力 $A=890.5N$，各轴向力方向如图 11-14 所示 $S_1+A=1431.2N+890.5N=2321.7N>S_2$ 则两轴承的轴向力分别为 $F_{a1}=S_1=1431.2N$ $F_{a2}=S_1+A=2321.7N$	

（续）

计算项目	计算及说明	计算结果
9. 校核轴承寿命	(2)计算当量动载荷　由 $F_{a1}/C_0=1431.2/48500=0.030$，查表 11-9，得 $e=0.4$，因 $F_{a1}/R_1=1431.2/3578.1=0.4=e$，故 $X=1$，$Y=0$，则轴承 1 的当量动载荷为 $P_1=XR_1+YF_{a1}=1\times3578.1\text{N}+0\times1431.2\text{N}=3578.1\text{N}$ 由 $F_{a2}/C_0=2321.7/48500=0.048$，查表 11-9，得 $e=0.42$，因 $F_{a2}/R_2=2321.7/2050.0=1.13>e$，故 $X=0.44$，$Y=1.35$，则轴承 2 的当量动载荷为 $P_2=XR_2+YF_{a2}=0.44\times2050.0\text{N}+1.35\times2321.7\text{N}=4036.3\text{N}$ (3)校核轴承寿命　因 $P_1<P_2$，故只需校核轴承 2，$P=P_2$。轴承在 100℃以下工作，查表 8-34 得 $f_T=1$。对于减速器查表 8-35 得载荷系数 $f_P=1.5$。则轴承 2 的寿命为 $L_h=\frac{10^6}{60n_3}\left(\frac{f_TC}{f_PP}\right)^3=\frac{10^6}{60\times40.15}\left(\frac{1\times61000}{1.5\times4036.3}\right)^3\text{h}$ $=42455\text{h}$ $L_h>L'_h$，故轴承寿命足够	轴承寿命满足要求

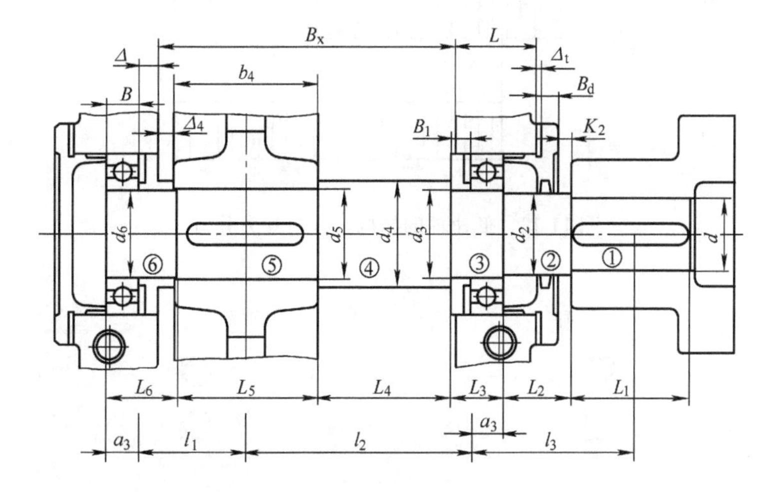

图 11-12　低速轴结构的构想图

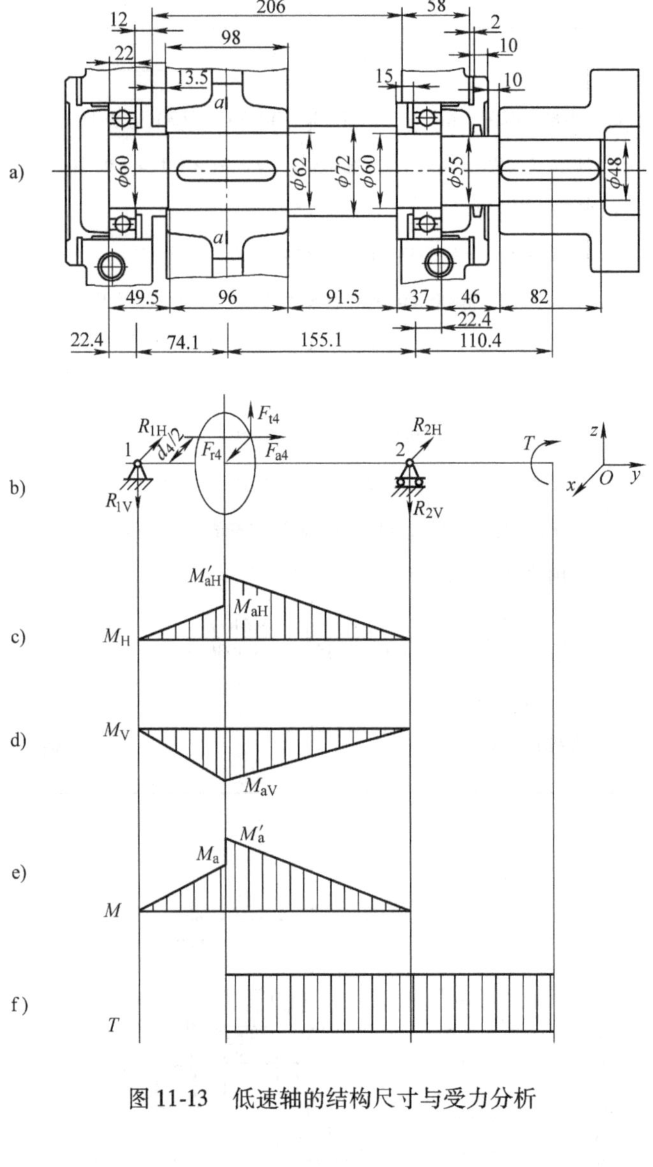

图 11-13　低速轴的结构尺寸与受力分析

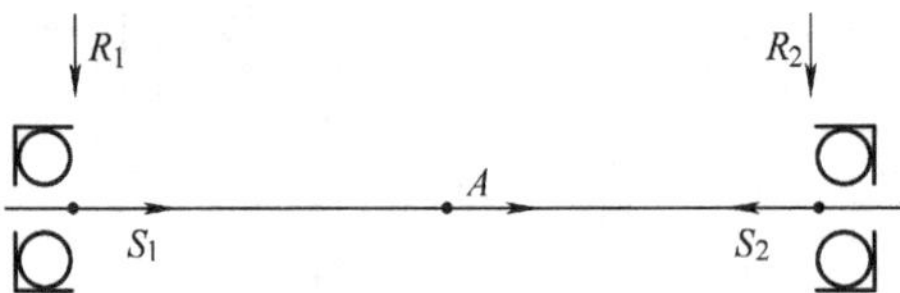

图 11-14　低速轴轴承的布置及受力

11.6 装配草图

装配草图的绘制与轴系零部件的设计计算是同步进行的，在说明书中无法同步表达，故装配草图的绘制在轴的设计计算之后。两级展开式圆柱齿轮减速器的装配俯视图草图如图 11-15 所示。

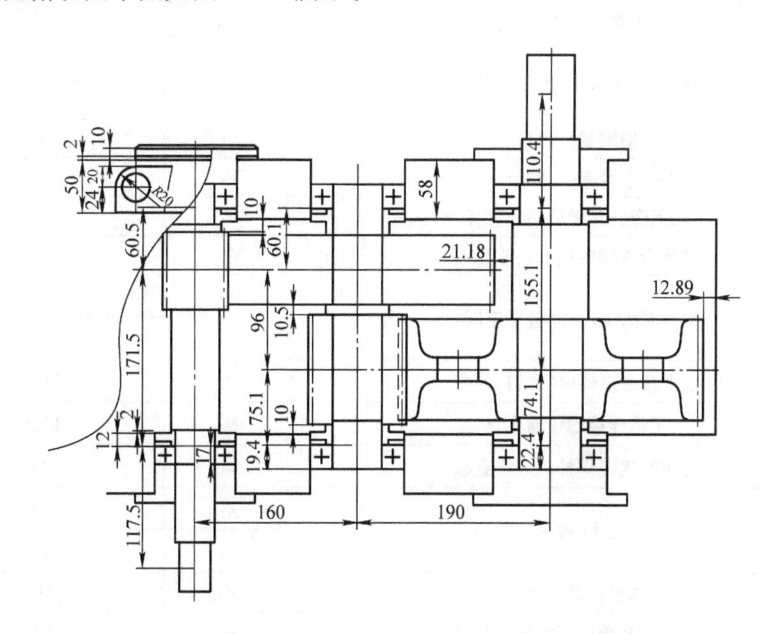

图 11-15　两级展开式圆柱齿轮减速器装配俯视图草图

11.7 减速器箱体的结构尺寸

两级展开式圆柱齿轮减速器箱体的主要结构尺寸列于表 11-12。

表 11-12　两级展开式圆柱齿轮减速器箱体的主要结构尺寸

名　称	代号	尺　寸/mm
高速级中心距	a_1	160
低速级中心距	a_2	190
下箱座壁厚	δ	8
上箱座壁厚	δ_1	8
下箱座剖分面处凸缘厚度	b	12
上箱座剖分面处凸缘厚度	b_1	12
地脚螺栓底脚厚度	p	20

（续）

名　　称	代号	尺　　寸/mm
箱座上的肋厚	M	8
箱盖上的肋厚	m_1	8
地脚螺栓直径	d_ϕ	M20
地脚螺栓通孔直径	d'_ϕ	22
地脚螺栓沉头座直径	D_0	48
底脚凸缘尺寸(扳手空间)	L_1	32
	L_2	30
地脚螺栓数目	n	4
轴承旁连接螺栓(螺钉)直径	d_1	M16
轴承旁连接螺栓通孔直径	d'_1	17.5
轴承旁连接螺栓沉头座直径	D_0	32
剖分面凸缘尺寸(扳手空间)	c_1	24
	c_2	20
上下箱连接螺栓(螺钉)直径	d_2	M12
上下箱连接螺栓通孔直径	d'_2	13.5
上下箱连接螺栓沉头座直径	D_0	26
箱缘尺寸(扳手空间)	c_1	20
	c_2	16
轴承盖螺钉直径	d_3	M8
检查孔盖连接螺栓直径	d_4	M6
圆锥定位销直径	d_5	8
减速器中心高	H	210
轴承旁凸台高度	h	55
轴承旁凸台半径	R_8	16
轴承端盖(轴承座)外径	D_2	150,130,120
轴承旁连接螺栓距离	S	137.5,172.5,175
箱体外壁至轴承座端面的距离	K	50
轴承座孔长度(箱体内壁至轴承座端面的距离)		58
大齿轮顶圆与箱体内壁间距离	Δ_1	12.89
齿轮端面与箱体内壁间的距离	Δ_2	10

11.8　润滑油的选择与计算

轴承选择 ZN－3 钠基润滑脂润滑。齿轮选择全损耗系统用油 L—AN68 润滑

油润滑，润滑油深度为 0.78dm，箱体底面尺寸为 6.44dm × 2.06dm，箱体内所装润滑油量为

$$V = 6.44 \times 2.06 \times 0.78\mathrm{dm}^3 = 10.35\mathrm{dm}^3$$

该减速器所传递的功率 $P_0 = 3.42\mathrm{kW}$。对于二级减速器，每传递 1kW 的功率，需油量为 $V_0 = 0.7 \sim 1.4\mathrm{dm}^3$，则该减速器所需油量为

$$V_1 = P_0 V_0 = 3.42 \times (0.7 \sim 1.4)\mathrm{dm}^3 = 2.39 \sim 4.79\mathrm{dm}^3$$

$V_1 < V$，润滑油量满足要求。

11.9　装配图和零件图

11.9.1　附件的设计与选择

1. 检查孔及检查孔盖

检查孔尺寸为 200mm × 146mm，位置在中间轴的上方；检查孔盖尺寸为 270mm × 182mm。

2. 油面指示装置

选用油标尺 M16，由表 8-40 可查相关尺寸。

3. 通气器

选用带过滤网的通气器，由表 11-13 可查相关尺寸。

表 11-13　带过滤网的通气器　（单位：mm）

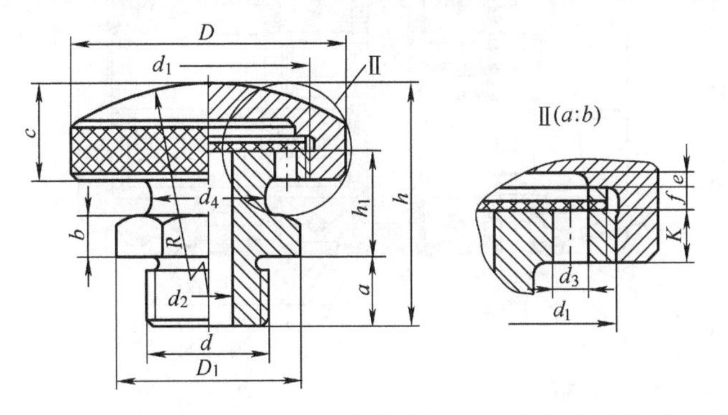

d	d_1	d_2	d_3	d_4	D	h	a	b	c	h_1	R	D_1	S	K	e	f
M18	M32 × 1.5	10	5	16	40	36	10	6	14	17	40	26.9	19	5	2	2
M24	M48 × 1.5	12	5	22	55	52	15	8	20	25	85	41.6	36	8	2	2
M36	M64 × 2	20	8	30	75	64	20	12	24	30	180	57.7	50	10	2	2

注：表中符号 S 为螺母扳手宽度。

4. 放油孔及螺塞

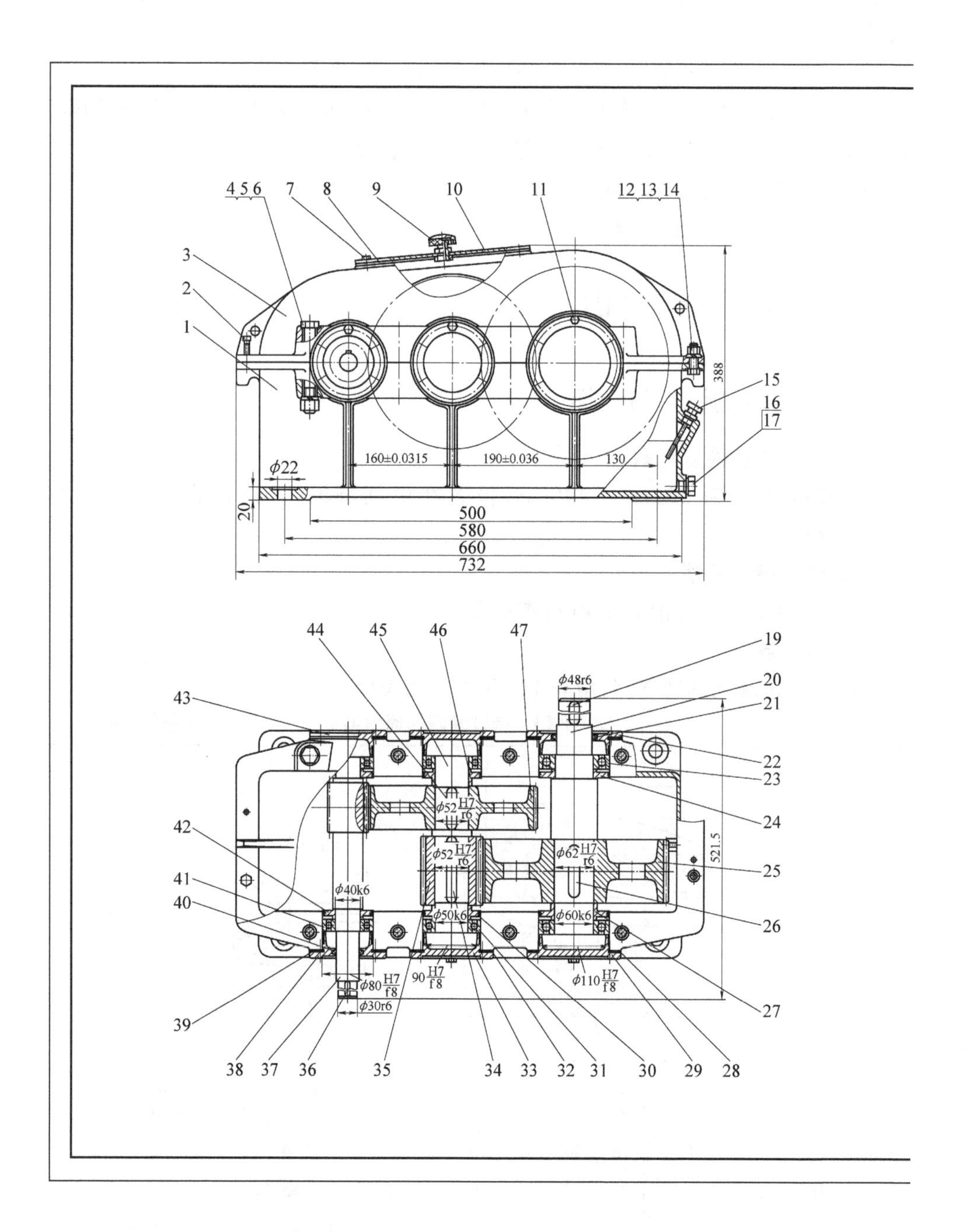

图 11-16 两级展开式圆柱

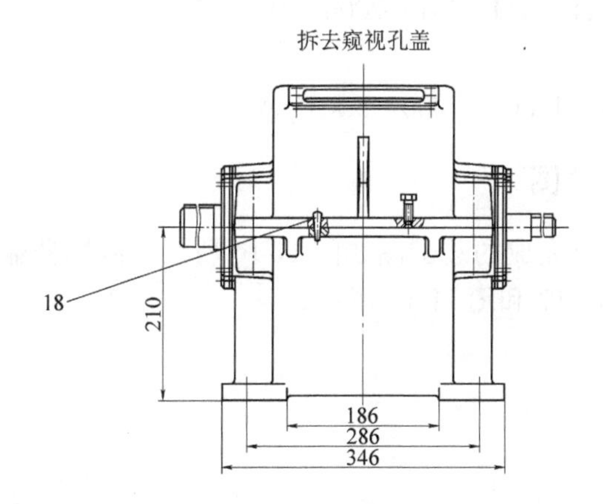

技术特性

功率 /kW	高速轴转速 /(r/min)	传动比
3.42	576	14.35

技术要求

1.装配前，清洗所有零件，机体内壁涂防锈油漆。

2.装配后，检查高速级齿轮齿侧间隙 j_{min}=0.145mm 和低速级齿轮侧间隙 j_{min}=0.177mm。

3.用涂色法检验齿面接触斑点，在齿高和齿长方向接触斑点不小于 50%，必要时可研磨或刮后研磨，以改善接触情况。

4.调整轴承轴向间隙为0.2～0.3mm。

5.减速器的机体、密封处及剖分面不得漏油，剖分面可以涂密封漆或水玻璃，但不得使用垫片。

6.机座内装 L-AN68 润滑油至规定高度，轴承用 ZN-3 钠基润滑脂。

7.机体表面涂灰色油漆。

47	大齿轮	1	45	m_n=2.5 z_2=101
46	挡油板	1	Q235	
45	中间轴	1	45	
44	键16×63	1	45	GB/T 1096–2003
43	轴承端盖	1	HT211	
42	挡油板	2	Q235	
41	轴承 7208C	2		GB/T 292–1994
40	毡圈35	1	半粗羊毛毡	JB/ZQ 4606–1997
39	调整垫片	2组	08F	成组
38	轴承端盖	1	HT200	
37	齿轮轴	1	45	m_n=2.5, z_1=23
36	键 8×45	1	45	GB/T 1096–2003
35	小齿轮	1	45	m_n=3.5, z_3=25
34	键16×100	1	45	GB/T 1096–2003
33	轴承端盖	2	HT200	
32	调整垫片	2组	08F	成组
31	轴承 7210C	2		GB/T 292–1994
30	挡油板	1	Q235	
29	轴承端盖	1	HT200	
28	调整垫片	2组	08F	成组
27	挡油板	1	Q235	
26	键18×80	1	45	GB/T 1096–2003
25	大齿轮	1	45	m_n=3.5 z_4=82
24	挡油板	1	Q235	
23	轴承 7212C	2		GB/T 292–1994
22	轴承端盖	1	HT200	
21	毡圈 55	1	半粗羊毛毡	JG/ZQ 4606–1997
20	低速轴	1	45	
19	键14×80	1	45	GB/T 1096–2003
18	销5×35	2	35	GB/T 117–2000
17	六角螺塞M16×1.5	1	35	JB/T 1700–2008
16	螺塞垫24×16	1	10	JB/T 1718–2008
15	油标尺M16	1	Q235	
14	垫圈12	2	65Mn	GB/T 5782 8.8级
13	螺母M12	2		GB/T6170 8级
12	螺栓M12×20	2		GB/T 5782 8.8级
11	螺栓 M8×25	36		GB/T 5782 8.8级
10	窥视孔盖	1	Q235	
9	通气罩	1	组件	
8	垫片	1	石棉橡胶纸	
7	螺栓M6×16	6		GB/T 5782–2000 8.8级
6	螺栓M16×130	8		GB/T 5782–2000 8.8级
5	螺母M16	8		GB/T6170–2000 8级
4	垫圈16	8	65Mn	GB/T 93–1987
3	机盖	1	HT200	
2	螺栓 M10×30	1		GB/T 5782–2000 8.8级
1	机箱	1	HT200	
序号	名称	数量	材料	备注

	图号		比例	
	重量		数量	
设计				
绘图				
审核				

齿轮减速器装配图

设置一个放油孔。螺塞选用六角螺塞 M16 ×1.5　JB/T 1700—2008，螺塞垫 24 ×16　JB/T 1718—2008，由表 8-41 和表 8-42 可查相关尺寸。

5. 起吊装置

上箱盖采用吊环，箱座上采用吊钩，由表 8-43 可查相关尺寸。

6. 起箱螺钉

起箱螺钉查表 8-29，取螺钉 GB/T 5781—2000　M10 ×25。

7. 定位销

定位销查表 8-44，取销 GB/T 117—2000　5 ×35 两个。

11.9.2　绘制装配图和零件图

选择与计算其他附件后，所完成的装配图如图 11-16 所示。减速器输出轴及输出轴上的齿轮零件图如图 11-17 和图 11-18 所示。

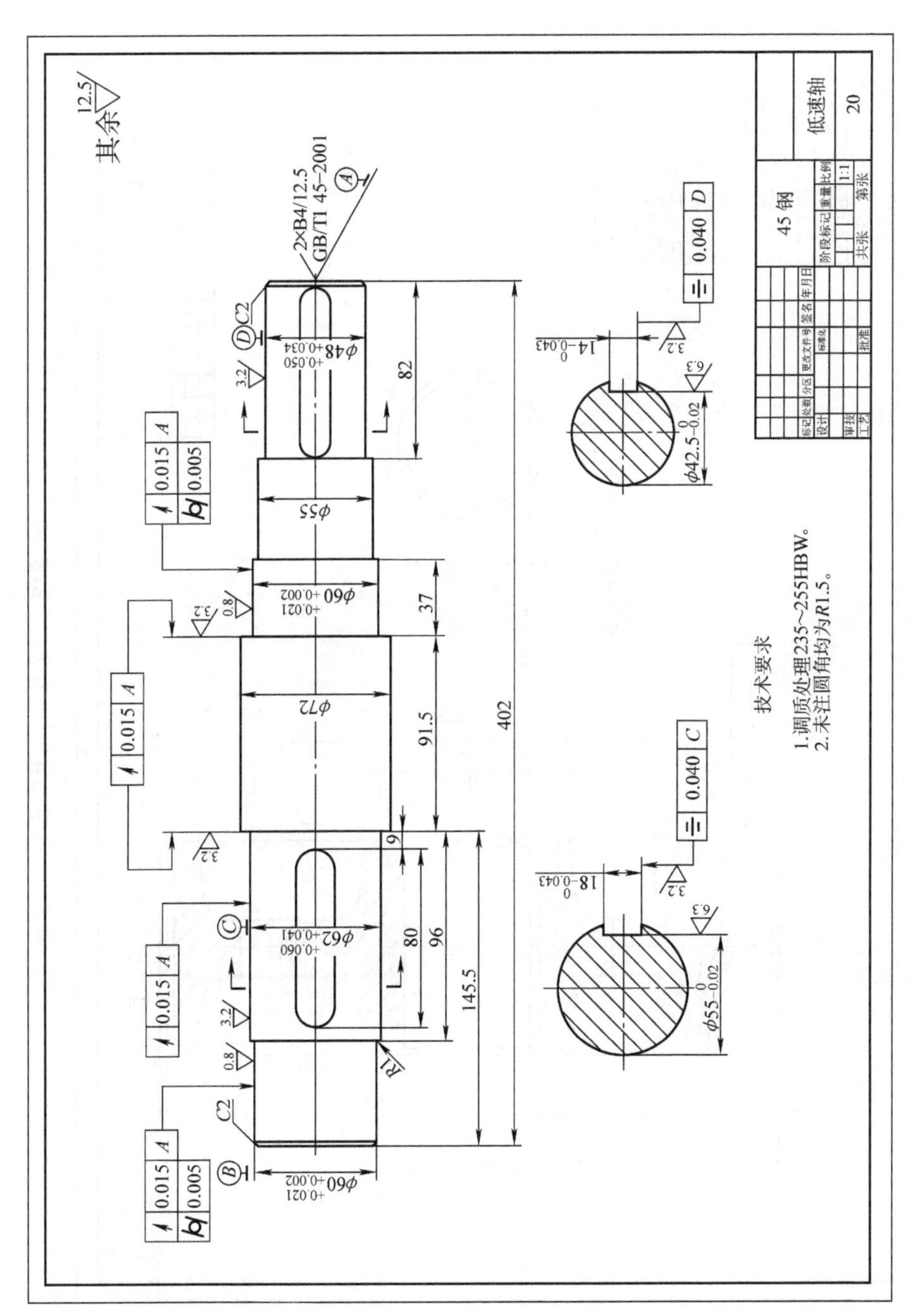

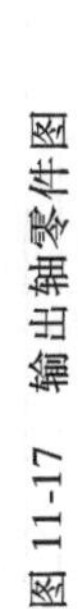
图 11-17　输出轴零件图

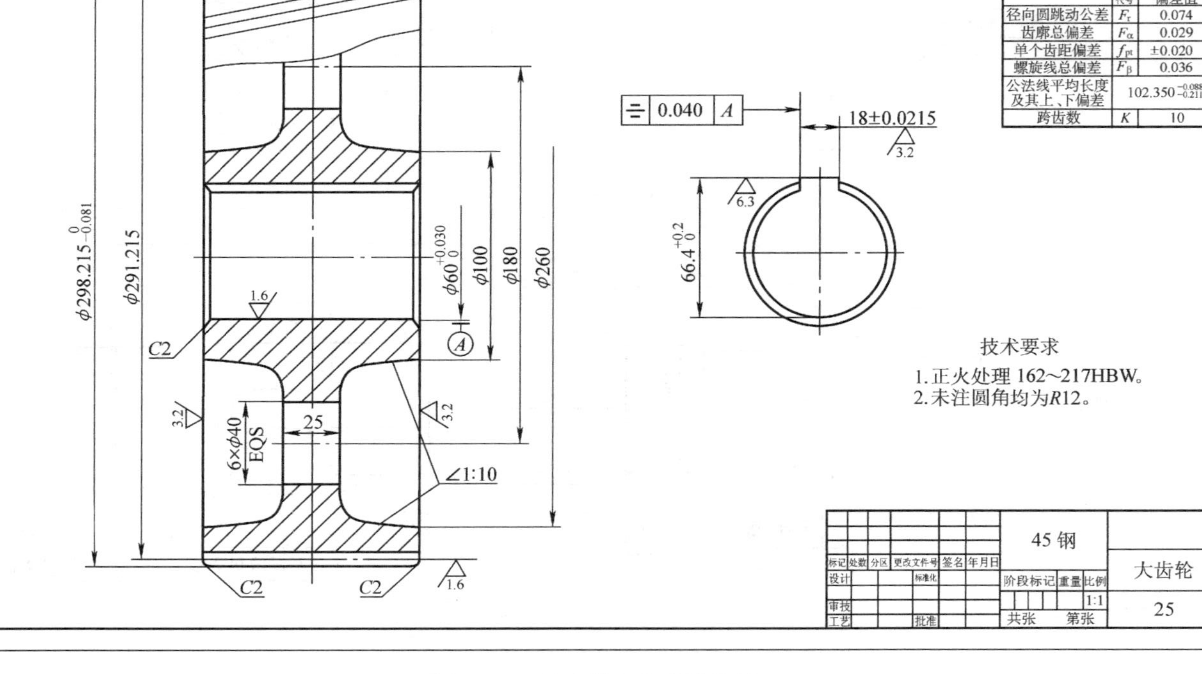

图 11-18 输出轴上齿轮零件图

第 12 章　两级展开式圆锥-斜齿圆柱齿轮减速器的设计

设计铸工车间的砂型运输设备。该传送设备的传动系统由电动机、减速器和输送带组成。每日两班制工作，工作期限为 10 年。

已知条件：输送带带轮直径 $d=300\mathrm{mm}$，传送带运行速度 $v=0.9\mathrm{m/s}$，输送带轴所需拉力 $F=6000\mathrm{N}$。

12.1　传动装置的总体设计

12.1.1　传动方案的确定

两级展开式圆锥-斜齿圆柱齿轮减速器传动方案如图 12-1 所示。

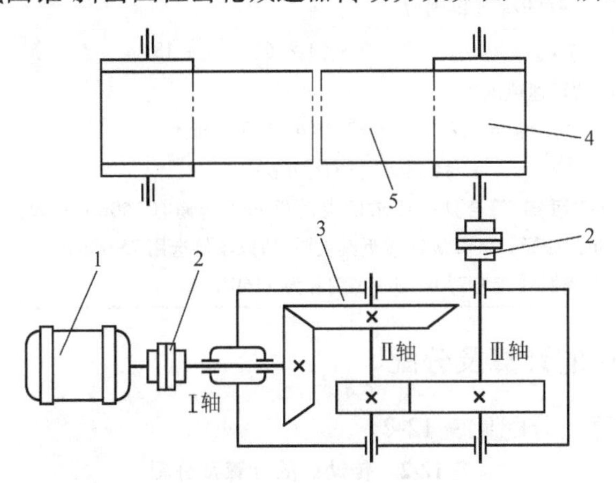

图 12-1　两级展开式圆锥-斜齿圆柱齿轮减速器传动装置简图

1—电动机　2—联轴器　3—减速器　4—输送带带轮　5—输送带

12.1.2　电动机的选择

电动机的选择见表 12-1。

表 12-1　电动机的选择

计算项目	计算及说明	计算结果
1. 选择电动机的类型	根据用途选用 Y 系列三相异步电动机	

（续）

计算项目	计算及说明	计算结果
2. 选择电动机功率	输送带所需功率为 $$P_w=\frac{Fv}{1000}=\frac{6000\times0.9}{1000}kW=5.4kW$$ 查表2-1，取一对轴承效率 $\eta_{轴承}=0.99$，锥齿轮传动效率 $\eta_{锥齿轮}=0.96$，斜齿圆柱齿轮传动效率 $\eta_{齿轮}=0.97$，联轴器效率 $\eta_{联}=0.99$，得电动机到工作机间的总效率为 $$\eta_{总}=\eta_{轴承}^4\eta_{锥齿轮}\eta_{齿轮}\eta_{联}^2=0.99^4\times0.96\times0.97\times0.99^2=0.88$$ 电动机所需工作功率为 $$P_0=\frac{P_w}{\eta_{总}}=\frac{5.4}{0.88}=6.1kW$$ 根据表8-2选取电动机的额定功率 $P_{ed}=7.5kW$	$P_w=5.4kW$ $\eta_{总}=0.88$ $P_0=6.1kW$ $P_{ed}=7.5kW$
3. 确定电动机转速	输送带带轮的工作转速为 $$n_w=\frac{1000\times60v}{\pi d}=\frac{1000\times60\times0.9}{\pi\times300}r/min=57.32r/min$$ 由表2-2可知锥齿轮传动传动比 $i_{锥}=2\sim3$，圆柱齿轮传动传动比 $i_{齿}=3\sim6$，则总传动比范围为 $$i_{总}=i_{锥}i_{齿}=2\sim3\times(3\sim6)=6\sim18$$ 电动机的转速范围为 $$n_0=n_wi_{总}\leqslant57.32\times(6\sim18)r/min=343.92\sim1031.76r/min$$ 由表8-2可知，符合这一要求的电动机同步转速有750r/min和1000r/min，考虑到1000r/min接近其上限，所以本例选用750r/min的电动机，其满载转速为720r/min，其型号为Y160L—8	$n_w=57.32r/min$ $n_m=720r/min$

12.1.3　传动比的计算及分配

传动比的计算及分配见表12-2。

表12-2　传动比的计算及分配

计算项目	计算及说明	计算结果
1. 总传动比	$$i=\frac{n_m}{n_w}=\frac{720}{57.32}=12.56$$	$i=12.56$
2. 分配传动比	高速级传动比为 $$i_1=0.25i=0.25\times12.56=3.14$$ 为使大锥齿轮不致过大，锥齿轮传动比尽量小于3，取 $i_1=2.95$ 低速级传动比为 $$i_2=\frac{i}{i_1}=\frac{12.56}{2.95}=4.26$$	$i_1=2.95$ $i_2=4.26$

12.1.4 传动装置运动、动力参数的计算

传动装置运动、动力参数的计算见表 12-3。

表 12-3　传动装置运动、动力参数的计算

计算项目	计算及说明	计算结果
1. 各轴转速	$n_0=720\text{r/min}$ $n_1=n_0=720\text{r/min}$ $n_2=\dfrac{n_1}{i_1}=\dfrac{720}{2.95}\text{r/min}=244.07\text{r/min}$ $n_3=\dfrac{n_2}{i_2}=\dfrac{244.07}{4.26}\text{r/min}=57.29\text{r/min}$ $n_w=n_3=57.29\text{r/min}$	$n_0=720\text{r/min}$ $n_1=720\text{r/min}$ $n_2=244.07\text{r/min}$ $n_3=57.29\text{r/min}$ $n_w=57.29\text{r/min}$
2. 各轴功率	$P_1=P_0\eta_{联}=6.1\times0.99\text{kW}=6.04\text{kW}$ $P_2=P_1\eta_{1-2}=P_1\eta_{轴承}\eta_{锥齿}=3.28\times0.99\times0.96\text{kW}=5.74\text{kW}$ $P_3=P_2\eta_{2-3}=P_2\eta_{轴承}\eta_{直齿}=5.74\times0.99\times0.97\text{kW}=5.51\text{kW}$ $P_w=P_3\eta_{3-w}=P_3\eta_{轴承}\eta_{联}=5.51\times0.99\times0.99\text{kW}=5.4\text{kW}$	$P_1=6.04\text{kW}$ $P_2=5.74\text{kW}$ $P_3=5.51\text{kW}$ $P_w=5.4\text{kW}$
3. 各轴转矩	$T_0=9550\dfrac{P_0}{n_0}=9550\times\dfrac{6.1}{720}\text{N}\cdot\text{mm}=80.91\text{N}\cdot\text{m}$ $T_1=9550\dfrac{P_1}{n_1}=9550\times\dfrac{6.04}{720}\text{N}\cdot\text{mm}=80.11\text{N}\cdot\text{m}$ $T_2=9550\dfrac{P_2}{n_2}=9550\times\dfrac{5.74}{244.07}\text{N}\cdot\text{mm}=224.6\text{N}\cdot\text{m}$ $T_3=9550\dfrac{P_3}{n_3}=9550\times\dfrac{5.51}{57.29}\text{N}\cdot\text{mm}=918.41\text{N}\cdot\text{m}$ $T_w=9550\dfrac{P_w}{n_w}=9550\times\dfrac{5.4}{57.29}\text{N}\cdot\text{mm}=900.16\text{N}\cdot\text{m}$	$T_0=80.91\text{N}\cdot\text{m}$ $T_1=80.11\text{N}\cdot\text{m}$ $T_2=224.6\text{N}\cdot\text{m}$ $T_3=918.41\text{N}\cdot\text{m}$ $T_w=900.16\text{N}\cdot\text{m}$

12.2 传动件的设计计算

12.2.1 高速级锥齿轮传动的设计计算

锥齿轮传动的设计计算见表 12-4。

表 12-4　锥齿轮传动的设计计算

计算项目	计算及说明	计算结果
1. 选择材料、热处理方式和公差等级	考虑到带式运输机为一般机械，大、小锥齿轮均选用 45 钢，小齿轮调质处理，大齿轮正火处理，由表 8-17 得齿面硬度 $\text{HBW}_1=217\sim255$，$\text{HBW}_2=162\sim217$。平均硬度 $\overline{\text{HBW}_1}=236$，$\overline{\text{HBW}_2}=190$。$\overline{\text{HBW}_1}-\overline{\text{HBW}_2}=46$。在 30～50HBW 之间。选用 8 级精度	45 钢 小齿轮调质处理 大齿轮正火处理 8 级精度

（续）

计算项目	计算及说明	计算结果
2. 初步计算传动的主要尺寸	因为是软齿面闭式传动，故按齿面接触疲劳强度进行设计。其设计公式为 $$d_1 \geqslant \sqrt[3]{\frac{4KT_1}{0.85\phi_R u(1-0.5\phi_R)^2}\left(\frac{Z_E Z_H}{[\sigma]_H}\right)^2}$$ 1）小齿轮传递转矩为　$T_1 = 80110\text{N} \cdot \text{mm}$ 2）因 v 值未知，K_v 值不能确定，可初步选载荷系数 $K_t = 1.3$ 3）由表 8-19，查得弹性系数 $Z_E = 189.8\sqrt{\text{MPa}}$ 4）直齿轮，由图 9-2 查得节点区域系数 $Z_H = 2.5$ 5）齿数比 $u = i_1 = 2.95$ 6）取齿宽系数 $\phi_R = 0.3$ 7）许用接触应力可用下式计算 $$[\sigma]_H = \frac{Z_N \sigma_{Hlim}}{S_H}$$ 由图 8-4e、a 查得接触疲劳极限应力为 $\sigma_{Hlim1} = 580\text{MPa}$，$\sigma_{Hlim2} = 390\text{MPa}$ 小齿轮与大齿轮的应力循环次数分别为 $$N_1 = 60n_1 aL_h = 60 \times 720 \times 1.0 \times 2 \times 8 \times 250 \times 10 = 1.728 \times 10^9$$ $$N_2 = \frac{N_1}{i_1} = \frac{1.728 \times 10^9}{2.95} = 5.858 \times 10^8$$ 由图 8-5 查得寿命系数 $Z_{N1} = 1.0$，$Z_{N2} = 1.05$；由表 8-20 取安全系数 $S_H = 1.0$，则有 $$[\sigma]_{H1} = \frac{Z_{N1}\sigma_{Hlim1}}{S_H} = \frac{1.0 \times 580}{1}\text{MPa} = 580\text{MPa}$$ $$[\sigma]_{H2} = \frac{Z_{N2}\sigma_{Hlim2}}{S_H} = \frac{1.05 \times 390}{1}\text{MPa} = 409.5\text{MPa}$$ 取 $[\sigma]_H = 409.5\text{MPa}$ 初算小齿轮的分度圆直径 d_{1t}，有 $$d_{1t} \geqslant \sqrt[3]{\frac{4K_t T_1}{0.85\phi_R u(1-0.5\phi_R)^2}\left(\frac{Z_E Z_H}{[\sigma]_H}\right)^2}$$ $$= \sqrt[3]{\frac{4 \times 1.3 \times 80110}{0.85 \times 0.3 \times 2.95 \times (1-0.5 \times 0.3)^2} \times \left(\frac{189.8 \times 2.5}{409.5}\right)^2}\text{mm}$$ $= 100.961\text{mm}$	$d_{1t} \geqslant 100.961\text{mm}$
3. 确定传动尺寸	（1）计算载荷系数　由表 8-21 查得使用系数 $K_A = 1.0$ 齿宽中点分度圆直径为 $$d_{m1t} = d_{1t}(1-0.5\phi_R)$$ $$= 100.961 \times (1-0.5 \times 0.3)\text{mm} = 85.817\text{mm}$$	

（续）

计算项目	计算及说明	计算结果
3. 确定传动尺寸	故 $v_{m1}=\dfrac{\pi d_{m1t}n_1}{60\times1000}=\dfrac{\pi\times85.817\times720}{60\times1000}\text{mm}=3.23\text{m/s}$ 由图 8-6 降低 1 级精度，按 9 级精度查得动载荷系数 $k_v=1.24$，由图 8-7 查得齿向载荷分配系数 $K_\beta=1.13$，则载荷系数 $K=K_AK_vK_\beta=1.0\times1.24\times1.13=1.4$ （2）对 d_{1t} 进行修正　因 K 与 K_t 有较大的差异，故需对 K_t 计算出的 d_{1t} 进行修正，即 $d_1=d_{1t}\sqrt[3]{\dfrac{K}{K_t}}\geqslant100.961\times\sqrt[3]{\dfrac{1.4}{1.3}}\text{mm}=103.486\text{mm}$ （3）确定齿数　选齿数 $z_1=23$，$z_2=uz_1=2.95\times23=67.85$，取 $z_2=68$，则 $u'=\dfrac{68}{63}=2.96$，$\dfrac{\Delta u}{u}=\dfrac{2.96-2.95}{2.95}=0.3\%$，在允许范围内 （4）大端模数 m　$m=\dfrac{d_1}{z_1}=\dfrac{103.486}{23}=4.499\text{mm}$，查表 8-23，取标准模数 $m=5\text{mm}$ （5）大端分度圆直径为 $d_1=mz_1=5\times23\text{mm}=115\text{mm}>103.486$ $d_2=mz_2=5\times68\text{mm}=340\text{mm}$ （6）锥顶距为 $R=\dfrac{d_1}{2}\sqrt{u^2+1}=\dfrac{115}{2}\sqrt{2.96^2+1}\text{mm}=179.650\text{mm}$ （7）齿宽为 $b=\phi_RR=0.3\times179.650\text{mm}=53.895\text{mm}$ 取 $b=55\text{mm}$	$d_1\geqslant103.486\text{mm}$ $z_1=23$ $z_2=68$ $m=5\text{mm}$ $d_1=115\text{mm}$ $d_2=340\text{mm}$ $R=179.650\text{mm}$ $b=55\text{mm}$
4. 校核齿根弯曲疲劳强度	齿根弯曲疲劳强度条件为 $\sigma_F=\dfrac{KF_t}{0.85bm(1-0.5\phi_R)}Y_FY_S\leqslant[\sigma]_F$ 1）K、b、m 和 ϕ_R 同前 2）圆周力为 $F_t=\dfrac{2T_1}{d_1(1-0.5\phi_R)}=\dfrac{2\times80110}{115\times(1-0.5\times0.3)\text{N}}=1639.1\text{N}$ 3）齿形系数 Y_F 和应力修正系数 Y_S $\cos\delta_1=\dfrac{u}{\sqrt{u^2+1}}=\dfrac{2.96}{\sqrt{2.96^2+1}}=0.9474$ $\cos\delta_2=\dfrac{1}{\sqrt{u^2+1}}=\dfrac{1}{\sqrt{2.96^2+1}}=0.3201$	

（续）

计算项目	计算及说明	计算结果
4. 校核齿根弯曲疲劳强度	则当量齿数为 $$z_{v1}=\frac{z_1}{\cos\delta_1}=\frac{23}{0.9474}=24.3$$ $$z_{v2}=\frac{z_2}{\cos\delta_2}=\frac{68}{0.3201}=212.4$$ 由图 8-8 查得 $Y_{F1}=2.65, Y_{F2}=2.13$；由图 8-9 查得 $Y_{S1}=1.58, Y_{S2}=1.88$ 4）许用弯曲应力 $$[\sigma]_F=\frac{Y_N\sigma_{Flim}}{S_F}$$ 由图 8-4f、b 查得弯曲疲劳极限应力为 $\sigma_{Flim1}=215\text{MPa}, \sigma_{Flim2}=170\text{MPa}$ 由图 8-11 查得寿命系数 $Y_{N1}=Y_{N2}=1$，由表 8-20 查得安全系数 $S_F=1.25$，故 $$[\sigma]_{F1}=\frac{Y_{N1}\sigma_{Flim1}}{S_F}=\frac{1\times 215}{1.25}\text{MPa}=172\text{MPa}$$ $$[\sigma]_{F2}=\frac{Y_{N2}\sigma_{Flim2}}{S_F}=\frac{1\times 170}{1.25}\text{MPa}=136\text{MPa}$$ $$\sigma_{F1}=\frac{KF_t}{0.85bm(1-0.5\phi_R)}Y_{F1}Y_{S1}$$ $$=\frac{1.4\times 1639.1}{0.85\times 55\times 5\times(1-0.5\times 0.3)}\times 2.65\times 1.58\text{MPa}$$ $$=48.4\text{MPa}<[\sigma]_{F1}$$ $$\sigma_{F2}=\sigma_{F1}\frac{Y_{F2}Y_{S2}}{Y_{F1}Y_{S1}}=48.4\times\frac{2.13\times 1.88}{2.65\times 1.58}\text{MPa}$$ $$=49.9\text{MPa}<[\sigma]_{F2}$$	满足齿根弯曲疲劳强度
5. 计算锥齿轮传动其他几何尺寸	$h_a=m=5\text{mm}$ $h_f=1.2m=1.2\times 5\text{mm}=6\text{mm}$ $c=0.2m=0.2\times 5\text{mm}=1\text{mm}$ $\delta_1=\arccos\frac{u}{\sqrt{u^2+1}}=\arccos\frac{2.96}{\sqrt{2.96^2+1}}=18.667°$ $\delta_2=\arccos\frac{1}{\sqrt{u^2+1}}=\arccos\frac{1}{\sqrt{2.96^2+1}}=71.333°$ $d_{a1}=d_1+2m\cos\delta_1=115+2\times 5\times 0.9474\text{mm}=124.474\text{mm}$ $d_{a2}=d_2+2m\cos\delta_2=340+2\times 5\times 0.3201\text{mm}=343.201\text{mm}$ $d_{f1}=d_1-2.4m\cos\delta_1=115-2.4\times 5\times 0.9474\text{mm}=103.631\text{mm}$ $d_{f2}=d_2-2.4m\cos\delta_2=340-2.4\times 5\times 0.3201\text{mm}=336.159\text{mm}$	$h_a=5\text{mm}$ $h_f=6\text{mm}$ $c=1\text{mm}$ $\delta_1=18.667°$ $\delta_2=71.333°$ $d_{a1}=124.474\text{mm}$ $d_{a2}=343.201\text{mm}$ $d_{f1}=103.631\text{mm}$ $d_{f2}=336.159\text{mm}$

12.2.2　低速级斜齿圆柱齿轮的设计计算

斜齿圆柱齿轮的设计计算见表 12-5。

表 12-5　斜齿圆柱齿轮的设计计算

计算项目	计算及说明	计算结果
1. 选择材料、热处理方式和公差等级	大、小齿轮均选用 45 钢，小齿轮调质处理，大齿轮正火处理，由表 8-17 得齿面硬度 $HBW_1 = 217 \sim 255$，$HBW_2 = 162 \sim 217$。平均硬度 $\overline{HBW_1} = 236$，$\overline{HBW_2} = 190$。$\overline{HBW_1} - \overline{HBW_2} = 46$。在 30 ~ 50HBW 之间。选用 8 级精度	45 钢 小齿轮调质处理 大齿轮正火处理 8 级精度
2. 初步计算传动的主要尺寸	因为是软齿面闭式传动，故按齿面接触疲劳强度进行设计。其设计公式为 $$d_3 \geqslant \sqrt[3]{\frac{2KT_3}{\phi_d} \cdot \frac{u+1}{u} \cdot \left(\frac{Z_E Z_H Z_\varepsilon Z_\beta}{[\sigma]_H}\right)^2}$$ 1）小齿轮传递转矩为 $T_3 = 224600\text{N} \cdot \text{mm}$ 2）因 v 值未知，K_v 值不能确定，可初步选载荷系数 $K_t = 1.1 \sim 1.8$，初选 $K_t = 1.4$ 3）由表 8-18，取齿宽系数 $\phi_d = 1.1$ 4）由表 8-19 查得弹性系数 $Z_E = 189.8\ \sqrt{\text{MPa}}$ 5）初选螺旋角 $\beta = 12°$，由图 9-2 查得节点区域系数 $Z_H = 2.46$ 6）齿数比 $u = i_2 = 4.26$ 7）初选 $z_3 = 23$，则 $z_4 = uz_3 = 4.26 \times 23 = 97.98$，取 $z_4 = 98$，则端面重合度为 $$\varepsilon_\alpha = \left[1.88 - 3.2\left(\frac{1}{z_3} + \frac{1}{z_4}\right)\right]\cos\beta = \left[1.88 - 3.2\left(\frac{1}{23} + \frac{1}{98}\right)\right]\cos 12° = 1.67$$ 轴向重合度为 $$\varepsilon_\beta = 0.318\phi_d z_3 \tan\beta = 0.318 \times 1.1 \times 23 \times \tan 12° = 1.71$$ 由图 8-3 查得重合度系数 $Z_\varepsilon = 0.775$ 8）由图 11-2 查得螺旋角系数 $Z_\beta = 0.99$ 9）许用接触应力可用下式计算 $$[\sigma]_H = \frac{Z_N \sigma_{Hlim}}{S_H}$$ 由图 8-4e、a 查得接触疲劳极限应力为 $\sigma_{Hlim3} = 580\text{MPa}$，$\sigma_{Hlim4} = 390\text{MPa}$ 小齿轮与大齿轮的应力循环次数分别为 $$N_3 = 60n_2 aL_h = 60 \times 244.07 \times 1.0 \times 2 \times 8 \times 250 \times 10 = 5.86 \times 10^8$$	$z_3 = 23$ $z_4 = 98$

（续）

计算项目	计算及说明	计算结果
2. 初步计算传动的主要尺寸	$N_4=\frac{N_3}{i_2}=\frac{5.86\times10^8}{4.26}=1.38\times10^8$ 由图 8-5 查得寿命系数 $Z_{N3}=1.05$，$Z_{N4}=1.13$；由表 8-20 取安全系数 $S_H=1.0$，则有 $[\sigma]_{H3}=\frac{Z_{H3}\sigma_{Hlim3}}{S_H}=\frac{1.05\times580}{1}\text{MPa}=609\text{MPa}$ $[\sigma]_{H4}=\frac{Z_{H4}\sigma_{Hlim4}}{S_H}=\frac{1.13\times390}{1}\text{MPa}=440.7\text{MPa}$ 取 $[\sigma]_H=440.7\text{MPa}$ 初算小齿轮的分度圆直径 d_{3t}，得 $d_{3t}\geqslant\sqrt[3]{\frac{2K_tT_3}{\phi_d}\cdot\frac{u+1}{u}\cdot\left(\frac{Z_EZ_HZ_\varepsilon Z_\beta}{[\sigma]_H}\right)^2}$ $=\sqrt[3]{\frac{2\times1.4\times224600}{1.1}\times\frac{4.26+1}{4.26}\times\left(\frac{189.8\times2.46\times0.775\times0.99}{440.7}\right)^2}\text{mm}$ $=77.553\text{mm}$	$d_{3t}\geqslant77.553\text{mm}$
3. 确定传动尺寸	(1)计算载荷系数　由表 8-21 查得使用系数 $K_A=1.0$ 因 $v=\frac{\pi d_{3t}n_2}{60\times1000}=\frac{\pi\times77.553\times244.07}{60\times1000}\text{m/s}=0.99\text{m/s}$，由图 8-6 查得动载荷系数 $K_v=1.1$，由图 8-7 查得齿向载荷分配系数 $K_\beta=1.11$，由表 8-22 查得齿间载荷分配系数 $K_\alpha=1.2$，则载荷系数为 $K=K_AK_vK_\beta K_\alpha=1.0\times1.1\times1.11\times1.2=1.45$ (2)对 d_{3t} 进行修正　因 K 与 K_t 有较大的差异，故需对 K_t 计算出的 d_{3t} 进行修正，即 $d_3=d_{3t}\sqrt[3]{\frac{K}{K_t}}\geqslant77.553\times\sqrt[3]{\frac{1.45}{1.4}}\text{mm}=78.465\text{mm}$ (3)确定模数 m_n $m_n=\frac{d_3\cos\beta}{z_3}=\frac{78.465\times\cos12^\circ}{23}\text{mm}=3.34\text{mm}$ 按表 8-23，取 $m_n=4\text{mm}$ (4)计算传动尺寸　中心距为 $a=\frac{m_n(z_3+z_4)}{2\cos\beta}=\frac{4\times(23+98)}{2\times\cos12^\circ}\text{mm}=247.4\text{mm}$ 圆整，$a=250\text{mm}$ 螺旋角为 $\beta=\arccos\frac{m_n(z_3+z_4)}{2a}=\frac{4\times(23+98)}{2\times250}^\circ=14.534^\circ$	$K=1.45$

（续）

计算项目	计算及说明	计算结果
3. 确定传动尺寸	因 β 值与初选值相差较大，故对与 β 有关的参数进行修正 由图 9-2 查得节点区域系数 $Z_H=2.43$，端面重合度为 $$\varepsilon_\alpha=\left[1.88-3.2\left(\frac{1}{z_3}+\frac{1}{z_4}\right)\right]\cos\beta$$ $$=\left[1.88-3.2\left(\frac{1}{23}+\frac{1}{98}\right)\right]\cos14.534^\circ=1.65$$ 轴向重合度为 $$\varepsilon_\beta=0.318\phi_d z_3\tan\beta=0.318\times1.1\times23\times\tan14.534^\circ=2.08$$ 由图 8-3 查得重合度系数 $Z_\varepsilon=0.78$，由图 11-2 查得螺旋角系数 $Z_\beta=0.984$ $$d_{3t}\geqslant\sqrt[3]{\frac{2KT_3}{\phi_d}\cdot\frac{u+1}{u}\cdot\left(\frac{Z_E Z_H Z_\varepsilon Z_\beta}{[\sigma]_H}\right)^2}$$ $$=\sqrt[3]{\frac{2\times1.45\times224600}{1.1}\times\frac{4.26+1}{4.26}\times\left(\frac{189.8\times2.43\times0.78\times0.984}{440.7}\right)^2}\text{mm}$$ $$=77.845\text{mm}$$ 因 $v=\frac{\pi d_{3t}n_2}{60\times1000}=\frac{\pi\times77.845\times244.07}{60\times1000}\text{m/s}=0.99\text{m/s}$，由图 8-6 查得动载荷系数 $K_v=1.1$，载荷系数 K 值不变 $$m_n=\frac{d_3\cos\beta}{z_3}=\frac{77.845\times\cos14.534^\circ}{23}\text{mm}=3.28\text{mm}$$ 按表 8-23，取 $m_n=4\text{mm}$，则中心距为 $$a=\frac{m_n(z_3+z_4)}{2\cos\beta}=\frac{4\times(23+98)}{2\times\cos14.534^\circ}\text{mm}=250\text{mm}$$ 螺旋角为 $$\beta=\arccos\frac{m_n(z_3+z_4)}{2a}=\frac{4\times(23+98)}{2\times250}^\circ=14.534^\circ$$ 修正完毕，故 $$d_3=\frac{m_n z_3}{\cos\beta}=\frac{4\times23}{\cos14.534^\circ}\text{mm}=95.041\text{mm}$$ $$d_4=\frac{m_n z_4}{\cos\beta}=\frac{4\times98}{\cos14.534^\circ}\text{mm}=404.959\text{mm}$$ $$b=\phi_d d_3=1.1\times95.041=104.5\text{mm}，取 b_4=105\text{mm}$$ $$b_3=b_4+(5\sim10)\text{mm}，取 b_3=110\text{mm}$$	$d_{3t}\geqslant77.845\text{mm}$ $m_n=4\text{mm}$ $a=250\text{mm}$ $\beta=14.534^\circ$ $d_3=95.041\text{mm}$ $d_4=404.959\text{mm}$ $b_4=105\text{mm}$ $b_3=110\text{mm}$
4. 校核齿根弯曲疲劳强度	齿根弯曲疲劳强度条件为 $$\sigma_F=\frac{2KT_3}{bm_n d_3}Y_F Y_S Y_\varepsilon Y_\beta\leqslant[\sigma]_F$$	

（续）

计算项目	计算及说明	计算结果
4. 校核齿根弯曲疲劳强度	1）K、T_3、m_n 和 d_3 同前 2）齿宽 $b = b_3 = 105\text{mm}$ 3）齿形系数 Y_F 和应力修正系数 Y_S。当量齿数为 $z_{v3} = \frac{z_3}{\cos^3\beta} = \frac{23}{\cos^3 14.534°} = 25.4$ $z_{v4} = \frac{z_4}{\cos^3\beta} = \frac{98}{\cos^3 14.534°} = 108$ 由图 8-8 查得 $Y_{F3} = 2.61$，$Y_{F4} = 2.23$；由图 8-9 查得 $Y_{S3} = 1.59$，$Y_{S4} = 1.81$ 4）由图 8-10 查得重合度系数 $Y_\varepsilon = 0.72$ 5）由图 11-3 查得螺旋角系数 $Y_\beta = 0.875$ 6）许用弯曲应力为 $[\sigma]_F = \frac{Y_N \sigma_{Flim}}{S_F}$ 由图 8-4f、b 查得弯曲疲劳极限应力 $\sigma_{Flim3} = 215\text{MPa}$，$\sigma_{Flim4} = 170\text{MPa}$ 由图 8-11 查得寿命系数 $Y_{N3} = Y_{N4} = 1$，由表 8-20 查得安全系数 $S_F = 1.25$，故 $[\sigma]_{F3} = \frac{Y_{N3}\sigma_{Flim3}}{S_F} = \frac{1 \times 215}{1.25}\text{MPa} = 172\text{MPa}$ $[\sigma]_{F4} = \frac{Y_{N4}\sigma_{Flim4}}{S_F} = \frac{1 \times 170}{1.25}\text{MPa} = 136\text{MPa}$ $\sigma_{F3} = \frac{2KT_3}{bm_n d_3} Y_{F3} Y_{S3} Y_\varepsilon Y_\beta$ $= \frac{2 \times 1.45 \times 224660}{105 \times 4 \times 95.041} \times 2.61 \times 1.59 \times 0.72 \times 0.875\text{MPa}$ $= 42.66\text{MPa} < [\sigma]_{F3}$ $\sigma_{F4} = \sigma_{F3} \frac{Y_{F4} Y_{S4}}{Y_{F3} Y_{S3}} = 42.66 \times \frac{2.23 \times 1.81}{2.61 \times 1.59}\text{MPa} = 41.99\text{MPa} < [\sigma]_{F4}$	满足齿根弯曲疲劳强度
5. 计算齿轮传动其他几何尺寸	端面模数 $m_t = \frac{m_n}{\cos\beta} = \frac{4}{\cos 14.534°}\text{mm} = 4.13235\text{mm}$ 齿顶高 $h_a = h_a^* m_n = 1 \times 4\text{mm} = 4\text{mm}$ 齿根高 $h_f = (h_a^* + c^*) m_n = (1 + 0.25) \times 4\text{mm} = 5\text{mm}$ 全齿高 $h = h_a + h_f = 3.5\text{mm} + 4.375\text{mm} = 7.875\text{mm}$ 顶隙 $c = c^* m_n = 0.25 \times 4\text{mm} = 1\text{mm}$ 齿顶圆直径为 $d_{a3} = d_3 + 2h_a = 95.041\text{mm} + 2 \times 4\text{mm} = 103.041\text{mm}$	$m_t = 4.13235\text{mm}$ $h_a = 4\text{mm}$ $h_f = 5\text{mm}$ $h = 7.875\text{mm}$ $c = 1\text{mm}$ $d_{a3} = 103.041\text{mm}$

（续）

计算项目	计算及说明	计算结果
5. 计算齿轮传动其他几何尺寸	$d_{a4}=d_4+2h_a=404.959\text{mm}+2\times4\text{mm}=412.959\text{mm}$	$d_{a2}=412.959\text{mm}$
	齿根圆直径为	
	$d_{f3}=d_3-2h_f=95.041\text{mm}-2\times5\text{mm}=85.041\text{mm}$	$d_{f3}=85.041\text{mm}$
	$d_{f4}=d_4-2h_f=404.959\text{mm}-2\times5\text{mm}=394.959\text{mm}$	$d_{f4}=394.959\text{mm}$

12.3　齿轮上作用力的计算

齿轮上作用力的计算为后续轴的设计和校核、键的选择和验算及轴承的选择和校核提供数据，其计算过程见表 12-6。

表 12-6　齿轮上作用力的计算

计算项目	计算及说明	计算结果
1. 高速级齿轮传动的作用力	（1）已知条件　高速轴传递的转矩 $T_1=80110\text{N}\cdot\text{mm}$，转速 $n_1=720\text{r/min}$，小齿轮大端分度圆直径 $d_1=115\text{mm}$，$\cos\delta_1=0.9474$，$\sin\delta_1=0.3201$，$\delta_1=18.667°$	
	（2）锥齿轮 1 的作用力　圆周力为	
	$F_{t1}=\dfrac{2T_1}{d_{m1}}=\dfrac{2T_1}{d_1(1-0.5\phi_R)}=\dfrac{2\times80110}{115\times(1-0.5\times0.3)}\text{N}=1639.1\text{N}$	$F_{t1}=1639.1\text{N}$
	其方向与力作用点圆周速度方向相反 径向力为	
	$F_{r1}=F_{t1}\tan\alpha\cdot\cos\delta_1=1639.1\times\tan20°\times0.9474\text{N}=565.2\text{N}$	$F_{r1}=565.2\text{N}$
	其方向为由力的作用点指向轮 1 的转动中心 轴向力为	
	$F_{a1}=F_{t1}\tan\alpha\cdot\sin\delta_1=1639.1\times\tan20°\times0.3201\text{N}=191.0\text{N}$	$F_{a1}=191.0\text{N}$
	其方向沿轴向从小锥齿轮的小端指向大端 法向力为	
	$F_{n1}=\dfrac{F_{t1}}{\cos\alpha}=\dfrac{1639.1}{\cos20°}\text{N}=1744.3\text{N}$	$F_{n1}=1744.3\text{N}$
	（3）锥齿轮 2 的作用力　锥齿轮 2 上的圆周力、径向力和轴向力与锥齿轮 1 上的圆周力、轴向力和径向力大小相等，作用方向相反	

（续）

计算项目	计算及说明	计算结果
2. 低速级齿轮传动的作用力	(1)已知条件　中间轴传递的转矩 $T_2=224600\mathrm{N\cdot mm}$，转速 $n_2=244.07\mathrm{r/min}$，低速级斜齿圆柱齿轮的螺旋角 $\beta=14.534°$。为使斜齿圆柱齿轮3的轴向力与锥齿轮2的轴向力互相抵消一部分，低速级的小齿轮右旋，大齿轮左旋，小齿轮分度圆直径 $d_3=95.041\mathrm{mm}$ (2)齿轮3的作用力 圆周力为 $F_{t3}=\frac{2T_2}{d_3}=\frac{2\times224600}{95.041}\mathrm{N}=4726.4\mathrm{N}$ 其方向与力作用点圆周速度方向相反 径向力为 $F_{r3}=F_{t3}\frac{\tan\alpha_n}{\cos\beta}=4726.4\times\frac{\tan20°}{\cos14.534°}\mathrm{N}=1777.1\mathrm{N}$ 其方向为由力的作用点指向轮3的转动中心 轴向力为 $F_{a3}=F_{t3}\tan\beta=4726.4\times\tan14.534°\mathrm{N}=1225.3\mathrm{N}$ 其方向可用右手法则确定，即用右手握住轮3的轴线，并使四指的方向顺着轮的转动方向，此时拇指的指向即为该力的方向 法向力为 $F_{n3}=\frac{F_{t3}}{\cos\alpha_n\cos\beta}=\frac{4726.4}{\cos20°\times\cos14.534°}\mathrm{N}=5196.0\mathrm{N}$ (3)齿轮4的作用力 从动齿轮4各个力与主动齿轮3上相应的力大小相等，作用方向相反	$F_{t3}=4726.4\mathrm{N}$ $F_{r3}=1777.1\mathrm{N}$ $F_{a3}=1225.3\mathrm{N}$ $F_{n3}=5196.0\mathrm{N}$

12.4 减速器装配草图的设计

12.4.1 合理布置图面

该减速器的装配图可以绘在一张A0或A1图纸上，本文选择A0图纸绘制装配图。根据图纸幅面大小与减速器两级齿轮传动的中心距，绘图比例定为1:1，采用三视图表达装配的结构。

12.4.2 绘出齿轮的轮廓尺寸

在俯视图上绘出锥齿轮和圆柱齿轮传动的轮廓尺寸，如图12-2所示。

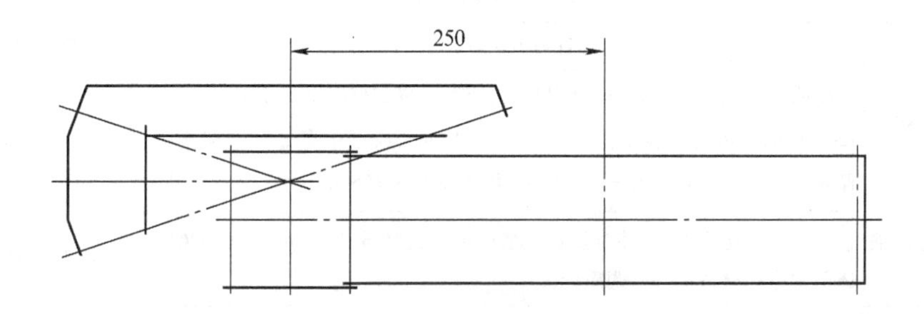

图 12-2　齿轮的轮廓

12.4.3　箱体内壁

在齿轮齿廓的基础上绘出箱体的内壁、轴承端面、轴承座端面线，如图 12-3 所示。

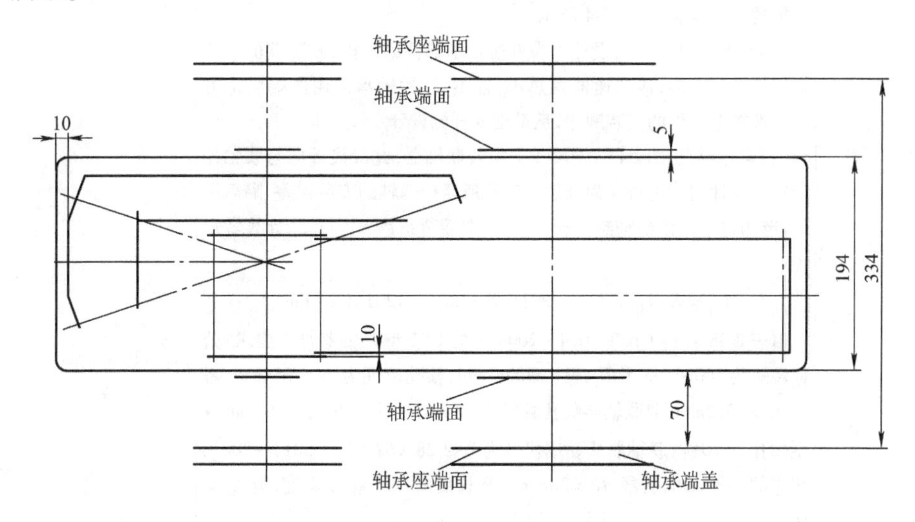

图 12-3　箱体内壁

12.5　轴的设计计算

轴的设计和计算、轴上齿轮轮毂孔内径及宽度、滚动轴承的选择和校核、键的选择和验算与轴联接的半联轴器的选择同步进行。

12.5.1　高速轴的设计与计算

高速轴的设计与计算见表 12-7。

表 12-7 高速轴的设计与计算

计算项目	计算及说明	计算结果
1. 已知条件	高速轴传递的功率 $P_1=6.04\text{kW}$,转矩 $T_1=80110\text{N}\cdot\text{mm}$,转速 $n_1=720\text{r/min}$,小齿轮大端分度圆直径 $d_1=115\text{mm}$,齿宽中点处分度圆直径 $d_{m1}=(1-0.5\phi_R)d_1=97.75\text{mm}$,齿轮宽度 $b=55\text{mm}$	
2. 选择轴的材料	因传递的功率不大,并对重量及结构尺寸无特殊要求,故由表 8-26 选用常用的材料 45 钢,调质处理	45 钢,调质处理
3. 初算轴径	查表 9-8 得 $C=106\sim135$,取中间值 $C=118$,则 $$d_{min}=C\sqrt[3]{\frac{P_1}{n_1}}=118\times\sqrt[3]{\frac{6.04}{720}}\text{mm}=23.98\text{mm}$$ 轴与带轮连接,有一个键槽,轴径应增大 3% ~5%,轴端最细处直径 $d_1>23.98\text{mm}+23.98\times(0.03\sim0.05)\text{mm}=24.7\sim25.2\text{mm}$	$d_{min}=23.98\text{mm}$
4. 结构设计	轴的结构构想如图 12-4 所示 (1)轴承部件的结构设计　为方便轴承部件的装拆,减速器的机体采用剖分式结构,该减速器发热小,轴不长,故轴承采用两端固定方式。按轴上零件的安装顺序,从最细处开始设计 (2)联轴器与轴段①　轴段①上安装联轴器,此段设计应与联轴器的选择设计同步进行。为补偿联轴器所联接两轴的安装误差、隔离振动,选用弹性柱销联轴器。查表 8-37,取载荷系数 $K_A=1.5$,计算转矩为 $$T_c=K_AT_1=1.5\times80110\text{N}\cdot\text{mm}=120165\text{N}\cdot\text{mm}$$ 由表 8-38 查得 GB/T 5014—2003 中的 LX2 型联轴器符合要求:公称转矩为 560N·m,许用转速 6300r/min,轴孔范围为 20 ~35mm。考虑 $d_1>25.2\text{mm}$,取联轴器毂孔直径为 28mm,轴孔长度 $L_{联}=62\text{mm}$,Y 型轴孔,A 型键,联轴器从动端代号为 LX2 28 ×62 GB/T 5014—2003,相应的轴段①的直径 $d_1=28\text{mm}$。其长度略小于毂孔宽度,取 $L_1=60\text{mm}$ (3)轴承与轴段②和④的设计　在确定轴段②的轴径时,应考虑联轴器的轴向固定及密封圈的尺寸。若联轴器采用轴肩定位,轴肩高度 $h=(0.07\sim0.1)d_1=(0.07\sim0.1)\times30\text{mm}=2.1\sim3\text{mm}$。轴段②的轴径 $d_2=d_1+2\times(2.1\sim3)\text{mm}=34.1\sim36\text{mm}$,其值最终由密封圈确定。该处轴的圆周速度均小于 3m/s,可选用毡圈油封,查表 8-27 初选毡圈 35JB/ZQ4606—1997,则 $d_2=35\text{mm}$,轴承段直径为 40mm,经过计算,这样选取的轴径过大,且轴承寿命过长,故此处改用轴套定位,轴套内径为 28mm,外径既要满足密封要求,又要满足轴承的定位标准,考虑该轴为悬臂梁,且有轴向力作用,选用圆锥滚子轴承,初选轴承 30207,由表 9-9 得轴承内径 $d=35\text{mm}$,外径 $D=72\text{mm}$,宽度 $B=17\text{mm}$,	$d_1=28\text{mm}$ $L_1=60\text{mm}$

（续）

计算项目	计算及说明	计算结果
4. 结构设计	$T=18.25\text{mm}$，内圈定位直径 $d_a=42\text{mm}$，外径定位直径 $D_a=65\text{mm}$，轴上力作用点与外圈大端面的距离 $a_3=15.3\text{mm}$，故 $d_2=35\text{mm}$，联轴器定位轴套顶到轴承内圈端面，则该处轴段长度应略短于轴承内圈宽度，取 $L_2=16\text{mm}$。该减速器锥齿轮的圆周速度大于 2m/s，故轴承采用油润滑，由齿轮将油甩到导油沟内流入轴承座中 通常一根轴上的两个轴承取相同的型号，则 $d_4=35\text{mm}$，其右侧为齿轮 1 的定位轴套，为保证套筒能够顶到轴承内圈右端面，该处轴段长度应比轴承内圈宽度略短，故取 $L_4=16\text{mm}$	$d_2=35\text{mm}$ $L_2=16\text{mm}$ $d_4=35\text{mm}$ $L_2=16\text{mm}$
	（4）轴段③的设计　该轴段为轴承提供定位作用，故取该段直径为轴承定位轴肩直径，即 $d_3=42\text{mm}$，该处长度与轴的悬臂长度有关，故先确定其悬臂长度	$d_3=42\text{mm}$
	（5）齿轮与轴段⑤的设计　轴段⑤上安装齿轮，小锥齿轮所处的轴段采用悬臂结构，d_5 应小于 d_4，可初定 $d_5=32\text{mm}$ 小锥齿轮齿宽中点分度圆与大端处径向端面的距离 M 由齿轮的结构确定，由于齿轮直径比较小，采用实心式，由图上量得 $M\approx32.9\text{mm}$，锥齿轮大端侧径向端面与轴承套杯端面距离取为 $\Delta_1=10\text{mm}$，轴承外圈宽边侧距内壁距离，即轴承套杯凸肩厚 $C=8\text{mm}$，齿轮大端侧径向端面与轮毂右端面的距离按齿轮结构需要取为 56mm，齿轮左侧用轴套定位，右侧采用轴端挡圈固定，为使挡圈能够压紧齿轮端面，取轴与齿轮配合段比齿轮毂孔略短，差值为 0.75mm，则 $$\begin{aligned}L_5&=56+\Delta_1+C+T-L_4-0.75\\&=(56+10+8+18.25-16-0.75)\text{mm}\\&=75.5\text{mm}\end{aligned}$$	$d_5=32\text{mm}$ $L_5=75.5\text{mm}$
	（6）轴段①与轴段③的长度　轴段①的长度除与轴上的零件有关外，还与轴承端盖等零件有关。由表 4-1 可知，下箱座壁厚 $\delta=0.025a+3\text{mm}=0.025\times250\text{mm}+3\text{mm}=9.25\text{mm}$，取壁厚 $\delta=10\text{mm}$，$R+a=179.650\text{mm}+250\text{mm}=329.650\text{mm}<600\text{mm}$，取轴承旁连接螺栓为 M20，箱体凸缘连接螺栓为 M16，地脚螺栓为 $d_\phi=\text{M}24$，则有轴承端盖连接螺钉为 $0.4d_\phi=0.4\times24\text{mm}=9.6\text{mm}$，取其值为 M10，由表 8-30 可取轴承端盖凸缘厚度为 $B_d=12\text{mm}$；取端盖与轴承座间的调整垫片厚度为 $\Delta_t=2\text{mm}$；高速轴轴承端盖连接螺钉，查表 8-29 取螺栓 GB/T 5781 M10×35；其安装基准圆直径远大于联轴器轮毂外径，此处螺钉的拆装空间足够，取联轴器毂孔端面距轴承端盖表面距离 $K=10\text{mm}$，为便于结构尺寸取整，轴承端盖凸缘安装面与轴承左端面的距离取为 $l_4=25.5\text{mm}$，取轴段①端面与联轴器左端面的距离为 1.75mm 则有 $L_1=L_{联}+K+B_d+l_4+T-L_2-1.75\text{mm}=(62+10+12+25.5+18.25-16-1.75)\text{mm}=110\text{mm}$	$\delta=10\text{mm}$ $L_1=110\text{mm}$

（续）

计算项目	计算及说明	计算结果
4. 结构设计	轴段③的长度与该轴的悬臂长度 l_3 有关。小齿轮的受力作用点与右端轴承对轴的力作用点间的距离为 $l_3=M+\Delta_1+C+a_3=(32.9+10+8+15.3)\text{mm}=66.2\text{mm}$ 则两轴承对轴的力作用点间的距离为 $l_2=(2\sim2.5)l_3=(2\sim2.5)\times66.2\text{mm}=132.4\sim165.5\text{mm}$ $L_3=l_2+2a_3-2T$ $=(132.4\sim165.5)\text{mm}+2\times15.36\text{mm}-2\times18.25\text{mm}$ $=126\sim159.1\text{mm}$ 取 $L_3=130\text{mm}$，则有 $l_2=L_3+2T-2a_3=130\text{mm}+2\times18.25\text{mm}-2\times15.3\text{mm}=135.9\text{mm}$ 在其取值范围内，合格 （7）轴段①力作用点与左轴承对轴力作用点的间距　由图 12-4 可得 $l_1=L_1+L_2-T+a_3-\frac{62}{2}+1.75\text{mm}$ $=(110+16-18.25+15.3-31+1.75)\text{mm}=93.8(\text{mm})$	$l_3=66.2\text{mm}$ $L_3=130\text{mm}$ $l_2=135.9\text{mm}$ $l_1=93.8\text{mm}$
5. 键连接	带轮与轴段①间采用 A 型普通平键连接，查表 8-31 取其型号为键 8×56 GB/T 1096—1990，齿轮与轴段④间采用 A 型普通平键连接，型号为键 10×63GB/T 1096—1990	
6. 轴的受力分析	（1）画轴的受力简图　轴的受力简图如图 12-5b 所示 （2）计算支承反力　在水平面上为 $R_{1H}=\frac{F_{r1}l_3-F_{a1}\frac{d_{m1}}{2}}{l_2}=\frac{565.2\times66.2-191\times\frac{97.75}{2}}{135.9}\text{N}=206.6\text{N}$ $R_{2H}=F_{r1}+R_{1H}=565.2\text{N}+206.6\text{N}=771.8\text{N}$ 在垂直平面上为 $R_{1V}=\frac{F_{t1}l_3}{l_2}=\frac{1639.1\times66.2}{135.9}\text{N}=798.4\text{N}$ $R_{2V}=F_{t1}+R_{1V}=1639.1\text{N}+798.4\text{N}=2437.5\text{N}$ 轴承 1 的总支承反力为 $R_1=\sqrt{R_{1H}^2+R_{1V}^2}=\sqrt{206.6^2+798.4^2}\text{N}=824.7\text{N}$ 轴承 2 的总支承反力为 $R_2=\sqrt{R_{2H}^2+R_{2V}^2}=\sqrt{771.8^2+2437.5^2}\text{N}=2556.8\text{N}$ （3）画弯矩图　弯矩图如图 12-5c、d、e 所示 在水平面上，*a-a* 剖面为 $M_{aH}=-R_{1H}l_2=-206.6\times135.9\text{N}\cdot\text{mm}=-28076.9\text{N}\cdot\text{mm}$ *b-b* 剖面左侧为	$R_{1H}=206.6\text{N}$ $R_{2H}=771.8\text{N}$ $R_{1V}=798.4\text{N}$ $R_{2V}=2437.5\text{N}$ $R_1=824.7\text{N}$ $R_2=2556.8\text{N}$

（续）

计算项目	计算及说明	计算结果
6. 轴的受力分析	$M_{bH}=F_{a1}\frac{d_{m1}}{2}=191.0\times\frac{97.75}{2}\text{mm}=9335.1\text{N}\cdot\text{mm}$ 在垂直平面上为 $M_{aV}=R_{1V}l_2=798.4\times135.9\text{N}\cdot\text{mm}=108502.6\text{N}\cdot\text{mm}$ $M_{bV}=0\text{N}\cdot\text{mm}$ 合成弯矩 a-a 剖面为　$M_a=\sqrt{M_{aH}^2+M_{aV}^2}$ $=\sqrt{(-28076.9)^2+108502.6^2}\text{N}\cdot\text{mm}$ $=112076.4\text{N}\cdot\text{mm}$ b-b 剖面左侧为 $M_b=\sqrt{M_{bH}^2+M_{bV}^2}=\sqrt{9335.1^2+0^2}\text{N}\cdot\text{mm}=9335.1\text{N}\cdot\text{mm}$ (4)画转矩图　转矩图如图 12-5f 所示，$T_1=80110\text{N}\cdot\text{mm}$	$M_a=112076.4\text{N}\cdot\text{mm}$ $M_b=9335.1\text{N}\cdot\text{mm}$ $T_1=80110\text{N}\cdot\text{mm}$
7. 校核轴的强度	因 a-a 剖面弯矩大，同时作用有转矩，a-a 剖面为危险面 其抗弯截面系数为 $W=\frac{\pi d_4^3}{32}=\frac{\pi\times35^3}{32}\text{mm}^3=4207.1\text{mm}^3$ 抗扭截面系数为 $W_T=\frac{\pi d_4^3}{16}=\frac{\pi\times35^3}{16}\text{mm}^3=8414.2\text{mm}^3$ 弯曲应力为 $\sigma_b=\frac{M_b}{W}=\frac{112076.4}{4207.1}\text{MPa}=26.6\text{MPa}$ 扭剪应力为 $\tau=\frac{T_1}{W_T}=\frac{80110}{8414.2}\text{MPa}=9.5\text{MPa}$ 按弯扭合成强度进行校核计算，对于单向转动的转轴，转矩按脉动循环处理，故取折合系数 $\alpha=0.6$，则当量应力为 $\sigma_e=\sqrt{\sigma_b^2+4(\alpha\tau)^2}$ $=\sqrt{26.6^2+4\times(0.6\times9.5)^2}\text{MPa}=28.9\text{MPa}$ 由表 8-26 查得 45 钢调质处理抗拉强度极限 $\sigma_B=650\text{MPa}$，则由表 8-32 查得轴的许用弯曲应力 $[\sigma_{-1b}]=60\text{MPa}$，$\sigma_e<[\sigma_{-1b}]$，强度满足要求	轴的强度满足要求
8. 校核键连接的强度	联轴器处键连接的挤压应力为 $\sigma_{p1}=\frac{4T_1}{d_1hl}=\frac{4\times80110}{28\times7\times(56-8)}\text{MPa}=34.1\text{MPa}$ 齿轮处键连接的挤压应力为 $\sigma_{p2}=\frac{4T_1}{d_5hl}=\frac{4\times80110}{32\times8\times(63-10)}\text{MPa}=23.6\text{MPa}$	键连接强度足够

（续）

计算项目	计算及说明	计算结果
8. 校核键连接的强度	取键、轴及带轮的材料都为钢，由表8-33查得$[\sigma]_p=125\text{MPa}\sim150\text{MPa}$，$\sigma_{p1}<[\sigma]_p$，强度足够	键连接强度足够
9. 校核轴承寿命	(1)计算轴承的轴向力　由表9-9查30207轴承得$C=54200\text{N}$，$C_0=63500\text{N}$，$e=0.37$，$Y=1.6$。由表9-10查得30207轴承内部轴向力计算公式，则轴承1、2的内部轴向力分别为 $$S_1=\frac{R_1}{2Y}=\frac{824.7}{2\times1.6}\text{N}=257.7\text{N}$$ $$S_2=\frac{R_2}{2Y}=\frac{2556.8}{2\times1.6}\text{N}=799.0\text{N}$$ 外部轴向力$A=191.0\text{N}$，各轴向力方向如图12-6所示，则 $$S_2+A=799.0\text{N}+191.0\text{N}=990.0\text{N}>S_1$$ 则两轴承的轴向力分别为 $$F_{a1}=S_2+A=990.0\text{N}$$ $$F_{a2}=S_2=799.0\text{N}$$ (2)计算当量动载荷　因为$F_{a1}/R_1=990.0/824.7=1.2>e$，轴承1的当量动载荷为 $$P_1=0.4R_1+1.6F_{a1}=0.4\times824.7\text{N}+1.6\times990.0\text{N}=1913.9\text{N}$$ 因为$F_{a2}/R_2=799.0/2556.8=0.31<e$，轴承2的当量动载荷为 $$P_2=R_2=2556.8\text{N}$$ 因$P_1<P_2$，故只需校核轴承2，$P=P_2$。轴承在100℃以下工作，查表8-34得$f_T=1$。对于减速器，查表8-35得载荷系数$f_P=1.5$ (3)校核轴承寿命　轴承2的寿命为 $$L_h=\frac{10^6}{60n_1}\left(\frac{f_TC}{f_PP}\right)^{\frac{10}{3}}=\frac{10^6}{60\times720}\times\left(\frac{1\times54200}{1.5\times2556.8}\right)^{\frac{10}{3}}\text{h}=157823\text{h}$$ 减速器预期寿命为 $$L_h'=2\times8\times250\times10\text{h}=40000\text{h}$$ $L_h>L_h'$，故轴承寿命足够	轴承寿命满足要求

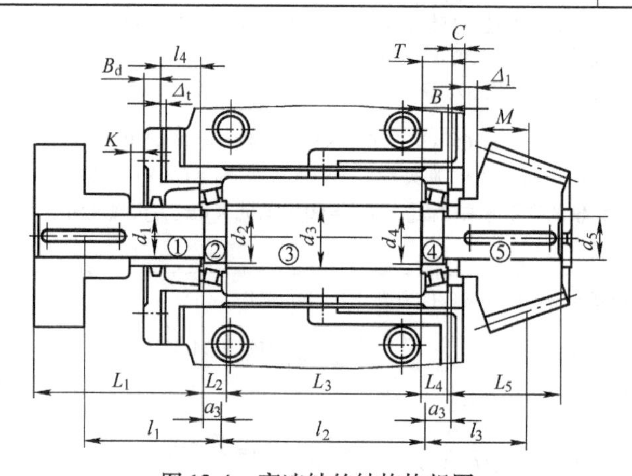

图12-4　高速轴的结构构想图

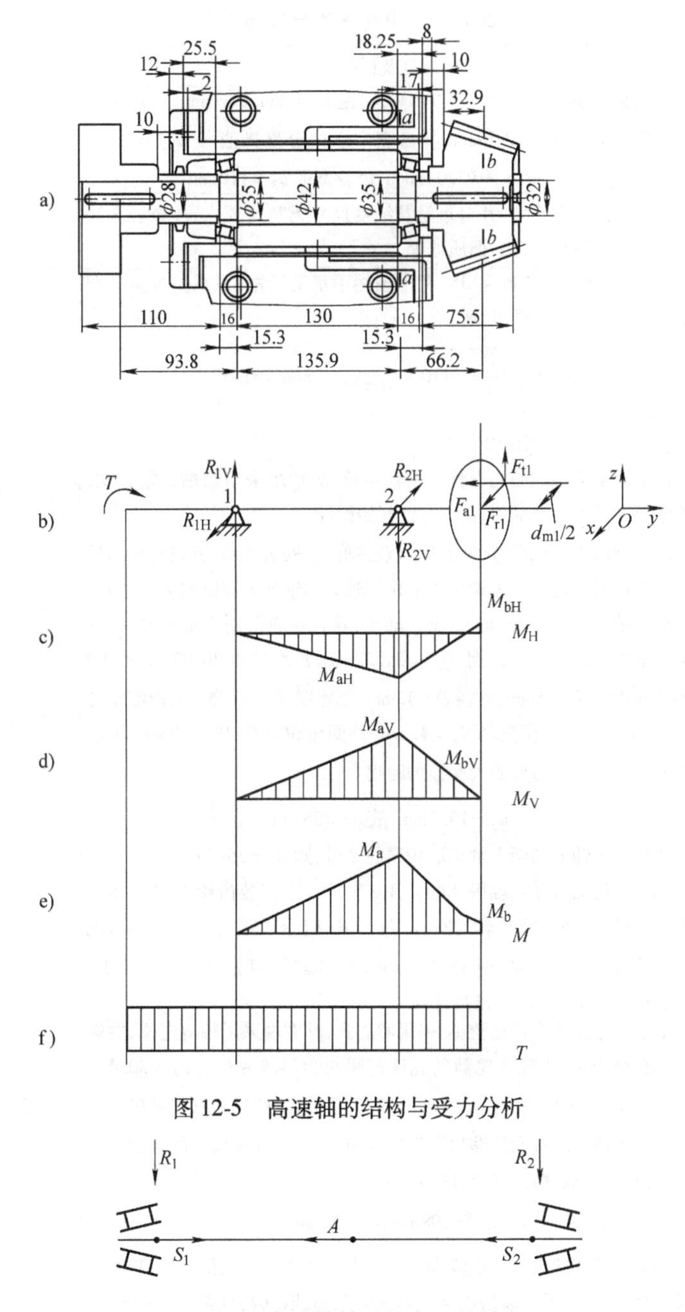

图 12-5　高速轴的结构与受力分析

图 12-6　高速轴轴承的布置及受力

12.5.2　中间轴的设计与计算

中间轴的设计与计算见表 12-8。

表 12-8 中间轴的设计与计算

计算项目	计算及说明	计算结果
1. 已知条件	中间轴传递的功率 $P_2=5.74\text{kW}$，转速 $n_2=244.07\text{r/min}$，锥齿轮大端分度圆直径 $d_2=340\text{mm}$，其齿宽中点处分度圆直径 $d_{m2}=(1-0.5\phi_R)d_2=289\text{mm}$，$d_3=95.041\text{mm}$，齿轮宽度 $b_3=110\text{mm}$	
2. 选择轴的材料	因传递的功率不大，并对重量及结构尺寸无特殊要求，故查表 8-26 选用常用的材料 45 钢，调质处理	45 钢，调质处理
3. 初算最细处轴径	查表 9-8 得 $C=106\sim135$，考虑轴端不承受转矩，只承受少量的弯矩，故取较小值 $C=110$，则 $$d_{min}=C\sqrt[3]{\frac{P_2}{n_2}}=110\times\sqrt[3]{\frac{5.74}{244.07}}\text{mm}=31.52\text{mm}$$	$d_{min}=31.52\text{mm}$
4. 结构设计	轴的结构构想如图 12-7 所示 （1）轴承部件的结构设计　该轴不长，故轴承采用两端固定方式。按轴上零件的安装顺序，从 d_{min} 处开始设计 （2）轴段①及轴段⑤的设计　该段轴段上安装轴承，其设计应与轴承的选择同步进行。考虑齿轮上作用较大的轴向力和圆周力，选用圆锥滚子轴承。轴段①和⑤上安装轴承，其直径应既便于轴承安装，又符合轴承内径系列。根据 $d_{min}=31.52\text{mm}$，暂取轴承 30207，由表 9-9 得轴承内径 $d=35\text{mm}$，外径 $D=72\text{mm}$，总宽度 $T=18.25\text{mm}$，内圈宽度 $B=17\text{mm}$，内圈定位直径 $d_a=42\text{mm}$，外圈定位直径 $D_a=62\text{mm}$，轴承对轴上力作用点与外圈大端面的距离 $$a_3=15.3\text{mm}，故\ d_1=35\text{mm}$$ 通常一根轴上的两个轴承取相同的型号，则 $d_5=35\text{mm}$ （3）齿轮轴段②和轴段④的设计　轴段②上安装齿轮 3，轴段④上安装齿轮 2。为便于齿轮的安装，d_2 和 d_4 应分别略大于 d_1 和 d_5，此时安装齿轮 3 处的轴径可选为 38mm，经过验算，其强度不满足要求，可暂定 $d_2=d_4=42\text{mm}$ 进行计算 由于齿轮 3 的直径比较小，采用实心式，其右端采用轴肩定位，左端采用套筒固定，齿轮 2 轮毂的宽度范围约为 $(1.2\sim1.5)d_4=50.4\sim63\text{mm}$，取其轮毂宽度 $l_4=52\text{mm}$，其左端采用轴肩定位，右端采用套筒固定。为使套筒端面能够顶到齿轮端面，轴段②和轴段④的长度应比相应齿轮的轮毂略短，$b_3=110\text{mm}$，故取 $$L_2=108\text{mm}，L_4=50\text{mm}$$ （4）轴段③的设计　该段为中间轴上的两个齿轮提供定位，其轴肩高度范围为 $(0.07\sim0.1)d_2=2.94\sim4.2\text{mm}$，取其高度为 $h=3\text{mm}$，故 $d_3=48\text{mm}$ 齿轮 3 左端面与箱体内壁距离和齿轮 2 的轮毂右端面与箱体内壁的距离均取为 Δ_1，且使箱体两内侧壁关于高速轴轴线对称，量得其宽度为 $B_X=193.92\text{mm}$，取 $B_X=194\text{mm}$，则轴段③的长度为	$d_1=35\text{mm}$ $d_5=35\text{mm}$ $d_2=d_4=42\text{mm}$ $l_4=52\text{mm}$ $L_2=108\text{mm}$ $L_4=50\text{mm}$ $d_3=48\text{mm}$

（续）

计算项目	计算及说明	计算结果
4. 结构设计	$L_3 = B_X - L_4 - b_3 - 2\Delta_1 = (194-52-110-2\times10)\text{mm} = 12\text{mm}$ 此时锥齿轮没有处在正确安装位置，在装配时可以调节两端盖下的调整垫片使其处与正确的安装位置 （5）轴段①及轴段⑤的长度　由于轴承采用油润滑，故轴承内端面距箱体内壁的距离取为 $\Delta = 5$，则轴段①的长度为 $L_1 = B + \Delta + \Delta_1 + (b_3 - L_2) = 17\text{mm} + 5\text{mm} + 10\text{mm} + (110-108)\text{mm} = 34\text{mm}$ 轴段⑤的长度为 $L_5 = B + \Delta + \Delta_1 + (l_3 - L_4) = 17\text{mm} + 5\text{mm} + 10\text{mm} + (52-50)\text{mm} = 34\text{mm}$ （6）轴上力作用点的间距　轴承反力的作用点距轴承外圈大端面的距离 $a_3 = 15.3\text{mm}$，则由图 12-7 可得轴的支点及受力点间的距离为 $l_1 = T + \Delta + \Delta_1 + \frac{b_3}{2} - a_3 = (18.25 + 5 + 10 + \frac{110}{2} - 15.3)\text{mm} = 72.95\text{mm}$ 由装配草图 12-13 量得 $l_2 = 80.6\text{mm}$，$l_3 = 56.35\text{mm}$	$B_X = 194\text{mm}$ $L_3 = 12\text{mm}$ $L_1 = 34\text{mm}$ $L_5 = 34\text{mm}$ $l_1 = 72.95\text{mm}$ $l_2 = 80.6\text{mm}$ $l_3 = 56.35\text{mm}$
5. 键连接	齿轮与轴段间采用 A 型普通平键连接，查表 8-31 得键的型号分别为键 12×100 GB/T 1096—1990 和键 12×45 GB/T 1096—1990	
6. 轴的受力分析	（1）画轴的受力简图　轴的受力简图如图 12-8b 所示 （2）计算支承反力　在水平面上为 $R_{1H} = \frac{F_{r3}(l_2+l_3) - F_{r2}l_3 + F_{a2}\frac{d_{m2}}{2} + F_{a3}\frac{d_3}{2}}{l_1+l_2+l_3}$ $= \frac{1777.1\times(80.6+56.35) - 191.0\times56.35 + 565.2\times\frac{289}{2} + 1225.3\times\frac{95.041}{2}}{72.95+80.6+56.35}\text{N}$ $= 1774.7\text{N}$ $R_{2H} = F_{r3} - R_{1H} - F_{r2} = 1777.1\text{N} - 1774.7\text{N} - 191.0\text{N} = -188.6\text{N}$ 式中负号表示与图中所画方向相反 在垂直平面上为 $R_{1V} = \frac{F_{t3}(l_2+l_3) + F_{t2}l_3}{l_1+l_2+l_3}$ $= \frac{4726.4\times(80.6+56.35) + 1639.1\times56.35}{72.95+80.6+56.35}\text{N} = 3523.8\text{N}$ $R_{2V} = F_{t3} + F_{t2} - R_{1V}$ $= 4726.4\text{N} + 1639.1\text{N} - 3523.8\text{N} = 2841.7\text{N}$ 轴承 1 的总支承反力为	$R_{1H} = 1774.7\text{N}$ $R_{2H} = -188.6\text{N}$ $R_{1V} = 3523.8\text{N}$ $R_{2V} = 2841.7\text{N}$

（续）

计算项目	计算及说明	计算结果
6. 轴的受力分析	$R_1=\sqrt{R_{1H}^2+R_{1V}^2}=\sqrt{1774.7^2+3523.8^2}\text{N}=3945.5\text{N}$	$R_1=3945.5\text{N}$
	轴承2的总支承反力为 $R_2=\sqrt{R_{2H}^2+R_{2V}^2}=\sqrt{188.6^2+2841.7^2}\text{N}=2848.0\text{N}$	$R_2=2848.0\text{N}$
	（3）画弯矩图　弯矩图如图12-8c、d、e所示 在水平面上，a-a剖面左侧为 $M_{aH}=-R_{1H}l_1=-1774.7\times72.95\text{N}\cdot\text{mm}=-129464.4\text{N}\cdot\text{mm}$ a-a剖面右侧为 $M'_{aH}=M_{aH}+F_{a3}\dfrac{d_3}{2}$ $=-129464.4\text{N}\cdot\text{mm}+1225.3\times\dfrac{95.041}{2}\text{N}\cdot\text{mm}$ $=-71237.5\text{N}\cdot\text{mm}$ b-b剖面右侧为 $M'_{bH}=-R_{2H}l_3=188.6\times56.35\text{N}\cdot\text{mm}=10627.6\text{N}\cdot\text{mm}$ $M_{bH}=M'_{bH}-F_{a2}\dfrac{d_2}{2}$ $=10627.6\text{N}\cdot\text{mm}-565.2\times\dfrac{289}{2}\text{N}\cdot\text{mm}$ $=-71043.8\text{N}\cdot\text{mm}$ 在垂直平面上为 $M_{aV}=R_{1V}l_1=3523.8\times72.95\text{N}\cdot\text{mm}=257061.2\text{N}\cdot\text{mm}$ $M_{bV}=R_{2V}l_3=2841.7\times56.35\text{N}\cdot\text{mm}=160129.8\text{N}\cdot\text{mm}$	
	合成弯矩，a-a剖面左侧为 $M_a=\sqrt{M_{aH}^2+M_{aV}^2}=\sqrt{(-129464.4)^2+257061.2^2}\text{N}\cdot\text{mm}$ $=287822.0\text{N}\cdot\text{mm}$	$M_a=287822.0\text{N}\cdot\text{mm}$
	a-a剖面右侧为 $M'_a=\sqrt{M'^2_{aH}+M_{aV}^2}=\sqrt{(-71237.5)^2+257061.2^2}\text{N}\cdot\text{mm}$ $=266749.4\text{N}\cdot\text{mm}$	$M'_a=266749.4\text{N}\cdot\text{mm}$
	b-b剖面左侧为 $M_b=\sqrt{M_{bH}^2+M_{bV}^2}=\sqrt{(-71043.8)^2+160129.8^2}\text{N}\cdot\text{mm}$ $=175182.1\text{N}\cdot\text{mm}$	$M_b=175182.1\text{N}\cdot\text{mm}$
	b-b剖面右侧为 $M'_b=\sqrt{M'^2_{bH}+M_{bV}^2}=\sqrt{10627.6^2+160129.8^2}\text{N}\cdot\text{mm}$ $=160482.1\text{N}\cdot\text{mm}$	$M'_b=160482.1\text{N}\cdot\text{mm}$
	（4）画转矩图　转矩图如图12-8f所示，$T_2=224600\text{N}\cdot\text{mm}$	$T_2=224600\text{N}\cdot\text{mm}$

（续）

计算项目	计算及说明	计算结果
7. 校核轴的强度	虽然 a-a 剖面左侧弯矩大，但 a-a 剖面右侧除作用有弯矩外还作用有转矩，其轴颈较小，故 a-a 剖面两侧均有可能为危险面，故分别计算 a-a 剖面的抗弯截面系数 $W=\frac{\pi d_2^3}{32}-\frac{bt(d_2-t)^2}{2d_2}=\frac{\pi\times 42^3}{32}\text{mm}^3-\frac{12\times 5\times(42-5)^2}{2\times 42}\text{mm}^3=6292\text{mm}^3$ 抗扭截面系数为 $W_T=\frac{\pi d_2^3}{16}-\frac{bt(d_2-t)^2}{2d_2}=\frac{\pi\times 42^3}{16}\text{mm}^3-\frac{12\times 5\times(42-5)^2}{2\times 42}\text{mm}^3=13561\text{mm}^3$ a-a 剖面左侧弯曲应力为 $\sigma_b=\frac{M_a}{W}=\frac{287822.0}{6292}\text{MPa}=45.7\text{MPa}$ a-a 剖面右侧的弯曲应力为 $\sigma_b'=\frac{M_a'}{W}=\frac{266749.4}{6292}\text{MPa}=42.4\text{MPa}$ 扭剪应力为 $\tau=\frac{T_2}{W_T}=\frac{224600}{13561}\text{MPa}=16.6\text{MPa}$ 按弯扭合成强度进行校核计算，对于单向转动的转轴，转矩按脉动循环处理，故取折合系数 $\alpha=0.6$，则当量应力为 $\sigma_e'=\sqrt{\sigma_b'^2+4(\alpha\tau)^2}=\sqrt{42.4^2+4\times(0.6\times 16.6)^2}\text{MPa}=46.8\text{MPa}$ $\sigma_e'>\sigma_b$，故 a-a 剖面右侧为危险截面 由表 8-26 查得 45 钢调质处理抗拉强度极限 $\sigma_B=650\text{MPa}$，则由表 8-32 查得轴的许用弯曲应力 $[\sigma_{-1b}]=60\text{MPa}$，$\sigma_e'<[\sigma_{-1b}]$，强度满足要求	轴的强度满足要求
8. 校核键连接的强度	齿轮 2 处键连接的挤压应力为 $\sigma_p=\frac{4T_2}{d_4hl}=\frac{4\times 224600}{42\times 8\times(45-12)}\text{MPa}=81.0\text{MPa}$ 取键、轴及齿轮的材料都为钢，由表 8-33 查得 $[\sigma]_p=125\sim150\text{MPa}$，$\sigma_p<[\sigma]_p$，强度足够 齿轮 3 处的键长于齿轮 2 处的键，故其强度也足够	键连接强度足够
9. 校核轴承寿命	（1）计算轴承的轴向力　由表 9-9 查 30207 轴承得 $C=54200\text{N}$，$C_0=63500\text{N}$，$e=0.37$，$Y=1.6$。由表 9-10 查得 30207 轴承内部轴向力计算公式，则轴承 1、2 的内部轴向力分别为	

（续）

计算项目	计算及说明	计算结果
9. 校核轴承寿命	$S_1=\frac{R_1}{2Y}=\frac{3945.5}{2\times1.6}\text{N}=1233.0\text{N}$ $S_2=\frac{R_2}{2Y}=\frac{2848.0}{2\times1.6}\text{N}=890.0\text{N}$ 外部轴向力 $A=660.1\text{N}$，各轴向力方向如图 12-9 所示 $S_2+A=890.0\text{N}+660.1\text{N}=1550.1\text{N}>S_1$ 则两轴承的轴向力分别为 $F_{a1}=S_2+A=1550.1\text{N}$ $F_{a2}=S_2=890.0\text{N}$ （2）计算轴承 1 的当量动载荷　因 $R_1>R_2$，$F_{a1}>F_{a2}$，故只需校核轴承 1 的寿命。因 $F_{a1}/R_1=1550.1/3945.5=0.39>e$，则轴承 1 的当量动载荷 $P=0.4R_1+1.6F_{a1}$ $=0.4\times3945.5\text{N}+1.6\times1550.1\text{N}=4058.4\text{N}$ 轴承在 100℃以下工作，查表 8-34 得 $f_T=1$。对于减速器，查表 8-35 得载荷系数 $f_p=1.5$ （3）校核轴承寿命　轴承 1 的寿命为 $L_h=\frac{10^6}{60n_2}\left(\frac{f_TC}{f_PP}\right)^{\frac{10}{3}}=\frac{10^6}{60\times244.07}\times\left(\frac{1\times54200}{1.5\times4058.4}\right)^{\frac{10}{3}}\text{h}$ $=99887\text{h}$ 减速器预期寿命为 $L_h'=2\times8\times250\times10\text{h}=40000\text{h}$ $L_h>L_h'$，故轴承寿命足够	轴承寿命满足要求

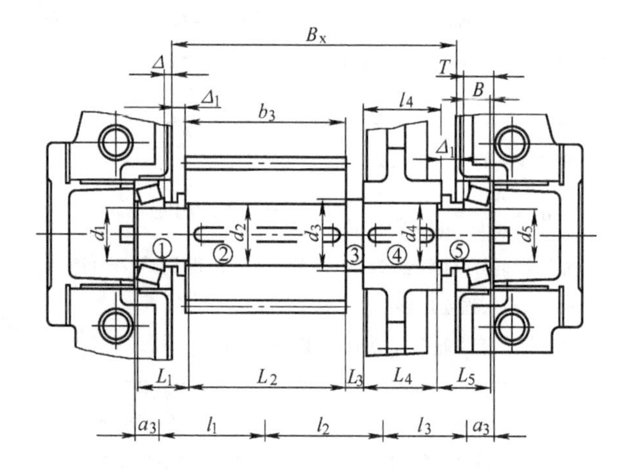

图 12-7　中间轴的结构构想图

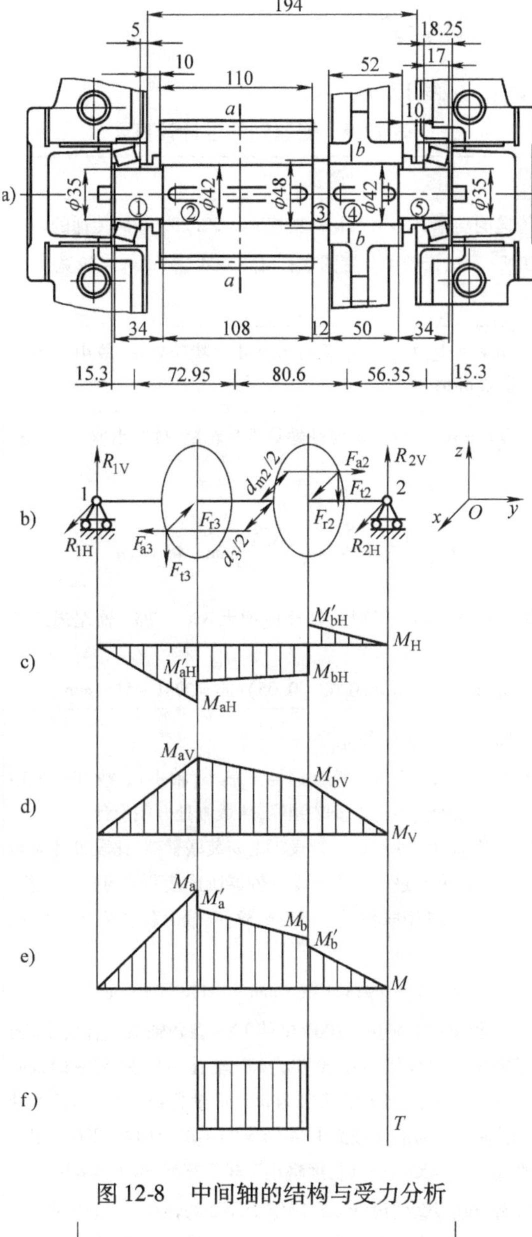

图 12-8　中间轴的结构与受力分析

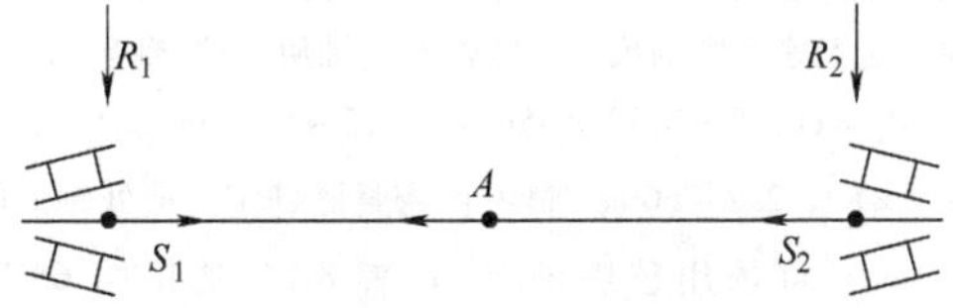

图 12-9　中间轴轴承的布置与受力

12.5.3 低速轴的设计计算

低速轴的设计计算见表12-9。

表12-9 低速轴的设计计算

计算项目	计算及说明	计算结果
1. 已知条件	低速轴传递的功率$P_3=5.51\text{kW}$,转速$n_3=57.29\text{r/min}$,传递的转矩$T_3=918410\text{N}\cdot\text{mm}$,齿轮4分度圆直径$d_4=404.959\text{mm}$,齿轮宽度$b_4=105\text{mm}$	
2. 选择轴的材料	因传递的功率不大,并对重量及结构尺寸无特殊要求,故由表8-26选用45钢,调质处理	45钢,调质处理
3. 初算轴径	查表9-8得$C=106\sim135$,考虑轴端只承受转矩,故取小值$C=106$,则 $d_{\min}=C\sqrt[3]{\frac{P_3}{n_3}}=106\times\sqrt[3]{\frac{5.51}{57.29}}\text{mm}=48.6\text{mm}$ 轴与联轴器连接,有一个键槽,轴径应增大3%～5%,轴端最细处直径为 $d_1>48.6\text{mm}+48.6\times(0.03\sim0.05)\text{mm}=50.1\sim51.3\text{mm}$	$d_{\min}=48.6\text{mm}$
4. 结构设计	轴的结构构想如图12-10所示 (1)轴承部件的结构设计　该减速器发热小,轴不长,故轴承采用两端固定方式。按轴上零件的安装顺序,从最细处开始设计 (2)联轴器及轴段①的设计　轴段①上安装联轴器,此段设计应与联轴器的选择设计同步进行。为补偿联轴器所连接两轴的安装误差、隔离振动,选用弹性柱销联轴器。查表8-37,取载荷系数$K_A=1.5$,则计算转矩 $T_c=K_AT_3=1.5\times918410\text{N}\cdot\text{mm}=1377615\text{N}\cdot\text{mm}$ 由表8-38查得GB/T 5014—2003中的LX4型联轴器符合要求:公称转矩为2500N·m,许用转速3870r/min,轴孔范围为40～63mm。考虑$d>51.3\text{mm}$,取联轴器毂孔直径为55mm,轴孔长度84mm,J型轴孔,A型键,联轴器主动端代号为LX4 55×84 GB/T5014—2003,相应的轴段①的直径$d_1=55\text{mm}$,其长度略小于毂孔宽度,取$L_1=82\text{mm}$ (3)密封圈与轴段②的设计　在确定轴段②的轴径时,应同时考虑联轴器的轴向固定及密封圈的尺寸。联轴器用轴肩定位,轴肩高度$h=(0.07\sim0.1)d_1=(0.07\sim0.1)\times55\text{mm}=3.85\sim5.5\text{mm}$。轴段②的轴径$d_2=d_1+2\times h=62.7\sim66\text{mm}$,最终由密封圈确定。该处轴的圆周速度小于3m/s,可选用毡圈油封,查表8-27,选毡圈65JB/ZQ4606—1997,则$d_2=65\text{mm}$	$d_1=55\text{mm}$ $L_1=82\text{mm}$ $d_2=65\text{mm}$

（续）

计算项目	计算及说明	计算结果
4. 结构设计	（4）轴承与轴段③和轴段⑦的设计　考虑齿轮有轴向力存在，但此处轴径较大，选用角接触球轴承。轴段③上安装轴承，其直径应既便于轴承安装，又符合轴承内径系列。现暂取轴承为 7214C，由表 11-9 得轴承内径 $d=70\text{mm}$，外径 $D=125\text{mm}$，宽度 $B=24\text{mm}$，内圈定位直径 $d_a=80\text{mm}$，外圈径定位直径 $D_a=115\text{mm}$，轴上定位端面圆角半径最大为 $r_a=1.5\text{mm}$，轴承对轴的力作用点与外圈大端面的距离 $a_3=25.3\text{mm}$，故 $d_3=70\text{mm}$。由于齿轮圆周速度大于 2m/s，轴承采用油润滑，无需放挡油环，$L_3=B=24\text{mm}$。为补偿箱体的铸造误差，取轴承靠近箱体内壁的端面与箱体内壁距离 $\Delta=5\text{mm}$	$d_3=70\text{mm}$ $L_3=24\text{mm}$
	通常一根轴上的两个轴承取相同的型号，故 $d_7=70\text{mm}$	$d_7=70\text{mm}$
	（5）齿轮与轴段⑥　该段上安装齿轮 4，为便于齿轮的安装，d_6 应略大于 d_7，可初定 $d_6=72\text{mm}$，齿轮 4 轮毂的宽度范围为 $(1.2\sim1.5)d_6=86.4\sim108\text{mm}$，取其轮毂宽度与齿轮宽度 $b_4=105\text{mm}$ 相等，其右端采用轴肩定位，左端采用套筒固定。为使套筒端面能够顶到齿轮端面，轴段⑥长度应比齿轮 4 的轮毂略短，取 $L_6=102\text{mm}$	$d_6=72\text{mm}$ $L_6=102\text{mm}$
	（6）轴段⑤和轴段④的设计　轴段⑤为齿轮提供轴向定位作用，定位轴肩的高度为 $h=(0.07\sim0.1)d_6=5.04\sim7.2\text{mm}$，取 $h=6\text{mm}$，则 $d_5=84\text{mm}$，$L_5=1.4h=8.4\text{mm}$，取 $L_5=10\text{mm}$	$d_5=84\text{mm}$ $L_5=10\text{mm}$
	轴段④的直径可取轴承内圈定位直径，即 $d_4=80\text{mm}$，齿轮左端面与箱体内壁距离为 $\Delta_4=\Delta_1+(b_3-b_4)/2=10\text{mm}+(110-105)/2\text{mm}=12.5\text{mm}$，则轴段④的长度 $L_4=B_X+\Delta-\Delta_4-b_4-L_5=(194+5-12.5-105-10)\text{mm}=71.5\text{mm}$	$d_4=80\text{mm}$ $L_4=71.5\text{mm}$
	（7）轴段②与轴段⑦的长度　轴段②的长度除与轴上的零件有关外，还与轴承座宽度及轴承端盖等零件有关。轴承座的宽度为 $L=\delta+c_1+c_2+(5\sim8)\text{mm}$，轴承旁连接螺栓为 M20，则 $c_1=28\text{mm}$，$c_2=24\text{mm}$，箱体轴承座宽度 $L=[10+28+24+(5\sim8)]\text{mm}=67\sim70\text{mm}$，取 $L=70\text{mm}$；轴承端盖连接螺钉查表 8-29 选螺栓 GB/T 5781 M10×25，其安装圆周大于联轴器轮毂外径，轮毂外径不与端盖螺钉的拆装空间干涉，故取联轴器轮毂端面与轴承端盖外端面的距离为 $K=10\text{mm}$。则有	$L=70\text{mm}$
	$L_2=L+\Delta_t+B_d+K-B-\Delta=(70+2+12+10-24-5)\text{mm}=65\text{mm}$	$L_2=65\text{mm}$
	轴段⑦的长度为 $L_7=B+\Delta+\Delta_4+(b_4-L_6)=[24+5+12.5+(105-102)]\text{mm}=44.5\text{mm}$	$L_7=44.5\text{mm}$
	（8）轴上力作用点的间距　轴承反力的作用点距轴承外圈大端面的距离 $a_3=25.3\text{mm}$，则由图 12-10 可得轴的支点及受力点间的距离为	

（续）

计算项目	计算及说明	计算结果
4. 结构设计	$l_1 = L_7 + L_6 - \frac{b_4}{2} - a_3 = \left(44.5 + 102 - \frac{105}{2} - 25.3\right)\text{mm} = 68.7\text{mm}$ $l_2 = L_3 + L_4 + L_5 + \frac{b_4}{2} - a_3 = \left(24 + 71.5 + 10 + \frac{105}{2} - 25.3\right)\text{mm}$ $= 132.7\text{mm}$ $l_3 = a_3 + L_2 + \frac{84}{2}\text{mm} = (25.3 + 65 + 42)\text{mm} = 132.3\text{mm}$	$l_1 = 68.7\text{mm}$ $l_2 = 132.7\text{mm}$ $l_3 = 132.3\text{mm}$
5. 键连接	联轴器与轴段①及齿轮 4 与轴段⑥间采用 A 型普通平键连接，由表 8-31 选其型号分别为键 16×100 GB/T 1096—1990 和键 20×100 GB/T 1096—1990	
6. 轴的受力分析	（1）画轴的受力简图　轴的受力简图如图 12-11b 所示 （2）计算支承反力　在水平面上为 $R_{1H} = \frac{F_{r4} l_2 - F_{a4} \frac{d_4}{2}}{l_1 + l_2}$ $= \frac{1777.1 \times 132.7 - 1225.3 \times \frac{404.956}{2}}{68.7 + 132.7}\text{N}$ $= -61.0\text{N}$ $R_{2H} = F_{r4} - R_{1H} = 1777.1\text{N} + 61.0\text{N} = 1838.1\text{N}$ 式中负号表示该力方向与图中所画的方向相反 在垂直平面上为 $R_{1V} = \frac{F_{t4} l_2}{l_1 + l_2} = \frac{4726.4 \times 132.7}{68.7 + 132.7}\text{N} = 3114.2\text{N}$ $R_{2V} = F_{t4} - R_{1V} = 4726.4\text{N} - 3114.2\text{N} = 1612.2\text{N}$ 轴承 1 的总支承反力为 $R_1 = \sqrt{R_{1H}^2 + R_{1V}^2} = \sqrt{61.0^2 + 3114.2^2}\text{N} = 3114.8\text{N}$ 轴承 2 的总支承反力为 $R_2 = \sqrt{R_{2H}^2 + R_{2V}^2} = \sqrt{1838.1^2 + 1612.2^2}\text{N} = 2444.9\text{N}$ （3）画弯矩图　弯矩图如图 12-11c、d、e 所示 在水平面上，*a-a* 剖面左侧为 $M_{aH} = R_{1H} l_1 = -61.0 \times 68.7\text{N}\cdot\text{mm} = -4190.7\text{N}\cdot\text{mm}$ *a-a* 剖面右侧为 $M'_{aH} = R_{2H} l_2 = 1838.1 \times 132.7\text{N}\cdot\text{mm} = 243915.9\text{N}\cdot\text{mm}$ 在垂直平面上为 $M_{aV} = R_{1V} l_1 = 3114.2 \times 68.7\text{N}\cdot\text{mm} = 213945.5\text{N}\cdot\text{mm}$	$R_{1H} = -61.0\text{N}$ $R_{2H} = 1838.1\text{N}$ $R_{1V} = 3114.2\text{N}$ $R_{2V} = 1612.2\text{N}$ $R_1 = 3114.8\text{N}$ $R_2 = 2444.9\text{N}$

（续）

计算项目	计算及说明	计算结果
6. 轴的受力分析	合成弯矩，a-a 剖面左侧为 $M_a = \sqrt{M_{aH}^2 + M_{aV}^2} = \sqrt{(-4190.7)^2 + 213945.5^2}\text{N}\cdot\text{mm}$ $= 213986.5\text{N}\cdot\text{mm}$ a-a 剖面右侧为 $M'_a = \sqrt{M'^2_{aH} + M_{aV}^2} = \sqrt{243915.9^2 + 213945.5^2}\text{N}\cdot\text{mm}$ $= 324449.8\text{N}\cdot\text{mm}$ （4）画转矩图　转矩图如图 12-11f 所示，$T_3 = 918410\text{N}\cdot\text{mm}$	$M_a = 213986.5\text{N}\cdot\text{mm}$ $M'_a = 324449.8\text{N}\cdot\text{mm}$ $T_3 = 918410\text{N}\cdot\text{mm}$
7. 校核轴的强度	因 a-a 剖面右侧弯矩大，且作用有转矩，故 a-a 剖面右侧为危险面 其抗弯截面系数为 $W = \dfrac{\pi d_6^3}{32} - \dfrac{bt(d_6 - t)^2}{2d_6} = \dfrac{\pi \times 72^3}{32}\text{mm}^3 - \dfrac{20 \times 7.5 \times (72 - 7.5)^2}{2 \times 72}\text{mm}^3$ $= 32291.4\text{mm}^3$ 抗扭截面系数为 $W_T = \dfrac{\pi d_6^3}{16} - \dfrac{bt(d_6 - t)^2}{2d_6} = \dfrac{\pi \times 72^3}{16}\text{mm}^3 - \dfrac{18 \times 7.5 \times (72 - 7.5)^2}{2 \times 72}\text{mm}^3$ $= 68916.3\text{mm}^3$ 弯曲应力为 $\sigma_b = \dfrac{M'_a}{W} = \dfrac{324449.8}{32291.4}\text{MPa} = 10.0\text{MPa}$ 扭剪应力为 $\tau = \dfrac{T_3}{W_T} = \dfrac{918410}{68916.3}\text{MPa} = 13.3\text{MPa}$ 按弯扭合成强度进行校核计算，对于单向转动的转轴，转矩按脉动循环处理，故取折合系数 $\alpha = 0.6$，则当量应力为 $\sigma_e = \sqrt{\sigma_b^2 + 4(\alpha\tau)^2}$ $= \sqrt{10.0^2 + 4 \times (0.6 \times 13.3)^2}\text{MPa} = 18.9\text{MPa}$ 由表 8-26 查得 45 钢调质处理抗拉强度极限 $\sigma_B = 650\text{MPa}$，则由表 8-32 查得轴的许用弯曲应力 $[\sigma_{-1b}] = 60\text{MPa}$，$\sigma_e < [\sigma_{-1b}]$，强度满足要求	轴的强度满足要求
8. 校核键连接的强度	联轴器处键连接的挤压应力为 $\sigma_{p1} = \dfrac{4T_3}{d_1 hl} = \dfrac{4 \times 918410}{55 \times 10 \times (100 - 16)}\text{MPa} = 79.5\text{MPa}$ 齿轮 4 处键连接的挤压应力为 $\sigma_{p2} = \dfrac{4T_3}{d_6 hl} = \dfrac{4 \times 7918410}{72 \times 12 \times (100 - 20)}\text{MPa} = 53.1\text{MPa}$ 取键、轴、齿轮及联轴器的材料都为钢，由表 8-33 查得 $[\sigma]_p = 125 \sim 150\text{MPa}$，$\sigma_{p1} < [\sigma]_p$，$\sigma_{p2} < [\sigma]_p$，强度足够	键连接强度足够

（续）

计算项目	计算及说明	计算结果
9. 校核轴承寿命	（1）计算轴承的轴向力　由表 11-9 查 7214C 轴承得 $C=70200\text{N}$，$C_0=60000\text{N}$。由表 9-10 查得 7214C 轴承内部轴向力计算公式，则轴承 1、2 的内部轴向力分别为 $S_1=0.4R_1=0.4\times3114.8\text{N}=1245.9\text{N}$ $S_2=0.4R_2=0.4\times2444.9\text{N}=978.0\text{N}$ 外部轴向力 $A=1225.3\text{N}$，各轴向力方向如图 12-12 所示 $S_1+A=1245.9\text{N}+1225.3\text{N}=2471.2\text{N}>S_2$ 则两轴承的轴向力分别为 $F_{a1}=S_1=1245.9\text{N}$ $F_{a2}=S_1+A=2471.2\text{N}$ （2）计算当量动载荷　由 $F_{a1}/C_0=1245.9/60000=0.021$，查表 11-9 得 $e=0.39$，因 $F_{a1}/R_1=1245.9/3114.8=0.4>e$，故 $X=0.44$，$Y=1.44$，轴承 1 的当量动载荷为 $P_1=XR_1+YF_{a1}$ $=0.44\times3114.8\text{N}+1.44\times1245.9\text{N}=3164.6\text{N}$ 由 $F_{a2}/C_0=2471.2/60000=0.041$，查表 11-9 得 $e=0.42$，因 $F_{a2}/R_2=2471.2/2444.9=1.01>e$，故 $X=0.44$，$Y=1.36$，轴承 2 的当量动载荷为 $P_2=XR_2+YF_{a2}$ $=0.44\times2444.9\text{N}+1.36\times2471.2\text{N}=4436.6\text{N}$ （3）校核轴承寿命　因 $P_1<P_2$，故只需校核轴承 2，$P=P_2$。轴承在 100℃以下工作，查表 8-34 得 $f_T=1$。对于减速器，查表 8-35 得载荷系数 $f_P=1.5$ 轴承 2 的寿命为 $L_h=\frac{10^6}{60n_3}\left(\frac{f_T C}{f_P P}\right)^3=\frac{10^6}{60\times57.29}\left(\frac{1\times70200}{1.5\times4436.6}\right)^3\text{h}$ $=341473\text{h}$ $L_h>L'_h$，故轴承寿命足够	轴承寿命满足要求

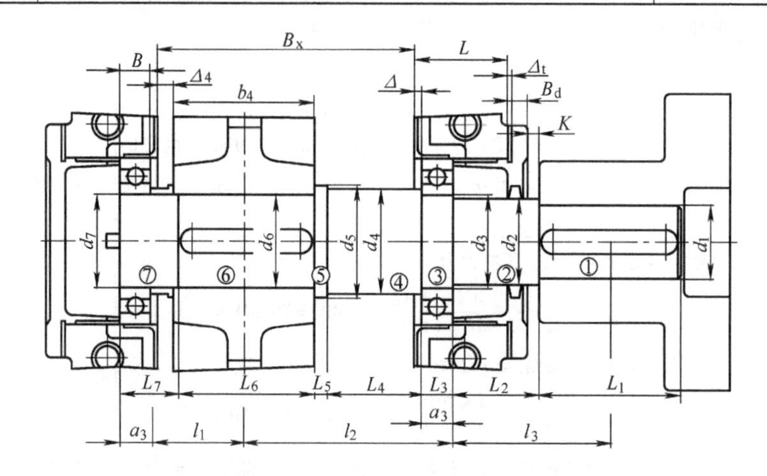

图 12-10　低速轴的结构构想图

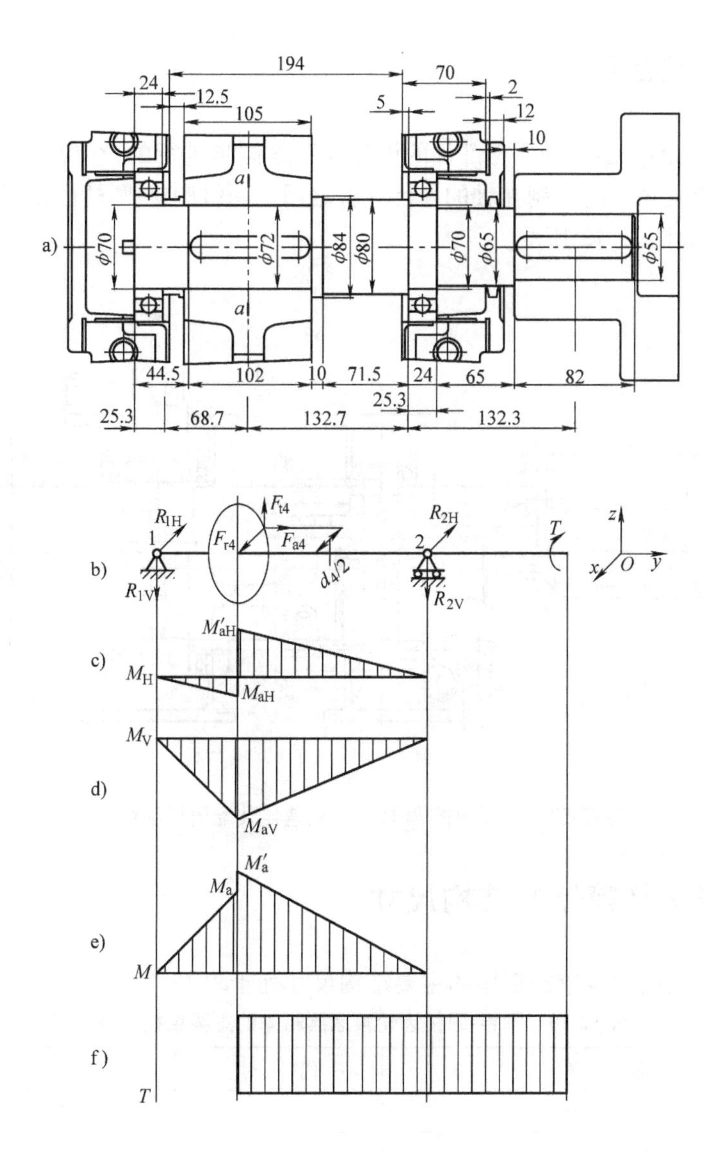

图 12-11　低速轴的结构与受力分析

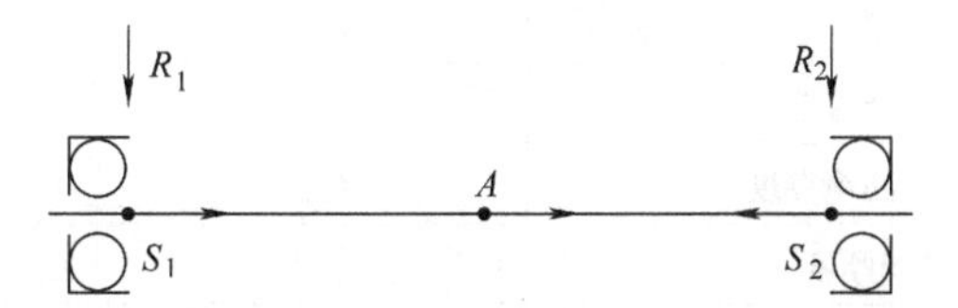

图 12-12　低速轴的轴承布置及受力

12.6 装配草图

装配草图的绘制与轴系零部件的设计计算是同步进行的，在说明书中无法同步表达，故装配草图的绘制在轴的设计计算之后。两级圆锥-圆柱齿轮减速器装配俯视图草图如图 12-13 所示。

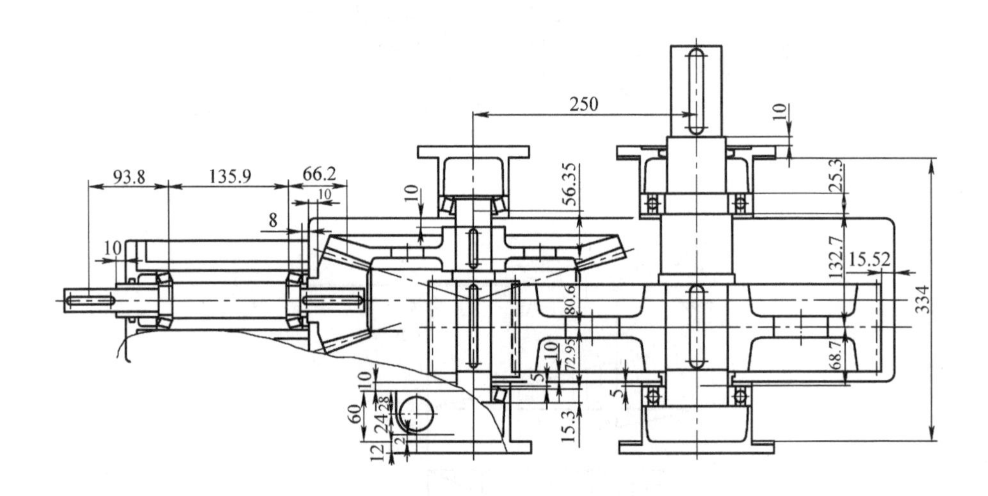

图 12-13 两级圆锥-圆柱齿轮减速器装配俯视图草图

12.7 减速器箱体的结构尺寸

圆锥-圆柱齿轮减速器箱体的主要结构尺寸列于表 12-10。

表 12-10 圆锥-圆柱齿轮减速器箱体的主要结构尺寸

名　称	代　号	尺　寸/mm
锥齿轮锥距	R	179.650
低速级中心距	a	250
下箱座壁厚	δ	10
上箱座壁厚	δ_1	9
下箱座剖分面处凸缘厚度	b	15
上箱座剖分面处凸缘厚度	b_1	14
地脚螺栓底脚厚度	p	25
箱座上的肋厚	M	8
箱盖上的肋厚	m_1	8

（续）

名　称	代　号	尺　寸/mm
地脚螺栓直径	d_ϕ	M24
地脚螺栓通孔直径	d'_ϕ	30
地脚螺栓沉头座直径	D_0	60
底脚凸缘尺寸(扳手空间)	L_1	38
	L_2	35
地脚螺栓数目	n	4
轴承旁连接螺栓(螺钉)直径	d_1	M20
轴承旁连接螺栓通孔直径	d'_1	22
轴承旁连接螺栓沉头座直径	D_0	40
剖分面凸缘尺寸(扳手空间)	c_1	28
	c_2	24
上下箱连接螺栓(螺钉)直径	d_2	M16
上下箱连接螺栓通孔直径	d'_2	17.5
上下箱连接螺栓沉头座直径	D_0	32
箱缘尺寸(扳手空间)	c_1	24
	c_2	20
轴承盖螺钉直径	d_3	M10
检查孔盖连接螺栓直径	d_4	M6
圆锥定位销直径	d_5	5
减速器中心高	H	270
轴承旁凸台高度	h	65
轴承旁凸台半径	R_δ	24
轴承端盖(轴承座)外径	D_2	122,175
轴承旁连接螺栓距离	S	122,175
箱体外壁至轴承座端面的距离	K	60
轴承座孔长度(箱体内壁至轴承座端面的距离)		70
大齿轮顶圆与箱体内壁间距离	Δ_1	15.52
齿轮端面与箱体内壁间的距离	Δ_2	10

12.8　润滑油的选择与计算

齿轮选择全损耗系统用油 L-AN68 润滑油润滑，润滑油深度为 1.18dm，箱体

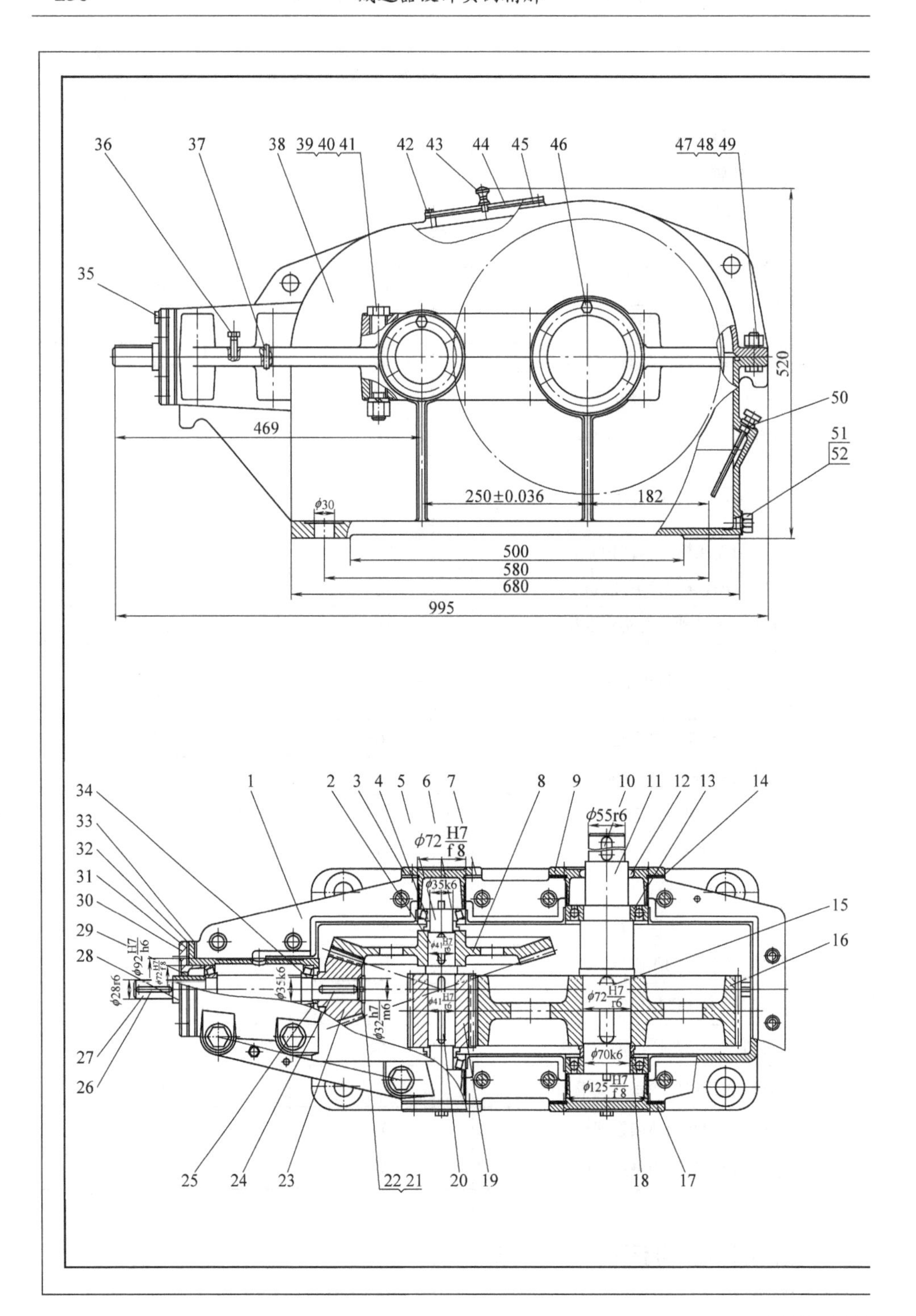

图 12-14　两级圆锥-圆柱

拆去窥视孔盖

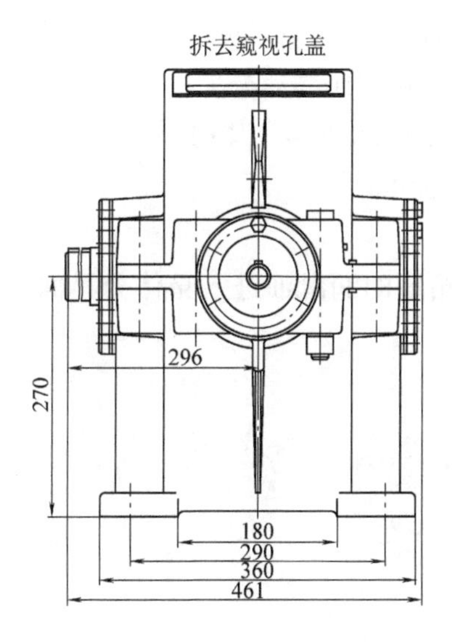

技术特性

功率/kW	高速轴转速/(r/min)	传动比
6.04	720	12.56

技术要求

1.装配前,清洗所有零件,机体内壁涂防锈油漆。
2.装配后,检查高速级齿轮齿侧间隙 $j_{\min}$= 0.194mm和低速级齿轮齿侧间隙 $j_{\min}$=0.198。
3.用涂色法检验齿面接触斑点,在齿高和齿长方向接触斑点不小于50%,必要时可研磨或刮后研磨,以改善接触情况。
4.调整轴承向间隙为0.2~0.3mm。
5.减速器的机体、密封处及剖分面不得漏油。剖分面可以涂密封漆或水玻璃,但不得使用垫片。
6.机座内装L-AN68润滑油至规定高度。
7.机体表面涂灰色油漆。

序号	名称	数量	材料	备注
52	六角螺塞M16×1.5	1	35	JB/T 1700—2008
51	螺塞垫24×16	1	10	JB/T 1718—2008
50	油标尺M16	1	Q235	
49	螺栓M16×50	2		GB/T 5782 8.8级
48	螺母M16	2		GB/T 6170 8级
47	垫圈16	2	65Mn	GB/T 93 1987
46	螺栓M10×25	24		GB/T 5782 8.8级
45	垫片	1	石棉橡胶纸	
44	窥视孔盖	1	Q235	
43	通气器	1	Q235	
42	螺栓M6×16	4		GB/T 5782 8.8级
41	螺栓M20×160	12		GB/T 5782 8.8级
40	螺母M20	12		GB/T 6170 8级
39	垫圈20	12	65Mn	GB/T 93—1987
38	机盖	1	HT200	
37	销5×35	2	35	GB/T 117—2000
36	螺栓M10×30	1		GB/T 5782 8.8级
35	螺栓M10×35	6		GB/T 5782 8.8级
34	轴承30207	2		GB/T 297—2007
33	调整垫片	2组	08F	成组
32	轴承套杯	1	Q235	
31	调整垫片	2组	08F	成组
30	轴承端盖	1	HT200	
29	毡圈40	1	半粗羊毛毡	JB/ZQ 4606—1997
28	套筒	1	Q235	
27	高速轴	1	45	
26	键8×56	1	45	GB/T 1096—2003
25	套	1	Q235	
24	键10×63	1	45	GB/T 1096—2003
23	小锥齿轮	1	45	m=5, z_1=23
22	挡圈B40	1	Q235	GB/T 891—1986
21	螺钉M5×12	1		GB/T 68—2000
20	键10×100	1	45	GB/T 1096—2003
19	小圆柱齿轮	1	45	m_n=4.0， z_3=23
18	套筒	1	Q235	
17	轴承端盖	1	HT200	
16	大圆柱齿轮	1	45	m_n=4.0， z_4=98
15	键20×100	1	45	GB/T 1096—2003
14	调整垫片	2组	08F	成组
13	轴承7014C	2		GB/T 272—1994
12	毡圈65	1	半粗羊毛毡	GB/ZQ 4606—1997
11	低速轴	1	45	
10	键16×100	1	45	GB/T 1096—2003
9	轴承端盖	1	HT200	
8	大锥齿轮	1	45	m=5, z_2=6.8
7	调整垫片	2组	08F	成组
6	套筒	2	Q235	
5	中间轴	1	45	
4	轴承30208	2		GB/T 297—1994
3	轴承端盖	1	HT200	
2	键10×45	1	45	GB/T 1096—2003
1	机箱	1	HT200	

	图号		比例	
	重量		数量	
设计				
读图				
审核				

齿轮减速器装配图

底面尺寸为6.60dm×1.94dm，箱体内所装润滑油量为

$$V = 6.6 \times 1.94 \times 1.18\text{dm}^3 = 15.11\text{dm}^3$$

该减速器所传递的功率 $P_0 = 6.1\text{kW}$。对于二级减速器，每传递1kW的功率，需油量为 $V_0 = 0.7 \sim 1.4\text{dm}^3$，该减速器所需油量为

$$V_1 = P_0V_0 = 6.1 \times (0.7 \sim 1.4)\text{dm}^3 = 4.27 \sim 8.54\text{dm}^3$$

$V_1 < V$，润滑油量满足要求。

轴承采用油润滑，齿轮飞溅到上箱壁的润滑油进入箱体分界面的导油沟，导入到轴承座中对轴承完成润滑。

12.9 装配图和零件图

12.9.1 附件设计与选择

1. 检查孔及检查孔盖

检查孔尺寸为150mm×164mm，位置在中间轴的上方；检查孔盖尺寸为180mm×194mm。

2. 油面指示装置

选用油标尺M16，由表8-40可查相关尺寸。

3. 通气器

选用提手式通气器，由图8-21可查相关尺寸。

4. 放油孔及螺塞

设置一个放油孔。螺塞选用六角螺塞M16×1.5JB/T1700—2008，螺塞垫24×16 JB/T 1718—2008，由表8-41和表8-42可查相关尺寸。

5. 起吊装置

上箱盖采用吊环，箱座上采用吊钩，由表8-43可查相关尺寸。

6. 起箱螺钉

起箱螺钉查表8-29，选取螺钉GB/T 5781—2000 M10×25。

7. 定位销

定位销查表8-44，取销GB/T 117—2000 6×35两个。

12.9.2 绘制装配图和零件图

选择与计算其他附件后，所完成的装配图如图12-14所示。减速器输出轴及输出轴上的齿轮零件图如图12-15和图12-16所示。

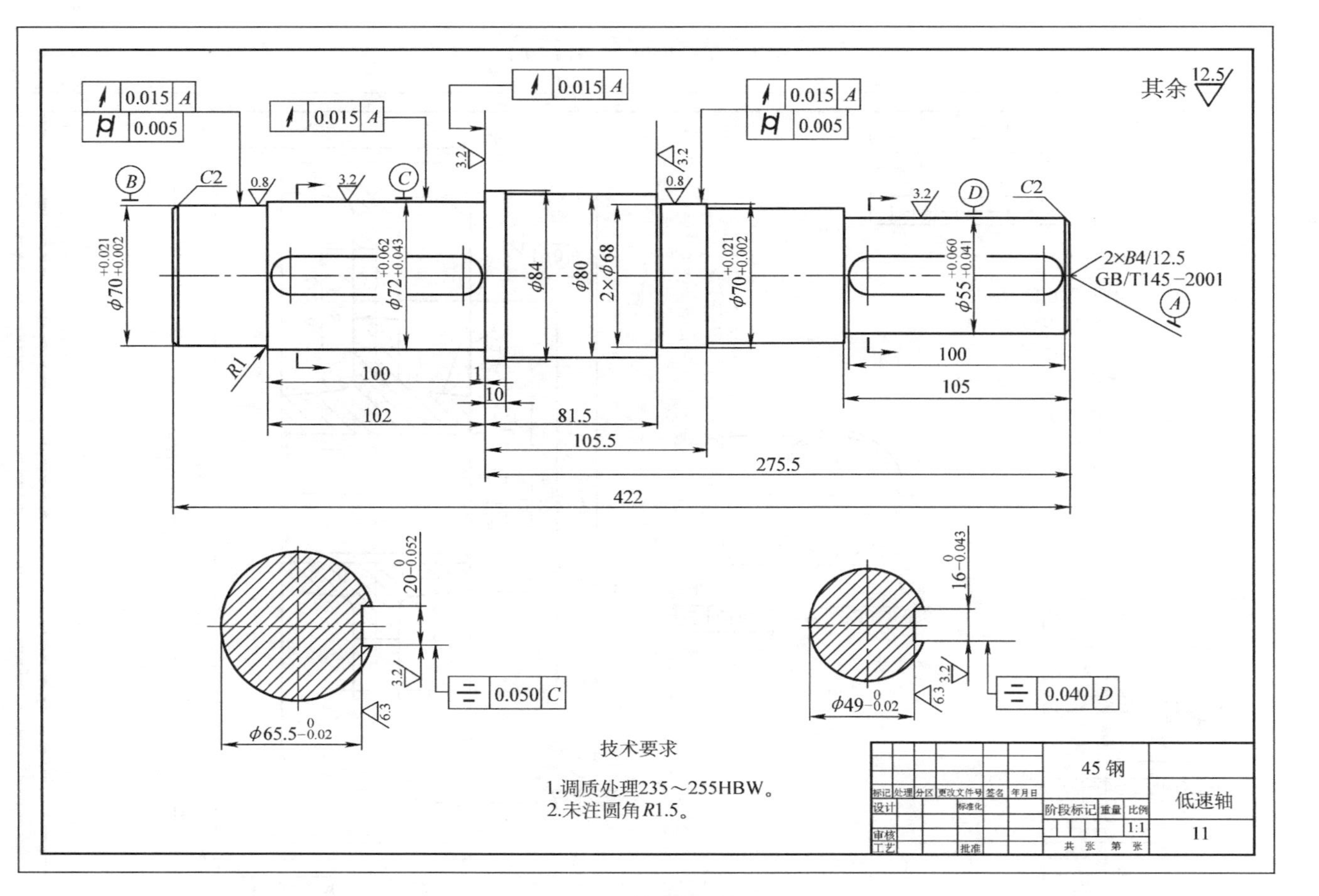

图 12-15　输出轴零件图

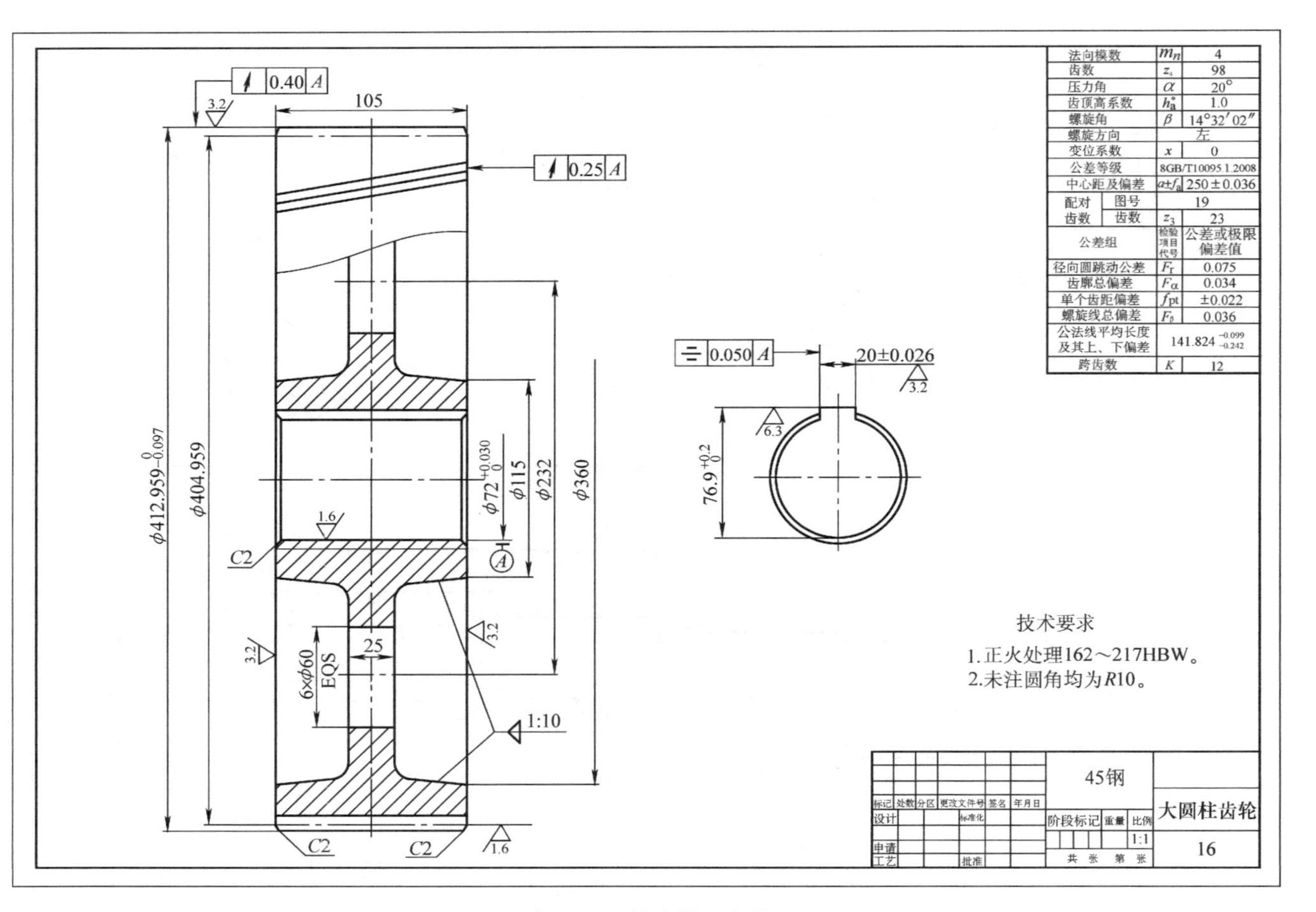

图 12-16 输出轴上齿轮

第13章　两级同轴式圆柱齿轮减速器的设计

设计汽车发动机装配车间的带式运输机。该运输机由电动机经传动装置驱动，要求减速器在输送带方向具有最小的尺寸，且电动机必须与输送带带轮轴平行安置。每日两班制工作，工作期限为10年。

已知条件：输送带带轮直径 $d=300$mm，输送带运行速度 $v=0.68$m/s，输送带轴所需转矩 $T=1300$N·m。

13.1　传动装置的总体设计

13.1.1　传动方案的确定

两级同轴式圆柱齿轮减速器的传动装置方案如图13-1所示。

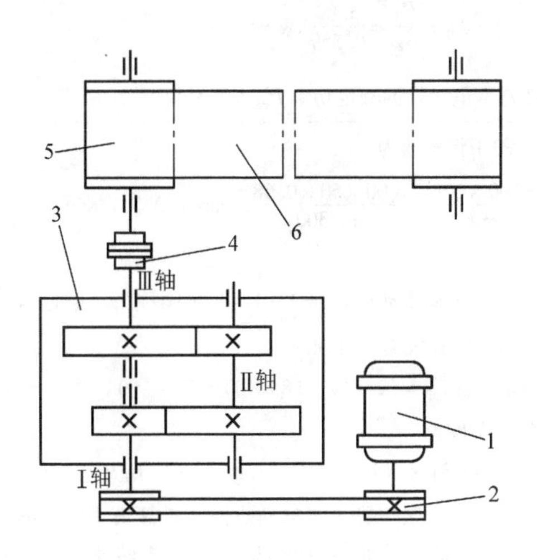

图13-1　两级同轴式圆柱齿轮减速器传动装置简图

1—电动机　2—带传动　3—减速器　4—联轴器　5—输送带带轮　6—输送带

13.1.2　电动机的选择

电动机的选择见表13-1。

表13-1 电动机的选择

计算项目	计算及说明	计算结果
1. 选择电动机的类型	根据用途选用Y系列三相异步电动机	
2. 选择电动机的功率	输送带所需拉力为 $F=\frac{2T}{d}=\frac{2\times1300}{0.3}\text{N}\approx8667\text{N}$	$F=8667\text{N}$
	输送带所需功率为 $P_w=\frac{Fv}{1000}=\frac{8667\times0.68}{1000}\text{kW}=5.89\text{kW}$	$P_w=5.89\text{kW}$
	查表2-1，取V带传动效率 $\eta_{带}=0.96$，一对轴承效率 $\eta_{轴承}=0.99$，斜齿圆柱齿轮传动效率 $\eta_{齿轮}=0.97$，联轴器效率 $\eta_{联}=0.99$，则电动机到工作机间的总效率为 $\eta_{总}=\eta_{带}\eta_{轴承}^4\eta_{齿轮}^2\eta_{联}=0.96\times0.99^4\times0.97^2\times0.99=0.859$	
	电动机所需工作功率为 $P_0=\frac{P_w}{\eta_{总}}=\frac{5.89}{0.859}\text{kW}=6.86\text{kW}$	$\eta_{总}=0.859$ $P_0=6.86\text{kW}$
	根据表8-2选取电动机的额定功率 $P_{ed}=7.5\text{kW}$	$P_{ed}=7.5\text{kW}$
3. 确定电动机的转速	输送带带轮的工作转速为 $n_w=\frac{1000\times60v}{\pi d}=\frac{1000\times60\times0.68}{\pi\times300}\text{r/min}=43.31\text{r/min}$	$n_w=43.31\text{r/min}$
	由表2-2知V带传动传动比 $i_{带}=2\sim4$，两级圆柱齿轮减速器传动比 $i_{齿}=8\sim40$，则总传动比范围为 $i_{总}=i_{带}i_{齿}=(2\sim4)\times(8\sim40)=16\sim160$	
	电动机的转速范围为 $n_0=n_wi_{总}=43.31\times(16\sim160)\text{r/min}=693\sim6930\text{r/min}$	
	由表8-2可知，符合这一要求的电动机同步转速有1000r/min、1500r/min和3000r/min，考虑3000r/min的电动机转速太高，而1000r/min的电动机体积大且贵，故选用转速为1500r/min的电动机进行试算，其满载转速为1440r/min，型号为Y132M-4	$n_m=1440\text{r/min}$

13.1.3 传动比的计算及分配

传动比的计算及分配见表13-2。

表 13-2　传动比的计算及分配

计算项目	计算及说明	计算结果
1. 总传动比	$i_{总}=\frac{n_m}{n_w}=\frac{1440}{43.31}=33.25$	$i_{总}=33.25$
2. 分配传动比	根据传动比范围，取带传动的传动比 $i_{带}=2.5$ 减速器传动比为 $i=\frac{i_{总}}{i_{带}}=\frac{33.25}{2.5}=13.3$ 高速级传动比为 $i_1=\sqrt{i}=\sqrt{13.3}=3.65=i_2$	$i_{带}=2.5$ $i_1=i_2=3.65$

13.1.4　传动装置运动、动力参数的计算

传动装置运动、动力参数的计算见表 13-3。

表 13-3　传动装置的运动、动力参数的计算

计算项目	计算及说明	计算结果
1. 各轴转速	$n_0=n_m=1440\text{r/min}$ $n_1=\frac{n_0}{i_{带}}=\frac{1440}{2.5}\text{r/min}=576\text{r/min}$ $n_2=\frac{n_1}{i_1}=\frac{576}{3.65}\text{r/min}=157.81\text{r/min}$ $n_3=\frac{n_2}{i_2}=\frac{157.81}{3.65}\text{r/min}=43.24\text{r/min}$ $n_w=n_3=43.24\text{r/min}$	$n_0=1440\text{r/min}$ $n_1=576\text{r/min}$ $n_2=157.81\text{r/min}$ $n_3=43.24\text{r/min}$ $n_w=43.24\text{r/min}$
2. 各轴功率	$P_1=P_0\eta_{0-1}=P_0\eta_{带}=6.86\times0.96\text{kW}=6.59\text{kW}$ $P_2=P_1\eta_{1-2}=P_1\eta_{轴承}\eta_{齿}=6.59\times0.99\times0.97\text{kW}=6.33\text{kW}$ $P_3=P_2\eta_{2-3}=P_2\eta_{轴承}\eta_{齿}=6.33\times0.99\times0.97\text{kW}=6.08\text{kW}$ $P_w=P_3\eta_{3-w}=P_3\eta_{轴承}\eta_{联}=6.08\times0.99\times0.99\text{kW}=5.96\text{kW}$	$P_1=6.59\text{kW}$ $P_2=6.33\text{kW}$ $P_3=6.08\text{kW}$ $P_w=5.96\text{kW}$
3. 各轴转矩	$T_0=9550\frac{P_0}{n_0}=9550\times\frac{6.86}{1440}\text{N}\cdot\text{mm}=45.5\text{N}\cdot\text{m}$ $T_1=9550\frac{P_1}{n_1}=9550\times\frac{6.59}{576}\text{N}\cdot\text{mm}=109.26\text{N}\cdot\text{m}$ $T_2=9550\frac{P_2}{n_2}=9550\times\frac{6.33}{157.81}\text{N}\cdot\text{mm}=383.07\text{N}\cdot\text{m}$ $T_3=9550\frac{P_3}{n_3}=9550\times\frac{6.08}{43.24}\text{N}\cdot\text{mm}=1342.83\text{N}\cdot\text{m}$ $T_w=9550\frac{P_w}{n_w}=9550\times\frac{5.96}{43.24}\text{N}\cdot\text{mm}=1316.33\text{N}\cdot\text{m}$	$T_0=45.5\text{N}\cdot\text{m}$ $T_1=109.26\text{N}\cdot\text{m}$ $T_2=383.07\text{N}\cdot\text{m}$ $T_3=1342.83\text{N}\cdot\text{m}$ $T_w=1316.33\text{N}\cdot\text{m}$

13.2 传动件的设计计算

减速器传动件的设计见表13-4至表13-7。

表13-4 带传动的设计

计算项目	计算及说明	计算结果
1. 确定设计功率	$P_d = K_A P_0$ 由表8-6选择工作情况系数 $K_A = 1.2$，则 $P_d = 1.2 \times 6.86\text{kW} = 8.23\text{kW}$	$P_d = 8.23\text{kW}$
2. V带型号	$n_0 = 1440\text{r/min}$，$P_d = 8.23\text{kW}$，由图8-2，选择A型V带	选择A型V带
3. 确定带轮基准直径	根据表8-7，可选小带轮直径为 $d_{d1} = 140\text{mm}$，则大带轮直径为 $d_{d2} = i_{带} d_{d1} = 2.5 \times 140\text{mm} = 350\text{mm}$ 根据表13-5，取 $d_{d2} = 355\text{mm}$，其传动比误差 $\Delta i < 5\%$，故可用	$d_{d1} = 140\text{mm}$ $d_{d2} = 355\text{mm}$
4. 验算带的速度	$v_{带} = \dfrac{\pi d_{d1} n_0}{60 \times 1000} = \dfrac{\pi \times 140 \times 1440}{60 \times 1000}\text{m/s} = 10.55\text{m/s} < v_{max} = 25\text{m/s}$	带速符合要求
5. 确定V带长度和中心距	根据 $0.7(d_{d1} + d_{d2}) < 2a_0 < 2(d_{d1} + d_{d2})$，初步确定中心距为 $0.7 \times (140 + 355)\text{mm} = 346.5\text{mm} < a_0 < 2 \times (140 + 355)\text{mm} = 990\text{mm}$ 为使结构紧凑，取偏低值，$a_0 = 500\text{mm}$ V带计算基准长度为 $L_d' \approx 2a_0 + \dfrac{\pi}{2}(d_{d1} + d_{d2}) + \dfrac{(d_{d2} - d_{d1})^2}{4a_0}$ $= 2 \times 500\text{mm} + \dfrac{\pi}{2}(140 + 355)\text{mm} + \dfrac{(355 - 140)^2}{4 \times 500}\text{mm} = 1800.26\text{mm}$ 由表8-8，选V带基准长度 $L_d = 1800\text{mm}$，则实际中心距为 $a = a_0 + \dfrac{L_d - L_d'}{2} = 500\text{mm} + \dfrac{1800 - 1800.26}{2}\text{mm} = 499.87\text{mm}$	$L_d = 1800\text{mm}$ $a = 499.87\text{mm}$
6. 计算小带轮包角	$\alpha_1 = 180° - \dfrac{d_{d2} - d_{d1}}{a} \times 57.3° = 180° - \dfrac{355 - 140}{499.87} \times 57.3°$ $= 155.34° > 120°$	$\alpha_1 = 155.34° > 120°$ 合格
7. 确定V带根数	V带的根数可用下式计算 $z = \dfrac{P_d}{(P_0 + \Delta P_0) K_\alpha K_L}$ 由表8-9查取单根V带所能传递的功率 $P_0 = 2.27\text{kW}$，功率增量为	

（续）

计算项目	计算及说明	计算结果
7. 确定V带根数	$\Delta P_0 = K_b n_1\left(1-\frac{1}{K_i}\right)$ 由表 8-10 查得 $K_b = 0.7725\times10^{-3}$，由表 8-11 查得 $K_i = 1.137$，则 $\Delta P_0 = 0.7725\times10^{-3}\times1440\times\left(1-\frac{1}{1.137}\right)\text{kW} = 0.134\text{kW}$ 由表 8-12 查得 $K_\alpha = 0.935$，由表 8-8 查得 $K_L = 1.01$，则带的根数 $z = \frac{P_d}{(P_0+\Delta P_0)K_\alpha K_L} = \frac{8.23}{(2.27+0.134)\times0.935\times1.01} = 3.63$ 取 $z=4$ 根	$z=4$
8. 计算初拉力	由表 8-13 查得 V 带质量 $m = 0.1\text{kg/m}$，得初拉力 $F_0 = 500\frac{P_d}{zv_{带}}\left(\frac{2.5-K_\alpha}{K_\alpha}\right)+mv_{带}^2$ $=500\times\frac{8.23}{4\times10.55}\left(\frac{2.5-0.935}{0.935}\right)\text{N}+0.1\times10.55^2\text{N} = 174.35\text{N}$	$F_0 = 174.35\text{N}$
9. 计算作用在轴上的压力	$Q = 2zF_0\sin\frac{\alpha}{2} = 2\times4\times174.35\times\sin\frac{155.34^\circ}{2}\text{N} = 1362.63\text{N}$	$Q = 1362.63\text{N}$
10. 带轮结构设计	（1）小带轮结构　采用实心式，由表 8-14 查得电动机轴径 $D_0 = 38\text{mm}$，由表 8-15 查得 $e = 15\pm0.3\text{mm}$，$f = 10^{+2}_{-1}\text{mm}$ 轮毂宽：$L_{带轮} = (1.5\sim2)D_0 = (1.5\sim2)\times38\text{mm} = 57\sim76\text{mm}$ 其最终宽度结合安装带轮的轴段确定 轮缘宽：$B_{带轮} = (z-1)e+2f = (4-1)\times15\text{mm}+2\times10\text{mm} = 65\text{mm}$ （2）大带轮结构　采用轮辐式结构，轮缘宽可与小带轮相同，轮毂宽可与轴的结构设计同步进行	

表 13-5　V 带带轮最小基准直径

型号	Y	Z	SPZ	A	SPA	B	SPB	C	SPC	D	E
d_{min}/mm	20	50	63	75	90	125	140	200	224	355	500

注：V 带轮的基准直径系列为 20，22.4，25，28，31.5，40，45，50，56，63，71，75，80，85，90，95，100，106，112，118，125，132，140，150，160，170，180，200，212，224，236，250，265，280，300，315，355，375，400，425，450，475，500，530，560，600，630，670，710，750，800，900，1000 等。

表 13-6 高速级斜齿圆柱齿轮的设计计算

计算项目	计算及说明	计算结果
1. 选择材料、热处理方式和公差等级	考虑到带式运输机为一般机械，故大、小齿轮均选用45钢，小齿轮调质处理，大齿轮正火处理，由表8-17得齿面硬度 $HBW_1 = 217 \sim 255$，$HBW_2 = 162 \sim 217$。平均硬度 $\overline{HBW_1} = 236HBW$，$\overline{HBW_2} = 190$。$\overline{HBW_1} - \overline{HBW_2} = 46$，在30～50HBW之间。选用8级精度	45钢 小齿轮调质处理 大齿轮正火处理 8级精度
2. 初步计算传动的主要尺寸	因为是软齿面闭式传动，故按齿面接触疲劳强度进行设计。其设计公式为 $$d_1 \geqslant \sqrt[3]{\frac{2KT_1}{\phi_d} \cdot \frac{u+1}{u} \cdot \left(\frac{Z_E Z_H Z_\varepsilon Z_\beta}{[\sigma]_H}\right)^2}$$ 1）小齿轮传递转矩为 $$T_1 = 109260\text{N} \cdot \text{mm}$$ 2）因 v 值未知，K_v 值不能确定，可初步选载荷系数 $K_t = 1.1 \sim 1.8$，初选 $K_t = 1.4$ 3）由表8-18，取齿宽系数 $\phi_d = 1.1$ 4）由表8-19查得弹性系数 $Z_E = 189.8\sqrt{\text{MPa}}$ 5）初选螺旋角 $\beta = 12°$，由图9-2查得节点区域系数 $Z_H = 2.46$ 6）齿数比 $u = i_1 = 3.65$ 7）初选 $z_1 = 23$，则 $z_2 = uz_1 = 3.65 \times 23 = 83.95$，取 $z_2 = 84$，则端面重合度为 $$\varepsilon_\alpha = \left[1.88 - 3.2\left(\frac{1}{z_1} + \frac{1}{z_2}\right)\right]\cos\beta = \left[1.88 - 3.2\left(\frac{1}{23} + \frac{1}{84}\right)\right]\cos 12° = 1.67$$ 轴向重合度为 $\varepsilon_\beta = 0.318\phi_d z_1 \tan\beta = 0.318 \times 1.1 \times 23 \times \tan 12° = 1.71$ 由图8-3查得重合度系数 $Z_\varepsilon = 0.775$ 8）由图11-2查得螺旋角系数 $Z_\beta = 0.99$ 9）许用接触应力可用下式计算 $$[\sigma]_H = \frac{Z_N \sigma_{Hlim}}{S_H}$$ 由图8-4e、a查得接触疲劳极限应力为 $\sigma_{Hlim1} = 580\text{MPa}$，$\sigma_{Hlim2} = 390\text{MPa}$ 小齿轮与大齿轮的应力循环次数分别为 $N_1 = 60n_1 aL_h = 60 \times 576 \times 1.0 \times 2 \times 8 \times 250 \times 10 = 1.383 \times 10^9$ $$N_2 = \frac{N_1}{i_1} = \frac{1.383 \times 10^9}{3.65} = 3.788 \times 10^8$$	$z_1 = 23$ $z_2 = 84$

（续）

计算项目	计算及说明	计算结果
2. 初步计算传动的主要尺寸	由图 8-5 查得寿命系数 $Z_{N1}=1.0$，$Z_{N2}=1.07$，由表 8-20 取安全系数 $S_H=1.0$，则有 $$[\sigma]_{H1}=\frac{Z_{N1}\sigma_{Hlim1}}{S_H}=\frac{1.0\times580}{1}\text{MPa}=580\text{MPa}$$ $$[\sigma]_{H2}=\frac{Z_{N2}\sigma_{Hlim2}}{S_H}=\frac{1.07\times390}{1}\text{MPa}=417\text{MPa}$$ 取 $[\sigma]_H=417\text{MPa}$ 初算小齿轮的分度圆直径 d_{1t}，得 $$d_{1t}\geqslant\sqrt[3]{\frac{2K_tT_1}{\phi_d}\cdot\frac{u+1}{u}\cdot\left(\frac{Z_EZ_HZ_\varepsilon Z_\beta}{[\sigma]_H}\right)^2}$$ $$=\sqrt[3]{\frac{2\times1.4\times109260}{1.1}\times\frac{3.65+1}{3.65}\times\left(\frac{189.8\times2.46\times0.775\times0.99}{417}\right)^2}\text{mm}$$ $=63.947\text{mm}$	$[\sigma]_H=417\text{MPa}$ $d_{1t}\geqslant63.947\text{mm}$
3. 确定传动尺寸	（1）计算载荷系数　由表 8-21 查得使用系数 $K_A=1.0$。因为 $$v=\frac{\pi d_{1t}n_1}{60\times1000}=\frac{\pi\times63.947\times576}{60\times1000}\text{m/s}=1.93\text{m/s}$$ 由图 8-6 查得动载荷系数 $K_v=1.14$，由图 8-7 查得齿向载荷分配系数 $K_\beta=1.11$，由表 8-22 查得齿间载荷分配系数 $K_\alpha=1.2$，则载荷系数为 $$K=K_AK_vK_\beta K_\alpha=1.0\times1.14\times1.11\times1.2=1.52$$ （2）对 d_{1t}进行修正　因 K 与 K_t 有较大的差异，故需对 K_t 计算出的 d_{1t}进行修正，即 $$d_1=d_{1t}\sqrt[3]{\frac{K}{K_t}}\geqslant63.947\times\sqrt[3]{\frac{1.52}{1.4}}\text{mm}=65.72\text{mm}$$ （3）确定模数 m_n $$m_n=\frac{d_1\cos\beta}{z_1}=\frac{65.72\times\cos12^\circ}{23}\text{mm}=2.79\text{mm}$$ 按表 8-23，取 $m_n=3\text{mm}$ （4）计算传动尺寸　中心距为 $$a_1=\frac{m_n(z_1+z_2)}{2\cos\beta}=\frac{3\times(23+84)}{2\times\cos12^\circ}\text{mm}=164.09\text{mm}$$ 圆整为 $a_1=165\text{mm}$，则螺旋角为 $$\beta=\arccos\frac{m_n(z_1+z_2)}{2a}=\frac{3\times(23+84)^\circ}{2\times165}=13.412^\circ$$	$K=1.52$

（续）

计算项目	计算及说明	计算结果
3. 确定传动尺寸	因 β 值与初选值相差较大，故对与 β 有关的参数进行修正	
	由图 9-2 查得节点区域系数 $Z_H=2.44$	
	端面重合度为	
	$\varepsilon_\alpha=\left[1.88-3.2\left(\frac{1}{z_1}+\frac{1}{z_2}\right)\right]\cos\beta=\left[1.88-3.2\left(\frac{1}{23}+\frac{1}{84}\right)\right]\cos13.412^\circ=1.66$	
	轴向重合度为	
	$\varepsilon_\beta=0.318\phi_d z_1\tan\beta=0.318\times1.1\times23\times\tan13.412^\circ=1.92$	
	由图 8-3 查得重合度系数 $Z_\varepsilon=0.775$，由图 11-2 查得螺旋角系数 $Z_\beta=0.986$	
	$d_{1t}\geqslant\sqrt[3]{\frac{2KT_1}{\phi_d}\cdot\frac{u+1}{u}\cdot\left(\frac{Z_E Z_H Z_\varepsilon Z_\beta}{[\sigma]_H}\right)^2}$ $=\sqrt[3]{\frac{2\times1.52\times109260}{1.1}\times\frac{3.65+1}{3.65}\times\left(\frac{189.8\times2.44\times0.775\times0.986}{417}\right)^2}\text{mm}$ $=65.19\text{mm}$	$d_{1t}\geqslant65.19\text{mm}$
	$v=\frac{\pi d_{1t}n_1}{60\times1000}=\frac{\pi\times65.19\times576}{60\times1000}\text{m/s}=1.97\text{m/s}$	
	由图 8-6 查得动载荷系数 $K_v=1.14$，载荷系数 K 值不变	
	$m_n=\frac{d_{1t}\cos\beta}{z_1}=\frac{65.19\times\cos13.412^\circ}{23}\text{mm}=2.75\text{mm}$	
	按表 8-23 取 $m_n=3\text{mm}$	$m_n=3\text{mm}$
	中心距为	
	$a_1=\frac{m_n(z_1+z_2)}{2\cos\beta}=\frac{3\times(23+84)}{2\times\cos13.412^\circ}\text{mm}=165\text{mm}$	$a_1=165\text{mm}$
	螺旋角为	
	$\beta=\arccos\frac{m_n(z_1+z_2)}{2a}=\frac{3\times(23+84)}{2\times165}{}^\circ=13.412^\circ$	$\beta=13.412^\circ$
	修正完毕，故	
	$d_1=\frac{m_n z_1}{\cos\beta}=\frac{3\times23}{\cos13.412^\circ}\text{mm}=70.935\text{mm}$	$d_1=70.935\text{mm}$
	$d_2=\frac{m_n z_2}{\cos\beta}=\frac{3\times84}{\cos13.412^\circ}\text{mm}=259.065\text{mm}$	$d_2=259.065\text{mm}$
	$b=\phi_d d_1=1.1\times70.935\text{mm}=78.03\text{mm}$	
	取 $b_2=80\text{mm}$	$b_2=80\text{mm}$
	$b_1=b_2+(5\sim10)\ \text{mm}$	
	取 $b_1=85\text{mm}$	$b_1=85\text{mm}$

（续）

计算项目	计算及说明	计算结果
4. 校核齿根弯曲疲劳强度	齿根弯曲疲劳强度条件为 $$\sigma_F=\frac{2KT_1}{bm_nd_1}Y_FY_SY_\varepsilon Y_\beta\leqslant[\sigma]_F$$ 1）K、T_1、m_n 和 d_1 同前 2）齿宽 $b=b_2=80\text{mm}$ 3）齿形系数 Y_F 和应力修正系数 Y_S。当量齿数为 $$z_{v1}=\frac{z_1}{\cos^3\beta}=\frac{23}{\cos^3 13.412°}=24.99$$ $$z_{v2}=\frac{z_2}{\cos^3\beta}=\frac{84}{\cos^3 13.412°}=91.27$$ 由图 8-8 查得 $Y_{F1}=2.62$，$Y_{F2}=2.25$；由图 8-9 查得 $Y_{S1}=1.58$，$Y_{S2}=1.78$ 4）由图 8-10 查得重合度系数 $Y_\varepsilon=0.71$ 5）由图 11-3 查得螺旋角系数 $Y_\beta=0.88$ 6）许用弯曲应力为 $$[\sigma]_F=\frac{Y_N\sigma_{Flim}}{S_F}$$ 由图 8-4f、b 查得弯曲疲劳极限应力 $\sigma_{Flim1}=215\text{MPa}$，$\sigma_{Flim2}=170\text{MPa}$ 由图 8-11 查得寿命系数 $Y_{N1}=Y_{N2}=1$，由表 8-20 查得安全系数 $S_F=1.25$，故 $$[\sigma]_{F1}=\frac{Y_{N1}\sigma_{Hlim1}}{S_F}=\frac{1\times215}{1.25}\text{MPa}=172\text{MPa}$$ $$[\sigma]_{F2}=\frac{Y_{N2}\sigma_{Hlim2}}{S_F}=\frac{1\times170}{1.25}\text{MPa}=136\text{MPa}$$ $$\sigma_{F1}=\frac{2KT_1}{bm_nd_1}Y_{F1}Y_{S1}Y_\varepsilon Y_\beta$$ $$=\frac{2\times1.52\times109260}{80\times3\times70.935}\times2.62\times1.58\times0.71\times0.88\text{MPa}$$ $$=50.46\text{MPa}<[\sigma]_{F1}$$ $$\sigma_{F2}=\sigma_{F1}\frac{Y_{F2}Y_{S2}}{Y_{F1}Y_{S1}}$$ $$=50.46\times\frac{2.25\times1.78}{2.62\times1.58}\text{MPa}=48.82\text{MPa}<[\sigma]_{F2}$$	满足齿根弯曲疲劳强度
5. 计算齿轮传动其他几何尺寸	端面模数　$m_t=\frac{m_n}{\cos\beta}=\frac{3}{\cos13.412°}\text{mm}=3.08411\text{mm}$	$m_t=3.08411\text{mm}$

（续）

计算项目	计算及说明	计算结果
5. 计算齿轮传动其他几何尺寸	齿顶高　$h_a=h_a^* m_n=1\times3\text{mm}=3\text{mm}$ 齿根高　$h_f=(h_a^*+c^*)m_n=(1+0.25)\times3\text{mm}=3.75\text{mm}$ 全齿高　$h=h_a+h_f=3\text{mm}+3.75\text{mm}=6.75\text{mm}$ 顶隙　$c=c^* m_n=0.25\times3\text{mm}=0.75\text{mm}$ 齿顶圆直径为 $d_{a1}=d_1+2h_a=70.935\text{mm}+2\times3\text{mm}=76.935\text{mm}$ $d_{a2}=d_2+2h_a=259.065\text{mm}+2\times3\text{mm}=265.065\text{mm}$ 齿根圆直径为 $d_{f1}=d_1-2h_f=70.935\text{mm}-2\times3.75\text{mm}=63.435\text{mm}$ $d_{f2}=d_2-2h_f=259.065\text{mm}-2\times3.75\text{mm}=251.565\text{mm}$	$h_a=3\text{mm}$ $h_f=3.73\text{mm}$ $h=6.75\text{mm}$ $c=0.75\text{mm}$ $d_{a1}=76.935\text{mm}$ $d_{a2}=265.065\text{mm}$ $d_{f1}=63.435\text{mm}$ $d_{f2}=251.565\text{mm}$

表 13-7　低速级斜齿圆柱齿轮的设计计算

计算项目	计算及说明	计算结果
1. 选择材料、热处理方式和公差等级	由于低速级传递的转矩大，故齿轮副相应的材料硬度要大于高速级的材料。故大、小齿轮分别选用 45 钢和 40Cr，均调质处理，由表 8-17 得齿面硬度 $HBW_1=241\sim286$，$HBW_2=217\sim255$。平均硬度$\overline{HBW}_1=263$，$\overline{HBW}_2=236$。$\overline{HBW}_1-\overline{HBW}_2=27$，基本符合配对要求。选用 8 级精度	大齿轮 45 钢 小齿轮 40Cr 小齿轮调质处理 大齿轮调质处理 8 级精度
2. 初步计算传动的主要尺寸	因为是软齿面闭式传动，故按齿面接触疲劳强度进行设计。其设计公式为 $d_3\geqslant\sqrt[3]{\frac{2KT_3}{\phi_d}\cdot\frac{u+1}{u}\cdot\left(\frac{Z_E Z_H Z_\varepsilon Z_\beta}{[\sigma]_H}\right)^2}$ 1）小齿轮传递转矩 $T_3=383070\text{N}\cdot\text{mm}$ 2）因 v 值未知，K_v 值不能确定，可初步选载荷系数 $K_t=1.1\sim1.8$，初选 $K_t=1.4$ 3）由表 8-18，取齿宽系数 $\phi_d=1.2$ 4）由表 8-19 查得弹性系数 $Z_E=189.8\sqrt{\text{MPa}}$ 5）初选螺旋角 $\beta=12°$，由图 9-2 查得节点区域系数 $Z_H=2.46$ 6）齿数比 $u=i_2=3.65$ 7）初选 $z_3=23$，则 $z_4=uz_3=3.65\times23=83.95$，取 $z_4=84$，则端面重合度为 $\varepsilon_\alpha=\left[1.88-3.2\left(\frac{1}{z_3}+\frac{1}{z_4}\right)\right]\cos\beta$ $=\left[1.88-3.2\left(\frac{1}{23}+\frac{1}{84}\right)\right]\cos12°=1.67$	$z_3=23$ $z_4=84$

（续）

计算项目	计算及说明	计算结果
2. 初步计算传动的主要尺寸	轴向重合度为 $\varepsilon_\beta = 0.318\phi_d z_3 \tan\beta = 0.318 \times 1.1 \times 23 \times \tan 12° = 1.71$ 由图 8-3 查得重合度系数 $Z_\varepsilon = 0.775$ 8）由图 11-2 查得螺旋角系数 $Z_\beta = 0.99$ 9）许用接触应力可用下式计算 $$[\sigma]_H = \frac{Z_N \sigma_{Hlim}}{S_H}$$ 由图 8-4e 查得接触疲劳极限应力为 $\sigma_{Hlim3} = 680\text{MPa}$，$\sigma_{Hlim4} = 580\text{MPa}$ 小齿轮与大齿轮的应力循环次数分别为 $N_3 = 60 n_2 a L_h = 60 \times 157.81 \times 1.0 \times 2 \times 8 \times 250 \times 10 = 3.789 \times 10^8$ $$N_4 = \frac{N_3}{i_2} = \frac{3.789 \times 10^8}{3.65} = 1.038 \times 10^8$$ 由图 8-5 查得寿命系数 $Z_{N3} = 1.07$，$Z_{N4} = 1.145$，由表 8-20 取安全系数 $S_H = 1.0$，则有 $$[\sigma]_{H3} = \frac{Z_{N3}\sigma_{Hlim3}}{S_H} = \frac{1.07 \times 680}{1}\text{MPa} = 728\text{MPa}$$ $$[\sigma]_{H4} = \frac{Z_{N4}\sigma_{Hlim4}}{S_H} = \frac{1.145 \times 580}{1}\text{MPa} = 664\text{MPa}$$ 取 $[\sigma]_H = 664\text{MPa}$ 初算小齿轮的分度圆直径 d_{3t}，得 $$d_{3t} \geqslant \sqrt[3]{\frac{2K_t T_3}{\phi_d} \cdot \frac{u+1}{u} \cdot \left(\frac{Z_E Z_H Z_\varepsilon Z_\beta}{[\sigma]_H}\right)^2}$$ $$= \sqrt[3]{\frac{2 \times 1.4 \times 383070}{1.2} \times \frac{3.65+1}{3.65} \times \left(\frac{189.8 \times 2.46 \times 0.775 \times 0.99}{664}\right)^2}\text{mm}$$ $= 69.206\text{mm}$	$[\sigma]_H = 664\text{MPa}$ $d_{3t} \geqslant 69.206\text{mm}$
3. 确定传动尺寸	（1）计算载荷系数　由表 8-21 查得使用系数 $K_A = 1.0$，因为 $$v = \frac{\pi d_{3t} n_2}{60 \times 1000} = \frac{\pi \times 69.206 \times 157.81}{60 \times 1000}\text{m/s} = 0.56\text{m/s}$$ 由图 8-6 查得动载荷系数 $K_v = 1.07$，由图 8-7 查得齿向载荷分配系数 $K_\beta = 1.12$，由表 8-22 查得齿间载荷分配系数 $K_\alpha = 1.2$，则载荷系数为 $$K = K_A K_v K_\beta K_\alpha = 1.0 \times 1.07 \times 1.12 \times 1.2 = 1.44$$	$K = 1.44$

（续）

计算项目	计算及说明	计算结果
	因 K 与 K_t 差异不大，无需对由 K_t 计算出的 d_{3t}进行修正	
	（2）确定模数 m_n	
	$m_n=\frac{d_3\cos\beta}{z_3}=\frac{69.206\times\cos12°}{23}mm=2.94mm$	
	按表 8-23，取 $m_n=3mm$	
	（3）计算传动尺寸　中心距为	
	$a_2=\frac{m_n\ (z_3+z_4)}{2\cos\beta}=\frac{3\times\ (23+84)}{2\times\cos12°}mm=164.09mm$	
	圆整为 $a_2=165mm$	
	螺旋角为	
	$\beta=\arccos\frac{m_n\ (z_3+z_4)}{2a}=\arccos\frac{3\times\ (23+84)}{2\times165}=13.412°$	
	因 β 值与初选值相差较大，故对与 β 有关的参数进行修正	
	由图 9-2 查得节点区域系数 $Z_H=2.44$	
	端面重合度为	
	$\varepsilon_\alpha=\left[1.88-3.2\left(\frac{1}{z_3}+\frac{1}{z_4}\right)\right]\cos\beta$	
	$=\left[1.88-3.2\left(\frac{1}{23}+\frac{1}{84}\right)\right]\cos13.412°=1.66$	
	轴向重合度为	
3. 确定传动尺寸	$\varepsilon_\beta=0.318\phi_d z_3\tan\beta=0.318\times1.1\times23\times\tan13.412°=1.92$	
	由图 8-3 查得重合度系数 $Z_\varepsilon=0.775$，由图 11-2 查得螺旋角系数 $Z_\beta=0.986$	
	$d_{3t}\geqslant\sqrt[3]{\frac{2KT_3}{\phi_d}\cdot\frac{u+1}{u}\cdot\left(\frac{Z_E Z_H Z_\varepsilon Z_\beta}{[\sigma]_H}\right)^2}$	
	$=\sqrt[3]{\frac{2\times1.44\times383070}{1.2}\times\frac{3.65+1}{3.65}\times\left(\frac{189.8\times2.44\times0.775\times0.986}{664}\right)^2}mm$ $=69.29mm$	$d_{3t}\geqslant69.29mm$
	$v=\frac{\pi d_{3t}n_2}{60\times1000}=\frac{\pi\times69.29\times157.81}{60\times1000}m/s=0.57m/s$	
	由图 8-6 查得动载荷系数 $K_v=1.07$，载荷系数 K 值不变	
	$m_n=\frac{d_3\cos\beta}{z_3}=\frac{69.29\times\cos13.412°}{23}mm=2.93mm$	$m_n=3mm$
	按表 8-23，取 $m_n=3mm$	
	中心距为	
	$a_2=\frac{m_n\ (z_3+z_4)}{2\cos\beta}=\frac{3\times\ (23+84)}{2\times\cos13.412°}mm=165mm$	$a_2=165mm$
	螺旋角为	

（续）

计算项目	计算及说明	计算结果
3. 确定传动尺寸	$\beta=\arccos\frac{m_n(z_3+z_4)}{2a_2}=\frac{3.5\times(23+84)}{2\times165}^\circ=13.412^\circ$ 修正完毕，故 $d_3=\frac{m_n z_3}{\cos\beta}=\frac{3\times23}{\cos13.412^\circ}\text{mm}=70.935\text{mm}$ $d_4=\frac{m_n z_4}{\cos\beta}=\frac{3\times84}{\cos13.412^\circ}\text{mm}=259.065\text{mm}$ $b=\phi_d d_3=1.2\times70.935\text{mm}=85.122\text{mm}$ 取 $b_4=88\text{mm}$ $b_3=b_4+(5\sim10)\text{ mm}$ 取 $b_3=95\text{mm}$	$\beta=13.412^\circ$ $d_3=70.935\text{mm}$ $d_4=259.065\text{mm}$ $b_4=88\text{mm}$ $b_3=95\text{mm}$
4. 校核齿根弯曲疲劳强度	齿根弯曲疲劳强度条件为 $\sigma_F=\frac{2KT_3}{bm_n d_3}Y_F Y_S Y_\varepsilon Y_\beta\leqslant[\sigma]_F$ 1）K、T_3、m_n 和 d_3 同前 2）齿宽 $b=b_3=88\text{mm}$ 3）齿形系数 Y_F 和应力修正系数 Y_S。当量齿数为 $z_{v3}=\frac{z_3}{\cos^3\beta}=\frac{23}{\cos^3 13.412^\circ}=24.99$ $z_{v4}=\frac{z_4}{\cos^3\beta}=\frac{84}{\cos^3 13.412^\circ}=91.27$ 由图 8-8 查得 $Y_{F3}=2.62$，$Y_{F4}=2.25$；由图 8-9 查得 $Y_{S3}=1.58$，$Y_{S4}=1.78$ 4）由图 8-10 查得重合度系数 $Y_\varepsilon=0.71$ 5）由图 11-3 查得螺旋角系数 $Y_\beta=0.88$ 6）许用弯曲应力为 $[\sigma]_F=\frac{Y_N\sigma_{Flim}}{S_F}$ 由图 8-4f 查得弯曲疲劳极限应力 $\sigma_{Flim3}=305\text{MPa}$，$\sigma_{Flim4}=215\text{MPa}$ 由图 8-11 查得寿命系数 $Y_{N3}=Y_{N4}=1$，由表 8-20 查得安全系数 $S_F=1.25$，故 $[\sigma]_{F3}=\frac{Y_{N3}\sigma_{Flim3}}{S_F}=\frac{1\times305}{1.25}\text{MPa}=244\text{MPa}$ $[\sigma]_{F4}=\frac{Y_{N4}\sigma_{Flim4}}{S_F}=\frac{1\times215}{1.25}\text{MPa}=172\text{MPa}$	

（续）

计算项目	计算及说明	计算结果
4. 校核齿根弯曲疲劳强度	$\sigma_{F3}=\frac{2KT_3}{bm_n d_3}Y_{F3}Y_{S3}Y_\varepsilon Y_\beta$ $=\frac{2\times1.44\times383070}{88\times3\times70.935}\times2.62\times1.58\times0.71\times0.88\text{MPa}$ $=152.37\text{MPa}<[\sigma]_{F3}$ $\sigma_{F4}=\sigma_{F3}\frac{Y_{F4}Y_{S4}}{Y_{F3}Y_{S3}}$ $=152.37\times\frac{2.25\times1.78}{2.62\times1.58}\text{MPa}=147.42\text{MPa}<[\sigma]_{F4}$	满足齿根弯曲疲劳强度
5. 计算齿轮传动其他几何尺寸	端面模数　$m_t=\frac{m_n}{\cos\beta}=\frac{3}{\cos13.412°}\text{mm}=3.08411\text{mm}$	$m_t=3.08411\text{mm}$
	齿顶高　$h_a=h_a^* m_n=1\times3\text{mm}=3\text{mm}$	$h_a=3\text{mm}$
	齿根高　$h_f=(h_a^*+c^*)m_n=(1+0.25)\times3\text{mm}=3.75\text{mm}$	$h_f=3.75\text{mm}$
	全齿高　$h=h_a+h_f=3\text{mm}+3.75\text{mm}=6.75\text{mm}$	$h=6.75\text{mm}$
	顶隙　$c=c^* m_n=0.25\times3\text{mm}=0.75\text{mm}$	$c=0.75\text{mm}$
	齿顶圆直径为	
	$d_{a3}=d_3+2h_a=70.935\text{mm}+2\times3\text{mm}=76.935\text{mm}$	$d_{a3}=76.935\text{mm}$
	$d_{a4}=d_4+2h_a=259.065\text{mm}+2\times3\text{mm}=265.065\text{mm}$	$d_{a4}=265.065\text{mm}$
	齿根圆直径为	
	$d_{f3}=d_3-2h_f=70.935\text{mm}-2\times3.75\text{mm}=63.435\text{mm}$	$d_{f3}=63.435\text{mm}$
	$d_{f4}=d_4-2h_f=259.065\text{mm}-2\times3.75\text{mm}=251.565\text{mm}$	$d_{f4}=251.565\text{mm}$

13.3 斜齿圆柱齿轮上作用力的计算

齿轮上作用力的计算为后续轴的设计和校核、键的选择和验算及轴承的选择和校核提供数据，作用力的计算见表13-8。

表13-8　齿轮上作用力的计算

计算项目	计算及说明	计算结果
1. 高速级齿轮传动的作用力	（1）已知条件　高速轴传递的转矩为 $T_1=109260\text{N}\cdot\text{mm}$，转速为 $n_1=576\text{r/min}$，高速级齿轮的螺旋角 $\beta=13.412°$，小齿轮左旋，大齿轮右旋，小齿轮分度圆直径为 $d_1=70.935\text{mm}$ （2）齿轮1的作用力　圆周力为	

（续）

计算项目	计算及说明	计算结果
1. 高速级齿轮传动的作用力	$F_{t1}=\dfrac{2T_1}{d_1}=\dfrac{2\times109260}{70.935}\text{N}=3080.6\text{N}$ 其方向与力作用点圆周速度方向相反 径向力为 $F_{r1}=F_{t1}\dfrac{\tan\alpha_n}{\cos\beta}=3080.6\times\dfrac{\tan20°}{\cos13.412°}\text{N}=1152.7\text{N}$ 其方向为由力的作用点指向轮 1 的转动中心 轴向力为 $F_{a1}=F_{t1}\tan\beta=3080.6\times\tan13.412°\text{N}=734.6\text{N}$ 其方向可用左手法则确定，即用左手握住轮 1 的轴线，并使四指的方向顺着轮的转动方向，此时拇指的指向即为该力的方向 法向力为 $F_{n1}=\dfrac{F_{t1}}{\cos\alpha_n\cos\beta}=\dfrac{3080.6}{\cos20°\times\cos13.412°}\text{N}=3370.2\text{N}$ （3）齿轮 2 的作用力　从动齿轮 2 各个力与主动齿轮 1 上相应的各力大小相等，方向相反	$F_{t1}=3080.6\text{N}$ $F_{r1}=1152.7\text{N}$ $F_{a1}=734.6\text{N}$ $F_{n1}=3370.2\text{N}$
2. 低速级齿轮传动的作用力	（1）已知条件　中间轴传递的转矩为 $T_2=383070\text{N}\cdot\text{mm}$，转速为 $n_2=157.81\text{r/min}$，低速级齿轮的螺旋角 $\beta=13.412°$。为使齿轮 3 的轴向力与齿轮 2 的轴向力互相抵消一部分，低速级的小齿轮右旋，大齿轮左旋，小齿轮分度圆直径为 $d_3=70.935\text{mm}$ （2）齿轮 3 的作用力　圆周力为 $F_{t3}=\dfrac{2T_2}{d_3}=\dfrac{2\times383070}{70.935}\text{N}=10800.6\text{N}$ 其方向与力作用点圆周速度方向相反 径向力为 $F_{r3}=F_{t3}\dfrac{\tan\alpha_n}{\cos\beta}=10800.6\times\dfrac{\tan20°}{\cos13.412°}\text{N}=4041.3\text{N}$ 其方向为由力的作用点指向轮 3 的转动中心 轴向力为 $F_{a3}=F_{t3}\tan\beta=10800.6\times\tan13.412°\text{N}=2575.5\text{N}$ 其方向可用右手法则确定，即用右手握住轮 1 的轴线，并使四指的方向顺着轮的转动方向，此时拇指的指向即为该力的方向 法向力为 $F_{n3}=\dfrac{F_{t3}}{\cos\alpha_n\cos\beta}=\dfrac{10800.6}{\cos20°\times\cos13.412°}\text{N}=11816.0\text{N}$ （3）齿轮 4 的作用力　从动齿轮 4 各个力与主动齿轮 3 上相应的力大小相等，作用方向相反	$F_{t3}=10800.6\text{N}$ $F_{r3}=4041.3\text{N}$ $F_{a3}=2575.5\text{N}$ $F_{n3}=11816.0\text{N}$

13.4 减速器装配草图的设计

13.4.1 合理布置图面

该减速器的装配图可以绘在一张 A0 或 A1 图纸上，本文选择 A0 图纸绘制装配图。根据图纸幅面大小与减速器两级齿轮传动的中心距，绘图比例定为 1∶1，采用三视图表达装配的结构。

13.4.2 绘出齿轮的轮廓尺寸

在俯视图上绘出两级齿轮传动的轮廓尺寸，如图 13-2 所示。

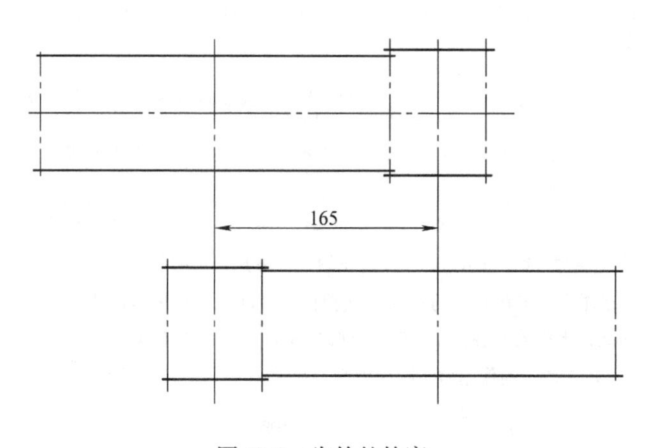

图 13-2 齿轮的轮廓

13.4.3 箱体内壁

在齿轮齿廓的基础上绘出箱体的内壁、轴承端面、轴承座端面，如图 13-3 所示。

13.5 轴的设计计算

轴的设计计算与轴上齿轮轮毂孔内径及宽度、滚动轴承的选择和校核、键的选择和验算、与轴联接的半联轴器的选择同步进行。

13.5.1 高速轴的设计与计算

高速轴的设计与计算见表 13-9。

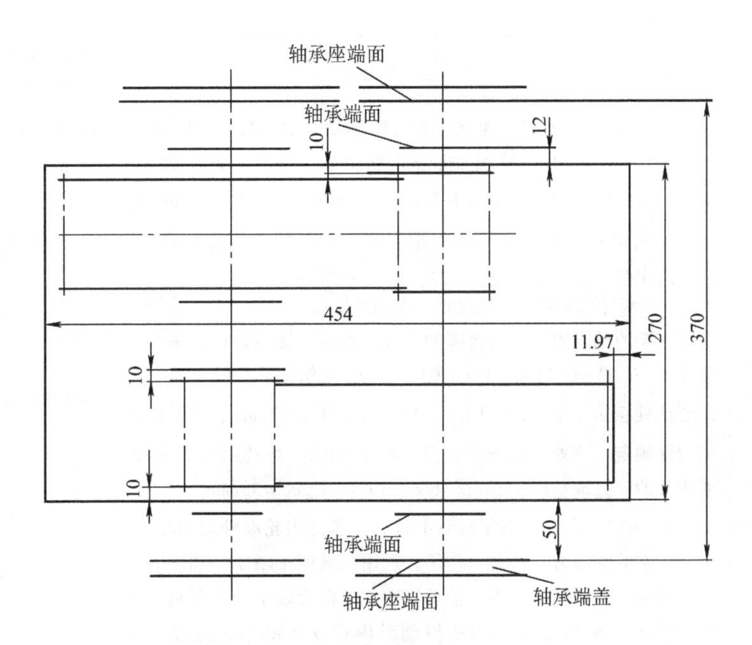

图 13-3　箱体内壁

表 13-9　高速轴的设计与计算

计算项目	计算及说明	计算结果
1. 已知条件	高速轴传递的功率 $P_1=6.59\text{kW}$，转速 $n_1=576\text{r/min}$，小齿轮分度圆直径 $d_1=70.935\text{mm}$，齿轮宽度 $b_1=85\text{mm}$	
2. 选择轴的材料	因传递的功率不大，并对重量及结构尺寸无特殊要求，故由表 8-26 选用常用的材料 45 钢，调质处理	45 钢，调质处理
3. 初算轴径	查表 9-8 得 $C=106\sim135$，考虑轴端既承受转矩，也承受弯矩，故取中间值 $C=120$，则 $d_{\min}=C\sqrt[3]{\frac{P_1}{n_1}}=120\times\sqrt[3]{\frac{6.59}{576}}\text{mm}=27.0\text{mm}$ 轴与带轮连接，有一个键槽，轴径应增大 3% ~5% ，轴端最细处直径 $d_1>27.0\text{mm}+27.0\times(0.03\sim0.05)\text{ mm}=27.8\sim28.4\text{mm}$	$d_{\min}=27.0\text{mm}$
4. 结构设计	轴的结构构想如图 13-4 所示 (1) 轴承部件的结构设计　为方便轴承部件的装拆，减速器的机体采用剖分式结构。该减速器发热小、轴不长，故轴承采用两端固定方式。然后，可按轴上零件的安装顺序，从最细处开始设计	

（续）

计算项目	计算及说明	计算结果
4. 结构设计	（2）轴段①的设计　轴段①上安装带轮，此段设计应与带轮轮毂孔的设计同步进行。初定轴段①的轴径 $d_1=30\text{mm}$，带轮轮毂的宽度为（1.5～2.0）d_1 =（1.5～2.0）×30mm = 45～60mm，结合带轮结构 $L_{带轮}=57\sim76\text{mm}$，取带轮轮毂的宽度 $L_{带轮}=60\text{mm}$，则轴段①的长度略小于毂孔宽度，取 $L_1=58\text{mm}$ （3）密封圈与轴段②的设计　在确定轴段②的轴径时，应同时考虑带轮的轴向固定及密封圈的尺寸。带轮用轴肩定位，轴肩高度 h =（0.07～0.1）d_1 =（0.07～0.1）×30mm = 2.1～3mm。轴段②的轴径 $d_2=d_1+2\times$（2.1～3）mm = 34.1～36mm，其最终由密封圈确定。该处轴的圆周速度均小于3m/s，可选用毡圈油封，查表8-27，选取毡圈35JB/ZQ4606—1997，则 $d_2=35\text{mm}$ （4）轴承与轴段③和轴段⑥的设计　考虑齿轮有轴向力存在，且有较大的圆周力和径向力作用，选用圆锥滚子轴承。轴段③上安装轴承，其直径应既便于轴承安装，又符合轴承内径系列。现暂取轴承为30208，由表9-9得轴承内径 $d=40\text{mm}$，外径 $D=80\text{mm}$，宽度 $B=18\text{mm}$，$T=19.75\text{mm}$，内圈定位直径 $d_a=47\text{mm}$，外圈定位直径 $D_a=69\text{mm}$，对轴的力作用点与外圈大端面的距离 $a_3=16.9\text{mm}$，故 $d_3=40\text{mm}$。该减速器齿轮的圆周速度小于2m/s，故轴承采用脂润滑，需要挡油环。为补偿箱体铸造误差和安装挡油环，靠近箱体内壁的轴承端面距箱体内壁距离取 $\Delta=12\text{mm}$ 通常一根轴上的两个轴承取相同的型号，则 $d_6=40\text{mm}$，同轴式减速器该处轴承座完全处于箱体内部，该处轴承采用油润滑，润滑油由低速级大齿轮轮缘上刮取，可使轴承内圈端面与轴承座端面共面，故可取 $L_6=B=18\text{mm}$ （5）齿轮与轴段④的设计　该轴段上安装齿轮，为便于齿轮的安装，d_4 应略大于 d_3，可初定 $d_4=42\text{mm}$。齿轮分度圆直径比较小，采用实心式，齿轮宽度为 $b_1=85\text{mm}$，为保证套筒能够顶到齿轮左端面，该处轴径长度应比齿轮宽度略短，取 $L_4=83\text{mm}$ （6）轴段⑤的设计　齿轮右侧采用轴肩定位，定位轴肩的高度 h =（0.07～0.1）d_4 =（0.07～0.1）×42mm = 2.94～4.2mm，取 $h=3\text{mm}$，则轴肩直径 $d_5=48\text{mm}$，取 $L_5=\Delta_1=10\text{mm}$。该轴段也可提供右侧轴承的轴向定位。齿轮左端面与箱体内壁距离，以及齿轮右端面与右轴承左端面的距离均取为 Δ_1，则箱体内壁与高速轴右侧轴承座端面的距离 $B_{X1}=2\Delta_1+b_1$ =（2×10+85）mm = 105mm	$d_1=30\text{mm}$ $L_1=48\text{mm}$ $d_2=35\text{mm}$ $d_3=40\text{mm}$ $d_6=40\text{mm}$ $L_6=18\text{mm}$ $L_4=83\text{mm}$ $d_5=48\text{mm}$ $L_5=10\text{mm}$ $B_{X1}=105\text{mm}$

（续）

计算项目	计算及说明	计算结果
4. 结构设计	（7）轴段②和轴段③的长度　轴段②的长度除与轴上的零件有关外，还与轴承座宽度及轴承端盖等零件有关。轴承座的厚度 $L=\delta+c_1+c_2+(5\sim8)\text{mm}$，由表 4-1 可知，下箱座壁厚 $\delta=0.025a+3\text{mm}=0.025\times165\text{mm}+3\text{mm}=7.125\text{mm}<8\text{mm}$，取 $\delta=8\text{mm}$，$a=165\text{mm}<300\text{mm}$，取轴承旁连接螺栓为 M12，则 $c_1=20\text{mm}$，$c_2=16\text{mm}$，箱体轴承座宽度 $L=[8+20+16+(5\sim8)]\text{mm}=49\sim52\text{mm}$，取 $L=50\text{mm}$；可取箱体凸缘连接螺栓为 M10，地脚螺栓为 $d_\phi=\text{M16}$，则有轴承端盖连接螺钉为 $0.4d_\phi=0.4\times16\text{mm}=6.4\text{mm}$，取为 M8，由表 8-30，轴承端盖凸缘厚度取为 $B_d=10\text{mm}$；端盖与轴承座间的调整垫片厚度取为 $\Delta_t=2\text{mm}$；端盖连接螺钉查表 8-29，取为螺栓 GB/T 5781M8 ×25；为在不拆卸带轮的条件下，可以装拆轴承端盖连接螺钉，取带轮凸缘端面距轴承端盖表面距离 $K=30\text{mm}$，带轮采用轮辐式，螺钉的拆装空间足够。则有 $L_2=L+B_d+K+\Delta_t+\frac{B_{带轮}-L_{带轮}}{2}-\Delta-B$ $=\left(50+10+30+2+\frac{65-60}{2}-12-18\right)\text{mm}=64.5\text{mm}$ 轴段③的长度为 $L_3=\Delta+B+\Delta_1+2\text{mm}=(12+18+10+2)\text{mm}=42\text{mm}$ （8）轴上力作用点间距　轴承反力的作用点与轴承外圈大端面的距离 $a_3=16.9\text{mm}$，则由图 13-5a 可得轴的支点及受力点间的距离为 $l_1=\frac{L_{带轮}}{2}+L_2+a_3-T+B=\left(\frac{60}{2}+64.5+16.9-19.75+18\right)\text{mm}$ $=109.65\text{mm}$ $l_2=T+\Delta+\Delta_1+\frac{b_1}{2}-a_3=\left(19.75+12+10+\frac{85}{2}-16.9\right)\text{mm}$ $=67.35\text{mm}$ $l_3=\frac{b_1}{2}+L_5+T-a_3=\left(\frac{85}{2}+10+19.75-16.9\right)\text{mm}=55.35\text{mm}$	$\delta=\text{mm}$ $c_1=20\text{mm}$ $c_2=16\text{mm}$ $L=50\text{mm}$ $L_2=64.5\text{mm}$ $L_3=42\text{mm}$ $l_1=109.65\text{mm}$ $l_2=67.35\text{mm}$ $l_3=55.35\text{mm}$
5. 键连接	带轮与轴段①间采用 A 型普通平键连接，查表 8-31 选其型号为键 8 ×45GB/T 1096—1990，齿轮与轴段④间采用 A 型普通平键连接，查表 8-31 选其型号为键 12 ×80GB/T 1096—1990	
6. 轴的受力分析	（1）画轴的受力简图　轴的受力简图如图 13-5b 所示 （2）计算支承反力　在水平面上为	

（续）

<table>
<tr><th>计算项目</th><th>计算及说明</th><th>计算结果</th></tr>
<tr><td>6. 轴的受力分析</td><td>

$R_{1H}=\dfrac{Q(l_1+l_2+l_3)-F_{r1}l_3-F_{a1}\dfrac{d_1}{2}}{l_2+l_3}$

$=\dfrac{1362.6\times(109.65+67.35+55.35)-1152.7\times55.35-734.6\times\dfrac{70.935}{2}}{67.35+55.35}\text{N}$

$=1848.0\text{N}$

$R_{2H}=Q-F_{r1}-R_{1H}=(1362.6-1152.7-1848.0)\text{N}=-1638.1\text{N}$

式中负号表示与图中所画的方向相反

在垂直平面上为

$R_{1V}=\dfrac{F_{t1}l_3}{l_2+l_3}=\dfrac{3080.6\times55.35}{67.35+55.35}\text{N}=1389.7\text{N}$

$R_{2V}=F_{t1}-R_{1V}=3080.6\text{N}-1389.7\text{N}=1690.9\text{N}$

轴承1的总支承反力为

$R_1=\sqrt{R_{1H}^2+R_{1V}^2}=\sqrt{1848.0^2+1389.7^2}\text{N}=2312.2\text{N}$

轴承2的总支承反力为

$R_2=\sqrt{R_{2H}^2+R_{2V}^2}=\sqrt{1638.1^2+1690.9^2}\text{N}=2354.3\text{N}$

(3)画弯矩图　弯矩图如图13-5c、d、e所示

在水平面上，a-a 剖面为

$M_{aH}=-Ql_1=-1362.6\times109.65\text{N}\cdot\text{mm}=-149409.1\text{N}\cdot\text{mm}$

b-b 剖面右侧为

$M_{bH}'=R_{2H}l_3=-1638.1\times55.35\text{N}\cdot\text{mm}=-90668.8\text{N}\cdot\text{mm}$

b-b 剖面左侧为

$M_{bH}=M_{bH}'-F_{a1}\dfrac{d_1}{2}$

$=-90668.8-734.6\times\dfrac{70.935}{2}=-116723.2\text{N}\cdot\text{mm}$

在垂直平面上为

$M_{aV}=0\text{N}\cdot\text{mm}$

$M_{bV}=-R_{1V}l_2=-1389.7\times67.35\text{N}\cdot\text{mm}=-93596.3\text{N}\cdot\text{mm}$

合成弯矩，a-a 剖面为

$M_a=\sqrt{M_{aH}^2+M_{aV}^2}$

$=\sqrt{(-149409.1)^2+0^2}\text{N}\cdot\text{mm}=149409.1\text{N}\cdot\text{mm}$

b-b 剖面左侧为

$M_b=\sqrt{M_{bH}^2+M_{bV}^2}$

$=\sqrt{(-116723.2)^2+(-93596.3)^2}\text{N}\cdot\text{mm}=149614.7\text{N}\cdot\text{mm}$

</td><td>

$R_{1H}=1848.0\text{N}$

$R_{2H}=-1638.1\text{N}$

$R_{1V}=1389.7\text{N}$

$R_{2V}=1690.9\text{N}$

$R_1=2312.2\text{N}$

$R_2=2354.3\text{N}$

$M_a=$ $149409.1\text{N}\cdot\text{mm}$

$M_b=$ $149614.7\text{N}\cdot\text{mm}$

</td></tr>
</table>

（续）

计算项目	计算及说明	计算结果
6. 轴的受力分析	b-b 剖面右侧为 $M_b' = \sqrt{M'^2_{bH} + M^2_{bV}}$ $= \sqrt{(-90668.8)^2 + (-93596.3)^2}$N·mm = 130311.6N·mm （4）画转矩图　转矩图如图 13-5f 所示，T_1 = 109260N·mm	M_b' = 130311.6N·mm T_1 = 109260N·mm
7. 校核轴的强度	因 b-b 剖面左侧弯矩大，同时作用有转矩，且有键槽，故 b-b 剖面左侧为危险剖面 其抗弯截面系数为 $W = \frac{\pi d_4^3}{32} - \frac{bt(d_4 - t)^2}{2d_4}$ $= \frac{\pi \times 42^3}{32}\text{mm}^3 - \frac{12 \times 5 \times (42-5)^2}{2 \times 42}\text{mm}^3 = 6292\text{mm}^3$ 抗扭截面系数为 $W_T = \frac{\pi d_4^3}{16} - \frac{bt(d_4 - t)^2}{2d_4}$ $= \frac{\pi \times 42^3}{16}\text{mm}^3 - \frac{12 \times 5 \times (42-5)^2}{2 \times 42}\text{mm}^3 = 13562\text{mm}^3$ 弯曲应力为 $\sigma_b = \frac{M_b}{W} = \frac{149614.7}{6292}\text{MPa} = 23.8\text{MPa}$ 扭剪应力为 $\tau = \frac{T_1}{W_T} = \frac{109260}{13562}\text{MPa} = 8.1\text{MPa}$ 按弯扭合成强度进行校核计算，对于单向转动的转轴，转矩按脉动循环处理，故取折合系数 α = 0.6，则当量应力为 $\sigma_e = \sqrt{\sigma_b^2 + 4(\alpha\tau)^2}$ $= \sqrt{23.8^2 + 4 \times (0.6 \times 8.1)^2}\text{MPa} = 25.7\text{MPa}$ 由表 8-26 查得 45 钢调质处理抗拉强度极限 σ_B = 650MPa，则由表 8-32 查得轴的许用弯曲应力 $[\sigma_{-1b}]$ = 60MPa，$\sigma_e < [\sigma_{-1b}]$，强度满足要求	轴的强度满足要求
8. 校核键连接的强度	带轮处键连接的挤压应力为 $\sigma_{p1} = \frac{4T_1}{d_1 hl} = \frac{4 \times 109260}{30 \times 7 \times (45-8)}\text{MPa} = 56.0\text{MPa}$ 齿轮处键连接的挤压应力为 $\sigma_{p2} = \frac{4T_1}{d_4 hl} = \frac{4 \times 109260}{42 \times 8 \times (80-12)}\text{MPa} = 19.1\text{MPa}$ 取键、轴及带轮的材料都为钢，由表 8-33 查得 $[\sigma]_p$ = 125 ~ 150MPa，$\sigma_{p1} < [\sigma]_p$，强度足够	键连接强度足够

（续）

计算项目	计算及说明	计算结果
9. 校核轴承寿命	(1)计算轴承的轴向力　由表9-9查30208轴承得 $C=63000\text{N}$，$C_0=74000\text{N}$，$e=0.37$，$Y=1.6$。由表9-10查得30208轴承内部轴向力计算公式，则轴承1、2的内部轴向力分别为 $$S_1=\frac{R_1}{2Y}=\frac{2312.2}{2\times1.6}\text{N}=722.6\text{N}$$ $$S_2=\frac{R_2}{2Y}=\frac{2354.3}{2\times1.6}\text{N}=735.7\text{N}$$ 外部轴向力 $A=734.6\text{N}$，各轴向力方向如图13-6所示 $$S_2+A=735.7\text{N}+734.6\text{N}=1470.3\text{N}>S_1$$ 则两轴承的轴向力分别为 $$F_{a1}=S_2+A=1470.3\text{N}$$ $$F_{a2}=S_2=735.7\text{N}$$ (2)计算当量动载荷　因为 $F_{a1}/R_1=1470.3/2312.6=0.64>e$，轴承1的当量动载荷为 $P_1=0.4R_1+1.6F_{a1}$ $=0.4\times2312.6\text{N}+1.6\times1470.3\text{N}=3277.5\text{N}$ 因 $F_{a2}/R_2=735.7/2354.3=0.31<e$，轴承2的当量动载荷为 $P_2=R_2=2354.3\text{N}$ (3)校核轴承寿命　因 $P_1>P_2$，故只需校核轴承1，$P=P_1$。轴承在100℃以下工作，查表8-34得 $f_T=1$。对于减速器，查表8-35，得载荷系数 $f_P=1.5$，轴承1的寿命为 $$L_h=\frac{10^6}{60n_1}\left(\frac{f_TC}{f_PP}\right)^{\frac{10}{3}}=\frac{10^6}{60\times576}\left(\frac{1\times63000}{1.5\times3277.5}\right)^{\frac{10}{3}}\text{h}=142488\text{h}$$ 减速器预期寿命为 $$L_h'=2\times8\times250\times10\text{h}=40000\text{h}$$ $L_h>L_h'$，故轴承寿命足够	轴承寿命满足要求

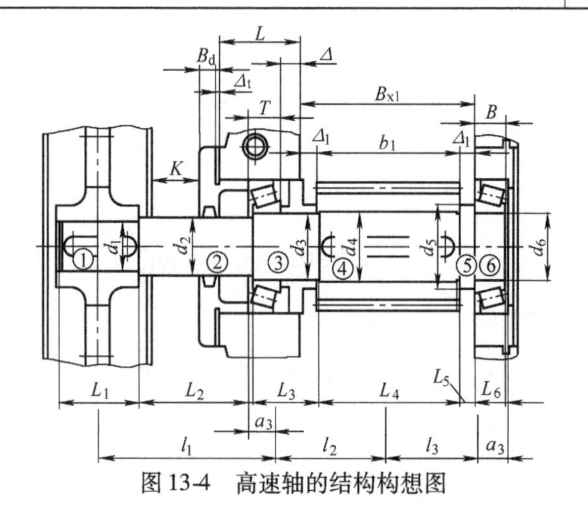

图13-4　高速轴的结构构想图

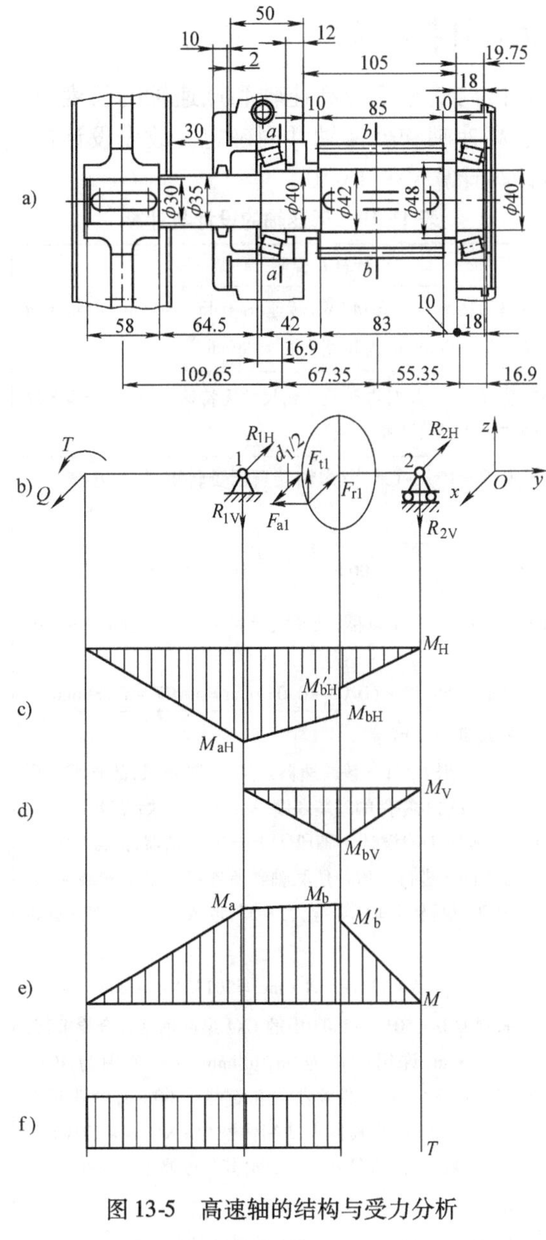

图 13-5　高速轴的结构与受力分析

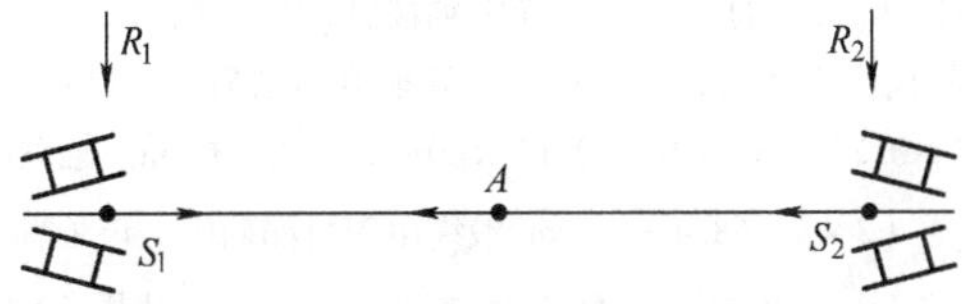

图 13-6　高速轴的轴承布置及受力

13.5.2 低速轴的设计与计算

同轴式减速器箱体内壁宽度与高速轴和低速轴的长度有关；而中间轴的长度由箱体内壁宽度、高速轴和低速轴共同确定，故先设计低速轴，然后设计中间轴。低速轴的设计与计算见表 13-10。

表 13-10 低速轴的设计与计算

计算项目	计算及说明	计算结果
1. 已知条件	低速轴传递的功率 $P_3=6.08\text{kW}$,转速 $n_3=43.24\text{r/min}$,齿轮 4 分度圆直径 $d_4=259.065\text{mm}$,齿轮宽度 $b_4=88\text{mm}$	
2. 选择轴的材料	因传递的功率不大,并对重量及结构尺寸无特殊要求,故查表 8-26 选用常用的材料 45 钢,调质处理	45 钢,调质处理
3. 初算轴径	查表 9-8 得 $C=106\sim135$,考虑轴端只承受转矩,故取小值 $C=106$,则 $d_{\min}=C\sqrt[3]{\frac{P_3}{n_3}}=106\times\sqrt[3]{\frac{6.08}{43.24}}\text{mm}=55.12\text{mm}$ 轴与联轴器连接,有一个键槽,轴径应增大 3% ~5%,轴端最细处直径为 $d_1>55.12\text{mm}+55.12\times(0.03\sim0.05)\text{mm}=56.77\sim57.88\text{mm}$	$d_{\min}=55.12\text{mm}$
4. 结构设计	轴的结构构想如图 13-7 所示 (1)轴承部件的结构设计　该减速器发热小、轴不长,故轴承采用两端固定方式。按轴上零件的安装顺序,从最细处开始设计 (2)联轴器及轴段①的设计　轴段①上安装联轴器,此段设计应与联轴器的选择同步进行。为补偿联轴器所连接两轴的安装误差、隔离振动,选用弹性柱销联轴器。查表 8-37,取 $K_A=1.5$,则计算转矩为 $T_c=K_AT_3=1.5\times1342830\text{N}\cdot\text{mm}=2014245\text{N}\cdot\text{mm}$ 由表 8-38 查得 GB/T 5014—2003 中的 LX4 型联轴器符合要求:公称转矩为 2500N · m,许用转速为 3870r/min,轴孔范围为 40 ~ 75mm。考虑 $d>57.88\text{mm}$,取联轴器毂孔直径为 60mm,轴孔长度 107mm,J 型轴孔,A 型键,联轴器主动端代号为 LX4 60 × 107GB/T 5014—2003,相应轴段①的直径 $d_1=60\text{mm}$,其长度略小于毂孔宽度,取 $L_1=105\text{mm}$ (3)密封圈与轴段②的设计　在确定轴段②的轴径时,应同时考虑联轴器的轴向固定及密封圈的尺寸。联轴器用轴肩定位,轴肩高度 $h=(0.07\sim0.1)d_1=(0.07\sim0.1)\times60\text{mm}=4.2\sim6\text{mm}$。轴段②的轴径 $d_2=d_1+2\times h=68.4\sim72\text{mm}$,最终由密封圈确定。该处轴的圆周速度小于 3m/s,可选用毡圈油封,查表 8-27,选取毡圈 70JB/ZQ4606—1997,则 $d_2=70\text{mm}$	$d_1=60\text{mm}$ $L_1=105\text{mm}$ $d_2=70\text{mm}$

（续）

计算项目	计算及说明	计算结果
4. 结构设计	(4)轴承与轴段③和轴段⑥的设计　考虑齿轮的轴向力较大，且有较大的圆周力和径向力，选用圆锥滚子轴承。轴段③上安装轴承，其直径应既便于轴承安装，又应符合轴承内径系列。现暂取轴承为30215，由表 9-9 得轴承内径 $d=75\text{mm}$，外径 $D=130\text{mm}$，内圈宽度 $B=25\text{mm}$，总宽度 $T=27.25\text{mm}$，内圈定位轴径 $d_a=85\text{mm}$，外圈定位直径 $D_a=115\text{mm}$，轴上定位端面圆角半径最大为 $r_a=1.5\text{mm}$，对轴的力作用点与外圈大端面的距离 $a_3=27.4\text{mm}$，故 $d_3=75\text{mm}$。该减速器齿轮的圆周速度小于 2m/s，故轴承采用脂润滑，需要挡油环。为补偿箱体铸造误差和安装挡油环，轴承靠近箱体内壁的端面与箱体内壁距离取 $\Delta=12\text{mm}$	$d_3=75\text{mm}$
	通常一根轴上的两个轴承取相同的型号，则 $d_6=75\text{mm}$。同轴式减速器该处轴承座完全处与箱体内部，该处轴承采用油润滑，润滑油由低速级大齿轮轮缘上刮取，可使轴承内圈端面与轴承座端面共面，故可取 $L_6=B=25\text{mm}$。该处轴承与高速轴右端轴承共用一个轴承座，两轴承相临端面间距离取为 6.5mm，满足安放拆卸轴承工具的空间要求，则轴承座宽度等于两轴承的总宽度与其端面间距的和，即 $l_5=(19.75+27.25+6.5)\text{mm}=53.5\text{mm}$	$d_6=75\text{mm}$ $L_6=25\text{mm}$ $l_5=53.5\text{mm}$
	(5)齿轮与轴段④的设计　该轴段上安装齿轮，为便于齿轮的安装，d_4 应略大于 d_3，可初定 $d_4=76\text{mm}$。齿轮 4 轮毂的宽度范围为 $l_4\approx(1.2\sim1.5)d_5=91.2\sim114\text{mm}$，取其轮毂宽度为 $l_4=91.5\text{mm}$，其左端面与齿轮左侧轮缘处于同一平面内，采用轴肩定位，右端采用套筒固定。为使套筒端面能够顶到齿轮端面，轴段④的长度应比齿轮 4 的轮毂略短，故取 $L_4=88\text{mm}$	$d_4=76\text{mm}$ $L_4=88\text{mm}$
	(6)轴段⑤的设计　齿轮左侧采用轴肩定位，定位轴肩的高度为 $h=(0.07\sim0.1)d_4=(0.07\sim0.1)\times76\text{mm}=5.32\sim7.6\text{mm}$，取 $h=5.5\text{mm}$，则轴肩直径 $d_5=87\text{mm}$，齿轮左端面与轮毂右端面距箱体内壁距离均取为 $\Delta_1=10\text{mm}$，则箱体内壁与低速轴左侧轴承座端面的距离 $B_{X2}=2\Delta_1+l_4=2\times10\text{mm}+91.5\text{mm}=111.5\text{mm}$，取 $L_5=\Delta_1=10\text{mm}$，该轴段也可提供轴承的轴向定位	$d_5=87\text{mm}$ $L_5=10\text{mm}$ $B_{X2}=111.5\text{mm}$
	(7)轴段②与轴段③的长度　轴段②的长度除与轴上的零件有关外，还与轴承座宽度及轴承端盖等零件有关。为在不拆联轴器的条件下，可以装拆轴承端盖连接螺栓，取联轴器毂端面与轴承端盖表面距离 $K=35\text{mm}$，则有 $L_2=L+B_d+K+\Delta_t-\Delta-B=(50+10+35+2-12-25)\text{mm}=60\text{mm}$	$L_2=60\text{mm}$
	轴段③的长度为 $L_3=\Delta+B+\Delta_1+l_4-L_4=(12+25+10+91.5-88)\text{mm}=50.5\text{mm}$	$L_3=50.5\text{mm}$

（续）

计算项目	计算及说明	计算结果
4. 结构设计	(8)轴上力作用点间距　轴承反力的作用点距轴承外圈大端面的距离 $a_3=27.4\text{mm}$，则由图 13-7 可得轴的支点及受力点间的距离为 $l_1=\frac{b_4}{2}+L_5+T-a_3=\left(\frac{88}{2}+10+27.25-27.4\right)\text{mm}=53.85\text{mm}$ $l_2=T+\Delta+\Delta_1+l_4-\frac{b_4}{2}-a_3$ $=\left(27.25+12+10+91.5-\frac{88}{2}-27.4\right)\text{mm}=69.35\text{mm}$ $l_3=\frac{107\text{mm}}{2}+L_2+a_3-T+B$ $=(53.5+60+27.4-27.25+25)\text{mm}=138.65\text{mm}$	$l_1=53.85\text{mm}$ $l_2=69.35\text{mm}$ $l_3=138.65\text{mm}$
5. 键连接	联轴器与轴段①间采用 A 型普通平键连接，查表 8-31，取其型号为键 18×100GB/T 1096—1990，齿轮与轴段④间采用 A 型普通平键连接，查表 8-31，取其型号为键 20×80 GB/T 1096—1990	
6. 轴的受力分析	(1)画轴的受力简图　轴的受力简图如图 13-8b 所示 (2)计算支承反力　在水平面上为 $R_{1\text{H}}=\frac{F_{r4}l_2-F_{a4}\frac{d_4}{2}}{l_1+l_2}$ $=\frac{4041.3\times69.35-2575.5\times\frac{259.665}{2}}{53.85+69.35}\text{N}=-439.3\text{N}$ $R_{2\text{H}}=F_{r4}-R_{1\text{H}}=4041.3\text{N}+439.3\text{N}=4480.6\text{N}$ 负号表示与图中的方向相反 在垂直平面上为 $R_{1\text{V}}=\frac{F_{t4}l_2}{l_1+l_2}=\frac{10800.6\times69.35}{53.85+69.35}\text{N}=6079.7\text{N}$ $R_{2\text{V}}=F_{t4}-R_{1\text{V}}=10800.6\text{N}-6079.7\text{N}=4720.9\text{N}$ 轴承 1 的总支承反力为 $R_1=\sqrt{R_{1\text{H}}^2+R_{1\text{V}}^2}=\sqrt{439.3^2+6079.7^2}\text{N}=6095.6\text{N}$ 轴承 2 的总支承反力为 $R_2=\sqrt{R_{2\text{H}}^2+R_{2\text{V}}^2}=\sqrt{4480.6^2+4720.9^2}\text{N}=6508.7\text{N}$ (3)画弯矩图　弯矩图如图 13-8c、d、e 所示 在水平面上，a-a 剖面左侧为 $M_{a\text{H}}=-R_{1\text{H}}l_1=-(-439.3)\times53.85\text{N}\cdot\text{mm}=23656.3\text{N}\cdot\text{mm}$ a-a 剖面右侧为 $M'_{a\text{H}}=-R_{2\text{H}}l_2=-4480.6\times69.35\text{N}\cdot\text{mm}=-310729.6\text{N}\cdot\text{mm}$ 在垂直平面上，a-a 剖面为 $M_{a\text{V}}=R_{1\text{V}}l_1=6079.7\times53.85\text{N}\cdot\text{mm}=327391.8\text{N}\cdot\text{mm}$	$R_{1\text{H}}=-439.3\text{N}$ $R_{2\text{H}}=4480.6\text{N}$ $R_{1\text{V}}=6079.7\text{N}$ $R_{2\text{V}}=4720.9\text{N}$ $R_1=6095.6\text{N}$ $R_2=6508.7\text{N}$

（续）

计算项目	计算及说明	计算结果
6. 轴的受力分析	合成弯矩，$a-a$ 剖面左侧为 $M_a=\sqrt{M_{aH}^2+M_{aV}^2}$ $=\sqrt{23656.3^2+327391.8^2}\text{N}\cdot\text{mm}=328245.3\text{N}\cdot\text{mm}$ $a-a$ 剖面右侧为 $M'_a=\sqrt{M'^2_{aH}+M_{aV}^2}$ $=\sqrt{(-310729.6)^2+327391.8^2}\text{N}\cdot\text{mm}=451373.8\text{N}\cdot\text{mm}$ （4）画转矩图　转矩图如图 13-8f 所示，$T_3=1342830\text{N}\cdot\text{mm}$	$M_a=328245.3\text{N}\cdot\text{mm}$ $M'_a=451373.8\text{N}\cdot\text{mm}$ $T_1=1342830\text{N}\cdot\text{mm}$
7. 校核轴的强度	因 $a-a$ 剖面右侧弯矩大，且作用有转矩，故 $a-a$ 剖面右侧为危险剖面 其抗弯截面系数为 $W=\frac{\pi d_4^3}{32}-\frac{bt(d_4-t)^2}{2d_4}$ $=\frac{\pi\times76^3}{32}\text{mm}^3-\frac{22\times9\times(76-9)^2}{2\times76}\text{mm}^3=37227.0\text{mm}^3$ 抗扭截面系数为 $W_T=\frac{\pi d_4^3}{16}-\frac{bt(d_4-t)^2}{2d_4}$ $=\frac{\pi\times76^3}{16}\text{mm}^3-\frac{22\times9\times(76-9)^2}{2\times76}\text{mm}^3=80301.5\text{mm}^3$ 弯曲应力为 $\sigma_b=\frac{M'_a}{W}=\frac{451373.8}{37227.0}\text{MPa}=12.1\text{MPa}$ 扭剪应力为 $\tau=\frac{T_3}{W_T}=\frac{1342830}{80301.5}\text{MPa}=16.7\text{MPa}$ 按弯扭合成强度进行校核计算，对于单向转动的转轴，转矩按脉动循环处理，故取折合系数 $\alpha=0.6$，则当量应力为 $\sigma_e=\sqrt{\sigma_b^2+4(\alpha\tau)^2}$ $=\sqrt{12.1^2+4\times(0.6\times16.7)^2}\text{MPa}=23.4\text{MPa}$ 由表 8-26 查得 45 钢调质处理抗拉强度极限 $\sigma_B=650\text{MPa}$，则由表 8-32 查得轴的许用弯曲应力 $[\sigma_{-1b}]=60\text{MPa}$，$\sigma_e<[\sigma_{-1b}]$，强度满足要求	轴的强度满足要求
8. 校核键连接的强度	齿轮 4 处键连接的挤压应力为 $\sigma_{p1}=\frac{4T_3}{d_1hl}=\frac{4\times1342830}{76\times14\times(80-22)}\text{MPa}=87.0\text{MPa}$ 联轴器处键连接的挤压应力为 $\sigma_{p2}=\frac{4T_3}{d_5hl}=\frac{4\times1342830}{60\times11\times(100-18)}\text{MPa}=99.2\text{MPa}$ 取键、轴、齿轮及联轴器的材料都为钢，由表 8-33 查得 $[\sigma]_p=125\sim150\text{MPa}$，$\sigma_{p2}<[\sigma]_p$，强度足够	键连接强度足够

（续）

计算项目	计算及说明	计算结果
9. 校核轴承寿命	（1）计算轴承的轴向力　由表 9-9 查 30215 轴承得 $C = 138000\text{N}$，$C_0 = 185000\text{N}$，$e = 0.44$，$Y = 1.4$。由表 9-10 查得 30215 轴承内部轴向力计算公式，则轴承 1、2 的内部轴向力分别为 $$S_1 = \frac{R_1}{2Y} = \frac{6095.6}{2 \times 1.4}\text{N} = 2177.0\text{N}$$ $$S_2 = \frac{R_2}{2Y} = \frac{6508.7}{2 \times 1.4}\text{N} = 2324.5\text{N}$$ 外部轴向力 $A = 2575.5\text{N}$，各轴向力方向如图 13-9 所示 $$S_1 + A = 2177.0\text{N} + 2575.5\text{N} = 4752.5\text{N} > S_2$$ 则两轴承的轴向力分别为 $$F_{a1} = S_1 = 2177.0\text{N}$$ $$F_{a2} = S_1 + A = 4752.5\text{N}$$ （2）计算当量动载荷　因 $R_2 > R_1$，$F_{a2} > F_{a1}$，故只需校核轴承 2，因为 $F_{a2}/R_2 = 4752.5/6508.7 = 0.73 > e$，当量动载荷为 $$P_2 = 0.4R_2 + 1.4F_{a1} = 0.4 \times 6508.7\text{N} + 1.4 \times 4752.5\text{N} = 9257.0\text{N}$$ （3）校核轴承寿命　轴承在 100℃ 以下工作，查表 8-34 得 $f_T = 1$。对于减速器，查表 8-35 得载荷系数 $f_P = 1.5$ 轴承 2 的寿命为 $$L_h = \frac{10^6}{60n_3}\left(\frac{f_T C}{f_P P}\right)^{\frac{10}{3}} = \frac{10^6}{60 \times 43.24}\left(\frac{1 \times 138000}{1.5 \times 9257.0}\right)^{\frac{10}{3}}\text{h} = 813489\text{h}$$ $L_h > L'_h = 40000\text{h}$，故轴承寿命足够	轴承寿命满足要求

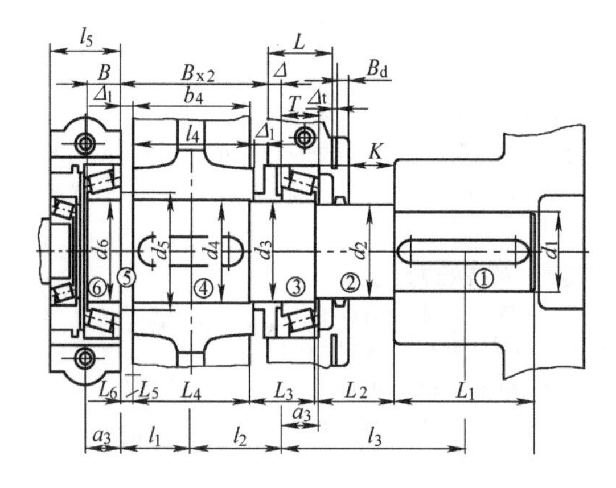

图 13-7　低速轴的结构构想图

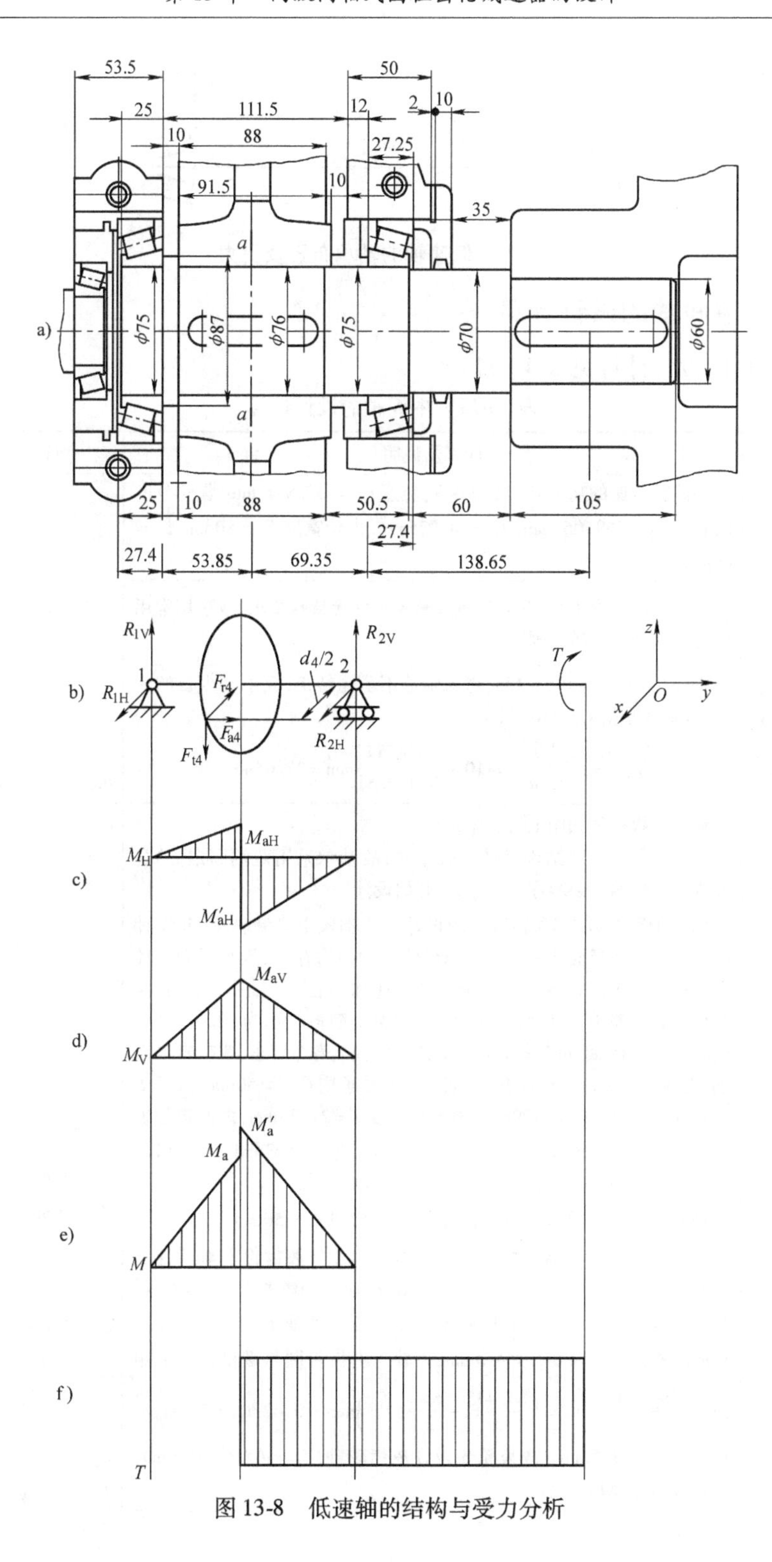

图 13-8　低速轴的结构与受力分析

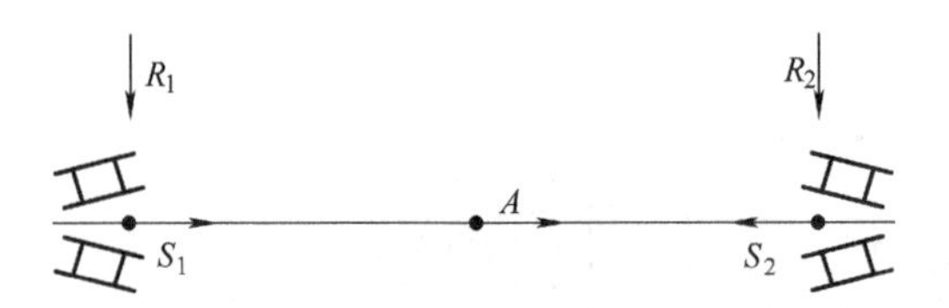

图 13-9 低速轴的轴承布置及受力

13.5.3 中间轴的设计计算

中间轴的设计计算见表 13-11。

表 13-11 中间轴的设计计算

计算项目	计算及说明	计算结果
1. 已知条件	中间轴传递的功率 $P_2=6.33\text{kW}$,转速 $n_2=157.81\text{r/min}$,齿轮分度圆直径 $d_2=259.065\text{mm}$,$d_3=70.935\text{mm}$,齿轮宽度 $b_2=80\text{mm}$,$b_3=95\text{mm}$	
2. 选择轴的材料	因传递的功率不大,并对重量及结构尺寸无特殊要求,故选用常用的材料 45 钢,调质处理	45 钢,调质处理
3. 初算轴径	查表 9-8 得 $C=106\sim135$,考虑轴端不承受转矩,只承受少量的弯矩,故取较小值 $C=110$,则 $d_{min}=C\sqrt[3]{\frac{P_2}{n_2}}=110\times\sqrt[3]{\frac{6.33}{157.81}}\text{mm}=37.65\text{mm}$	$d_{min}=37.65\text{mm}$
4. 结构设计	轴的结构构想如图 13-10 所示 (1)轴承部件的结构设计　轴不长,故轴承采用两端固定方式。按轴上零件的安装顺序,从 d_{min} 处开始设计 (2)轴承与轴段①和轴段⑤的设计　该轴段上安装轴承,其设计应与轴承的选择同步进行。考虑齿轮有轴向力存在,且圆周力与径向力均较大,选用圆锥滚子轴承。轴段①和⑤上安装轴承,其直径应既便于轴承安装,又应符合轴承内径系列。暂取轴承为 30208,经过验算,轴承 30208 的寿命不满足减速器的预期寿命要求,改变直径系列,选 30210 进行设计计算,由表 9-9 得轴承内径 $d=50\text{mm}$,外径 $D=90\text{mm}$,内圈宽度 $B=20\text{mm}$,轴承总宽度 $T=21.75\text{mm}$,内圈定位轴径 $d_a=57\text{mm}$,外圈定位直径 $D_a=80\text{mm}$,轴承内圈对轴的力作用点与外圈大端面的距离 $a_3=20\text{mm}$,故 $d_1=50\text{mm}$ 通常一根轴上的两个轴承取相同的型号,则 $d_5=50\text{mm}$ (3)齿轮轴段②和轴段④的设计　轴段②上安装齿轮 2,轴段④上安装齿轮 3。为便于齿轮的安装,d_2 和 d_4 应分别略大于 d_1 和 d_5,可初定 $d_2=d_4=55\text{mm}$。查表 8-31 知该处键的截面尺寸为 $16\text{mm}\times10\text{mm}$,轮毂键槽深度 $t_1=4.3\text{mm}$,齿轮 3 上齿根圆与键槽顶面的距离 $e=\frac{d_{f3}}{2}-\frac{d_4}{2}-t_1=\left(\frac{64.435}{2}-\frac{55}{2}-4.3\right)\text{mm}=0.42\text{mm}<2.5m_n=2.5\times3\text{mm}=7.5\text{mm}$。故齿轮 3 设计成齿轮轴,$d_4=d_{f3}$,$L_4=95\text{mm}$,材料为 40Cr 调质处理	$d_1=50\text{mm}$ $d_5=50\text{mm}$ $d_2=55\text{mm}$ $d_4=d_{f3}$ $L_4=95\text{mm}$

（续）

计算项目	计算及说明	计算结果
4. 结构设计	齿轮 2 右端采用轴肩定位，左端采用套筒固定，齿轮 2 轮毂的宽度范围为 $(1.2\sim1.5)d_2=66\sim82.5\text{mm}$，取其轮毂宽度与齿轮宽度相等。为使套筒端面能够顶到齿轮端面，轴段②的长度应比相应齿轮的轮毂略短，因 $b_2=80\text{mm}$，故取 $L_2=78\text{mm}$	$L_2=78\text{mm}$
	（4）轴段③的设计　该段为齿轮 2 提供定位，其轴肩高度范围为 $(0.07\sim0.1)d_2=3.85\sim5.5\text{mm}$，取其高度为 $h=4\text{mm}$，故 $d_3=63\text{mm}$	$d_3=63\text{mm}$
	齿轮 3 右端面距离箱体内壁距离取为 Δ_1，齿轮 2 的左端面距离箱体内壁的距离为 $\Delta_2=\Delta_1+(b_1-b_2)/2=10\text{mm}+(85-80)/2\text{mm}=12.5\text{mm}$	
	高速轴右侧的轴承与低速轴左侧的轴承共用一个轴承座，其宽度为 $l_5=53.5\text{mm}$，则箱体内壁宽度为 $B_X=B_{X1}+B_{X2}+l_5=(105+111.5+53.5)\text{mm}=270\text{mm}$	$B_X=270\text{mm}$
	则轴段③的长度为 $L_3=B_X-b_2-b_3-\Delta_1-\Delta_2=(270-80-95-10-12.5)\text{mm}=72.5\text{mm}$	$L_3=72.5\text{mm}$
	（5）轴段①和轴段⑤的长度　由于轴承采用脂润滑，故轴承内端面距箱体内壁的距离取为 Δ，则轴段①的长度为 $L_1=B+\Delta+\Delta_2+2\text{mm}=(20+12+12.5+2)\text{mm}=46.5\text{mm}$	$L_1=46.5\text{mm}$
	轴段⑤的长度为 $L_5=B+\Delta+\Delta_1=(20+12+10)\text{mm}=42\text{mm}$	$L_5=42\text{mm}$
	（6）轴上力作用点间距　轴承反力的作用点与轴承外圈大端面的距离 $a_3=20\text{mm}$，则由图 13-10 可得轴的支点及受力点间的距离为 $l_1=\frac{b_2}{2}+\Delta_2+\Delta+T-a_3=\left(\frac{80}{2}+12.5+12+21.75-20\right)\text{mm}=66.25\text{mm}$	$l_1=66.25\text{mm}$
	$l_2=l_3+\frac{b_2+b_3}{2}=\left(72.5+\frac{80+95}{2}\right)\text{mm}=160\text{mm}$	$l_2=160\text{mm}$
	$l_3=\frac{b_3}{2}+\Delta_1+\Delta+T-a_3=\left(\frac{95}{2}+10+12+21.75-20\right)\text{mm}=71.25\text{mm}$	$l_3=71.25\text{mm}$
5. 键连接	齿轮 2 与轴段间采用 A 型普通平键连接，查表 8-31 知该键的型号为键 16×70 GB/T 1096—1990	

（续）

计算项目	计算及说明	计算结果
	(1)画轴的受力简图　轴的受力简图如图13-11b所示	
	(2)计算支承反力　在水平面上为	
	$R_{1H}=\dfrac{F_{r2}(l_2+l_3)+F_{r3}l_3+F_{a3}\dfrac{d_3}{2}-F_{a2}\dfrac{d_2}{2}}{l_1+l_2+l_3}$	
	$=\dfrac{1152.7\times(160+71.25)+4041.3\times71.25+2527.5\times\dfrac{70.935}{2}-734.6\times\dfrac{259.065}{2}}{66.25+160+71.25}\text{N}$	$R_{1H}=1845.4\text{N}$
	$=1845.4\text{N}$	
	$R_{2H}=F_{r2}+F_{r3}-R_{1H}=1152.7\text{N}+4041.3\text{N}-1845.4\text{N}=3348.6\text{N}$	$R_{2H}=3348.6\text{N}$
	在垂直平面上为	
	$R_{1V}=\dfrac{F_{t3}l_3-F_{t2}(l_2+l_3)}{l_1+l_2+l_3}$	
	$=\dfrac{10800.6\times71.25-3080.6\times(160+71.25)}{66.25+160+71.25}\text{N}=192.1\text{N}$	$R_{1V}=192.1\text{N}$
	$R_{2V}=F_{t3}-F_{t2}-R_{1V}=10800.6\text{N}-3080.6\text{N}-192.1\text{N}=7527.9\text{N}$	$R_{2V}=7527.9\text{N}$
	轴承1的总支承反力为	
	$R_1=\sqrt{R_{1H}^2+R_{1V}^2}=\sqrt{1845.4^2+192.1^2}\text{N}=1855.4\text{N}$	$R_1=1855.4\text{N}$
	轴承2的总支承反力为	
6. 轴的受力分析	$R_2=\sqrt{R_{2H}^2+R_{2V}^2}=\sqrt{3348.6^2+7527.9^2}\text{N}=8239.1\text{N}$	$R_2=8239.1\text{N}$
	(3)画弯矩图　弯矩图如图13-11c、d、e所示	
	在水平面上，*a-a*剖面左侧为	
	$M_{aH}=R_{1H}l_1=1845.4\times66.25\text{N}\cdot\text{mm}=122257.8\text{N}\cdot\text{mm}$	
	*a-a*剖面右侧为	
	$M'_{aH}=M_{aH}+F_{a2}\dfrac{d_2}{2}$	
	$=122257.8\text{N}\cdot\text{mm}+734.6\times\dfrac{259.065}{2}\text{N}\cdot\text{mm}$	
	$=217957.3\text{N}\cdot\text{mm}$	
	*b-b*剖面右侧为	
	$M'_{bH}=R_{2H}l_3=3348.6\times71.25\text{N}\cdot\text{mm}=238587.8\text{N}\cdot\text{mm}$	
	*b-b*剖面左侧为	
	$M_{bH}=M'_{bH}+F_{a3}\dfrac{d_3}{2}$	
	$=238587.8\text{N}\cdot\text{mm}+2575.5\times\dfrac{70.935}{2}\text{N}\cdot\text{mm}$	
	$=329934.3\text{N}\cdot\text{mm}$	
	在垂直平面上为	
	$M_{aV}=-R_{1V}l_1=-192.1\times66.25\text{N}\cdot\text{mm}=-12726.6\text{N}\cdot\text{mm}$	
	$M_{bV}=-R_{2V}l_3=-7527.9\times71.25\text{N}\cdot\text{mm}=-536362.9\text{N}\cdot\text{mm}$	

（续）

计算项目	计算及说明	计算结果
6. 轴的受力分析	合成弯矩，a-a 剖面左侧为 $M_a = \sqrt{M_{aH}^2 + M_{aV}^2}$ $= \sqrt{122257.8^2 + (-12726.6)^2}$N·mm = 122918.4N·mm a-a 剖面右侧为 $M'_a = \sqrt{M'^2_{aH} + M_{aV}^2}$ $= \sqrt{217412.4^2 + (-12726.6)^2}$N·mm = 217784.6N·mm b-b 剖面左侧为 $M_b = \sqrt{M_{bH}^2 + M_{bV}^2}$ $= \sqrt{329934.3^2 + (-536362.9)^2}$N·mm = 629715.7N·mm b-b 剖面右侧为 $M'_b = \sqrt{M'^2_{bH} + M_{bV}^2}$ $= \sqrt{238587.8^2 + (-536362.9)^2}$N·mm = 587034.3N·mm （4）画转矩图　转矩图如图 13-11f 所示，T_2 = 383070N·mm	M_a = 122918.4N·mm M'_a = 217784.6N·mm M_b = 629715.7N·mm M'_b = 587034.3N·mm T_2 = 383070N·mm
7. 校核轴的强度	因 b-b 剖面左侧弯矩大，且作用有转矩，故 b-b 剖面左侧为危险剖面 b-b 剖面的抗弯截面系数为 $W = \frac{\pi d_3^3}{32} = \frac{\pi \times 70.935^3}{32}\text{mm}^3 = 35023.6\text{mm}^3$ 式中 d_3 为齿轮 3 的分度圆直径 抗扭截面系数为 $W_T = \frac{\pi d_3^3}{16} = \frac{\pi \times 70.935^3}{16}\text{mm}^3 = 70047.3\text{mm}^3$ 弯曲应力为 $\sigma_b = \frac{M_b}{W} = \frac{629715.7}{35023.6}\text{MPa} = 18.0\text{MPa}$ 扭剪应力为 $\tau = \frac{T_2}{W_T} = \frac{383070}{70047.3}\text{MPa} = 5.5\text{MPa}$ 按弯扭合成强度进行校核计算，对于单向转动的转轴，转矩按脉动循环处理，故取折合系数 $\alpha = 0.6$，则当量应力为 $\sigma_e = \sqrt{\sigma_b^2 + 4(\alpha\tau)^2}$ $= \sqrt{18.0^2 + 4 \times (0.6 \times 5.5)^2}\text{MPa} = 19.2\text{MPa}$ 由表 8-26 查得 40Cr 调质处理抗拉强度极限 σ_B = 750MPa，由表 8-32 查得轴的许用弯曲应力 $[\sigma_{-1b}]$ = 72.5MPa，$\sigma_e < [\sigma_{-1b}]$，强度满足要求	轴的强度满足要求

（续）

计算项目	计算及说明	计算结果
8. 校核键连接的强度	齿轮2处键连接的挤压应力为 $$\sigma_p=\frac{4T_2}{d_2hl}=\frac{4\times383070}{55\times10\times(70-16)}\text{MPa}=51.6\text{MPa}$$ 取键、轴及联轴器的材料都为钢，由表8-33查得$[\sigma]_p=125\sim150\text{MPa}$，$\sigma_p<[\sigma]_p$，强度足够	键连接强度足够
9. 校核轴承寿命	(1)计算轴承的轴向力　由表9-9查30210轴承得$C=73200\text{N}$，$C_0=92000\text{N}$，$e=0.42$，$Y=1.4$。由表9-10查得30210轴承内部轴向力计算公式，则轴承1、2的内部轴向力分别为 $$S_1=\frac{R_1}{2Y}=\frac{1855.4}{2\times1.4}\text{N}=662.6\text{N}$$ $$S_2=\frac{R_2}{2Y}=\frac{8239.1}{2\times1.4}\text{N}=2942.5\text{N}$$ 外部轴向力$A=1840.9\text{N}$，各轴向力方向如图13-12所示 $$S_2+A=2942.5\text{N}+1840.9\text{N}=4783.4\text{N}>S_1$$ 则两轴承的轴向力分别为 $$F_{a1}=S_2+A=4783.4\text{N}$$ $$F_{a2}=S_2=2942.5\text{N}$$ (2)计算轴承的当量动载荷　因为 $F_{a1}/R_1=4783.4/1855.4=2.58>e$，轴承1的当量动载荷为 $P_1=0.4R_1+1.4F_{a1}$ $=0.4\times1855.4\text{N}+1.4\times4783.4\text{N}=7438.9\text{N}$ 因为$F_{a2}/R_2=2942.5/8239.1=0.36<e$，轴承2的当量动载荷为 $$P_2=R_2=8239.1\text{N}$$ (3)校核轴承寿命　因$P_2>P_1$，故只需校核轴承2，$P=P_2$。轴承在100℃以下工作，查表8-34得$f_T=1$。对于减速器，查表8-35得载荷系数$f_p=1.5$ 轴承2的寿命为 $$L_h=\frac{10^6}{60n_3}\left(\frac{f_TC}{f_PP}\right)^{\frac{10}{3}}=\frac{10^6}{60\times157.81}\left(\frac{1\times73200}{1.5\times8239.1}\right)^{\frac{10}{3}}\text{h}=39703\text{h}$$ L_h略小于$L_h'=40000\text{h}$，在允许范围内，基本满足要求	轴承寿命基本满足要求

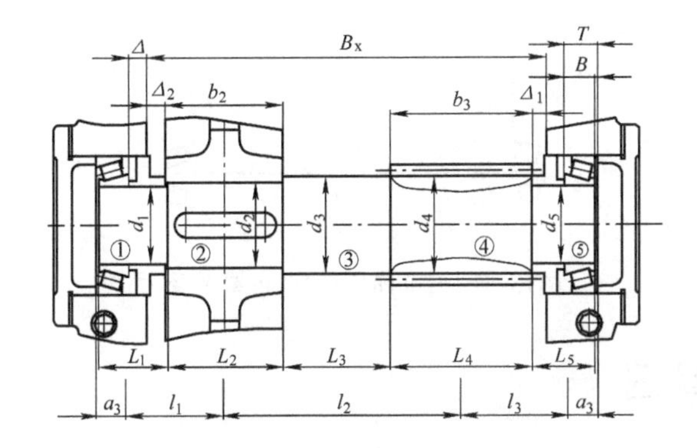

图 13-10　中间轴的结构构想图

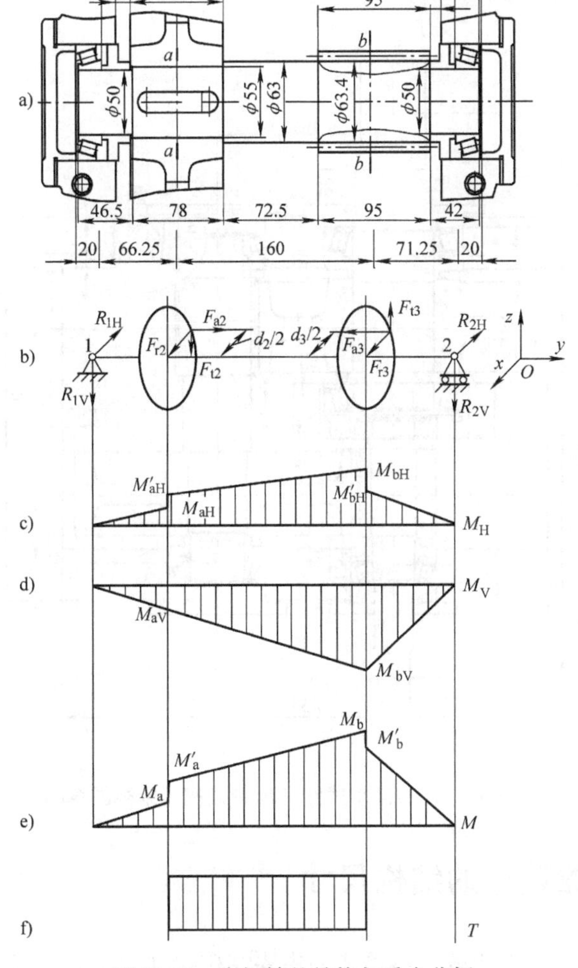

图 13-11　中间轴的结构与受力分析

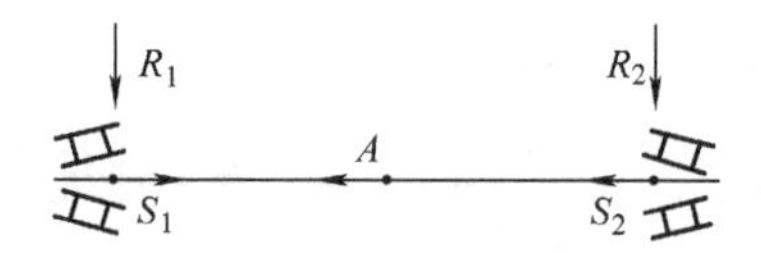

图13-12 中间轴的轴承布置及受力

13.6 装配草图

装配草图的绘制与轴系零部件的设计计算是同步进行的，在说明书中无法同步表达，故装配草图的绘制在轴的设计计算之后。两级同轴式圆柱齿轮减速器俯视图草图如图 13-13 所示。

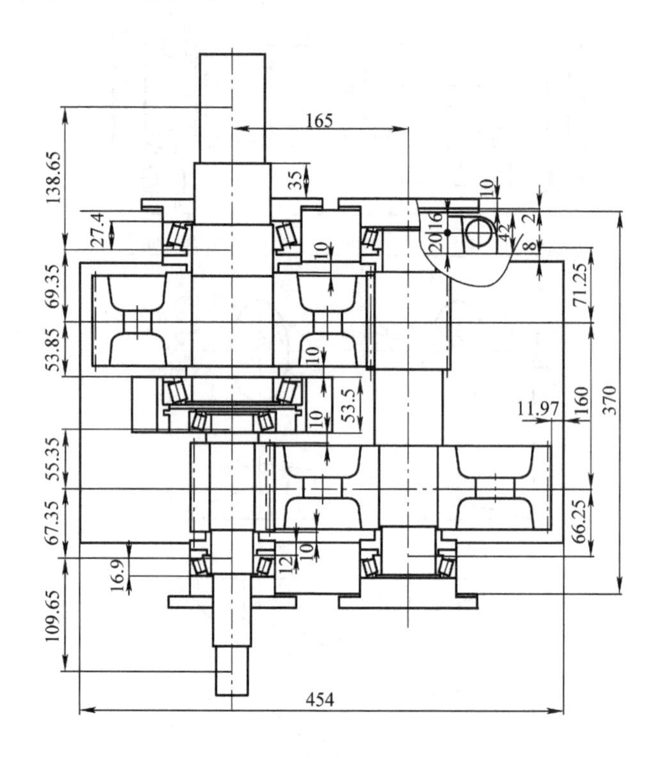

图 13-13 两级同轴式圆柱齿轮减速器俯视图草图

13.7 减速器箱体的结构尺寸

两级同轴式圆柱齿轮减速器箱体的主要结构尺寸列于表 13-12。

表 13-12　两级同轴式圆柱齿轮减速器箱体的主要结构尺寸

名　称	代　号	尺　寸
高速级中心距	a_1	165mm
低速级中心距	a_2	165mm
下箱座壁厚	δ	8mm
上箱座壁厚	δ_1	8mm
下箱座剖分面处凸缘厚度	b	12mm
上箱座剖分面处凸缘厚度	b_1	12mm
地脚螺栓底脚厚度	p	20mm
箱座上的肋厚	M	8mm
地脚螺栓直径	d_Φ	M16
地脚螺栓通孔直径	d'_Φ	20mm
地脚螺栓沉头座直径	D_0	45mm
底脚凸缘尺寸（扳手空间）	L_1	27mm
	L_2	25mm
地脚螺栓数目	n	4
轴承旁连接螺栓（螺钉）直径	d_1	M12
轴承旁连接螺栓通孔直径	d'_1	13.5mm
轴承旁连接螺栓沉头座直径	D_0	26mm
剖分面凸缘尺寸（扳手空间）	c_1	20mm
	c_2	16mm
上下箱连接螺栓（螺钉）直径	d_2	M10
上下箱连接螺栓通孔直径	d'_2	11mm
上下箱连接螺栓沉头座直径	D_0	24mm
箱缘尺寸（扳手空间）	c_1	18mm
	c_2	14mm
轴承盖螺钉直径	d_3	M8
检查孔盖连接螺栓直径	d_4	M6
圆锥定位销直径	d_5	8mm
减速器中心高	H	195mm
轴承旁凸台高度	h	55mm
轴承旁凸台半径	R_8	16mm
轴承端盖（轴承座）外径	D_2	120mm，130mm，170mm
轴承旁连接螺栓距离	S	142.5mm，147.5mm，137.5mm，177.5mm
箱体外壁至轴承座端面的距离	K	42mm
轴承座孔长度（箱体内壁至轴承座端面的距离）		50mm
大齿轮顶圆与箱体内壁间距离	Δ_1	11.95mm
齿轮端面与箱体内壁间的距离	Δ_2	10mm

13.8　润滑油的选择与计算

轴承选择 ZN—3 钠基润滑脂润滑。齿轮选择全损耗系统用油 L—AN68 润滑

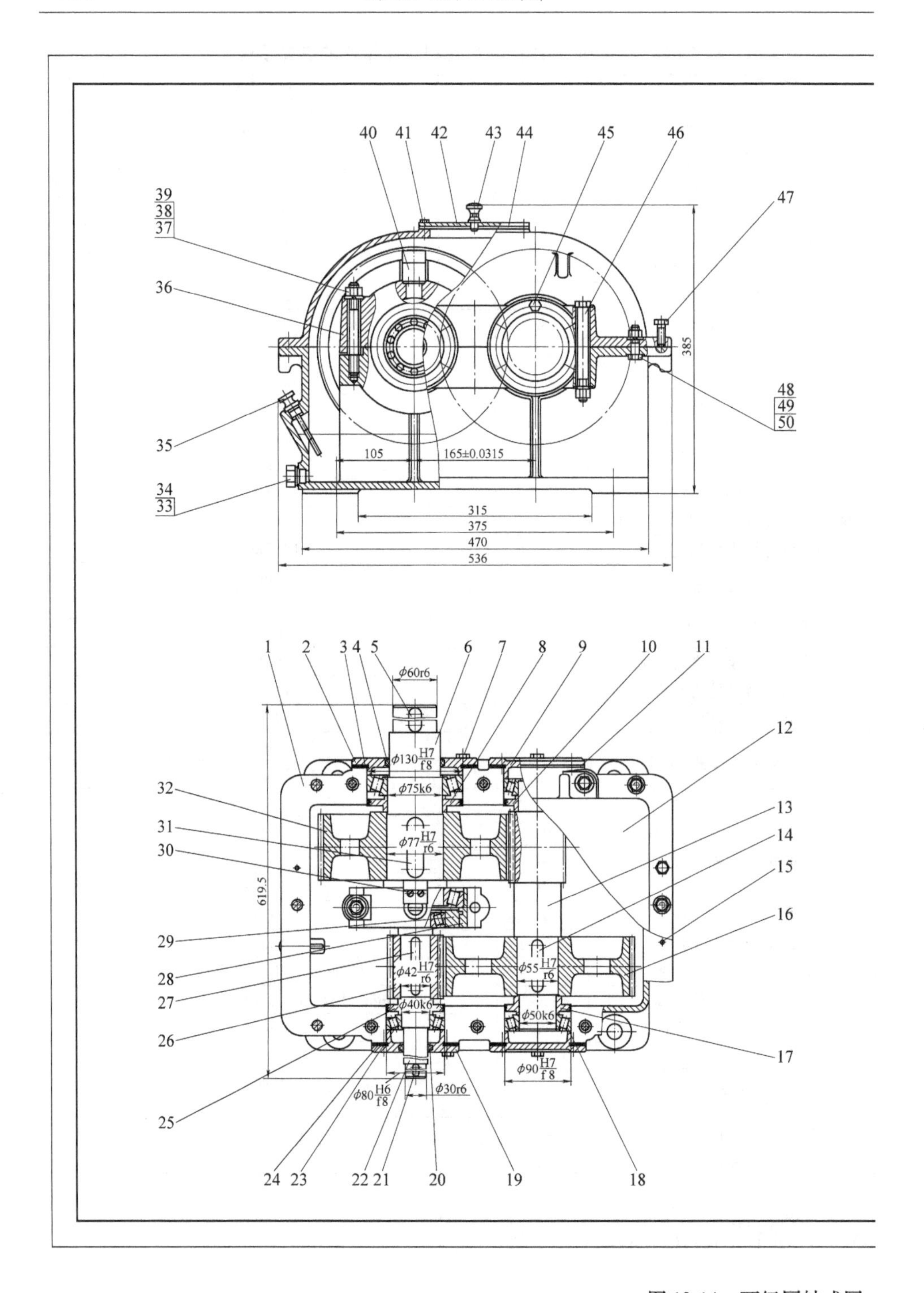

图 13-14 两级同轴式圆

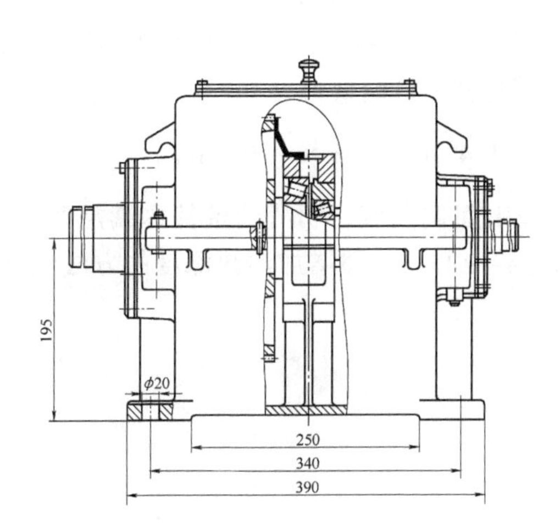

技 术 特 性

功率/kW	高速轴转速/(r/min)	传动比
6.59	576	13.3

技 术 要 求

1.装配前，清洗所有零件，机体内壁涂防锈油漆。
2.装配后，检查齿轮齿侧间隙 j_{min}=0.16mm。
3.用涂色法检验齿面接触斑点，在齿高和齿长方向接触斑点不小于 50%，必要时可研磨或刮后研磨，以改善接触情况。
4.调整轴承轴向间隙为 0.2～0.3mm。
5.减速器的机体、密封处及剖分面不得漏油。剖分面可以涂密封漆或水玻璃，但不得使用垫片。
6.机座内装 L-AN68 润滑油至规定高度，轴承用 ZN-3 钠基润滑脂。
7.机体表面涂灰色油漆。

序号	名　称	数量	材　料	备　注
50	螺栓 M10×35	6		GB/T 5782 8.8级
49	螺母 M10	6		GB/T 6170 8级
48	螺圈 10	6	65Mn	GB/T 93-1987
47	螺栓 M10×30	1		GB/T 5782 8.8级
46	螺栓 M12×125	6		GB/T 5782 8.8级
45	螺栓 M8×25	24		GB/T 5782 8.8级
44	垫片	1	石棉橡胶纸	
43	通气器	1	Q235	
42	窥视孔盖	1	Q235	
41	螺栓 M6×16	4		GB/T 5782-2000 8.8级
40	刮油板	1	Q235	
39	螺母 M12	8		GB/T 6170 8级
38	垫圈 12	8	65Mn	GB/T 93-1987
37	螺柱 M12×130	2		GB/T 901 8.8级
36	轴承座盖	1	HT200	
35	油标尺 M16	1	Q235	
34	六角螺塞 M16×1.5	1	35	JB/T 1700-2008
33	螺塞垫 24×16	1	10	JB/T 1718-2008
32	大齿轮	1	45	m_n=3.0, z_1=84
31	键 22×80	1	45	GB/T1096-2003
30	螺钉 M4×10	2		GB/T 68-2000
29	轴承座	1	Q235	
28	轴承座套	1	Q235	
27	键 12×80	1	45	GB/T 1096-1990
26	小齿轮	1	45	m_n=3.0, z_1=25
25	挡油板	1	Q235	
24	调整垫片	1组	08F	成组
23	轴承 30208	2		GB/T 297-2007
22	高速轴	1	45	
21	键 8×45	1	45	GB/T1096-2003
20	毡毛 35	1	半组羊毛毡	JB/ZQ4606-1997
19	轴承端盖	1	HT200	
18	轴承 30210	2		GB/T 297-2007
17	挡油板	1	Q235	
16	大齿轮	1	45	m_n=3.0, z_2=84
15	销 5×35	2	35	GB/T 117-2000
14	键 16×70	1	45	GB/T 1096-2003
13	齿轮轴	1	40Cr	m_n=3, z_3=23
12	机盖	1	HT200	
11	调整垫片	2组	08F	成组
10	挡油板	1	Q235	
9	轴承端盖	2	HT200	
8	挡油板	1	Q235	
7	轴承 30215	2		GB/T 297-2007
6	低速轴	1	45	
5	键 18×100	1	45	GB/T 1096-2003
4	毡圈 70	1	半粗羊毛毡	JB/ZQ4606-1997
3	调整垫片	1组	08F	成组
2	轴承端盖	1	HT200	
1	机箱	1	HT200	

	图号		比例	
	重量		数量	
设计				
绘图				
审核				

柱齿轮减速器装配图

油润滑，润滑油深度为0.65dm，箱体底面尺寸为4.54dm×2.70dm，箱体内所装润滑油量为

$$V = 4.54 \times 2.7 \times 0.65 \text{dm}^3 = 7.96 \text{dm}^3$$

该减速器所传递的功率 $P_0 = 6.86\text{kW}$。对于二级减速器，每传递1kW的功率，需油量为 $V_0 = 0.7 \sim 1.4\text{dm}^3$，则该减速器所需油量为

$$V_1 = P_0 V_0 = 6.86 \times (0.7 \sim 1.4) \text{dm}^3 = 4.8 \sim 9.6 \text{dm}^3$$

箱体内所装油量在所需油量的范围中间偏大值，润滑油量基本满足要求；如不满足润滑和降温要求，可增大减速器中心高，即增加油池深度的方法使润滑油量满足要求。

13.9 装配图和零件图

13.9.1 附件的设计与选择

1. 检查孔及检查孔盖

检查孔尺寸120mm×210mm，位置在传动件啮合区的上方；检查孔盖尺寸为150mm×240mm。

2. 油面指示装置

选用油标尺M16，由表8-40可查相关尺寸。

3. 通气器

选用提手式通气器，由图8-21可查相关尺寸。

4. 放油孔及螺塞

设置一个放油孔。螺塞选用六角螺塞M16×1.5JB/T 1700—2008，螺塞垫24×16JB/T 1718—2008，由表8-41和表8-42可查相关尺寸。

5. 起吊装置

上箱盖采用吊环，箱座上采用吊钩，由表8-43可查相关尺寸。

6. 起箱螺钉

起箱螺钉查表8-29，取螺钉GB/T 5781—2000 M10×25。

7. 定位销

定位销查表8-44，取销GB/T 117—2000 5×35两个。

13.9.2 绘制装配图和零件图

选择与计算其他附件后，所完成的装配图如图13-14所示。减速器输出轴及输出轴上的齿轮零件图如图13-15和图13-16所示。

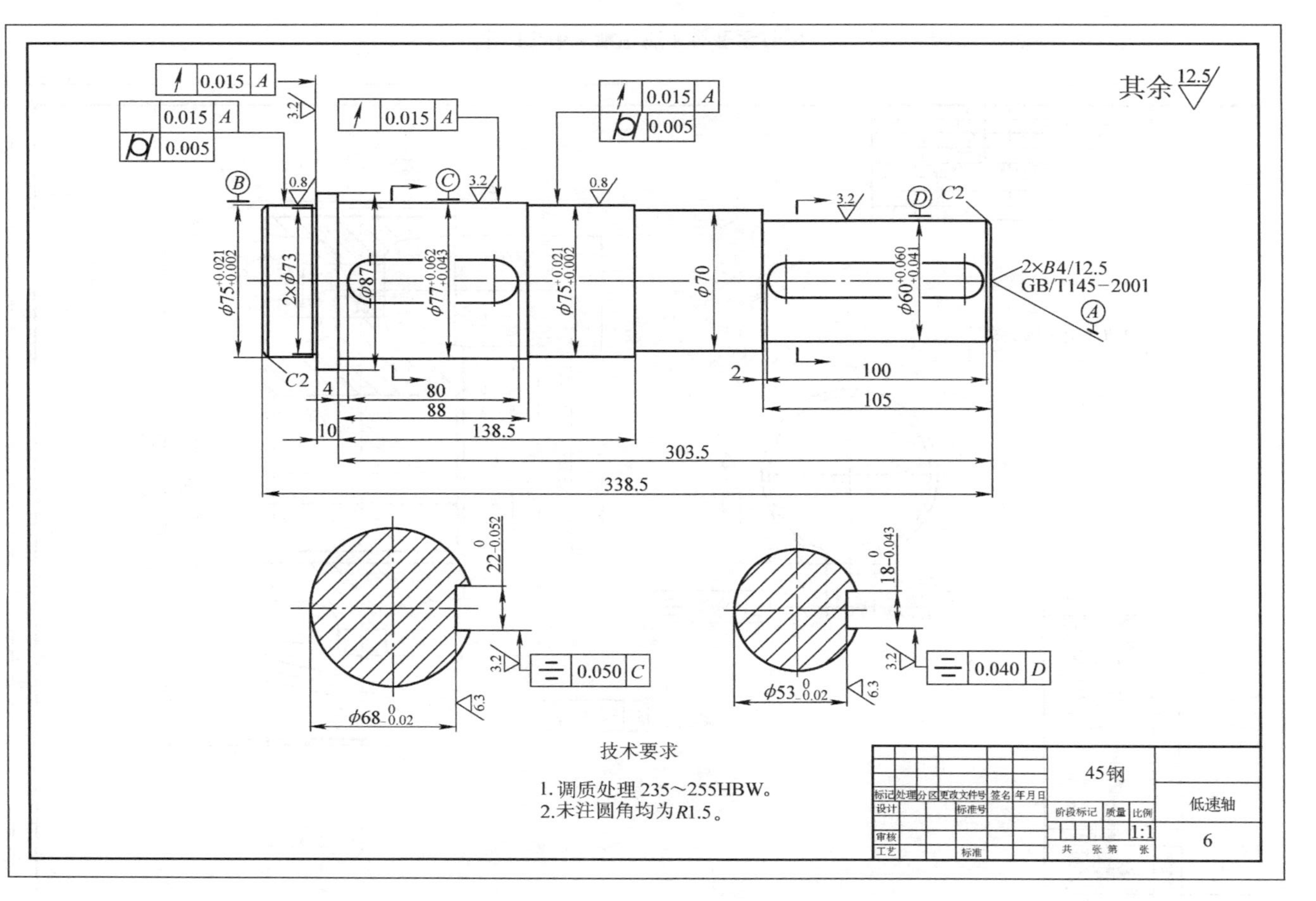

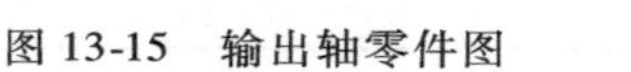
图 13-15　输出轴零件图

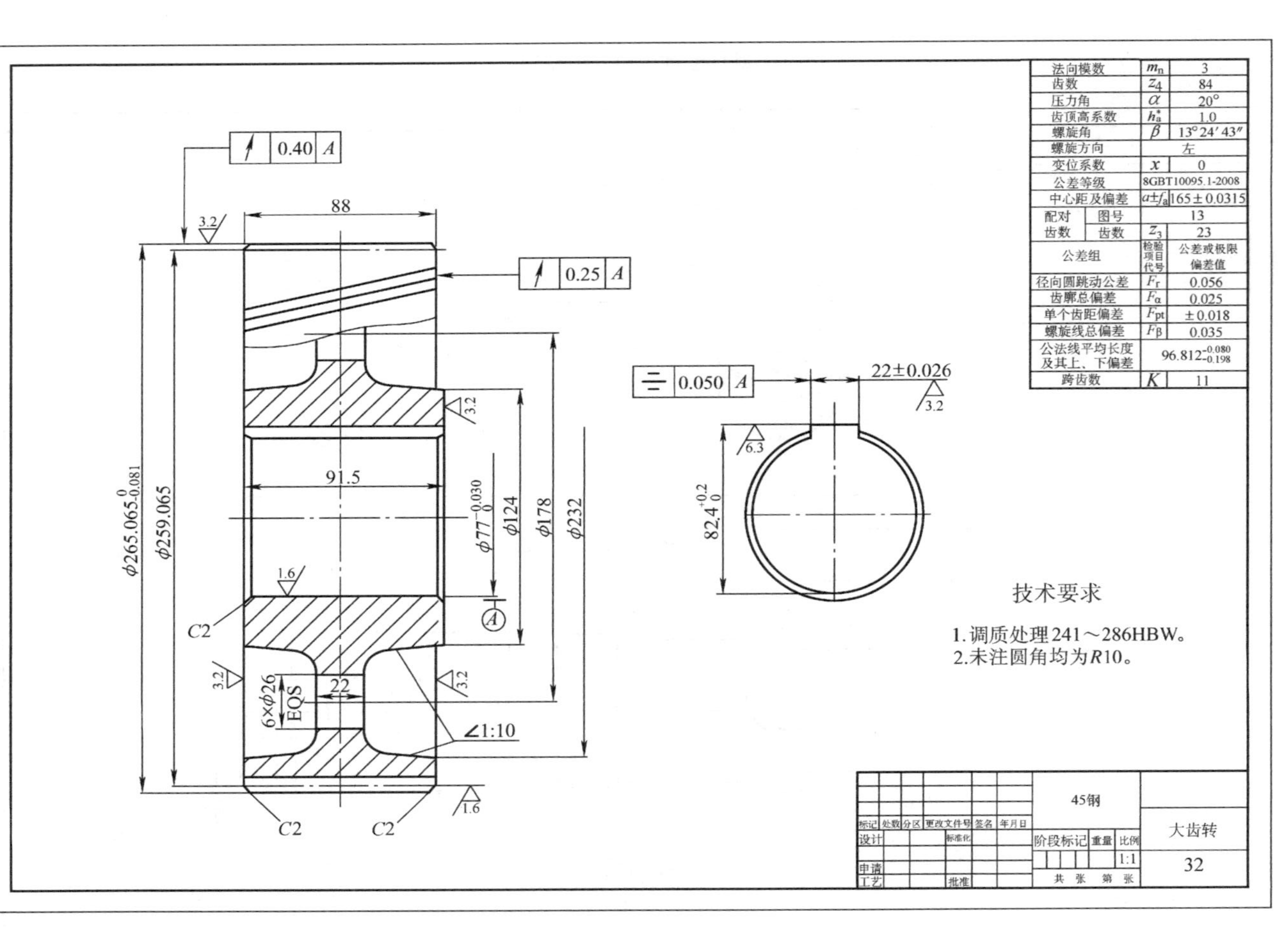

图 13-16 输出轴上齿轮零件图

参 考 文 献

[1] 于惠力,向敬忠,张春宜. 机械设计[M]. 北京:科学出版社,2007.

[2] 于惠力,张春宜,潘承怡. 机械设计课程设计[M]. 北京:科学出版社,2007.

[3] 王连明. 机械设计课程设计[M]. 哈尔滨:哈尔滨工业大学出版社,1996.

[4] 杨可桢,程光蕴,李仲生. 机械设计基础[M]. 5版. 北京:高等教育出版社,2006.

[5] 陈铁鸣,王连明. 机械设计[M]. 2版. 哈尔滨:哈尔滨工业大学出版社,1998.

[6] 任嘉卉,李建平,王之栎,等. 机械设计课程设计[M]. 北京:北京航空航天大学出版社,2001.

[7] 王连明,宋宝玉. 机械设计课程设计[M]. 哈尔滨:哈尔滨工业大学出版社,2005.